国家出版基金项目
NATIONAL PUBLICATION FOUNDATION

现代水声技术与应用丛书

杨德森 主编

深海高精度水声定位与导航技术

孙大军 郑翠娥 曹忠义 等 著

科学出版社
龍門書局
北 京

内 容 简 介

高精度水声定位与导航设备是未来水下导航智能化时代无人系统监视、数据采集乃至互操作等作业任务成功的关键。本书结合作者的科研成果，详细介绍深海高精度水声定位与导航技术，重点论述超短基线定位技术、水下综合定位技术、高精度相控阵水声测速技术、声学/惯性组合导航技术。这些技术紧密结合水下导航定位的工程应用，展示了国内外该科学领域的最新研究成果，对水声定位与导航技术的发展和推广具有重要意义。本书内容新颖、特色鲜明、论述严谨、重点突出，在理论研究的基础上兼顾实际应用中存在的问题，同时具备理论参考和工程应用价值。

本书可作为从事水声定位研究工作的技术人员的参考用书。

图书在版编目（CIP）数据

深海高精度水声定位与导航技术 / 孙大军等著. —北京：龙门书局，2023.12

（现代水声技术与应用丛书/杨德森主编）

国家出版基金项目

ISBN 978-7-5088-6366-5

Ⅰ. ①深… Ⅱ. ①孙… Ⅲ. ①水声通信－水声定位 Ⅳ. ①TN929.3 ②U675.6

中国国家版本馆 CIP 数据核字（2023）第 245897 号

责任编辑：杨慎欣 常友丽 张 震 / 责任校对：任苗苗
责任印制：赵 博 / 封面设计：无极书装

科学出版社
龍門書局 出版

北京东黄城根北街 16 号
邮政编码：100717
http://www.sciencep.com

三河市春园印刷有限公司印刷
科学出版社发行 各地新华书店经销

*

2023 年 12 月第 一 版 开本：720 × 1000 1/16
2025 年 1 月第二次印刷 印张：22 插页：8
字数：456 000

定价：198.00 元

（如有印装质量问题，我社负责调换）

“现代水声技术与应用丛书”
编　委　会

本书作者名单

孙大军　郑翠娥　曹忠义　王秋滢
张居成　韩云峰　崔宏宇

丛 书 序

海洋面积约占地球表面积的三分之二，但人类已探索的海洋面积仅占海洋总面积的百分之五左右。由于缺乏水下获取信息的手段，海洋深处对我们来说几乎是黑暗、深邃和未知的。

新时代实施海洋强国战略、提高海洋资源开发能力、保护海洋生态环境、发展海洋科学技术、维护国家海洋权益，都离不开水声科学技术。同时，我国海岸线漫长，沿海大型城市和军事要地众多，这都对水声科学技术及其应用的快速发展提出了更高要求。

海洋强国，必兴水声。声波是迄今水下远程无线传递信息唯一有效的载体。水声技术利用声波实现水下探测、通信、定位等功能，相当于水下装备的眼睛、耳朵、嘴巴，是海洋资源勘探开发、海军舰船探测定位、水下兵器跟踪导引的必备技术，是关心海洋、认知海洋、经略海洋无可替代的手段，在各国海洋经济、军事发展中占有战略地位。

从 1953 年中国人民解放军军事工程学院（即“哈军工”）创建全国首个声呐专业开始，经过数十年的发展，我国已建成了由一大批高校、科研院所和企业构成的水声教学、科研和生产体系。然而，我国的水声基础研究、技术研发、水声装备等与海洋科技发达的国家相比还存在较大差距，需要国家持续投入更多的资源，需要更多的有志青年投入水声事业当中，实现水声技术从跟跑到并跑再到领跑，不断为海洋强国发展注入新动力。

水声之兴，关键在人。水声科学技术是融合了多学科的声机电信息一体化的高科技领域。目前，我国水声专业人才只有万余人，现有人员规模和培养规模远不能满足行业需求，水声专业人才严重短缺。

人才培养，著书为纲。书是人类进步的阶梯。推进水声领域高层次人才培养从而支撑学科的高质量发展是本丛书编撰的目的之一。本丛书由哈尔滨工程大学水声工程学院发起，与国内相关水声技术优势单位合作，汇聚教学科研方面的精英力量，共同撰写。丛书内容全面、叙述精准、深入浅出、图文并茂，基本涵盖了现代水声科学技术与应用的知识框架、技术体系、最新科研成果及未来发展方向，包括矢量声学、水声信号处理、目标识别、侦察、探测、通信、水下对抗、传感器及声系统、计量与测试技术、海洋水声环境、海洋噪声和混响、海洋生物声学、极地声学等。本丛书的出版可谓应运而生、恰逢其时，相信会对推动我国水声事业的发展发挥重要作用，为海洋强国战略的实施做出新的贡献。

在此，向60多年来为我国水声事业奋斗、耕耘的教育科研工作者表示深深的敬意！向参与本丛书编撰、出版的组织者和作者表示由衷的感谢！

中国工程院院士　杨德森

2018年11月

自　序

地球上深海占海洋总面积超过 95%，深海事关国家安全、资源开发和科学探索等重大战略利益。水下航行器包括有人和无人两类，近 10 年来呈现加速发展的态势，是人类进入深海、探测深海和开发深海的重要载体。这些航行器自身、航行器与母船、航行器与航行器之间，以及航行器集群的时空位置尤为重要，是未来智能化时代无人系统监视、数据采集以及互操作等作业任务成功的关键。依赖声学的定位导航是水下航行器技术体系的重要支撑，主要解决在哪里、相互关系以及相互关系随时间演化的问题。近 20 年来，伴随着我国深海科技进步的时代步伐，本书作者团队围绕高精度水声定位与导航方向开展了一些研究工作，成功研制了超短基线、综合定位、多普勒测速和声学/惯性一体化导航等几种关键仪器。本书就是有关研究工作的总结。

本书共 5 章。第 1 章为绪论，重点介绍有关需求分析、发展现状、技术体系以及未来发展几部分内容。第 2 章为超短基线定位技术，重点介绍定位原理、系统组成、标校技术及典型应用。第 3 章为水下综合定位技术，重点介绍定位原理、系统组成、标校技术及典型应用。第 4 章为高精度相控阵水声测速技术，重点介绍测速原理、系统组成、标校技术及典型应用。第 5 章为声学/惯性组合导航技术，重点介绍基本原理、惯导与速度一体化定位与导航、惯导与 USBL 一体化定位与导航。

感谢近年来一起从事该领域研究的丁杰博士、李昭博士、李雪松博士、李慧博士、刘斌博士、刘芸硕士、赵新伟硕士、王奥迪硕士，他们为本书的形成做出了卓越贡献。在本书的写作过程中，蔡珩博士、张贺博士、周文浩博士、姚锟硕士、孟夕硕士、李丁硕士也做出了相应的贡献，在此表示感谢。

希望读者阅读本书之后，能够对声学定位相关技术有系统而深入的理解。同时，也希望本书能够成为一只被解剖的“麻雀”，供大家批评指正，裨益后续发展。

作　者

2023 年 6 月

目　　录

第1章 绪　　论

1.1 概　　述

水声定位与导航设备是安装在运载器上的一类重要传感器，依赖声学原理完成载体水下位置、速度等导航参数的获取任务，与惯性导航、卫星定位等设备共同构成运载器的导航系统。本书仅限于探讨合作目标的水下定位与导航，不包含利用辐射声或散射声进行非合作目标定位与跟踪的相关内容。

水声定位与导航技术是支持相关设备研发的原理、方法、系统、数据处理和性能评价等技术的统称。水声作为一种“波”现象，具有的声速测量属性，是获得载体与已知参考点（合作信标参考、海底或水层参考等）距离、方向和速度等信息的物理基础。假如能够获得与多个位置参考点的距离，则通过多个距离的交汇，可以获得载体的位置信息；假如能够获得与参考点的距离和方向，也可以获得载体相对于参考点的位置信息；假如能够获得载体自身对于海底/水层的声反射多普勒信息，则可以获得载体相对海底/水层的速度信息。上述定位与测速原理都包含声信号的发射、传播、接收、处理及信息提取等典型的声呐工作过程，因此，水声定位与导航设备也称为水声定位与导航声呐。

近年来，水声定位与导航技术备受关注，尤其在运载器发展日新月异的今天，对高精度水声定位与导航设备的需求日趋强烈。但获得高精度的水声定位与导航能力不是一件轻松的事情，它与海洋环境、平台载体、基准配置、辅助仪器、信号设计、信息处理以及系统实现等很多因素有关。从学科观点看，高精度水声定位与导航涉及水声、海洋、导航、测绘、信息和电子等多个学科。因此，作为水声工程学科的重要发展方向，跨学科联合是推进高精度水声定位与导航能力发展的必由之路。

1.2 水下定位与导航需求

1.2.1 概念内涵

我在哪里？我如何到那里？这是需要定位与导航回答的两个问题。“在哪里”和“如何到那里”涉及两个方面的问题，一是坐标参考，二是与坐标参考的关系。

有了坐标参考，通过测距、测向和测速，就可以获得所在地点的位置坐标，即完成定位。而坐标参考严格意义上是大地测量学的内容，统称为坐标系统或支持坐标系统的参考框架。仅就地球而言，由于地球是不断运动的，这个坐标系统本身也是不停演化的，所以又称为坐标与维持系统。水下坐标参考，或说水下位置基准，是天基、空基等坐标基准向水下的延伸。由于海水对电磁波传播的阻碍，水下位置基准的传递与维持需要水声来进行，这是坐标参考需要解决的问题。导航解决的是“如何到那里”的问题。文献[1]引用了牛津字典的导航定义，所谓导航，即通过几何学、天文学、无线电信号等手段确定或规划船舶、飞机位置及航线的方法。这里涉及两个概念，运动体相对于参考系的位置与速度（通常所说的定位的概念），以及由一个地方到另外一个地方的航线规划和保持。因此关于定位与导航的关系，有两个角度可以进行理解：一方面按照上述导航定义，定位是导航的“子集”，即前面所说的“与坐标参考的关系”的问题，可称之为狭义的定位；另一方面，由于大地测量、建立位置基准的需要，如建立导航参考框架、监测公路桥梁形变等工程测量，所涉及的定位概念范畴更大一些，即前面所说的“坐标参考”的问题，可以称之为广义的定位。在水下，特别是对抗条件下，坐标参考的信息不是随时随地可以提供，这时运载器需要的定位与导航地位相当，既需要解决与定位基准的关系或进行基准传递后建立基准的问题，又需要在没有基准或弱基准条件下为运载器提供连续安全和可靠服务，引导运载器沿着规划的路线准确到达目的地。

1.2.2 载体种类

对于海洋的水下世界，即便在现代社会仍具有无穷的神秘感，源于海洋对电磁与光等传统信息手段的不透明。人类在探索海洋的征途上，总是在努力发明一些工具，依赖它们探索远洋、深海并长时间驻留，这些工具就是运载器。图 1-1 给出了两种运载器实物图。潜艇是人类探索水下世界的第一个伟大发明，从第二次世界大战的“狼群战”出名之后，由于水下空间的隐蔽性，一直到当下并可预见会持续到未来相当长的一段时期，潜艇作为最重要的一种运载器，仍将占据着极其重要的地位。我国从 20 世纪 60 年代开始研制载人潜水器，到现在的“蛟龙”号、“深海勇士”号、“奋斗者”号新一代载人潜水器，载人潜水器是人类探索未知世界的重要利器。水下无人航行器（unmanned underwater vehicle, UUV）近 20 年来也步入发展快车道，单体化、集群化、体系化和大型化的发展趋势显著。除此之外，传统的鱼雷、自航水雷以及深海拖曳载体等都可归类为运载器。作为这些运载器的重要载荷，高精度的水声定位与导航传感器是这些运载器的无人、自主、智能发展和探索未知海洋水下世界的最强助力。

（a）美国弗吉尼亚级攻击型核潜艇 （b）“雷姆斯-300”无人潜水器

图 1-1 两种运载器实物图[2-3]

1.2.3 作业模式

按照对水声定位与导航的需求差异，把运载器的作业分成如下几类。不同深度、不同作业任务的潜水器如图 1-2 所示。

（1）监控类定位与导航需求。一般出于保证运载器航行安全的目的，水面作业监控母船要对运载器布放、驻留、作业及回收全过程进行监控，时刻掌握航行器在水下的位置，但是，载人潜水器水下作业时，水面监控母船对其定位监控的精度与更新率要求都不高。有关运载器状态信息的回传，一般通过单独的通信声呐来完成，也可在定位监控的同时提供数据传输的水声链路，支持数据回传和控制指令发送。

（2）测量类定位与导航需求。水下精确位置信息对于很多水下作业来说至关重要：鱼雷、水雷、深弹及导弹等水下武器弹道的精确测量；运载器海底地形/地貌浅剖探测数据处理的精确位置服务；海底地震仪（ocean bottom seismometer, OBS）地震勘探和大型拖曳声学阵列阵型精确监测；运载器导航系统长航测量考核评价；水下考古及测量打捞等海底长时间反复作业定位保障。

（3）基准类定位与导航需求。这是近几年新兴的应用方向，在海底建立类似全球导航卫星系统的长期位置基准，或者在远海将空基或天基位置基准向水下或海底传递。这类应用对精度要求极其苛刻，在海底地壳变化监测及海洋动态精确监测方面具有十分广阔的应用前景。

（4）相对测量类定位与导航需求。运载器之间的关系越来越重要，表现在两种典型作业中：航行器的布放/回收需要类似机场起降、航母起降类信息管理系统，对定位与导航能力要求较高；水下集群队形保持的定位与导航系统，对于完成测量和协同作业意义重大。

（5）长航长时自主导航需求。不同于前面提到的外测类需求，自主导航类传感器是运载器的标配传感器，解决的是在有位置参考或没有位置参考情况下，以惯性为主的自主导航需求。声学测速提供运载器阻尼/组合信息，海底或水面的位置参考提供局部区域海底导航位置偏差的标校信息。

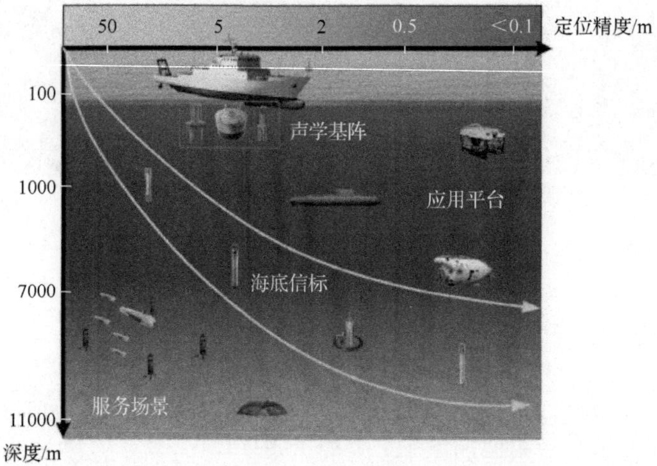

图 1-2　不同深度、不同作业任务的潜水器（彩图附书后）

1.2.4　需求特点

上述这些航行器及作业模式对高精度水声定位与导航的能力提出了较高挑战，主要表现在需求的多样性方面，包括运载器的距离远与近、干扰大与小、深度浅与深、静止还是运动、数目单与多、速度快与慢、时间长与短、精度高与低等，涉及信号的能量计算、信道选择、带宽优选、编码设计、时空处理、参数估计与信息融合等丰富的技术内容。有关技术方面的考虑将在下节阐述，这里简要介绍一下高精度水声定位与导航能力的评价，包括作用距离与范围（深海条件下一般为三维空间问题，包括指向性及盲区限制等因素）、准确度与精度（包括相对于参考点的真值及测量重复性等）、运动速度与数据更新率（主要针对目标和测量环境的动态性和稳健性）、用户个数与频带（主要指应用场景的复杂性和体系性）、平台安装与工作条件（包括噪声条件和电磁兼容条件等）、海洋环境条件（包括海水、海况、海底等自然因素）。

1.3　技术内涵

声、光、电、磁是信息的载体。声波是水下唯一有效的信息载体，声波作为机械波，在静压基础上振动，并牵动邻近水介质运动，形成波现象，进行水声的传播。传播的内容包括：一是信息，即离散化的信息流等；二是能量，即除信息以外的能量，如机械能、超声清洗、超声碎石等产生的能量。除此之外，还有一个潜在的信息量，即由声速物理量导致的可观测量时延值，因此声波具有距离的测量属性。那么海洋中时延这个信息特性是什么？如何获取并利用这个特性形成定位导航的能力？下面简要阐述有关方面的总体考虑。

1.3.1 海洋水声传播的时延特性

有了时延，若已知声速，则可获得水下航行器与坐标参考之间的距离，于是就有了定位与导航的基础。比如已知水中声速为1500m/s，获得的时延估计是4s，则两者之间的距离为 6km。实际情况比较复杂，原因在于海洋环境复杂，最主要是海水声速的影响。太阳的照射和海水的流动使得海水温度大体呈现水平分层特性（图 1-3），而声速主要取决于温度、压力和盐度，即声速是变化的（图 1-4）。因此，同样的 4s 时延不一定对应 6km 的距离。更复杂一点，声波穿透不均匀水层时，会产生折射现象，类似碗中筷子“折断”现象。当声波穿过不同水层到达接收端时，声波的“声线”轨迹就体现出弯曲传播的特点，与定位需要的空间两点间直线距离不同。再者，海水的流动使得顺流传播的声速比逆流要大，因此也会产生变化距离的偏差。当然，接收与发射平台的相对运动也会存在同样的物理现象，称为多普勒现象。另外，接收与发射平台时间不同步问题，或者设备本身也会带来一些固有时延差问题，都会使得传播的时延产生偏差与抖动。除此之外，海水本身介质的起伏引起声波传播的起伏，不同于稳定的时延差，对海水传播介质的相干性产生影响，直接关系到大孔径相干处理的定位与导航精度的提高。

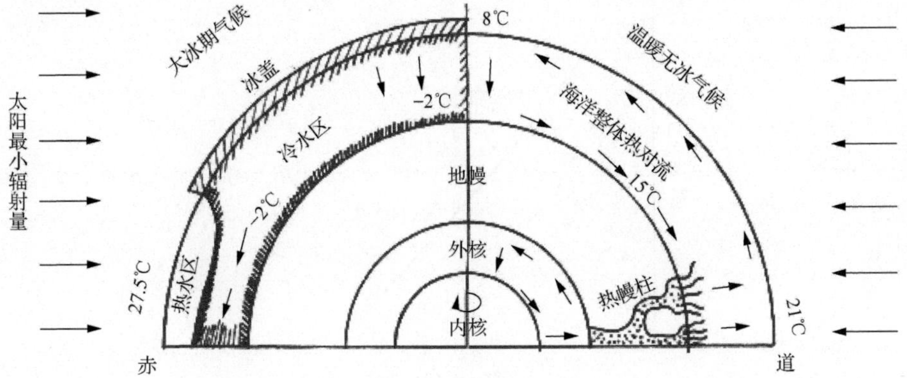

（a）太阳照射与海水温度关系图

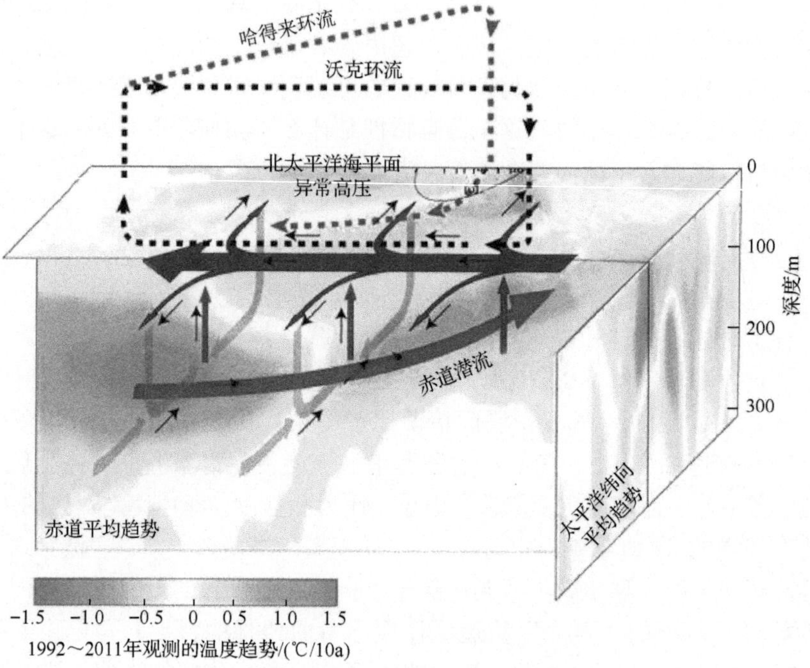

（b）海水流动与海水温度关系图（彩图附书后）

图 1-3　太阳照射和海水流动与海水温度关系[4-5]

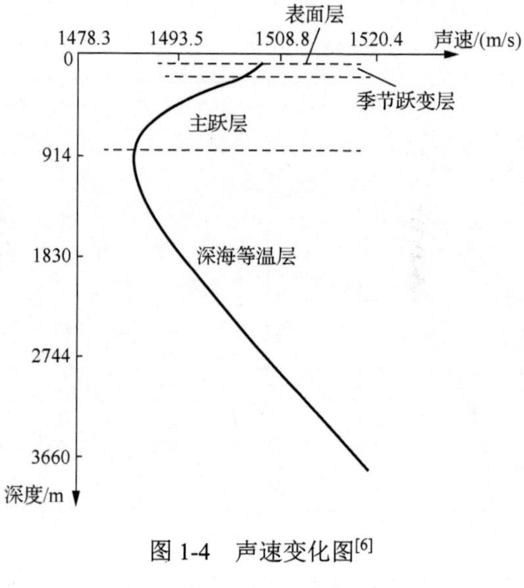

图 1-4　声速变化图[6]

1.3.2 信号设计——获取时延信息的关键

思考两个问题：一是能否通过发射一个单频纯音信号获得发射点 A 到接收点 B 的时延；二是能否发射一个狄拉克 δ 信号获得这个时延。从信号与系统的观点看，海洋信道相当于一类系统，系统的传输响应特性决定了信号波形的选择与设计。海洋声信道远不是全通网络，主要在于海洋信道的复杂性，包括海底海面的界面效应、海水非均匀性及动态效应，以及非均匀散射效应等。因此，前面的两个问题，发射一个带宽"为零"的信号与发射一个带宽"无限"的信号，都不能获得有效的时延估计。应用模式决定了信道多途的影响（在开阔水域，多途影响不严重，在浅水水域，多途影响严重。运载器航行与否，信道多普勒也有所不同）。在确保信道相干性（或能够恢复相干性）基础上，确定频带、带宽、时宽、编码和更新率等波形参数，用以支持时延测量的准确性、分辨率、更新率、用户数以及数据传输等能力的形成，是信号波形设计的主要内容。一般认为，海洋垂直信道、近距离信道的相干性较好，10～20kHz 的中频段具有 10km 左右的定位作业能力，可覆盖包括马里亚纳海沟等全部的深海区域，而 20～30kHz 的中高频段具有 2km 左右的定位作业能力，对近距离的高精度相对定位具有很好的性能。另外，定位声呐的测量属性决定了其声学换能器基阵（声学天线）的局部信道特性，在波形设计与优化方面起着十分重要的作用。

1.3.3 信息处理——提升定位与导航能力的关键

信号仅是信息的载体和手段，人们通常更关心通过这些载体和手段的运用，获得了什么想知道还未知道的信息，增强了多少信息的准确性和精确性，这就是通常所说的检测与估计问题。对信号进行检测与估计，获得信息的存在与否的判断与不确定性的评价。信号域的噪声影响了信息的判断与评价，多次观测有利于提升信息的观测质量。当多次观测形成时间序列或者是空间序列时，信息域滤波的有关知识和方法就可以派上用场，提高信息的准确性。贝叶斯滤波是一类非常有用的信息滤波方法，卡尔曼滤波可以看作是贝叶斯滤波的一种变种，在定位与导航时间序列滤波处理中起着举足轻重的作用。除此之外，为了提高信息观测的精度，观测的几何配置（在定位研究领域通常称为几何精度衰减因子）十分重要，其中很重要的一个概念是基线，即参考点之间的距离，或者称为尺子，尺子越长、越精，测量越精确。最后，要完成高精度水声定位与导航任务，仅靠水声的观测往往满足不了最终的要求。参考的空间框架配置基准、参考的航向航姿基准、参考的海水声速剖面，以及海水压力传感器等外部传感器信息等对水声定位与导航信息质量的提升都具有至关重要的作用。

1.3.4　能量设计——定位导航设备的物质基础

为了获得时延的基础观测信息，需要进行声波的主动发射，经过海洋信道的传播，在接收端才能获得相应的声波能量，能量是获得信息的基础。声波的能量是指在静压力基础上由于远处声源振动，并经过吸收、扩展衰减之后获得的剩余机械能量。声呐方程是能量设计的依据，是检验定位与导航系统性能的重要方面，其中信噪比和信噪比增益两个概念十分重要。

1. 信噪比

海洋环境及作业环境噪声、运载器和水面监控母船等平台噪声、声呐电子系统自噪声等是主要设备干扰，接收的信号能量与噪声能量之比（有时也用功率之比，但声呐系统一般有时间积分处理，形成信号能量的估计）称为信噪比，是决定声呐性能的基本参数。1W 的远处声波发送的功率，在 1km 处按照球面扩展的假设且不考虑吸收，将降低到 1μW 的信号功率水平，而此时的海洋环境噪声的总噪声功率大约在 0.1μW 以下。因此即便不经过什么复杂信号处理，接收端仍具有 10dB 左右的输出信噪比，可以满足基本的信号检测和一般精度的参数估计要求。

2. 信噪比增益

信号处理技术内容十分丰富，包括时域、空域和频域等，其主要的一个任务是降低噪声干扰，提升信号的检测与估计能力。对于上面所说的例子，如果能够进行时间和空间的处理，可以将噪声功率降低为原来的百分之一左右，即达到 0.001μW 以下，则定位导航系统的功率信噪比将达到 1000 倍。换算成常用的 dB 表示，输出信噪比达到 30dB，此时信噪比增益为 10lg100=20dB。这样的系统信息精度较高，作用距离与范围还可以进一步提升。需要强调的是，作为以测量为主的定位与导航声呐，参数的精度十分重要，对信噪比的需求比传统被动发现目标的预警声呐通常要高 5～10dB。

1.4 发展现状

下面从水声定位与测速导航两方面阐述相关技术与设备的发展。

1.4.1 水声定位技术与设备

1. 简介

最早的水声定位技术雏形出现在泰坦尼克号沉船事故之后，1912 年出现了水下回声定位的专利，并于两年后利用回声定位仪在近 2mile（1mile=1.609344km）的距离上成功检测到冰山[7]。1958 年美国华盛顿大学为美国海军建成首个长基线水下武器靶场[8]。1963 年出现了第一套短基线水声定位系统[9]。超短基线定位系统出现得相对较晚，国外有关超短基线定位系统的报道最早见于 20 世纪 80 年代初[9]。水声定位技术最先应用于军事，后由于海洋开发、勘探与资源开采的需求，逐步应用于各类商用、民用工程。

2. 分类及技术演进

根据定位系统基线长度以及工作模式的差别，一般可以将水声定位设备划分为四类，分别是长基线（long baseline, LBL）定位系统、短基线（short baseline, SBL）定位系统、超短基线（ultra-short/super-short baseline, USBL/SSBL）定位系统及综合定位系统［integrated positioning system，又称为 LUSBL（long and ultra-short baseline）定位系统］，详细情况见表 1-1。从水声定位技术发展的角度来看，主要经历了如下阶段。

表 1-1 常规水声定位导航系统分类

系统类型	基线长度	优点	缺点	作业方式	适用对象
LBL	100～6000m	作用范围广，定位精度高	操作烦琐	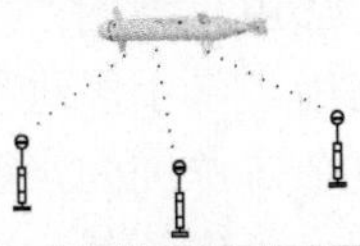	高精度定位
SBL	1～50m	定位精度较高	易受船体影响	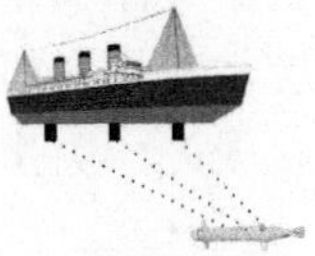	母船附近 AUV
USBL	<1m	体积小，携带方便，安装灵活	定位精度低		母船附近 AUV

续表

系统类型	基线长度	优点	缺点	作业方式	适用对象
LUSBL	—	定位精度高，作用范围广	操作烦琐	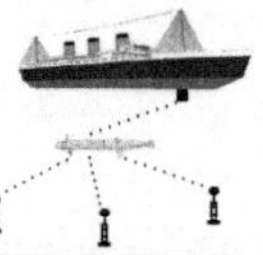	高精度定位，母船附近 AUV

（1）信号体制从窄带到宽带的跨越式发展。早期水声定位系统均是窄带信号体制，比较有代表性的是挪威 Kongsberg 公司的 HiPAP 系列水下定位产品。作为国外对声学定位系统研究较早的公司，其产品与技术一直是水声定位发展的标杆，成为行业技术标准。但受有限时间分辨率的影响，窄带信号在抗多途、抗干扰、多目标扩展等方面存在先天不足。随着需求及信号处理等技术的发展，为了获得更高的精度、更高的定位稳健性，近年来基于扩频技术的宽带信号体制逐渐替代了窄带信号体制，成为水声定位系统发展主流。

（2）用户数量从少量目标定位到多目标并行跟踪。最开始使用的 LBL 和 USBL 大多都是单目标定位或少量几个目标定位，例如，法国的 iXblue 公司在 2000 年左右推出的 POSIDONIA 远距离 USBL 定位系统支持同时跟踪不超过 5 个目标。随着海洋资源开发的快速发展，以海洋石油工业为代表的应用场景对水下局部区域多目标定位产生了迫切需求，英国 Sonardyne 公司在该技术方面是佼佼者，声称可同时跟踪近百个目标。

（3）定位模式从单模式定位向多模式联合定位发展。原有的水声定位系统的应用模式以单个模式为主，USBL、SBL 和 LBL 定位任选其一。随着深海开发关注度日益提高，对定位的精度、稳健性和可操作性的能力要求与日俱增，通过多种定位模式联合的方式来实现定位功能成为一种趋势。其中最成功的就是 USBL 与 LBL 的融合，形成了综合定位技术的概念。USBL 的优势在于体积小、易安装，而 LBL 的优势在于定位精度高。将二者进行融合形成综合定位系统，兼具了 USBL 便捷和 LBL 定位精度高的特点，在深海运载器应用中成为主要的发展方向。

（4）定位方法由单纯的声学定位转向多传感器组合定位。初期的水声定位技术都是单纯地利用声学手段进行运载器定位。随着海洋技术的发展，应用环境和功能需求日趋复杂，单纯的声学定位已经很难满足需求。现如今许多公司在声学定位系统的基础上集成了其他的传感器，如压力传感器、姿态传感器以及声速传感器等来辅助定位。特别是近年来惯性导航技术引入水下定位，极大地改善了水下定位的稳健性，成为一类重要的发展趋势。

3. 国外产品

由于巨大的商业价值，国际上很多公司看好水下作业设备这一广阔市场，民用水声定位技术的发展主要由这些水声定位设备生产厂商推进。经过几十年的发展，已经推出系列化的水声定位货架产品，少数几家公司的产品占据了全球绝大部分的市场。

1）USBL 定位设备

法国 iXblue 公司于 2000 年左右推出了 POSIDONIA 远距离 USBL 定位系统，将 chirp 多频编码信号与先进的数字信号处理技术结合，得到超过 8km 的超长作用距离，定位精度达到斜距的 0.3%。最近又推出了 POSIDONIA II 远距离 USBL 定位系统[10]，作用距离提升到 10km，定位精度提升到斜距的 0.2%[10]。英国的 Sonardyne 公司推出的 HPT300 型 USBL 定位系统，采用先进的第 2 代数字宽带信号技术，提高了运行可靠性，消除多路径干扰，提高了数据更新率以及具有高达 420 个的定位通道，最大跟踪距离 6km，定位精度达到斜距的 0.1%[11]。挪威的 Kongsberg 公司推出的数字扩频信号 cymbal 依然能够利用其特有的球形换能器阵列，以 10° 的窄波束来接收声信号，多波束覆盖范围达到 200°[12]。

2）LBL 定位设备

法国 iXblue 公司推出的 Ramses LBL 定位系统也采用 chirp 多频编码信号，能独立进行实时位置解算，其中频版本的产品最大作用距离达 4km，测距精度小于 10cm[13]。英国 Sonardyne 公司推出的 ROVNav6 LBL 定位系统是第 6 代基于测距的定位产品，采用先进的第 2 代数字宽带信号技术，工作水深为 3000m、5000m 和 7000m，测距精度优于 15mm[14]。挪威 Kongsberg 公司推出的 cPAP34 LBL 定位系统在定位和数据传输时既可以使用相移键控（phase shift keying, PSK）数据协议，也可以使用频移键控（frequency shift keying, FSK）数据协议，基于宽带直接序列扩频协议，测距精度优于 10mm[15]。

3）综合定位设备

LBL 定位需要在作业前标定参考声信标阵的精确地理坐标，操作烦琐，费用昂贵，因此远不如 USBL 定位应用广泛。但其独立于距离的高精度定位性能，在某些测量应用场景仍不可或缺。为开发潜在市场，很多公司在 USBL 定位基础上融合了 LBL 定位功能，即为 LUSBL，既保证了独立于距离的高精度定位性能，又兼有 USBL 定位操作简便的特点。2000 年以后，此类型产品逐渐成熟，并成功地推向市场。图 1-5 为法国 iXblue 公司推出的最新一代 LUSBL。英国 Sonardyne 公司推出的 Marksman 综合定位系统采用双系统配置，同时具有遥测遥控功能，为众多深水钻井船和半潜浮吊船提供可靠的定位保障[16]。

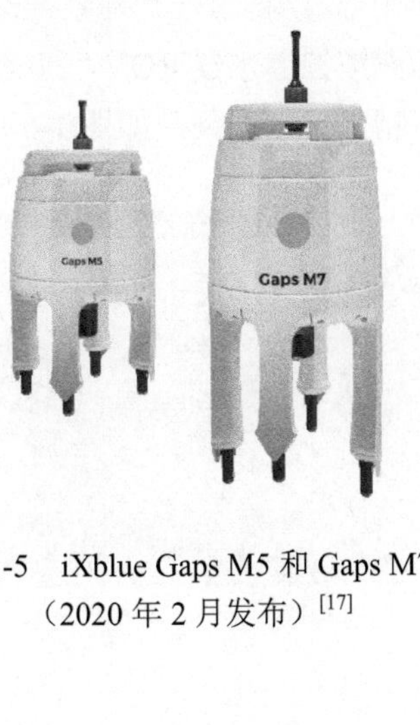

图 1-5 iXblue Gaps M5 和 Gaps M7（2020 年 2 月发布）[17]

4. 国内技术及设备现状

与国外相同的是，我国水声定位导航研究亦起步于 LBL 定位系统。20 世纪 70 年代末，由杨士莪院士牵头完成的“洲际导弹落点测量 LBL 水声定位系统”为我国第一颗洲际弹道导弹试验的准确落点提供了可靠的测量依据，就此拉开了我国水声定位技术发展的序幕。此后哈尔滨工程大学、中国科学院声学研究所、东南大学、厦门大学、国家海洋局海洋技术研究所和中国船舶重工集团第七一五研究所等单位在声学定位技术领域都开展了广泛研究。我国早期的水声定位技术主要以军事需求为主，例如东南大学研制的“YTM 鱼雷弹道测量系统”、哈尔滨工程大学研制的“灭雷具配套水声跟踪定位装置”等[18]。自“十五”以来，随着国家在海洋科学、海洋工程等海洋领域投入的增加，水声定位技术也得到长足的发展。

1）中国船舶重工集团第七一五研究所高精度定位系统

2004 年，中国测绘科学研究所和中国船舶重工集团第七一五研究所合作开发了“水下 DGPS 高精度定位系统”（国家 863 计划项目资助课题），并在浙江省千岛湖进行了试验。试验结果表明，对于水深 45m 左右的水域，系统的水下静态定位精度为 5cm，动态定位精度小于 2m[19]。

2）哈尔滨工程大学 USBL 定位系统

在国家 863 计划支持下，哈尔滨工程大学与国家海洋局第一海洋研究所合作，成功研制了“长程 USBL 定位系统”，于 2006 年 5 月在南海进行了深水定位试验验证。结果表明，系统工作稳定可靠，工作水深超过 3700m，作用距离达到 8.6km，并且具有水下动态目标跟踪功能，其定位精度为斜距的 0.2%～0.3%，超出预定要求[20]。基于该技术形成的国产深海高精度 USBL 定位系统自 2012 年起装备于“大洋一号”“科学号”等系列远洋科考船，为我国 7000m 载人潜水器“蛟龙”号、深海缆控潜水器 ROV“海龙”号和深海水下声学拖体等多种水下潜水器提供了水下精确定位服务，如图 1-6 所示。

图 1-6　高精度 USBL 定位系统及装备平台[21-27]

3）哈尔滨工程大学综合定位系统

在国产深海高精度水声综合定位系统引导下，我国“深海勇士”号载人潜水器 2017 年 9 月 29 日在南海 4500m 深处仅 10min 就快速找到预定的海底目标，绝对定位精度首次达到 0.3m，定位有效率超过 90%，能够与全球定位系统（global positioning system, GPS）无缝衔接。在 2020 年 4～6 月参加的“南海-马里亚纳海沟航次”试验中，利用全海深 USBL 与 LBL 综合定位，能够同步在水面高精度地实时给出海底全海深无人潜水器（autonomous remote vehicle, ARV）和着陆器位置，定位精度优于 1m。综合定位系统成功支撑了我国“深海勇士”号载人深潜首航试验和我国最先进科考船“科学号”南海综合调查科学考察两次任务，为我国开展万米深渊马里亚纳海沟科学探索等深海实践奠定了坚实的技术与装备基础[28]。

1.4.2　水声测速导航技术与设备

1. 简介

测量载体速度的导航仪器经历了叶轮式、水压式、电磁式以及利用声学原理方式四个发展阶段[29]。前三种方式由于测速精度差、抗污染能力弱等原因已逐渐被淘汰。声学测速方式由于能够提供高精度、对底/流的多维速度信息而逐渐成为舰船和运载器测速传感器的首选。除了导航应用之外，声学测速技术还在海流流速测量等方向上应用广泛[30]。

2. 分类及技术演进

从工作原理上来说，水声测速可以分为声学多普勒测速和声学相关测速。

1）声学多普勒测速

多普勒效应是测速的基本机理。通过载体上声学测速声呐，向斜下方以“笔状”窄波束方式发射声波信号，并以同一波束接收海底回波信号，测量其频率变化来确定载体运动速度。这种测速技术优点在于精度高，缺点在于大深度工作情况时，需要采用更大尺寸换能器的低频声呐，不利于安装。该研究始于 20 世纪 60 年代[30]，经过半个多世纪的发展，目前已有系列化产品在海洋开发、海防建设等多个领域得到广泛应用。

2）声学相关测速

测速机理是海底散射的“波形不变”原理。这种测速声呐也是通过向海底发射声波，利用海底回波信号的“相关性”进行速度测量。其优点在于正下方宽波束发射、多基元接收，低频时尺度不大，适装性好；其缺点在于浅水低速条件下测速误差较大。声学相关技术进行船速测量的研究始于20世纪70年代，方法源于雷达导航系统，随后推广到测量水中载体速度[30]。1996年，美国TRDI公司研制出两台大深度声学多普勒海流剖面仪（acoustic Doppler current profiler, ADCP）的样机，工作频率为22kHz，接收机带宽为5.5kHz。一台装在美国海军“海豚”号潜艇上，作为潜艇的导航设备，另一台装在“发现”号上，流层剖面深度为1000m，最大作用距离4000m，取得了较好的试验结果。

相比而言，目前多普勒测速声呐精度高、稳定可靠，占据了绝大多数的市场。下面简要介绍多普勒测速技术的演化历程。

（1）窄带测速阶段。20世纪70年代至80年代初，声学测速的发射信号形式为单频脉冲信号，主要采用脉冲相干和非相干的信号处理方式[31]。脉冲非相干处理能够获得较大作用距离，但时-频分辨率低，适用于对测速精度要求不高的深海应用场合。脉冲相干技术利用了同一深度单元的多个回波信号，能够获得较好的时-频分辨率，但存在测速模糊等条件限制，降低了其作用距离，适用于对作用距离要求不高的高精度测速应用场合。回波信号频率估计方面，以脉冲对算法最具代表性[31]。它属于一种加权平均频率估计方法，与传统方法相比，具有运算量小、测频精度高等优点。在阵处理方面，普遍采用詹纳斯配置“活塞式”常规阵，即利用基阵的“笔状”自然指向性波束与水平面存在的夹角来获取多普勒回波信号。代表性的研究机构包括美国AMETEK-Straza公司、RDI公司以及法国Thomson公司等。美国最早将窄带测速产品作为标准设备安装在了美国大学-国家海洋学实验室系统（University-National Oceanographic Laboratory System, UNOLS）所属的绝大部分大中型调查船上。

（2）宽带测速阶段。为解决窄带测速技术的测速精度差、距离分辨率低的问题，美国TRDI公司与Johns Hopkins大学应用物理实验室在海军研究室资助下于1985年开展了小商业创新研究（small business innovation research, SBIR）项目，并分别于1986年、1989年及1991年实现了宽带测速技术可行性研究、原型样机设计与外场测试、商业化应用（推出了Board-Band ADCP产品）。脉冲编码及处理技术是宽带测速的核心。由于Barker码的相关函数具有较低且相对稳定的旁瓣，是目前已知的较优编码信号之一。与窄带测速技术相比，宽带测速技术有效提高了瞬时测速精度和距离分辨率。

（3）相控测速阶段。20世纪90年代中后期，人们将成熟的相控阵雷达技术引入到声呐产品中，开始了利用相控阵进行多普勒测速技术的研究，并实现了宽带、窄带测速技术与相控阵技术结合，如RDI公司在1999年推出的Phased Array Ocean Surveyor等产品。与常规阵型相比，相控阵具有以下优点：①通过信号处理方法实现相控发射和相控接收波束；②在波束宽度和工作频率相同的情况下，基阵面积减小 3/4，质量减轻一个数量级，适于更小的运载器；③能够从工作机理上消除海水温度、盐度和深度引起的声速变化对测速性能产生的影响；④平面阵流线型好，不易被海洋生物附着，且受航行水动力噪声影响小。

（4）速度/惯性一体化阶段。受声波在海水中的传播速度限制，水声定位导航技术提供的数据更新率较低（深海情况尤其如此），数据也较容易受到污染，不能满足水下长航时高精度定位导航需求。速度/惯性组合导航、速度/惯性/定位组合导航、速度/惯性一体化导航等新技术应运而生，成为解决该问题的有效手段[18]。其中，速度/惯性一体化导航由于克服了许多安装标校误差的影响，尺寸小、适装性好，成为运载器下一代高精度水下导航系统的主要选择。

3. 国外工作

目前国外具有代表性的相关公司及主流产品如下。

1）美国 LinkQuest 公司

该公司以生产近海和海洋应用水声设备为主，在水下高精度测速导航方面，开发了具有底跟踪功能的 NavQuest 300/600 常规阵型多普勒速度仪产品，与 TRDI 公司产品相比，产品在体积、功耗及质量方面稍有优势，但产品种类较少。主要技术参数如表 1-2 所示。

表 1-2 LinkQuest 公司主流声学多普勒测速产品性能

产品型号	底跟踪			空气中质量/kg	功耗/W
	测深度范围/m	测速范围/kn	测速精度		
NavQuest 300	0.6～300	−20～20	0.4%v±2mm/s	9.2	3～10
NavQuest 600	0.3～140	−20～20	0.2%v±1mm/s	9.2	2～6
NavQuest 600 Micro	0.3～110	−20～20	0.2%v±1mm/s	2.9	2～5

注：关于测速精度，如 0.4%v± 2mm/s，0.4%表示测速偏差量，为速度的百分比形式，若速度真值为 v(mm/s)，则测速偏差为 0.4%v(mm/s)，而±2mm/s 为测速起伏量，若当前速度标准差为 2mm/s，则测速起伏为±2mm/s

2）美国 TRDI 公司

该公司是目前世界上最专业的水下声学多普勒产品生产商，全球绝大多数军用和民用运载器中装备了该公司的产品。产品类型分为水利资源、海洋测量和导航三大系列，包括相控阵型和活塞阵型（即常规阵型）两种。相控阵型主要包括 38kHz、150kHz 和 300kHz 三个频率产品。活塞阵型有 Workhorse Navigator、Explorer、Custom Engineered Solutions 以及 Diver Navigation 等多个系列，其中代表性的 Workhorse Navigator 系列有 300kHz、600kHz 和 1200kHz 三个频率产品（WHN 300、WHN 600、WHN 1200）。主要技术参数如表 1-3 所示。

表 1-3　TRDI 公司主流声学多普勒测速产品性能

主要参数			相控阵型			活塞阵型		
中心频率/kHz			38	150	300	300	600	1200
底跟踪	测深度范围/m		12～2500	3～550	0.6～275	1～200	0.7～90	0.5～25
	测速范围/（m/s）		−9.5～9.5	−9.5～9.5	−9.5～9.5	−10～10	−10～10	−10～10
	长期精度	ECCN 6A001 出口管制	± 1%v ± 0.5cm/s	± 0.6%v ± 0.2cm/s	± 0.3%v ± 0.1cm/s	± 0.4%v ± 0.2cm/s	± 0.2%v ± 0.1cm/s	± 0.2%v ± 0.1cm/s
		ECCN 6A991 出口非管制	± 1.15%v ± 0.5cm/s	± 1.15%v ± 0.2cm/s	± 1.15%v ± 0.2cm/s			
流跟踪	测深度范围/m		22～1100	12.2～245	4.5～150	1.9～110	1.2～50	0.8～15
	测速范围/（m/s）		−17～17	−9～9	−17～17	−10～10	−10～10	−10～10
	长期精度		± 1%v ± 0.5cm/s	± 0.6%v ± 0.2cm/s	± 0.6%v ± 0.2cm/s	± 0.4%v ± 0.2cm/s	± 0.3%v ± 0.2cm/s	± 0.2%v ± 0.1cm/s
空气中质量/kg			364	17.8	—	15.8	15.8	12.4
功耗/W			95	35	10	8	3	3

3）美国 Rowe Tech 公司

2009 年成立的美国 Rowe Tech 公司也推出了系列化的水下高精度导航定位设备，如常规阵型的 SeaPILOT 300kHz/600kHz/1200kHz、相控阵型的 SeaTRAK 150kHz/75kHz/38kHz 等。

其他如 Nortek、SonTek、Sonardyne、Sublocus 等公司，它们均以开发测量水流流速仪器为主，产品应用也较为广泛。

4）新型测速产品

随着近年来技术水平、应用需求的不断提高，多普勒测速仪又有了新的发展。对于常规阵型，TRDI 公司推出了新一代 5 波束 ADCP（图 1-7），利用新增垂向波束直接测量垂向速度，进一步提高了速度测量的冗余性和涡流测量能力。SonTek 公司于 2009 年研制出了 RiverSurveyor S5/S9 产品（图 1-8）。S5 产品具有 5 个声学基阵，其中一个实现垂直波束方向测量，其余 4 个以 25° 波束方向詹纳斯配置完成水平流速观测工作；S9 产品有 9 个声学基阵，与 S5 相似，其利用中心基阵形成垂直波束方向测量，其余 8 个声学基阵以 4 个为一组，分别实现高频与低频流速剖面功能。TRDI 公司也在积极研发此类产品。

图 1-7　5 波束 ADCP[32]

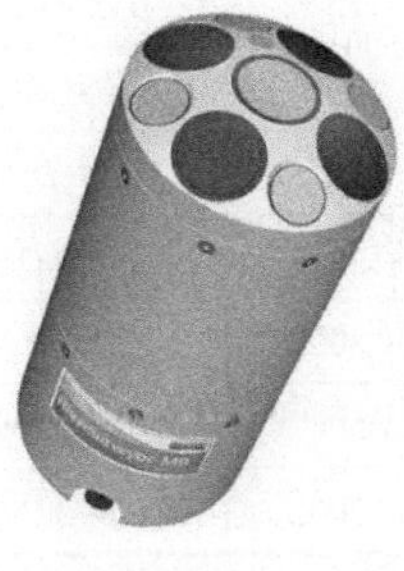

图 1-8　RiverSurveyor S9[33]

5）速度/惯性一体化产品

国外速度/惯性一体化产品较多，如图 1-9 所示，表 1-4、表 1-5 为部分典型产品主要技术指标。英国 Sonardyne 公司推出的 SPRINT-Nav 300/500/700、Lodestar-Nav 300/500/700 型组合导航系统，将 600kHz 常规多普勒计程仪与惯性系统进行一体化设计，能够实现 0.1%～0.04%航程的组合导航精度。Sublocus 公司推出的 Advanced Navigation 型组合导航系统也是一款一体化组合导航设备，采用美国 TRDI 公司的 600kHz 常规多普勒计程仪，在有对底绝对速度辅助情况下能够实现 0.08%航程的组合导航精度。法国 iXblue 公司推出的光纤系列惯导在有声学多普勒速度计程仪（Doppler velocity log, DVL）辅助情况下，能够实现 0.1%航程的组合导航精度，而且可根据实际需要实现一体或分体式安装。

（a）Sonardyne　（b）Sublocus　（c）IXSEA　（d）TRDI[34-37]

图 1-9　国外一体化导航产品

表 1-4　Sonardyne 公司部分典型产品主要技术指标

型号	组合定位精度（50%CEP）	姿态精度（RMS）		耐压深度/km	一体化
		航向	水平		
SPRINT 300	0.2%D @ 3rd party DVL	0.05°sec(L)	0.01°	4/6	否
	0.16%D @ Syrinx DVL				
SPRINT 500	0.1%D @ 3rd party DVL	0.04°sec(L)	0.01°	4/6	
	0.08%D @ Syrinx DVL				
SPRINT 700	0.08%D @ 3rd party DVL	0.02°sec(L)	0.01°	4/6	
	0.08%D @ Syrinx DVL				
SPRINT-Nav 300	0.1%D @ Syrinx DVL	0.05°sec(L)	0.01°	4/6	是
SPRINT-Nav 500	0.06%D @ Syrinx DVL	0.04°sec(L)	0.01°	4/6	
SPRINT-Nav 700	0.04%D @ Syrinx DVL	0.02°sec(L)	0.01°	4/6	

注：CEP（circular error probable）为圆概率误差；RMS（root mean square）为均方根；耐压深度一列，斜线前后表示可供选择的两个挡位

表 1-5　IXSEA 公司部分典型产品主要技术指标

型号	组合定位精度（50%CEP）	姿态精度（RMS）		耐压深度/km	一体化
		航向	水平		
PHINS 6000	0.1%D @ Tele RDI DVL	0.02°sec(L)	0.01°	6	否
ROVINS	0.2%D @ Tele RDI DVL	0.05°sec(L)	0.01°	3	
ROVINS NANO	0.5%D @ Tele RDI DVL	0.5°sec(L)	0.1°	4	

4. 国内工作

国内对声学多普勒测速技术研究已进行了 40 多年，目前已经具有一定的自主

创新能力，研究机构包括哈尔滨工程大学、中国科学院声学研究所、中国船舶重工集团第七一五研究所、广州中海达卫星导航技术股份有限公司等。

中国科学院声学研究所自20世纪80年代开始声学多普勒测速技术研究，在国家863计划、国家重点研发计划等项目支持下，重点围绕声学常规测速技术开展工作，产品谱系已基本建立，并着重服务于民用领域，主要包括河流航道测量、海洋流速剖面测量等。图1-10为RIV-1200型常规自容式测速产品。

图1-10 RIV-1200型常规自容式测速产品[38]

哈尔滨工程大学自20世纪90年代开始声学多普勒测速技术研究，重点围绕声学相控测速技术开展工作，经过30多年的发展，产品谱系已基本建立，主要涵盖水下自主导航测速、海洋流速剖面测量、海浪谱估计等。图1-11为哈尔滨工程大学相控测速技术发展历程。

（1）探索阶段。在中国船舶总公司基金支持下，通过深化相控测速理论研究，于1996年研制出国内首台相控多普勒计程仪原理样机（240kHz），并通过航模水池和湖上跑船验证了相控机理可行性。

（2）第一代技术。2005～2012年，在973计划、国防基础科研计划等项目支持下，围绕水面舰船导航系统升级和水下潜水器自主导航需求，于2005年研制出当时国际上频率最高、尺寸最小的相控多普勒计程仪工程样机（300kHz）。在此基础上，突破高频微小型相控阵设计、大功率相控发射和低噪声多通道相控接收等关键技术，解决了高航速、大机动等条件下的声学测速难题，2009年研制出水面舰船用相控多普勒计程仪（HEU300型@300kHz），2012年研制出HEU150型相控阵多普勒计程仪（HEU150型@150kHz）。

（3）第二代技术。2013～2017年，围绕新一代自主导航应用需求，解决了极低信噪比下的回波检测、时变信道下的声学信号自适应控制、非平稳信号的精确频率估计、深海耐压阵设计等问题，先后研制出HEU150-II型和HEU300-II型相控阵多普勒计程仪，声学导航精度和稳健性得到大幅提升，并具备了6000m潜深下的声学导航能力。

（4）第三代技术。2018～2021年，面向深远海未知复杂环境下的高精度水声导航需求，进一步突破基于声学环境感知的测速准确度动态补偿、基于回波统计特性的测速精度在线评价、宽带波形优化、微小型系统设计与实现等关键技术，健全了相控阵测速谱系（包括45kHz、60kHz、120kHz、150kHz、300kHz和600kHz）。在此基础上，从声学测速机理层面探索声学与惯性一体化导航方法，聚焦大机动、高海况等条件下制约自主导航精度提升的若干难题，研制出一体化样机。

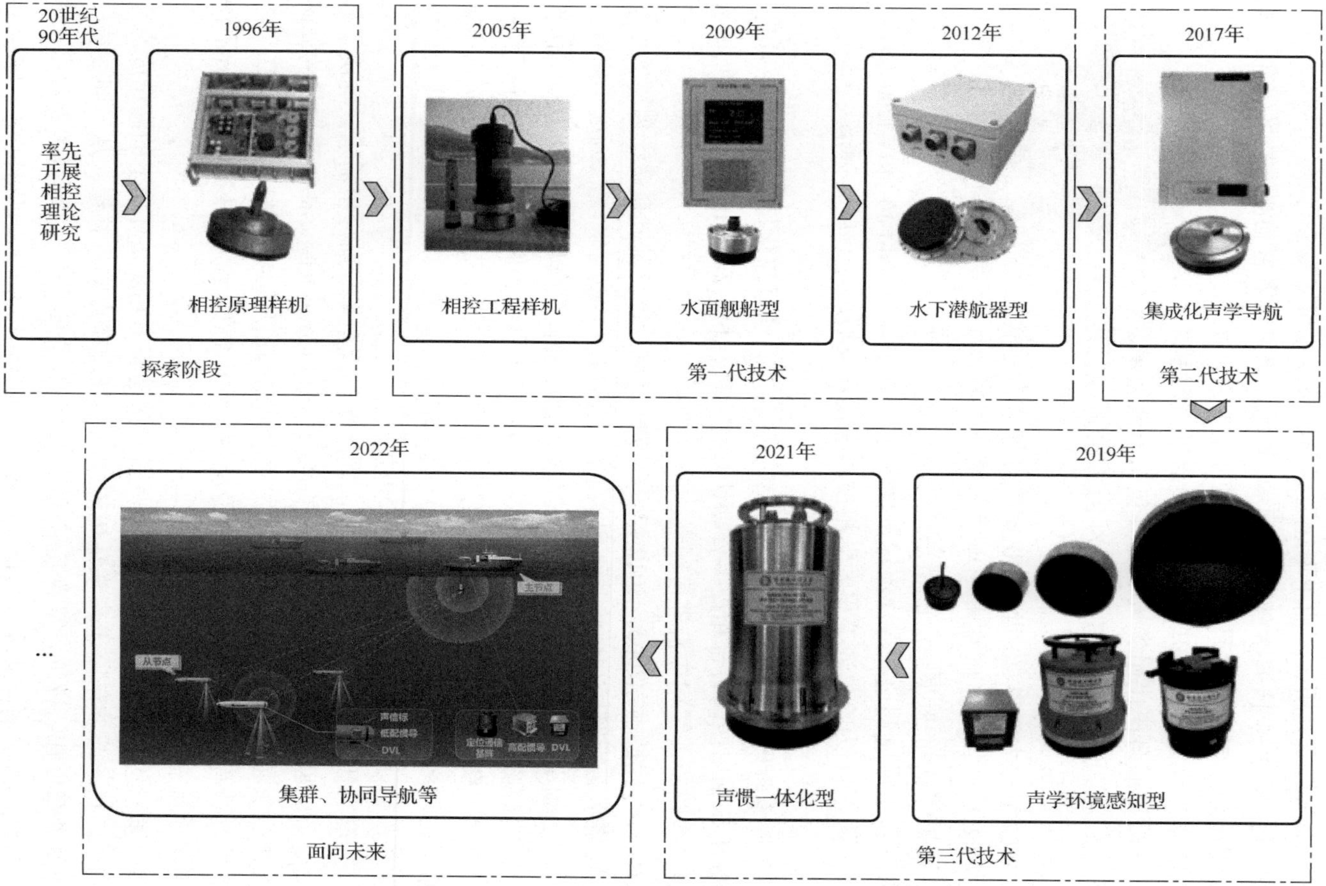

图 1-11　哈尔滨工程大学相控测速技术发展历程（彩图附书后）

（5）面向未来。2022 年至今，面向未来水下无人集群、协同等导航需求，建立基于水声导航、水声定位与水声通信多源信息融合的综合导航系统研制，并于 2022 年完成了四节点（主从式）编队航行试验，为高精度水声导航后续发展奠定了技术基础。

经过了三代技术积累，哈尔滨工程大学科研团队建立起具有完全自主知识产权的声学相控多普勒测速技术体系，形成谱系化产品，累计实现七百余台套应用。图 1-12 为两款代表性多普勒测速产品，分别为 HEU150 型相控自容式和 HEU300 型常规自容式测速产品，长期测速精度均优于±0.5%v±0.2cm/s。

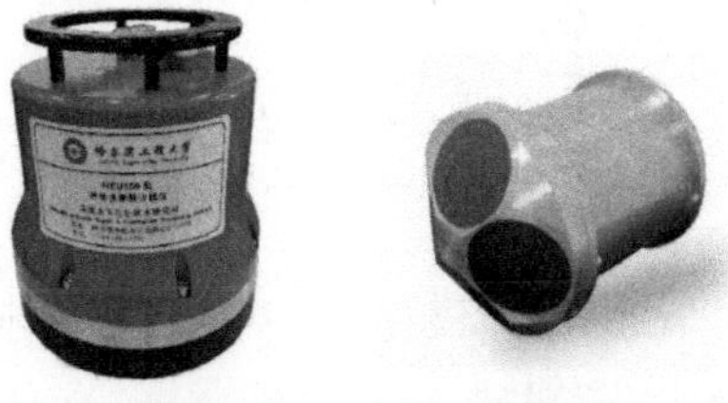

（a）HEU150　　（b）HEU300

图 1-12　多普勒测速产品

面向深远海水下长航程精确导航需求，为了提高组合导航精度、系统稳定性与适用性，哈尔滨工程大学设计了惯性与多普勒一体化组合导航系统，即将惯性传感器（陀螺仪与加速度计）与声学换能器在机械结构层面进行一体化结构设计、加工并装配，在嵌入式导航计算机的基础上，从一体化导航需求层面挖掘声学测速潜力、优化组合导航方法，解决了系统的工程化问题，研制的 Nav4000 系统（图 1-13）具有用户免标定、抗摇摆、小尺寸、高精度等特点。

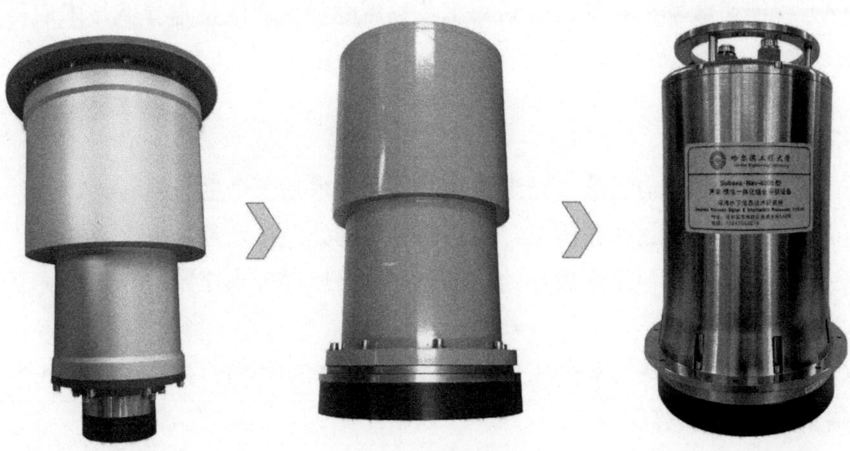

基于300kHz相控测速声呐原理样机　　基于150kHz相控测速声呐工程样机　　基于150kHz相控测速声呐HEU-Nav4000

图 1-13　一体化导航系统研发情况

相比于分体式安装方式，一体化系统的导航解算流程并无本质区别，只是在信息测量的空间一致性方面要远好于分体式安装，并且可以在设备出厂前完成惯性组件与声学换能器之间的安装偏角标校工作。这得益于一体化结构设计加工装配后，三类传感器之间的安装偏差固定不变，不会受全天航行海域水温变化导致船体变形、传感器不同安装位置受船体振动扰动不同等影响。

1.5　未来发展趋势

下面针对高精度水声定位和导航技术和设备的发展，从应用与技术两方面简要阐述一下未来发展趋势。

1. 应用方面

（1）水下无人技术以及智能化的发展是最主要的推动力量，时空关系贯穿水下无人系统研究与应用的全链条，从静态到动态，从少数到集群，从安静到高噪等方面，技术与产业前景广阔。

（2）对海洋本身的科学观测，特别是海水层析观测及海底板块位移等新兴地学研究新方向，对水声定位与导航提出了新的挑战。

（3）海洋生物观测与监测需要水声定位技术的参与，人文海洋研究方兴未艾。

（4）深海矿藏勘探与开发等新兴工业领域亟待水声定位与导航技术取得新的突破。

2. 技术方面

（1）定位、导航与通信，乃至感知一体化技术是一个主流趋势。

（2）超高增益、超高分辨率、超高稳健性等处理技术是未来努力方向。

（3）与惯性及其他信息载体的多源信息融合以提升水声定位导航能力是另外一个重要发展方向。

（4）设备在高压环境的耐压性、高效计算的算法能力、传感器间的匹配性等都面临新的发展机遇。

总之，人类对未知海域探索的步伐正在加快，海域拓展，样式纷繁，对高精度水声定位与导航技术的研究与应用必将迎来一个新的高峰。

参考文献

[1] Groves P D. Principles of GNSS, Inertial, and Multi Sensor Integrated Navigation Systems[M]. London: Artech House, 2013.

[2] Naval Technology. NSSN Virginia-Class Attack Submarine[EB/OL].(2020-08-07) [2023-06-17]. https://www.naval-technology.com/projects/nssn/.

[3] Naval Technology. REMUS 300 Unmanned Underwater Vehicle(UUV)[EB/OL]. (2023-03-21)[2023-04-10]. https://www.naval-technology.com/projects/remus-300-unmanned-underwater-vehicle-uuv/.

[4] 杨学祥. 温室气体伴同冷水的深海循环: 冰期时代的温室气体去向[EB/OL]. (2015-01-19)[2023-04-10]. https://blog.sciencenet.cn/blog-2277-860950.html.

[5] 徐一丹, 李建平, 汪秋云, 等. 全球变暖停滞的研究进展回顾[J]. 地球科学进展, 2019, 34(2): 175-190.

[6] 刘伯胜, 黄益旺, 陈文剑, 等. 水声学原理[M]. 3 版. 北京: 科学出版社, 2019.

[7] 李启虎. 不忘初心, 再创辉煌: 声呐技术助推海洋强国梦[J]. 中国科学院院刊, 2019, 34(3): 253-263.

[8] 米尔恩. 水下工程测量[M]. 肖士砳, 陈德源, 译. 北京: 海洋出版社, 1992.

[9] 孙大军, 郑翠娥, 张居成, 等. 水声定位导航技术的发展与展望[J]. 中国科学院院刊, 2019, 34(3): 331-338.

[10] iXblue. USBL solution[EB/OL]. [2023-04-10]. https://www.ixblue.com/maritime/subsea-positioning/usbl-solutions/.

[11] Sonardyne. HPT 5000/7000[EB/OL]. [2023-04-10]. https://www.sonardyne.com/products/hpt-5000-and-7000-usbl-positioning-transceiver/.

[12] Kongsberg. New underwater positioning systems and transponders unveiled by Kongsberg maritime[EB/OL]. (2010-05-06)[2023-04-10]. https://www.kongsberg.com/maritime/about-us/news-and-media/news-archive/2010/new-underwater-positioning-systems-and-transponders-unveiled-by-kongsberg/.

[13] iXblue. Ramses[EB/OL]. [2023-04-10]. https://www.ixblue.com/store/ramses/.

[14] Sonardyne. ROVNav6[EB/OL]. [2023-04-10]. https://www.sonardyne.com/products/rovnav-6/.

[15] Kongsberg. CPAP - ROV positioning in long base line transponder array[EB/OL]. [2023-04-10]. https://www.kongsberg.com/maritime/products/Acoustics-Positioning-and-Communication/transponders/cPAP.

[16] Sonardyne. Marksman LUSBL[EB/OL]. [2023-04-10]. https://www.sonardyne.com/products/marksman-lusbl-subsea-positioning-system/.

[17] 普思海洋. GAPS 高精度水下超短定位系统[EB/OL]. [2023-04-08]. https://www.wedynamics.com.cn/pages/g000172.

[18] 孙大军, 郑翠娥, 钱洪宝, 等. 水声定位系统在海洋工程中的应用[J]. 声学技术, 2012, 31(2): 125-132.

[19] 郑翠娥. 超短基线定位技术在水下潜器对接中的应用研究[D]. 哈尔滨: 哈尔滨工程大学, 2008.

[20] 人民网: 哈工程自主研发高精度“超短基线定位系统”打破国际垄断[EB/OL]. (2014-10-25)[2023-04-10]. http://news.hrbeu.edu.cn/info/info/1017/45405.htm.

[21] 中国大洋矿产资源研究开发协会. “向阳红 09”船从青岛起航 搭载“蛟龙”号探秘海底深渊 [EB/OL]. (2016-04-13)[2023-04-10]. http://www.comra.org/2016-04/13/content_8699809.htm.

[22] 中国科学院海洋研究所. 科学号科考船[EB/OL]. [2023-04-10]. http://159.226.158.60/lrio/?jw_portfolio=%E7%A7%91%E5%AD%A6%E5%8F%B7%E7%A7%91%E8%80%83%E8%88%B9.

[23] 中国科学院深海科学与工程研究所. 科考船之“大洋一号”[EB/OL]. (2016-02-24)[2023-04-10]. http://www.idsse.ac.cn/hykp2015/hyzt2015/hykkc/201602/t20160224_4535725.html.

[24] 海底 1 万米，你好！——“奋斗者”号标注中国载人深潜新坐标[EB/OL]. (2020-11-28)[2023-04-10]. http://www.xinhuanet.com/politics/2020-11/28/c_1126798286.htm.

[25] “蛟龙”号在雅浦海沟完成大深度下潜[EB/OL]. (2016-05-20)[2023-04-10]. http://www.comra.org/2016-05/20/content_8782238.htm.

[26] 国家材料腐蚀与防护科学数据中心. 干货|海洋新材料之深海浮力材料[EB/OL]. (2016-12-28)[2023-04-10]. https://www.corrdata.org.cn/news/science/2016-12-28/164079.html.

[27] 中国科学院沈阳自动化研究所. “潜龙二号”取得我国大洋热液探测重大突破[EB/OL]. (2016-05-26)[2023-04-10]. http://rlab.sia.cas.cn/xwxx/kydt/201605/t20160526_336681.html.

[28] 哈工程这项技术助“深海勇士”号“大海捞针”[EB/OL]. (2019-06-10)[2023-04-10]. https://k.sina.com.cn/article_2307880085_898f749500100i7hq.html.

[29] 邹明达, 徐继渝. 船用测速声纳原理及其应用[M]. 北京: 人民交通出版社, 1992.

[30] Denbigh P N. Ship velocity determination by Doppler and correlation techniques[C]//IEE Proceedings F-Communications, Radar and Signal Processing, 1984: 315-326.

[31] 曹忠义. 水下航行器中的声学多普勒测速技术研究[D]. 哈尔滨: 哈尔滨工程大学, 2014.

[32] Teledyne marine. Sentinel V A DCP[EB/OL]. [2023-04-10]. http://www.teledynemarine.com/sentinel-v-adcp?ProductLineID=12.

[33] SonTek. RiverSurveyor S5/M9[EB/OL]. [2023-04-10]. https://www.xylem.com/zh-cn/products--services/analytical-instruments-and-equipment/flowmeters-velocimeters/riversurveyor/.

[34] Sonardyne. SPRINT 500[EB/OL]. [2023-04-10]. https://www.sonardyne.com/products/sprint-nav-all-in-one-subsea-navigation/.

[35] Advanced Navigation Sublocus DVL[EB/OL]. [2023-04-10]. https://www.p-nav.com.cn/Product/detail/classid/126/id/337.html.

[36] iXblue. Phins Compact C3[EB/OL]. [2023-04-10]. https: //www. ixblue. com/store/phins-compact-c3/.

[37] Teledyne marine. TOGSNAV [EB/OL]. [2023-04-10]. http://www.teledynemarine.com/togsnav?ProductLineID=50.

[38] RIV-F5 Series Five-beam Acoustic Doppler Current Profiler[EB/OL]. [2023-04-10]. https://www.haiyingmarine.com/index.php?a=shows&catid=81&id=92.

第 2 章　超短基线定位技术

2.1　概　　述

超短基线（USBL）水声定位系统（简称 USBL 定位系统）基于声学原理进行测距和测向，同时融合卫星定位系统和姿态测量系统的观测数据获得目标绝对大地位置。本章详细介绍 USBL 的工作原理，并在此基础上重点介绍提高 USBL 定位精度的算法，具体包括：声学定位算法、阵型误差修正算法、传感器之间的安装误差校准算法。

2.2　USBL 定位系统介绍

USBL 定位系统的定位过程分两个步骤，首先通过测量目标到达声学基阵各个基元的传播时延来估计目标相对声学基阵的方位和距离，然后结合同步测量的卫星定位数据和姿态传感器数据将目标在基阵坐标系下的相对位置转换成大地坐标系下的绝对位置。本节首先介绍 USBL 定位原理，然后介绍坐标转换的算法，最后对 USBL 定位系统的系统误差进行介绍和分析。

2.2.1　USBL 定位原理

1. *声学定位原理*

USBL 根据声波从目标到达声学基阵各基元的传播时延差来计算入射声信号的俯仰角和航向角，根据传播时延来计算目标与声学基阵中心的斜距，最后根据角度和距离确定目标在基阵坐标系下的位置。假设 USBL 声学基阵由 1 个发射基元和 4 个接收基元构成，以发射基元为原点建立基阵坐标系，4 个接收基元分别位于如图 2-1 所示的坐标轴且距原点距离均为 $d/2$。目标位于 T 处，坐标为 (x,y,z)。

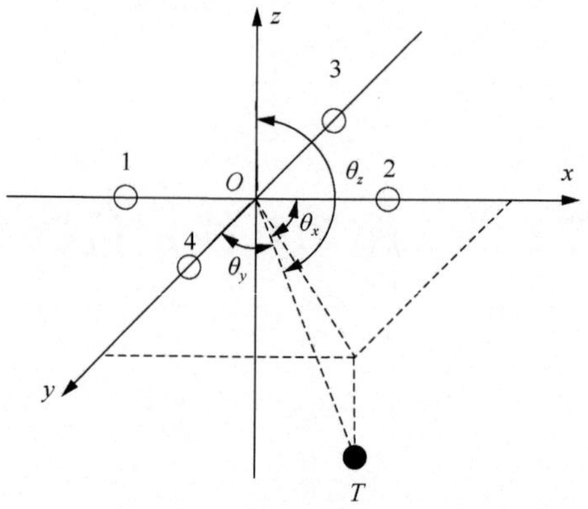

图 2-1　USBL 定位原理

目标在基阵坐标系下的坐标可表示为

$$x = \cos\theta_x \cdot R \tag{2-1}$$

$$y = \cos\theta_y \cdot R \tag{2-2}$$

$$z = \cos\theta_z \cdot R \tag{2-3}$$

式中，R 为目标到基阵中心的斜距；θ_x、θ_y、θ_z 为目标与 x 轴、y 轴、z 轴的夹角。

根据二元测向定理的基本公式[1]，目标在 x 和 y 方向的方向余弦可以表示为

$$\cos\theta_x = \frac{c\tau_x}{d} \tag{2-4}$$

$$\cos\theta_y = \frac{c\tau_y}{d} \tag{2-5}$$

式中，c 为声波在水中的传播速度；τ_x 为声波到达基元 1 和基元 2 的时延差；τ_y 为声波到达基元 3 和基元 4 的时延差。

同时，θ_x、θ_y、θ_z 满足如下基本条件：

$$\cos^2\theta_x + \cos^2\theta_y + \cos^2\theta_z = 1 \tag{2-6}$$

联立式（2-4）～式（2-6）可确定目标 z 方向的方向余弦为

$$\cos\theta_z = -\sqrt{1 - \left(\frac{c\tau_x}{d}\right)^2 - \left(\frac{c\tau_y}{d}\right)^2} \tag{2-7}$$

根据式（2-1）～式（2-3），要确定目标的坐标还需确定斜距 R。假设基阵的几何中心为基阵坐标系的原点，因此斜距 R 可以根据式（2-8）获得。

$$R=\frac{1}{4}\sum_{i=1}^{4}c\cdot t_i \tag{2-8}$$

式中，t_i 为声信号从目标到第 i 号基元的传播时间。将式(2-4)、式(2-5)、式(2-7)、式（2-8）代入式（2-1）～式（2-3）中，可获得目标在基阵坐标系下的坐标。

$$x=\frac{c\tau_x}{d}\cdot R \tag{2-9}$$

$$y=\frac{c\tau_y}{d}\cdot R \tag{2-10}$$

$$z=-\sqrt{1-\left(\frac{c\tau_x}{d}\right)^2-\left(\frac{c\tau_y}{d}\right)^2}\cdot R \tag{2-11}$$

2. 绝对定位原理

根据 USBL 定位系统的声学定位原理，可以获得目标在基阵坐标系下的位置。为了获得目标在大地坐标系下的位置，还需要卫星定位数据和姿态传感器数据，通过坐标转换手段，将目标在基阵坐标系下的相对位置转换成大地坐标系下的绝对位置。

1）坐标系的定义

USBL 定位系统涉及大地坐标系、载体坐标系、基阵坐标系，三个坐标系均采用左手坐标系[2]进行定义，分别记为大地坐标系 $\Omega_G\left(O_G - x_G y_G z_G\right)$、载体坐标系 $\Omega_S\left(O_S - x_S y_S z_S\right)$、基阵坐标系 $\Omega_A\left(O_A - x_A y_A z_A\right)$，各坐标系间的关系如图 2-2 所示。

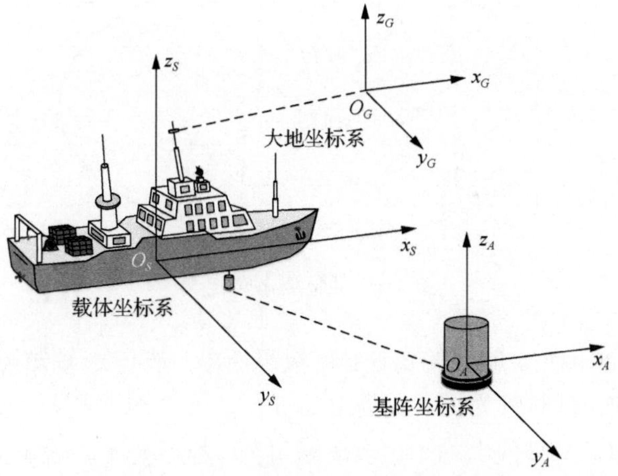

图 2-2　USBL 定位系统涉及的坐标系

（1）大地坐标系。大地坐标系通常采用通用横轴墨卡托（universal transverse mercator, UTM）坐标系[3]，原点位于赤道和中央子午线的交点，x_G轴指向北方向，又称 N 轴，y_G轴指向东方向，又称 E 轴，z_G轴指向天顶方向，又称 U 轴。

（2）载体坐标系。载体坐标系指姿态传感器自身定义的参考坐标系，原点位于姿态传感器参考坐标系的原点，x_S轴在甲板平面内，指向船首，y_S轴在甲板平面内，指向右舷，z_S轴垂直于甲板平面，指向上方。

（3）基阵坐标系。基阵坐标系由基阵中各基元的位置决定，原点位于基阵中心，x_A轴在基阵平面内，指向船首，y_A轴在基阵平面内，指向右舷，z_A轴垂直于基阵平面，指向上方。

2）载体姿态角和集阵安装偏角的定义

定义了坐标系后，大地坐标系与载体坐标系之间可通过载体姿态角进行描述，载体坐标系与基阵坐标系之间可通过基阵安装偏角进行描述。下面给出 USBL 定位系统中载体姿态角（图 2-3）和基阵安装偏角（图 2-4）的定义。

（1）载体姿态角。航向角A：在x_GOy_G平面内，船首方向与正北方向的夹角，向东为正。纵摇角κ：船首方向与x_GOy_G平面的夹角，从平面x_GOy_G起，船首方向向上为正。横滚角φ：船的右舷与x_GOy_G平面的夹角，从平面x_GOy_G起，右舷方向向上为正。

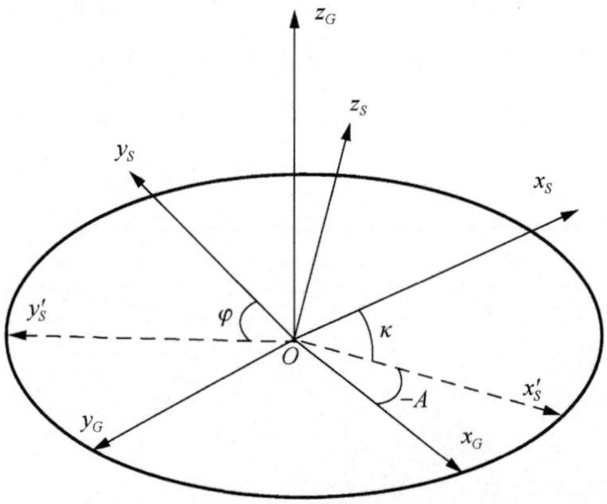

图 2-3　载体姿态角定义

（2）基阵安装偏角。航向偏角α：甲板平面内，基阵x_A轴与船首方向的夹角，沿着z_S轴负方向，顺时针为正。纵摇偏角β：基阵x_A轴与甲板平面的夹角，从甲板平面起，x_A轴正半轴向上为正。横滚偏角γ：基阵y_A轴与甲板平面的夹角，从甲板平面起，y_A轴正半轴向上为正。

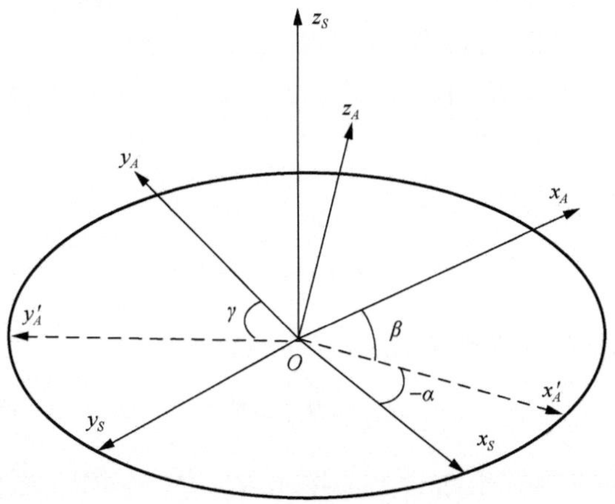

图 2-4　基阵安装偏角

3）坐标转换

利用欧拉旋转定理可知，对于任意两个原点重合的三维直角坐标系，其中一个坐标系可通过三次欧拉旋转与另一个坐标系重合。基于此定理，大地坐标系至载体坐标系的坐标转换公式如下：

$$\boldsymbol{X}_S = \boldsymbol{R}_{GS} \cdot \boldsymbol{X}_G \tag{2-12}$$

式中，$\boldsymbol{X}_S$ 为目标在载体坐标系下的位置；$\boldsymbol{X}_G$ 为目标在大地坐标系下的位置；$\boldsymbol{R}_{GS}$ 为大地坐标系至载体坐标系的旋转矩阵，

$$\boldsymbol{R}_{GS} = \begin{bmatrix} \cos\kappa\cos A & \cos\kappa\sin A & \sin\kappa \\ -\cos\varphi'\sin A - \sin\varphi'\sin\kappa\cos A & \cos\varphi'\cos A - \sin\varphi'\sin\kappa\sin A & \sin\varphi'\cos\kappa \\ \sin\varphi'\sin A - \cos\varphi'\sin\kappa\cos A & -\sin\varphi'\cos A - \cos\varphi'\sin\kappa\sin A & \cos\varphi'\cos\kappa \end{bmatrix} \tag{2-13}$$

其中，

$$\varphi' = \arcsin(\sin\varphi / \cos\kappa) \tag{2-14}$$

载体坐标系到大地坐标系的旋转矩阵可表示为

$$\boldsymbol{R}_{SG} = \boldsymbol{R}_{GS}^{-1} = \boldsymbol{R}_{GS}^{\mathrm{T}} \tag{2-15}$$

从载体坐标系至基阵坐标系的坐标转换公式为

$$\boldsymbol{X}_A = \boldsymbol{R}_{SA} \cdot \boldsymbol{X}_S \tag{2-16}$$

式中，$\boldsymbol{X}_S$ 为目标在载体坐标系下的位置；$\boldsymbol{X}_A$ 为目标在基阵坐标系下的位置；$\boldsymbol{R}_{SA}$ 为载体坐标系至基阵坐标系的旋转矩阵，

$$\boldsymbol{R}_{SA}=\begin{bmatrix} \cos\beta\cos\alpha & \cos\beta\sin\alpha & \sin\beta \\ -\cos\gamma'\sin\alpha-\sin\gamma'\sin\beta\cos\alpha & \cos\gamma'\cos\alpha-\sin\gamma'\sin\beta\sin\alpha & \sin\gamma'\cos\beta \\ \sin\gamma'\sin\alpha-\cos\gamma'\sin\beta\cos\alpha & -\sin\gamma'\cos\alpha-\cos\gamma'\sin\beta\sin\alpha & \cos\gamma'\cos\beta \end{bmatrix} \tag{2-17}$$

其中，

$$\gamma'=\arcsin(\sin\gamma/\cos\beta) \tag{2-18}$$

从基阵坐标系到载体坐标系的旋转矩阵如下：

$$\boldsymbol{R}_{AS}=\boldsymbol{R}_{SA}^{-1}=\boldsymbol{R}_{SA}^{\mathrm{T}} \tag{2-19}$$

记 $\boldsymbol{X}_{\text{target}}^{A}$ 为目标在基阵坐标系下的坐标，$\boldsymbol{R}_{AS}$ 为基阵坐标系到载体坐标系的旋转矩阵，$\Delta\boldsymbol{X}$ 为基阵坐标系的原点在载体坐标系下的坐标（后文简称安装位置误差）。其中，$\boldsymbol{X}_{\text{target}}^{A}$ 由声学定位系统获得，$\boldsymbol{R}_{AS}$ 和 $\Delta\boldsymbol{X}$ 均表示传感器之间的安装误差，由安装误差校准获得，则目标在载体坐标系下的坐标 $\boldsymbol{X}_{\text{target}}^{S}$ 为

$$\boldsymbol{X}_{\text{target}}^{S}=\boldsymbol{R}_{AS}\cdot\boldsymbol{X}_{\text{target}}^{A}+\Delta\boldsymbol{X} \tag{2-20}$$

记 $\boldsymbol{X}_{\text{antenna}}^{G}$ 为载体天线相位中心在大地坐标系下的坐标，$\boldsymbol{R}_{SG}$ 为载体坐标系到大地坐标系的旋转矩阵。其中，$\boldsymbol{X}_{\text{antenna}}^{G}$ 由卫星定位系统获得，$\boldsymbol{R}_{SG}$ 由姿态测量系统获得，则目标在大地坐标系下的坐标 $\boldsymbol{X}_{\text{target}}^{G}$ 为

$$\boldsymbol{X}_{\text{target}}^{G}=\boldsymbol{X}_{\text{antenna}}^{G}+\boldsymbol{R}_{SG}\cdot\left(\boldsymbol{R}_{AS}\cdot\boldsymbol{X}_{\text{target}}^{A}+\Delta\boldsymbol{X}\right) \tag{2-21}$$

2.2.2　USBL 定位系统误差分析

在 USBL 定位系统实际作业中，测量噪声、环境变化以及设备安装等因素都会引起系统的定位误差，这影响了系统在作业中的应用。为提高系统的定位精度，对系统误差的来源加以分析是必要的。

1. *声学定位误差分析*

为衡量声学定位的精度，这里介绍一个概念——精度衰减因子（dilution of precision, DOP），用来表示误差的放大倍数，以 x 方向的声学定位结果为例，对式（2-9）两边求全微分，即

$$\Delta x=\frac{R\cdot\tau_x}{d}\Delta c+\frac{c\cdot\tau_x}{d}\Delta R+\frac{c\cdot R}{d}\Delta\tau_x-\frac{R\cdot c\cdot\tau_x}{d^2}\Delta d \tag{2-22}$$

在声学基阵装配过程中精确固定了基阵基元的位置，因此认为 Δd 可以忽略，上式可简化为

$$\Delta x = \frac{R\cdot\tau_x}{d}\Delta c + \frac{c\cdot\tau_x}{d}\Delta R + \frac{c\cdot R}{d}\Delta\tau_x \tag{2-23}$$

假设上式中各项误差彼此独立，计算相对均方根误差[4]，可得

$$D(\Delta x) = \left(\frac{R\cdot\tau_x}{d}\right)^2 D(\Delta c) + \left(\frac{c\cdot\tau_x}{d}\right)^2 D(\Delta R) + \left(\frac{c\cdot R}{d}\right)^2 D(\Delta\tau_x) \tag{2-24}$$

设声速误差 Δc、距离测量误差 ΔR、时延差误差 $\Delta\tau_x$ 分别服从均值为 0，方差为 σ_c^2、σ_R^2、$\sigma_{\tau_x}^2$ 的高斯分布，则上式可写为

$$D(\Delta x) = \sigma_x^2 = \left(\frac{R\cdot\tau_x}{d}\right)^2 \sigma_c^2 + \left(\frac{c\cdot\tau_x}{d}\right)^2 \sigma_R^2 + \left(\frac{c\cdot R}{d}\right)^2 \sigma_{\tau_x}^2 \tag{2-25}$$

将式（2-9）代入式（2-25）中，计算相对定位误差[4]

$$\frac{\sigma_x}{R} = \frac{c\cdot\tau_x}{d}\left[\left(\frac{\sigma_c}{c}\right)^2 + \left(\frac{\sigma_R}{R}\right)^2 + \left(\frac{\sigma_{\tau_x}}{\tau_x}\right)^2\right]^{\frac{1}{2}} \tag{2-26}$$

式中，$\dfrac{c\cdot\tau_x}{d} = \cos\theta_x$，故相对定位误差还可等效写作

$$\frac{\sigma_x}{R} = \cos\theta_x\left[\left(\frac{\sigma_c}{c}\right)^2 + \left(\frac{\sigma_R}{R}\right)^2 + \left(\frac{\sigma_{\tau_x}}{\tau_x}\right)^2\right]^{\frac{1}{2}} \tag{2-27}$$

通过式（2-27）可以看出，$\cos\theta_x$ 的大小直接影响 x 方向的相位定位误差。

综合考虑声速误差、距离测量误差、时延差误差转移到目标方向相对定位误差的程度，定义几何精度衰减因子（geometric dilution of precision, GDOP）为

$$\mathrm{GDOP_{USBL}} = \cos\theta_x \tag{2-28}$$

$\mathrm{GDOP_{USBL}}$ 与目标 x 方向相对定位误差的关系如下：

$$\frac{\sigma_x}{R} = \mathrm{GDOP_{USBL}}\left[\left(\frac{\sigma_c}{c}\right)^2 + \left(\frac{\sigma_R}{R}\right)^2 + \left(\frac{\sigma_{\tau_x}}{\tau_x}\right)^2\right]^{\frac{1}{2}} \tag{2-29}$$

由式（2-29）可知，$\mathrm{GDOP_{USBL}}$ 值越大，x 方向相对定位误差就越大。由 $\mathrm{GDOP_{USBL}}$ 的表达式可知，$\mathrm{GDOP_{USBL}}$ 值和目标与坐标轴夹角 θ_x 有关，θ_x 越小，相对定位误差越大，故使目标位于基阵正下方有利于获得高精度声学定位结果。

2. 总体定位误差分析

USBL 定位系统除了声学定位部分外，在转换到大地坐标系时还需要联合卫星定位数据、安装位置数据、声学定位数据、安装偏角数据和姿态传感器数据，它们各自都会引入误差。

1）卫星定位误差对定位精度的影响

由式（2-21）可知，卫星定位误差对 USBL 定位系统的影响只与 $\boldsymbol{X}_{\text{antenna}}^{G}$ 有关，记

$$\mathbf{EX}_{G}=\boldsymbol{X}_{\text{antenna}}^{G} \tag{2-30}$$

式中，$\mathbf{EX}_{G}=[\text{Ex}_{G}\quad \text{Ey}_{G}\quad \text{Ez}_{G}]^{\text{T}}$；$\boldsymbol{X}_{\text{antenna}}^{G}=[x_{\text{antenna}}^{G}\quad y_{\text{antenna}}^{G}\quad z_{\text{antenna}}^{G}]^{\text{T}}$。

假设卫星定位精度为$\sigma_{\text{antennaX}}^{2}$、$\sigma_{\text{antennaY}}^{2}$、$\sigma_{\text{antennaZ}}^{2}$，则$\mathbf{EX}_{G}$的均方根误差为

$$\sqrt{\overline{\Delta \text{Ex}_{G}^{2}}}=\sigma_{\text{antennaX}},\sqrt{\overline{\Delta \text{Ey}_{G}^{2}}}=\sigma_{\text{antennaY}},\sqrt{\overline{\Delta \text{Ez}_{G}^{2}}}=\sigma_{\text{antennaZ}} \tag{2-31}$$

可见，卫星定位误差影响 USBL 定位系统在大地坐标系下的绝对位置误差。卫星定位误差与目标到基阵的作用距离 R 无关，因而在同样的卫星定位误差下，作用距离较小时卫星定位误差对 USBL 定位系统的相对定位误差影响较大，作用距离较大时卫星定位误差对 USBL 定位系统的相对定位误差影响较小，在一定的作用距离和定位精度要求下此误差可以忽略不计。

2）安装位置误差对定位精度的影响

安装位置误差$\Delta\boldsymbol{X}$的精度对 USBL 定位系统的影响只与$\boldsymbol{R}_{SG}\cdot\Delta\boldsymbol{X}$有关，记

$$\mathbf{EX}_{R}=\boldsymbol{R}_{SG}\cdot\Delta\boldsymbol{X} \tag{2-32}$$

式中，$\mathbf{EX}_{R}=[\text{Ex}_{\text{R}}\quad \text{Ey}_{\text{R}}\quad \text{Ez}_{\text{R}}]^{\text{T}}$；$\boldsymbol{R}_{SG}=\begin{bmatrix} r_{SG11} & r_{SG12} & r_{SG13} \\ r_{SG21} & r_{SG22} & r_{SG23} \\ r_{SG31} & r_{SG32} & r_{SG33} \end{bmatrix}$；$\Delta\boldsymbol{X}=[\Delta x\quad \Delta y\quad \Delta z]^{\text{T}}$。

计算$\mathbf{EX}_{R}$的均方根误差，有

$$\sqrt{\overline{\Delta \text{Ex}_{R}^{2}}}=\left[r_{SG11}^{2}\overline{\Delta(\Delta x)^{2}}+r_{SG12}^{2}\overline{\Delta(\Delta y)^{2}}+r_{SG13}^{2}\overline{\Delta(\Delta z)^{2}}\right]^{\frac{1}{2}} \tag{2-33}$$

$$\sqrt{\overline{\Delta \text{Ey}_{R}^{2}}}=\left[r_{SG21}^{2}\overline{\Delta(\Delta x^{2})}+r_{SG22}^{2}\overline{\Delta(\Delta y^{2})}+r_{SG23}^{2}\overline{\Delta(\Delta z^{2})}\right]^{\frac{1}{2}} \tag{2-34}$$

$$\sqrt{\overline{\Delta \text{Ez}_{R}^{2}}}=\left[r_{SG31}^{2}\overline{\Delta(\Delta x^{2})}+r_{SG32}^{2}\overline{\Delta(\Delta y^{2})}+r_{SG33}^{2}\overline{\Delta(\Delta z^{2})}\right]^{\frac{1}{2}} \tag{2-35}$$

假设安装位置误差三方向误差统计独立，且精度均为$\sigma_{\text{int_pos}}^{2}$，则有

$$\sqrt{\overline{\Delta \text{Ex}_{R}^{2}}}=\sqrt{\overline{\Delta \text{Ey}_{R}^{2}}}=\sqrt{\overline{\Delta \text{Ez}_{R}^{2}}}=\sigma_{\text{int\_pos}} \tag{2-36}$$

由上述分析可知，同卫星定位误差一样，安装位置误差影响 USBL 定位系统的绝对位置误差，安装位置误差的精度与作用距离 R 无关，故结论同卫星定位误差相同。

3）声学定位误差对定位精度的影响

声学定位误差对 USBL 定位系统的影响只与 $\boldsymbol{R}_{SG}\cdot\boldsymbol{R}_{AS}\cdot\boldsymbol{X}_{\text{target}}^{A}$ 有关，记

$$\mathbf{JX}_{R}=\boldsymbol{R}_{SG}\cdot\boldsymbol{R}_{AS}\cdot\boldsymbol{X}_{\text{target}}^{A} \tag{2-37}$$

式中，$\mathbf{JX}_{R}=[\mathrm{Jx}_{R}\quad \mathrm{Jy}_{R}\quad \mathrm{Jz}_{R}]^{\mathrm{T}}$；$\boldsymbol{X}_{\text{target}}^{A}=[x_{A}\quad y_{A}\quad z_{A}]^{\mathrm{T}}$。

将 $\boldsymbol{R}_{SG}\cdot\boldsymbol{R}_{AS}$ 表示为下式：

$$\boldsymbol{R}_{SG}\cdot\boldsymbol{R}_{AS}=\boldsymbol{R}_{AG}=\begin{bmatrix} r_{AG11} & r_{AG12} & r_{AG13}\\ r_{AG21} & r_{AG22} & r_{AG23}\\ r_{AG31} & r_{AG32} & r_{AG33}\end{bmatrix} \tag{2-38}$$

计算 $\mathbf{JX}_{R}$ 的均方根误差，有

$$\sqrt{\overline{\Delta \mathrm{Jx}_{R}^{2}}}=(r_{AG11}^{2}\overline{\Delta x_{A}^{2}}+r_{AG12}^{2}\overline{\Delta y_{A}^{2}}+r_{AG13}^{2}\overline{\Delta z_{A}^{2}})^{\frac{1}{2}} \tag{2-39}$$

$$\sqrt{\overline{\Delta \mathrm{Jy}_{R}^{2}}}=(r_{AG21}^{2}\overline{\Delta x_{A}^{2}}+r_{AG22}^{2}\overline{\Delta y_{A}^{2}}+r_{AG23}^{2}\overline{\Delta z_{A}^{2}})^{\frac{1}{2}} \tag{2-40}$$

$$\sqrt{\overline{\Delta \mathrm{Jz}_{R}^{2}}}=(r_{AG31}^{2}\overline{\Delta x_{A}^{2}}+r_{AG32}^{2}\overline{\Delta y_{A}^{2}}+r_{AG33}^{2}\overline{\Delta z_{A}^{2}})^{\frac{1}{2}} \tag{2-41}$$

假设声学定位结果三方向误差统计独立，且定位精度均为 σ_{soun}^{2}，则有

$$\sqrt{\overline{\Delta \mathrm{Jx}_{R}^{2}}}=\sqrt{\overline{\Delta \mathrm{Jy}_{R}^{2}}}=\sqrt{\overline{\Delta \mathrm{Jz}_{R}^{2}}}=\sigma_{\text{soun}} \tag{2-42}$$

声学定位误差同样也影响 USBL 定位系统的绝对定位误差，由式（2-27）可知，声学定位精度 σ_{soun} 与作用距离 R 有关，作用距离越大，声学定位精度越差，反之则越好。

4）安装偏角误差对定位精度的影响

安装偏角误差对 USBL 定位系统的影响也与 $\boldsymbol{R}_{SG}\cdot\boldsymbol{R}_{AS}\cdot\boldsymbol{X}_{\text{target}}^{A}$ 有关。取 Jx_{R} 进行分析，仅考虑安装偏角误差对 USBL 定位系统的影响，对 Jx_{R} 全微分有

$$\Delta \mathrm{Jx}_{R}=\frac{\partial \mathrm{Jx}_{R}}{\partial\alpha}\Delta\alpha+\frac{\partial \mathrm{Jx}_{R}}{\partial\beta}\Delta\beta+\frac{\partial \mathrm{Jx}_{R}}{\partial\gamma}\Delta\gamma \tag{2-43}$$

此表达式的展开式十分复杂，从中看不到明显关系。一般而言，载体姿态的纵摇角和横滚角都比较小，且基阵安装的纵摇偏角和横滚偏角也容易控制在较小的范围内，为简化分析过程，假设 $\kappa=\varphi=0$、$\beta=\gamma=0$，在此简化基础上，计算总的均方根误差，则有

$$\sqrt{\overline{\Delta J_R^2}} = \sqrt{\overline{\Delta \mathrm{Jx}_R^2} + \overline{\Delta \mathrm{Jy}_R^2} + \overline{\Delta \mathrm{Jz}_R^2}}$$
$$= \left\{ (x_A^2 + y_A^2)\overline{\Delta\alpha^2} + [z_A^2 + (\cos\alpha x_A + \sin\alpha y_A)^2]\overline{\Delta\beta^2} + [z_A^2 + (\sin\alpha x_A + \cos\alpha y_A)^2]\overline{\Delta\gamma^2} \right\}^{\frac{1}{2}} \quad (2\text{-}44)$$

假设三个安装偏角误差统计独立，且精度均为$\sigma_{\text{int_angl}}^2$，则有

$$\sqrt{\overline{\Delta J_R^2}} = \left[2(x_A^2 + y_A^2 + z_A^2)\right]^{\frac{1}{2}} \sigma_{\text{int\_angl}} = \sqrt{2}R\sigma_{\text{int\_angl}} \quad (2\text{-}45)$$

相对定位误差为

$$\frac{\sqrt{\overline{\Delta J_R^2}}}{R} = \sqrt{2}\sigma_{\text{int\_angl}} \quad (2\text{-}46)$$

由上式，安装偏角误差影响 USBL 定位系统的相对定位误差，系统相对定位误差近似与安装偏角误差呈线性关系。

5）姿态传感器误差对定位精度的影响

姿态传感器误差对 USBL 定位系统的影响不仅与$\boldsymbol{R}_{SG} \cdot \boldsymbol{R}_{AS} \cdot \boldsymbol{X}_{\text{target}}^A$有关，还与$\boldsymbol{R}_{SG} \cdot \Delta\boldsymbol{X}$有关，此两项为线性相加，互不影响，故分别讨论。同安装偏角误差对定位误差影响的分析类似，分别对Jx_R、Jy_R、Jz_R、Ex_R、Ey_R、Ez_R求全微分，做$\kappa = \varphi = 0$、$\beta = \gamma = 0$的简化，并假设三个载体姿态角的误差统计独立，精度均为σ_{atti}^2，整理可得总的均方根误差为

$$\sqrt{\overline{\Delta J_R^2}} = \left[2(x_A^2 + y_A^2 + z_A^2)\right]^{\frac{1}{2}} \sigma_{\text{atti}} = \sqrt{2}R\sigma_{\text{atti}} \quad (2\text{-}47)$$

$$\sqrt{\overline{\Delta E_R^2}} = \left[2(\Delta x^2 + \Delta y^2 + \Delta z^2)\right]^{\frac{1}{2}} \sigma_{\text{atti}} = \sqrt{2}\Delta R\sigma_{\text{atti}} \quad (2\text{-}48)$$

相对定位误差为

$$\frac{\sqrt{\overline{\Delta J_R^2}}}{R} = \sqrt{2}\sigma_{\text{atti}} \quad (2\text{-}49)$$

$$\frac{\sqrt{\overline{\Delta E_R^2}}}{R} = \sqrt{2}\frac{\Delta R}{R}\sigma_{\text{atti}} \quad (2\text{-}50)$$

将式（2-49）与式（2-50）相加，可得姿态传感器误差对 USBL 定位系统总的相对定位误差：$\sqrt{2}\sigma_{\text{atti}}(1 + \Delta R / R)$。

由上述分析可知，在作用距离较大时，$\Delta R / R$可忽略不计，USBL 定位系统的相对定位误差近似与姿态传感器误差呈线性关系。

以卫星定位误差为 2m、安装位置误差为 3m、声学定位误差为斜距的 1%、姿态传感器误差为 0.5°、安装偏角误差为 0.5° 为例，仿真分析各误差源给 USBL 定位系统带来的相对定位误差，如图 2-5 所示。

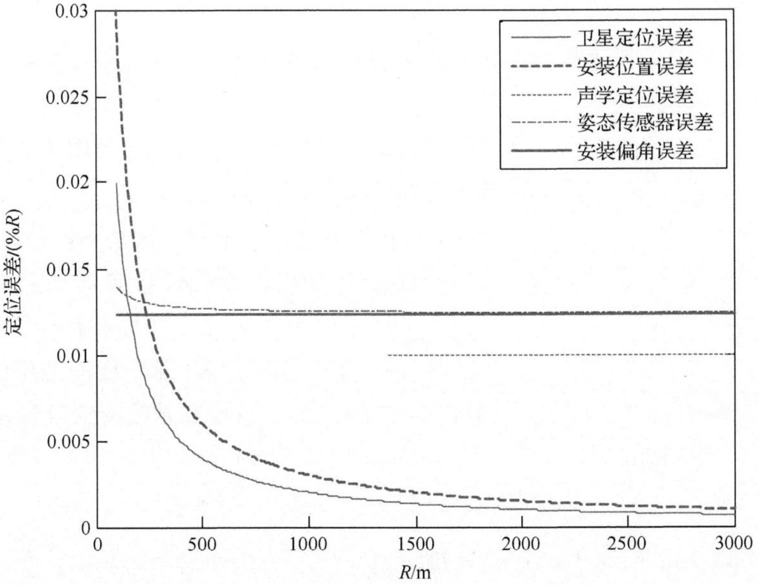

图 2-5　各误差源产生的定位误差（彩图附书后）

从图 2-5 可知：卫星定位误差和安装位置误差在斜距较小时引起的相对定位误差较大，随着斜距的增大二者的影响越来越小；声学定位误差和安装偏角误差所带来的相对定位误差不随斜距的变化而变化；而姿态传感器误差给 USBL 定位系统带来的影响还与安装位置误差有关，因此在斜距较小的时候姿态传感器误差给定位系统带来的误差要大于同样大小的安装偏角误差，而当斜距比较大时，即安装位置误差与斜距相比可以忽略不计时，同样大小的姿态传感器误差和安装偏角误差对定位系统的影响就一致了。故在斜距较小时，卫星定位误差与安装位置误差对整个定位系统的误差起主要作用，而在斜距较大时，则是声学定位误差、姿态传感器误差与安装偏角误差起主要的作用。

2.3　USBL 定位算法

根据 2.2.1 小节，得到了四元阵的声学定位算法，但根据不同需求，实际 USBL 阵型多种多样，有双十字正交阵、立体阵等。为满足不同阵型的解算需求，本节依次介绍常规声学定位算法、三角分解定位算法、基线分解定位算法及附加约束的立体阵定位算法。

2.3.1 常规声学定位算法

常规声学定位算法建立在基线严格正交的基础上，下面分别以三元阵和八元阵为例进行介绍。

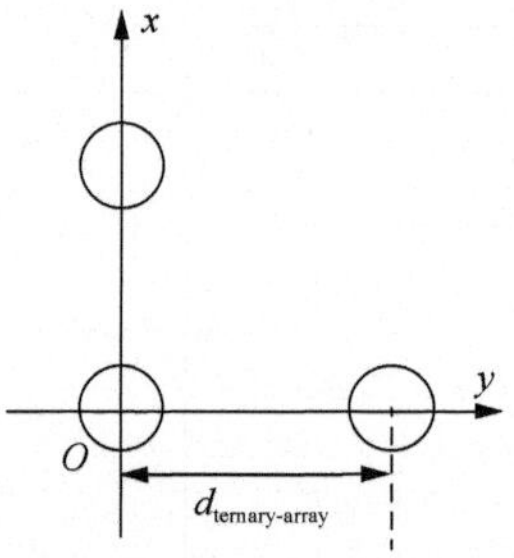

图 2-6 三元阵

三元阵为图 2-6 所示的三个圆圈中心点构成的等腰直角三角形，基线长度为$d_{\text{ternary-array}}$，定位原理与 2.2.1 小节四元阵的相同，这里不再赘述。

传统三元阵在设计的过程中需满足基线长度$d_{\text{ternary-array}}$小于半波长$\lambda/2$，下面解释原因。

往往先通过互谱法[5]计算基线间的相位差，后通过式（2-51）的关系计算基线间的时延差：

$$\tau = \frac{1}{2\pi}\frac{\psi}{f_c} \tag{2-51}$$

式中，τ为基线间时延差；ψ为基线间相位差；f_c为信号中心频率。

通过互谱法解算测得的相位差范围为$[-\pi,\pi]$，当基线长度大于信号半波长时，基线间的实际相位差可能超过这个范围，即测量相位差与实际相位差存在2π周期模糊，如式（2-52）所示：

$$\tilde{\psi} = \psi + 2\pi k \tag{2-52}$$

式中，$\tilde{\psi}$为测量相位差；ψ为真实相位差；k为模糊周期数。

此时，将测量相位差$\tilde{\psi}$代入式（2-51）中会导致时延差的模糊，进而导致方位计算错误。为避免测量相位差出现2π周期模糊，三元阵的基线长度$d_{\text{ternary-array}}$需满足小于半波长。

根据 2.2.2 小节对声学定位误差的分析可知，基线长度越小，定位精度越低，以小于$\lambda/2$的基阵尺寸很难获得高精度定位结果。为提高定位精度，增大基线长度，采用多基元处理技术是有效办法。

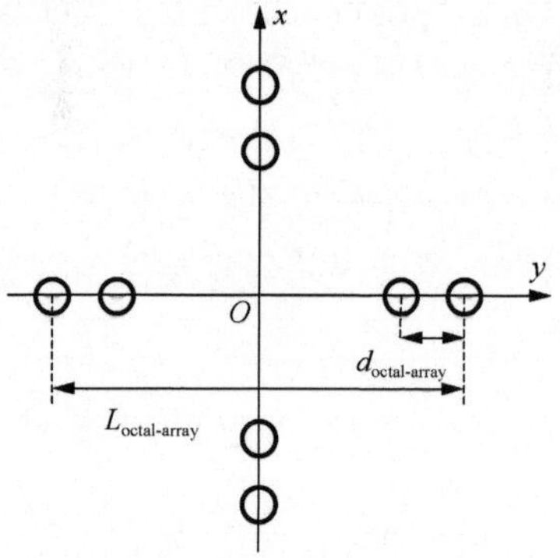

图 2-7 八元阵

八元阵由两个十字正交的直线阵组成，如图 2-7 所示。每个坐标轴上 SBL 的间距为

$d_{\text{octal-array}}$，$d_{\text{octal-array}} \leqslant \lambda/2$，LBL 的间距为 $L_{\text{octal-array}} = 8d_{\text{octal-array}}$。

根据式（2-4），将目标 x 方向的定位结果分别用 1、2 基线及 1、4 基线表示

$$x_d = \frac{c\tau_{12}R}{d_{\text{octal-array}}} \tag{2-53}$$

$$x_L = \frac{c\tau_{14}R}{L_{\text{octal-array}}} \tag{2-54}$$

将上面两式相比，并联立式（2-51）可得

$$\frac{\tau_{12}}{\tau_{14}} = \frac{\psi_{12}}{\psi_{14}} = \frac{d_{\text{octal-array}}}{L_{\text{octal-array}}} \tag{2-55}$$

对于 1、2 基线，由于间距 $d_{\text{octal-array}} < \lambda/2$，基线间的相位差满足 $|\psi_{12}| < \pi$，不存在周期模糊现象，即 $\widetilde{\psi}_{12} = \psi_{12}$，对应的时延差 $\tau_{12} = \frac{1}{2\pi}\frac{\psi_{12}}{f_c}$，亦不存在模糊。

对于 1、4 基线，由于间距 $L_{\text{octal-array}} > \lambda/2$，基线间可能存在相位模糊情况，此时 1、4 基线的测量相位差表示为

$$\widetilde{\psi}_{14} = \psi_{14} + 2\pi k \tag{2-56}$$

联立式（2-55）与式（2-56）可以得到基线 1、4 的模糊周期数 k：

$$k = \left[\frac{\widetilde{\psi}_{14}}{2\pi} - \frac{L_{\text{octal-array}}}{2\pi d}\widetilde{\psi}_{12}\right] \tag{2-57}$$

式中，$[\cdot]$ 表示取整。

将 k 代入式（2-56）中算出真实相位差 ψ_{14}，即可计算出无模糊时延差 τ_{14}。

同理，可求得 y 轴上的无模糊时延差 τ_{58}。至此，按照 2.2.1 小节的步骤，可利用 1、4 基线及 5、8 基线实现对目标的定位。

下面分析八元阵的定位精度，假设所有基线的时延差都具有相同的测量精度 $\Delta\tau$，即 $\Delta\tau_{12} = \Delta\tau_{14} = \Delta\tau$。

式（2-53）可以看作三元阵的定位公式，式（2-54）可以看作八元阵的定位公式，若不考虑斜距 R 的测量误差和声速 c 的测量误差，对式（2-53）和式（2-54）两边分别求微分可得

$$\Delta x_d = \frac{cR}{d_{\text{octal-array}}}\Delta\tau_{12} = \frac{cR}{d_{\text{octal-array}}}\Delta\tau \tag{2-58}$$

$$\Delta x_L = \frac{cR}{L_{\text{octal-array}}}\Delta\tau_{14} = \frac{cR}{L_{\text{octal-array}}}\Delta\tau \tag{2-59}$$

由上述公式可知，Δx_L 是 Δx_d 的八分之一，说明八元阵提高了三元阵定位精

度。八元阵在解决相位模糊问题的同时提高了定位精度，但同三元阵一样，定位算法是建立在基线严格正交的基础上，因此具有一定的局限性。为此，下文将介绍适用任意阵型的定位算法。

2.3.2　三角分解定位算法

为实现以一套算法适应不同结构的阵型，文献[6]提出了三角分解定位算法，其大致思想可以概括如下：①将多元基阵分解成不同朝向的三元阵，每个三元阵定义一个本地坐标系；②确定目标在每一个本地坐标系的位置，并通过坐标转换获得目标在基阵坐标系中的位置；③利用假设检验法消除三元阵固有的 z 坐标模糊，使每个三元阵获得的目标位置唯一确定；④判断目标矢量与每个三元阵平面的夹角，如果夹角小于某个门限，舍弃该三元阵对应的定位结果；⑤对所有符合条件的三元阵定位结果进行算术平均，获得目标在基阵坐标系的位置。文献[6]给出了三角分解定位算法具体推导过程，在此不再赘述。

下面从几何角度阐述如何根据任意基阵获得目标位置。图 2-8 展示了由基元 i、j、k 组成的定位单元及其对应的本地坐标系 $O\text{-}x_{\text{NRT-}ijk}y_{\text{NRT-}ijk}z_{\text{NRT-}ijk}$：以基元 j 为原点，以基线 ij、jk 分别为 $x_{\text{NRT-}ijk}$ 轴、$y_{\text{NRT-}ijk}$ 轴，$z_{\text{NRT-}ijk}$ 轴与 $x_{\text{NRT-}ijk}Oy_{\text{NRT-}ijk}$ 平面垂直。由于 $x_{\text{NRT-}ijk}$ 轴与 $y_{\text{NRT-}ijk}$ 轴互相不垂直，因此称此坐标系为非直角坐标系（non-right-angle coordinate system）。目标位于点 S，点 P 为目标在 $x_{\text{NRT-}ijk}Oy_{\text{NRT-}ijk}$ 平面上的投影。点 S 与 $x_{\text{NRT-}ijk}$ 轴、$y_{\text{NRT-}ijk}$ 轴、$z_{\text{NRT-}ijk}$ 轴的夹角分别为 α、β、γ，斜距为 R（即点 S 到原点 O 的距离），定义目标在本地坐标系的位置为

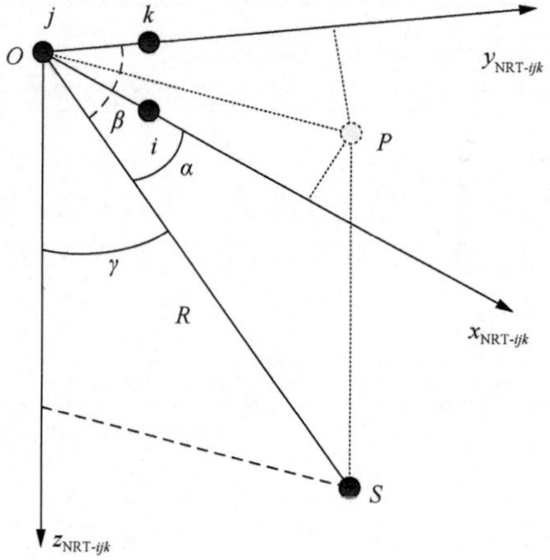

图 2-8　任意定位单元对应的非直角坐标系

$$\begin{cases} x_{\text{NRT-}ijk} = R\cdot\cos\alpha \\ y_{\text{NRT-}ijk} = R\cdot\cos\beta \\ z_{\text{NRT-}ijk} = R\cdot\cos\gamma \end{cases} \tag{2-60}$$

式中，$\cos\alpha = c\cdot\tau_{ij}/d_{\text{NRT-}ijk}$；$\cos\beta = c\cdot\tau_{jk}/d_{\text{NRT-}ijk}$；$\tau_{ij}$、$\tau_{jk}$表示基元之间的时延差；$c$表示声速；$d_{\text{NRT-}ijk}$表示基线长度。

图2-9展示了本地坐标系$x_{\text{NRT-}ijk}Oy_{\text{NRT-}ijk}$平面，$R_h$表示目标斜距$R$在该平面投影。定义$x_{\text{NRT-}ijk}$轴与$y_{\text{NRT-}ijk}$轴的夹角为$\nu$，矢量$\overline{OP}$与$x_{\text{NRT-}ijk}$轴、$y_{\text{NRT-}ijk}$轴的夹角分别为$\alpha_1$、$\beta_1$。过点$P$分别作$x_{\text{NRT-}ijk}$轴、$y_{\text{NRT-}ijk}$轴的垂线，垂足分别为$C$、$A$。直线$CD$垂直于$y_{\text{NRT-}ijk}$轴，垂足为$D$。直线$AF$垂直于$x_{\text{NRT-}ijk}$轴，垂足为$F$。从图2-9可以看出$|EP|=|AB|-|BD|$。顾及$|BD|=|BC|\cdot\cos\nu$、$|EP|=|CP|\cdot\sin\nu$，以及$|CP|=|BC|\cdot\tan\alpha_1$，因此可以得到关于$\alpha_1$的表达式

$$\tan\alpha_1=\frac{1}{\sin\nu}\left(\frac{\cos\beta}{\cos\alpha}-\cos\nu\right) \tag{2-61}$$

同理，可以得到关于β_1的表达式

$$\tan\beta_1=\frac{1}{\sin\nu}\left(\frac{\cos\alpha}{\cos\beta}-\cos\nu\right) \tag{2-62}$$

此外，从图2-9还可以得到

$$R_h=\frac{|BC|}{\cos\alpha_1}=\frac{|AB|}{\cos\beta_1} \tag{2-63}$$

因此，关于γ的表达式为

$$\sin\gamma=\frac{R_h}{R}=\frac{\cos\alpha}{\cos\alpha_1}=\frac{\cos\beta}{\cos\beta_1} \tag{2-64}$$

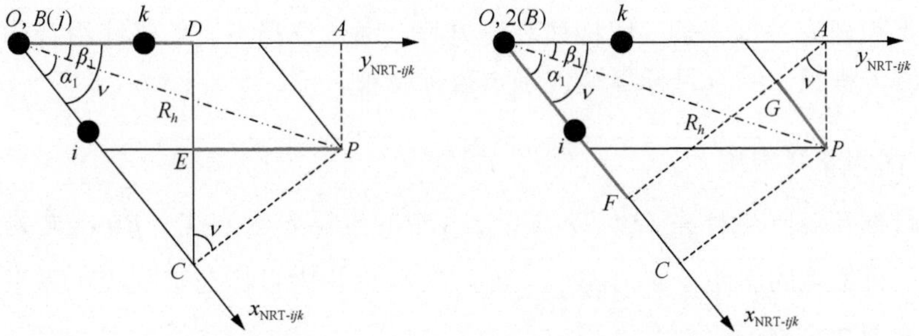

图2-9　目标在$x_{\text{NRT-}ijk}Oy_{\text{NRT-}ijk}$平面的投影及其对应的几何关系

将非直角坐标系中的目标坐标转换为平行四边形坐标。根据图 2-10 中的几何关系，平行四边形坐标与本地坐标系中的(X,Y)坐标之间的关系如式（2-65）所示：

$$\begin{cases} x_{\text{Para-}ijk} = |BC| - |CP|\cot\nu \\ y_{\text{Para-}ijk} = |AB| - |AP|\cot\nu \end{cases} \tag{2-65}$$

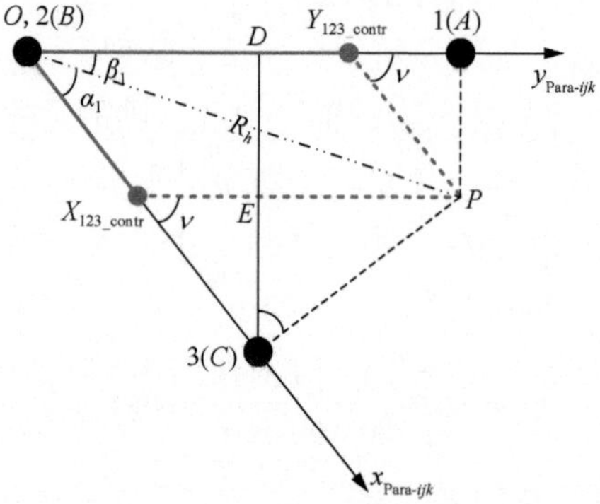

图 2-10　平行四边形坐标

最后，根据坐标基转换定理[6]，将平行四边形坐标转换成直角坐标。

由上述计算步骤可知，三角分解定位算法涉及大量坐标基的转换，步骤极其烦琐，且由式（2-63）和式（2-64）可知，当分母$\cos\alpha_1$与$\cos\beta_1$为 0 时，三角分解法将产生奇异解，导致某些目标方位无法解算。

2.3.3　基线分解定位算法

为减小计算量，并解决奇异值问题，文献[7]提出了另一种适用于任意阵型的算法——基线分解定位算法。该算法的思路是：将复杂阵型分解成多条基线，借助矢量点积理论对每一条基线构建观测方程，通过选择不同的基线组合构建目标方位观测方程组，结合目标斜距，确定目标位置。

1. 观测方程构建

将目标在基阵坐标系$\Omega_A\left(O_A\text{-}x_Ay_Az_A\right)$中的坐标表示为$\boldsymbol{X} = R\boldsymbol{u}$，$R$为目标到基阵坐标系原点的斜距，$\boldsymbol{u} = [\cos\alpha \quad \cos\beta \quad \cos\gamma]^{\mathrm{T}}$为目标在基阵坐标系下的方向余弦，如图 2-11 所示。

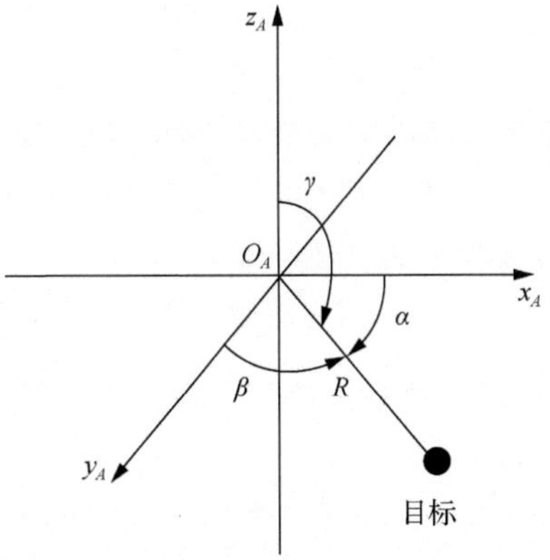

图2-11　目标的方向余弦

以 $\boldsymbol{X}_j=\begin{bmatrix}x_j & y_j & z_j\end{bmatrix}^{\mathrm{T}}$、$\boldsymbol{X}_i=\begin{bmatrix}x_i & y_i & z_i\end{bmatrix}^{\mathrm{T}}$ 代表基阵坐标系中任意两基元的位置矢量，则基线 i 、j 的基线矢量可表示为 $\left(\boldsymbol{X}_j-\boldsymbol{X}_i\right)$。

根据二元测向定理［式（2-4）］，可通过基线间的时延差获得目标与基线 i 、j 的夹角，如式（2-66）所示：

$$\cos\theta=\frac{c\tau_{ij}}{d_{ij}} \tag{2-66}$$

式中，τ_{ij} 为基线 i 、j 间的时延差；d_{ij} 为基线 i 、j 间的长度；c 代表声速。

此外，通过矢量点积定理也可获得目标的方向余弦 $\boldsymbol{u}$ 与基线矢量 $\left(\boldsymbol{X}_j-\boldsymbol{X}_i\right)$ 的夹角，如式（2-67）所示：

$$\cos\theta=\frac{\boldsymbol{u}\cdot\left(\boldsymbol{X}_j-\boldsymbol{X}_i\right)}{d_{ij}} \tag{2-67}$$

式中，$\cdot$ 表示矢量点积。

联立式（2-66）及式（2-67）可得基线 i 、j 的观测方程：

$$c\cdot\tau_{ij}=\left(x_j-x_i\right)\cos\alpha+\left(y_j-y_i\right)\cos\beta+\left(z_j-z_i\right)\cos\gamma \tag{2-68}$$

当上述观测方程针对平面阵时，由于基元都位于基阵坐标系的 $x_AO_Ay_A$ 平面上，$\left(z_j-z_i\right)$ 为 0，则上式可化简为

$$c\cdot\tau_{ij}=\left(x_j-x_i\right)\cos\alpha+\left(y_j-y_i\right)\cos\beta \tag{2-69}$$

2. 目标方位估计

由观测方程式（2-68）和式（2-69）可知，目标的方向余弦 $\boldsymbol{u}$ 可以通过不同的基线组合求解。根据观测方程中未知数的个数，引入两个关于基线组合的概念：正定组合与超定组合。其中，正定组合中包含的基线数量与未知数个数相等，而超定组合中包含的基线数量大于未知数个数。

当基阵为立体阵时，由式（2-68）可知目标方向余弦 $\boldsymbol{u}$ 包含三个未知数，因此正定组合中包含三条基线，这三条基线对应的观测方程构成一个正定线性方程组：

$$\boldsymbol{T} = \boldsymbol{K}\boldsymbol{u} \tag{2-70}$$

式中，

$$\begin{aligned} \boldsymbol{T} &= c\begin{bmatrix} \tau_{N_1N_2} & \tau_{N_3N_4} & \tau_{N_5N_6} \end{bmatrix}^{\mathrm{T}} \\ \boldsymbol{K} &= \begin{bmatrix} \boldsymbol{X}_{N_2} - \boldsymbol{X}_{N_1} & \boldsymbol{X}_{N_4} - \boldsymbol{X}_{N_3} & \boldsymbol{X}_{N_6} - \boldsymbol{X}_{N_5} \end{bmatrix}^{\mathrm{T}} \end{aligned} \tag{2-71}$$

N_1 和 N_2 表示第一条基线中的基元编号，N_3 和 N_4、N_5 和 N_6 表示另外两条基线中的基元编号。当矩阵 $\boldsymbol{K}$ 满秩时，目标的方向余弦 $\boldsymbol{u}$ 可以根据式（2-72）获得：

$$\boldsymbol{u}=\boldsymbol{K}^{-1}\boldsymbol{T} \tag{2-72}$$

立体阵的超定组合包含三条以上的基线，当矩阵 $\boldsymbol{K}$ 列满秩时，采用最小二乘准则，目标的方向余弦 $\boldsymbol{u}$ 可以根据式（2-73）获得：

$$\boldsymbol{u}=\left(\boldsymbol{K}^{\mathrm{T}}\boldsymbol{K}\right)^{-1}\boldsymbol{K}^{\mathrm{T}}\left(\boldsymbol{T}\right) \tag{2-73}$$

当基阵为平面阵时，由式（2-69）可知目标的方向余弦 $\boldsymbol{u}$ 包含两个未知数，因此，正定组合包含两条基线，而超定组合中基线数量大于两条。此时，正定组合与超定组合关于目标的方向余弦 $\boldsymbol{u}$ 的解析式与式（2-72）、式（2-73）具有相同的形式。通过平面阵的观测方程组无法直接估计目标 z 的方向余弦 $\cos\gamma$，该值需联立余弦平方和为 1 这个恒等式获得：

$$\cos\gamma = -\sqrt{1-\cos^2\beta-\cos^2\alpha} \tag{2-74}$$

由此，无论是立体阵还是平面阵，目标的方向余弦均可被唯一确定。

3. 目标斜距估计

无论是立体阵还是平面阵，对于任意 M 元阵，由于基阵尺寸很小，且选用基阵的几何中心作为基阵坐标系的原点，因此目标的斜距 R 可以根据式（2-75）获得：

$$R = c \cdot \frac{1}{M} \cdot \sum_{i=1}^{M} t_i \tag{2-75}$$

式中，t_i 代表目标信号到基元 i 的传播时延。

至此，目标的斜距与方向余弦均为已知量，定位结果通过式（2-76）获得：

$$\boldsymbol{X} = R \cdot \left[\cos\alpha \quad \cos\beta \quad \cos\gamma\right]^{\mathrm{T}} \tag{2-76}$$

基线分解定位算法通过求解基线组合构造的线性方程组，即可估计目标的方位，计算量远小于三角分解法，且观测方程中，待估计量不存在分母为 0 的奇异值问题，是针对任意阵更优的一种算法。但该算法有一个缺陷，若存在测量误差，易产生非可行解。

对于目标的方向余弦 $\boldsymbol{u}$，其可行域为模值小于 1、余弦平方和等于 1，合理的方向余弦估计结果应在可行域内。基线分解定位算法针对立体阵时，目标的方向余弦被当作三个未知数进行估计，若存在测量误差，解算结果不一定能满足上述可行域条件。下面通过对四元立体阵的仿真说明这个问题。

图 2-12 展示了仿真所用的四元立体阵以及对应的阵型参数。基元 1、3 位于 xOy 平面上方且到 xOy 平面的距离相等。基元 2、4 位于 xOy 平面下方且到 xOy 平面的距离相等。所有基元在 xOy 平面的投影均匀分布在半径为 130mm 的圆圈上。

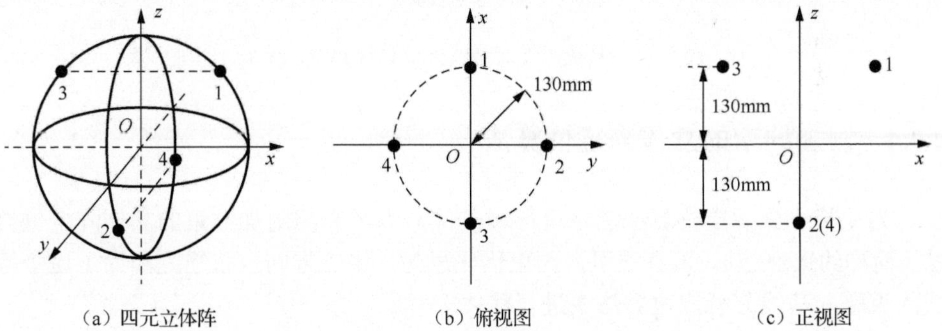

（a）四元立体阵　（b）俯视图　（c）正视图

图 2-12　四元立体阵及对应的阵型参数

仿真过程中，选择一个固定目标，令俯仰角为 45°，航向角为 45°，斜距为 25m。以余弦平方和为代表，分别仿真声速误差、阵型误差、时延误差对解算结果可行域的影响，仿真结果如图 2-13 所示。

由上述结果可看出，当存在测量误差时，直接用基线分解法估计出的方向余弦不满足平方和为 1 的约束条件，且随着测量误差的增大，方向余弦估计结果逐渐远离可行域。

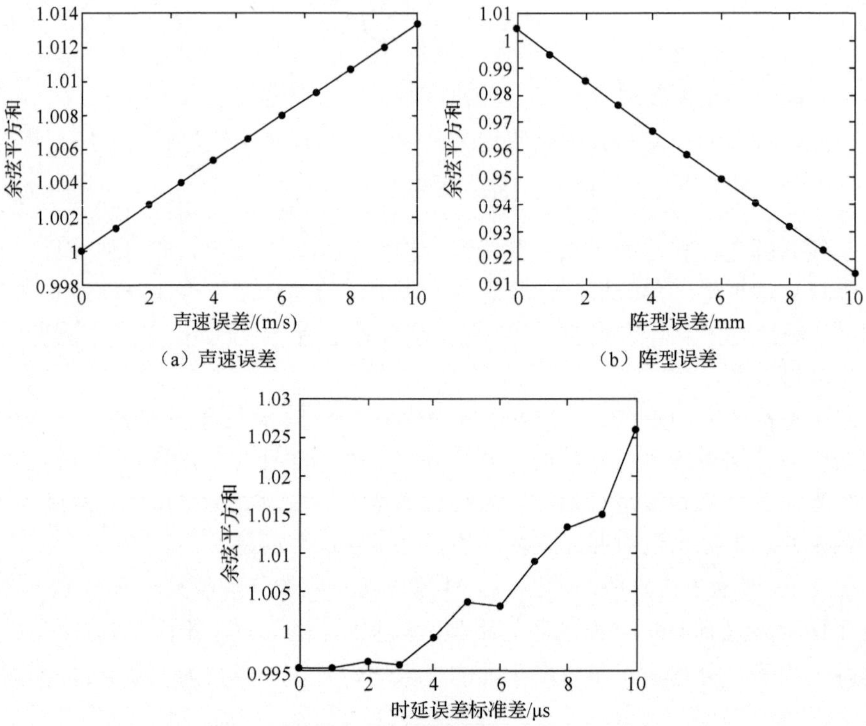

（a）声速误差　（b）阵型误差　（c）时延误差

图 2-13　测量误差对基线分解估计结果的影响

2.3.4　附加约束的立体阵定位算法

为使基线分解定位算法满足可行域条件，本节介绍附加约束的立体阵定位算法（简称约束算法）。该算法引入约束优化思想，将三方向余弦平方和为 1 这个等式约束融入基线分解定位算法中进行整体求解。

将 2.3.3 小节介绍的基线分解方程组写成如下形式：

$$\begin{cases} c\cdot\tau_1=\left(\boldsymbol{X}_{N_1}-\boldsymbol{X}_{N_2}\right)^{\mathrm{T}}\boldsymbol{u} \\ c\cdot\tau_2=\left(\boldsymbol{X}_{N_3}-\boldsymbol{X}_{N_4}\right)^{\mathrm{T}}\boldsymbol{u} \\ \qquad\vdots \\ c\cdot\tau_k=\left(\boldsymbol{X}_{N_{2k-1}}-\boldsymbol{X}_{N_{2k}}\right)^{\mathrm{T}}\boldsymbol{u} \end{cases} \tag{2-77}$$

式中，τ_k 代表第 k 条基线的时延差；c 代表声速；$\boldsymbol{X}_i$、$\boldsymbol{X}_j$ 代表基元 i、j 在基阵坐标系下的位置矢量；$\boldsymbol{u}$ 代表目标的方向余弦矢量。

将$\|\boldsymbol{u}\|_2^2=1$这个等式约束加入到上述方程组进行整体求解，则上式可改写为

$$\begin{cases} c\cdot\tau_1=\left(\boldsymbol{X}_{N_1}-\boldsymbol{X}_{N_2}\right)^{\mathrm{T}}\boldsymbol{u} \\ c\cdot\tau_2=\left(\boldsymbol{X}_{N_3}-\boldsymbol{X}_{N_4}\right)^{\mathrm{T}}\boldsymbol{u} \\ \qquad\vdots \\ c\cdot\tau_N=\left(\boldsymbol{X}_{N_{2k-1}}-\boldsymbol{X}_{N_{2k}}\right)^{\mathrm{T}}\boldsymbol{u} \\ \|\boldsymbol{u}\|_2^2=1 \end{cases} \tag{2-78}$$

引入约束项后，上式变为非线性方程组，求解非线性方程组的过程是一个参数优化过程，即在参数空间中寻找一个最优解使得目标函数最小，如下：

$$\left(\hat{\boldsymbol{u}}\right)=\arg\min_{\boldsymbol{u}}\varepsilon \tag{2-79}$$

$$\varepsilon=\sum_{k=1}^{N}(c\tau_k-\left(\boldsymbol{X}_{2k-1}-\boldsymbol{X}_{2k}\right)^{\mathrm{T}}\boldsymbol{u})^2+(1-\|\boldsymbol{u}\|_2^2)^2 \tag{2-80}$$

对于非线性优化问题，求解算法很多，包括最速下降法、高斯牛顿法等，这里采用高斯牛顿法[8]，该算法具有对初值容忍度高、收敛速度快的特点。计算过程如算法 2-1 所示。

算法 2-1　约束算法流程

输入：基元位置 $\boldsymbol{X}_i$ 、时延差 τ_k 、声速 c 、循环结束门限 $\varDelta$ 。

输出：目标方向余弦 $\hat{\boldsymbol{u}}$ 。

（1）用基线分解的方位估计结果作为迭代初值 $\boldsymbol{u}_{(0)}$ 。

（2）根据 $\boldsymbol{u}_{(0)}$ 计算目标函数值 ε_0 。

（3）将观测方程线性化，并计目标方向余弦的更新值 $\boldsymbol{u}_{(1)}$ 。

（4）根据 $\boldsymbol{u}_{(1)}$ 计算新的目标函数值 ε_1 。

（5）如果 $|\varepsilon_1-\varepsilon_0|<\varDelta$ ，输出 $\boldsymbol{u}=\boldsymbol{u}_{(1)}$ ；否则，令 $\boldsymbol{u}_{(0)}=\boldsymbol{u}_{(1)}$ 并返回第（2）步。

为了进一步验证约束算法的性能，将其仿真结果与基线分解定位算法结果相比较。仿真过程中，主要考虑声速误差、基元位置误差、时延误差对采用上述两种方法得到定位精度的影响。仿真条件与 2.3.3 小节相同。

定位精度的统计算法如下：假设目标位置的真值为$\begin{bmatrix}X & Y & Z\end{bmatrix}$，目标定位结果为$\hat{\boldsymbol{X}}=\begin{bmatrix}\hat{X} & \hat{Y} & \hat{Z}\end{bmatrix}$。定义 x 坐标定位误差为$\varepsilon_x=\left|X-\hat{X}\right|$，$y$ 坐标定位误差为$\varepsilon_y=\left|Y-\hat{Y}\right|$，$z$ 坐标定位误差为$\varepsilon_z=\left|Z-\hat{Z}\right|$，总体定位误差为$\varepsilon_{\mathrm{All}}=\sqrt{\varepsilon_x^2+\varepsilon_y^2+\varepsilon_z^2}$ 。精度统计结果如图 2-14～图 2-16 所示。

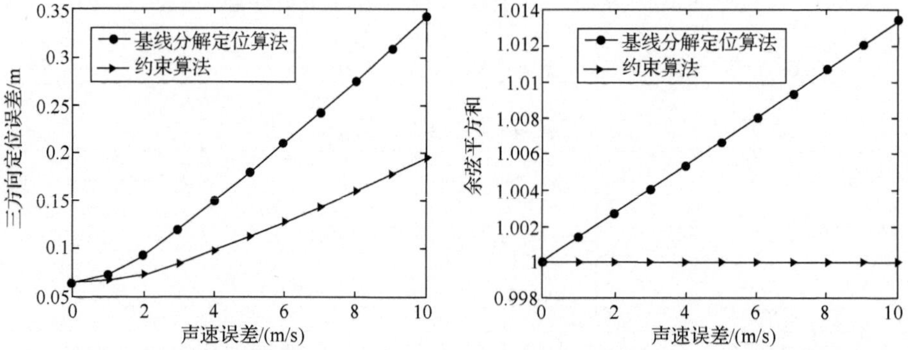

（a）总体定位误差　　（b）余弦平方和

图 2-14　声速误差

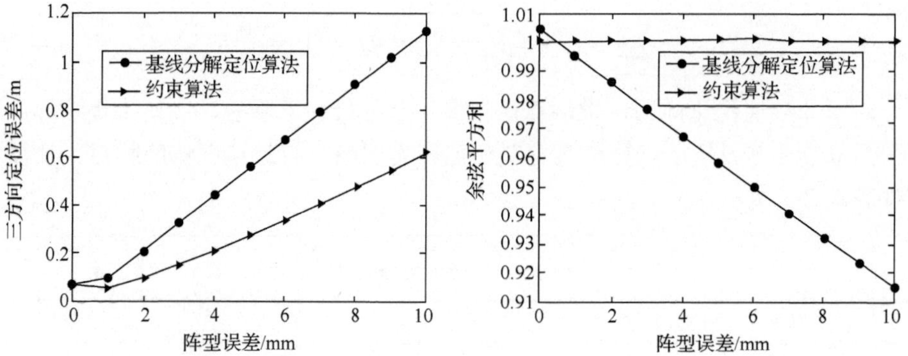

（a）总体定位误差　　（b）余弦平方和

图 2-15　阵型误差

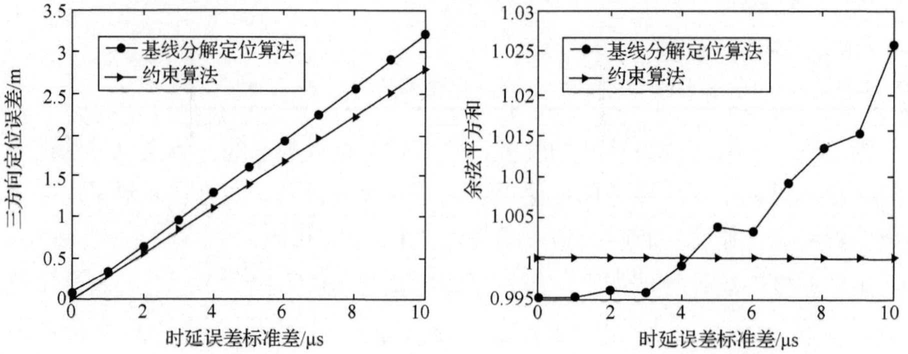

（a）总体定位误差　　（b）余弦平方和

图 2-16　时延误差

可见，即使测量误差增大，约束算法的余弦平方和均维持在1附近，而基线分解定位算法会远离1。统计总体定位误差时，约束算法要优于基线分解定位算法，且解算结果更加合理。此外上面仿真的三个测量误差中，声速误差所造成的影响最低，阵型误差与时延误差影响较大；实际使用中，时延估计精度可通过提高信噪比和采样率实现，而对于基元位置误差，在定位前需要对其进行修正。

2.4　阵型误差修正算法

声学基阵各基元的几何中心与声学相位中心不重合等因素会带来阵型误差，由上一节可知，阵型误差是影响声学定位精度的重要因素，因此需要对阵型误差进行修正。阵型误差修正是指通过声学测量手段获得各基元声学相位中心在基阵坐标系中的坐标。本节介绍一种高精度阵型误差修正算法，基本思路为：利用空间中点与点之间的欧几里得距离在不同的线性坐标系下不变的特性，首先在确知的参考坐标系下通过有效声速理论与距离交汇理论确定基元坐标，再由基元坐标求得参考坐标系下的基线长度，最后根据该基线长度建立基阵坐标系，确定各基元在基阵坐标系下的坐标。

2.4.1　有效声速简介

声波在水中的传播速度受到温度、盐度、压力等因素的影响，导致声速在水中随着深度变化。图2-17（a）展示了一个典型的负梯度声速剖面（sound velocity profile, SVP）。根据Snell（斯内尔）定律，声线总是向声速较小的地方弯曲。图2-17（b）展示了声源与接收点位于不同深度时二者之间的声线传播轨迹，图中实线表示声源与接收点之间的本征声线，虚线表示二者之间的欧几里得距离。

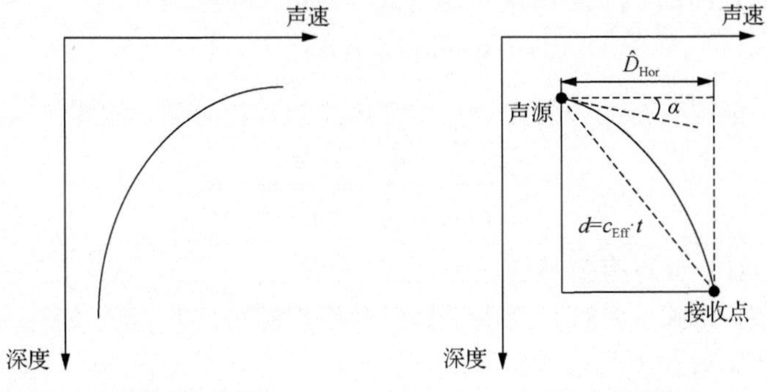

（a）负梯度声速剖面　　（b）本征声线

图2-17　典型负梯度声速剖面以及声线传播示意图

为了建立欧几里得距离与本征声线的联系，文献[9]给出了有效声速概念。将有效声速定义为声源与接收点之间的欧几里得距离 d 与其本征声线传播时间 t 的比值：

$$c_{\mathrm{Eff}}=\frac{d}{t} \tag{2-81}$$

下面讨论如何根据声速剖面以及声源与接收点的位置获得有效声速。假设声源位置为 $\boldsymbol{X}_S=\begin{bmatrix}x_S & y_S & z_S\end{bmatrix}$，接收点位置为 $\boldsymbol{X}_R=\begin{bmatrix}x_R & y_R & z_R\end{bmatrix}$，则声源与接收点之间的欧几里得距离可以通过下式计算：

$$d=\sqrt{\left(x_S-x_R\right)^2+\left(y_S-y_R\right)^2+\left(z_S-z_R\right)^2} \tag{2-82}$$

计算声源与接收点之间的本征声线传播时间分为两步。

第一步，根据声速剖面以及声源与接收点之间的位置确定本征声线掠射角。式（2-83）给出声速剖面、声源与接收点的水平距离，以及本征声线掠射角之间的关系[10]。

$$\hat{D}_{\mathrm{Hor}}=\int_{z_S}^{z_R}\frac{\cos\alpha\cdot\mathrm{d}z}{\sqrt{n^2\left(z\right)-\cos^2\alpha}} \tag{2-83}$$

式中，$\hat{D}_{\mathrm{Hor}}$ 表示基于射线声学得到的声源与接收点之间的水平距离；α 表示掠射角，如图 2-17（b）所示；$n\left(z\right)$ 表示折射率，由下式给出：

$$n\left(z\right)=c\left(z_S\right)/c\left(z\right) \tag{2-84}$$

式中，$c\left(z\right)$ 表示深度 z 处的声速，$c\left(z_S\right)$ 表示声源深度 z_S 处的声速。基于二维球面方程得到的声源与接收点之间的水平距离可以通过下式求解：

$$D_{\mathrm{Hor}}=\sqrt{\left(x_S-x_R\right)^2+\left(y_S-y_R\right)^2} \tag{2-85}$$

直接由式（2-85）求解掠射角 α 比较复杂，可以采用二分法[10]寻找掠射角 α 使声源与接收点之间的水平距离逐步逼近式（2-86）的值。

$$\alpha=\arg\min_{\alpha}\left(\hat{D}_{\mathrm{Hor}}\left(\alpha\right)-D_{\mathrm{Hor}}\right) \tag{2-86}$$

第二步，根据获得的掠射角计算本征声线的传播时间，如式（2-87）[11]所示：

$$t=\int_{z_S}^{z_R}\frac{n^2\left(z\right)\cdot\mathrm{d}z}{c\left(z_S\right)\cdot\sqrt{n^2\left(z\right)-\sin^2\alpha}} \tag{2-87}$$

最后由式（2-81）计算有效声速。

式（2-85）～式（2-87）给出了如何利用声源与接收点的位置、声速剖面来求解二者之间有效声速的过程。

通过引入有效声速理论，可以把声源与接收点之间的声速视为已知观测量，降低未知参数空间的维度，有利于获得准确的定位结果。

2.4.2　基于有效声速的水声定位模型

图 2-18 展示了声学基阵校准示意图。图中 USBL 基阵静止在水下，声源位于水面。声源所在的坐标系被称为参考坐标系。

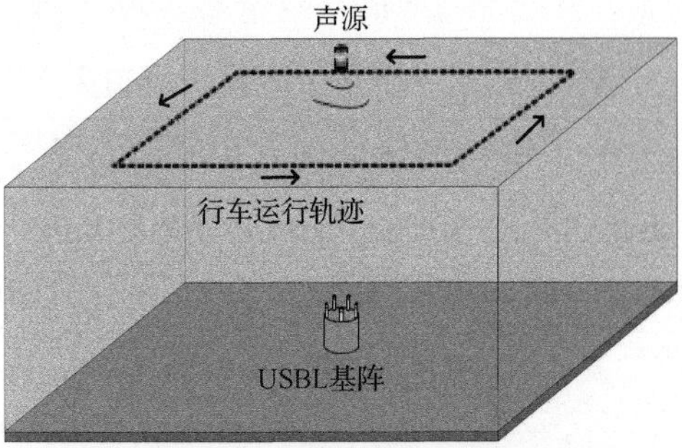

图 2-18　声学基阵校准示意图

测量过程中，声源发射信号，声学基阵各基元采集信号并估计各基元对应的传播时延，记录声源在每个发射点的位置，利用距离交汇确定各基元在参考坐标系的位置。假设声源所在的测量测线上共有 M 个观测点，被校准的基阵共有 N 个基元。常见的距离交汇定位模型如式（2-88）所示。

$$\left\| \boldsymbol{X}_m^S - \boldsymbol{X}_n^E \right\| = R_{m,n} \tag{2-88}$$

式中，$\boldsymbol{X}_m^S = \left[x_m^S \quad y_m^S \quad z_m^S \right]^{\mathrm{T}}$ 表示声源位置，下角标 m 表示观测位置编号，$m \in (1,2,\cdots,M)$；$\boldsymbol{X}_n^E = \left[x_n^E \quad y_n^E \quad z_n^E \right]^{\mathrm{T}}$ 表示基元位置，下角标 n 表示基元编号，$n \in (1,2,\cdots,N)$；$R_{m,n}$ 表示声源位于第 m 个观测位置时与基元 n 之间的几何距离。

采用距离交汇确定基元位置时，定位误差由声源位置误差以及声源到各基元之间的距离测量误差决定。考虑到一般测量设备都具有时间延迟，因此，为了消除测量设备时间延迟对测量结果的影响，引入参数 τ_n 来表示基元 n 所在接收通道对应的固定时间延迟。此时，式（2-88）中的距离观测量修正为 $R_{m,n} = c \cdot \left(t_{m,n} - \tau_n \right)$。从而式（2-88）的测量模型修正为

$$\left\| \boldsymbol{X}_m^S - \boldsymbol{X}_n^E \right\| = c \cdot \left(t_{m,n} - \tau_n \right) \tag{2-89}$$

式中，$t_{m,n}$ 表示位于第 m 个观测位置的声源与基元 n 之间的传播时延。

式（2-89）对应的测量模型中，未知参数空间为 $\boldsymbol{\Omega} = \left[\boldsymbol{X}_n^E \quad c \quad \tau_n \right]$，该模型称为基于平均声速的水声定位算法，其中声速 c 与通道时间延迟 τ_n 互为相关项，影响参数估计精度。引入有效声速，将声速 c 从未知参数空间中移除，式（2-89）修正为

$$\left\| \boldsymbol{X}_m^S - \boldsymbol{X}_n^E \right\| = c_{m,n} \cdot \left(t_{m,n} - \tau_n \right) \tag{2-90}$$

式中，$c_{m,n}$ 表示第 m 个观测位置的声源与基元 n 之间的有效声速。对于基元 n 来说，

M 次观测对应观测方程组如下：

$$\left\|\boldsymbol{X}_i^S-\boldsymbol{X}_n^E\right\|=c_{i,n}\cdot\left(t_{i,n}-\tau_n\right),\quad i=1,2,\cdots,M \tag{2-91}$$

此时，方程组对应的参数空间为 $\boldsymbol{\Omega}=\left(\boldsymbol{X}_n^E,\tau_n\right)$。

式（2-91）为非线性方程组，由 2.3.4 小节可知，解非线性方程组是一个参数优化过程，即在参数空间 $\boldsymbol{\Omega}$ 中寻找一个最优解使得目标函数最小，如式（2-92）所示：

$$\left(\hat{\boldsymbol{X}}_n^E,\hat{\tau}_n\right)=\arg\min_{\boldsymbol{\Omega}}\varepsilon \tag{2-92}$$

式中，ε 表示目标函数。定义非线性方程组对应的目标函数 ε 为

$$\varepsilon=\sum_{m=1}^{M}\left[\left\|\boldsymbol{X}_m^S-\boldsymbol{X}_n^E\right\|-c_{m,n}\cdot\left(t_{m,n}-\tau_n\right)\right]^2 \tag{2-93}$$

这里采用高斯牛顿法[11]求解非线性方程。算法 2-2 列出了基于有效声速的水声定位算法流程。

算法 2-2　基于有效声速的水声定位算法流程

输入：声源位置 $\boldsymbol{X}_m^S$ 、传播时延 $t_{m,n}$ 、声速剖面 $c(z)$ 、迭代终止门限 $\varDelta$ 。
输出：基元位置 $\boldsymbol{X}_n^E$ 、时间延迟 τ_n 。
（1）选择基元位置、时间延迟的迭代初值 $\boldsymbol{X}_{n,(0)}^E$ 、 $\tau_{n,(0)}$ ，并计算此时的有效声速 $c_{m,n}^{(0)}$ 。 （2）根据 $\boldsymbol{X}_{n,(0)}^E$ 、 $\tau_{n,(0)}$ 、 $c_{m,n}^{(0)}$ 计算目标函数值 ε_0 。 （3）将观测方程线性化，并计算基元位置、时间延迟的更新值 $\boldsymbol{X}_{n,(1)}^E$ 、 $\tau_{n,(1)}$ 。 （4）根据 $\boldsymbol{X}_m^S$ 、 $\boldsymbol{X}_{n,(1)}^E$ 以及 $c(z)$ 重新计算每一个声源位置对应的有效声速 $c_{m,n}^{(1)}$ 。 （5）根据 $\boldsymbol{X}_{n,(1)}^E$ 、 $\tau_{n,(1)}$ 、 $c_{m,n}^{(1)}$ 计算新的目标函数值 ε_1 。 （6）如果 $\lvert\varepsilon_0-\varepsilon_1\rvert<\varDelta$ ，输出 $\boldsymbol{X}_n^E=\boldsymbol{X}_{n,(1)}^E$ 、 $\tau_n=\tau_{n,(1)}$ ；否则，令 $\boldsymbol{X}_{n,(0)}^E=\boldsymbol{X}_{n,(1)}^E$ ， $\tau_{n,(0)}=\tau_{n,(1)}$ ， $c_{m,n}^{(0)}=c_{m,n}^{(1)}$ 并返回第（2）步。

到目前为止获得的基元位置仅仅是在参考坐标系中的位置。ADCP 的测量误差和声源位置误差会导致较大的基元定位误差。然而，采用同一测量测线对各基元进行定位时，声源位置和声速剖面仪的测量都具有相同的误差。通过文献[12]的分析可知，当定位对象为小尺寸阵列时，同一观测线下，固定误差对距离相近的基元具有相同的定位误差。基于这一结论，将已获得的基元位置转换为基线长度能够进一步消除定位误差对阵型误差修正的影响，提高阵型误差修正精度。

2.4.3　基阵坐标系构建

考虑到阵型误差修正的目的是获得各基元之间的相对位置，接下来介绍如何重构基阵坐标系并根据基线长度确定各基元在基阵坐标系的位置。

当一个基阵包含多个基元时，总可以找到任意三个基元构成一个平面，将这个平面作为基阵坐标系的 xOy 平面，则这三个基元的 z 坐标均为 0。再从这三个基元中任选两个，将其所在的直线定义为 x 轴，则这两个基元的 y 坐标为 0。过第三个基元作垂直于 x 轴的直线，定义为 y 轴，则第三个基元的 x 坐标为 0。图 2-19 展示了基阵坐标系的 xOy 平面以及确定该平面的三个基元。

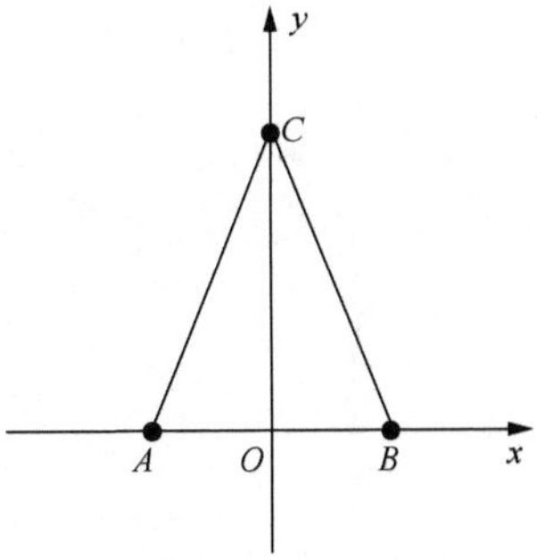

图 2-19　基阵坐标系 xOy 平面

随后，以基元 A、B、C 为参考点，利用基线长度根据距离交汇求解剩余基元在基阵坐标系中的位置。

下面以均匀 5 元阵为例，说明基阵坐标系构建方法。基元位置确定过程如图 2-20 所示。首先，以基元 1、3、4 确定基阵坐标系的 xOy 平面，基元 3、4 位于 x 轴，基元 1 位于 y 轴。其次，以基元 1、3、4 作为基准，确定下一个基元的位置，图 2-20 中先确定了基元 5 的位置，也可以先确定基元 2 的位置。接着，以已确定位置的四个基元作为参考点，确定剩余基元的位置。最后，为了获得更高定位精度，需要将所有基元进行平移，使基元位置均匀分布在基阵坐标系原点周围，如图 2-20（d）所示。

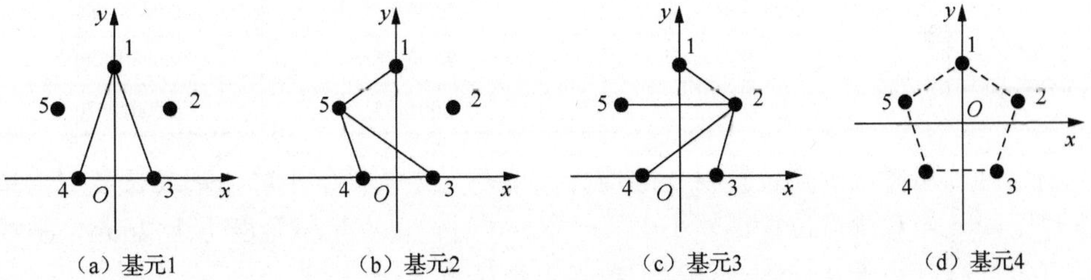

图 2-20　根据基线长度确定基元位置的过程

2.4.4　性能分析

通过上述分析可知，将参考坐标系下的基元位置转换为基线长度可提高阵型误差修正的精度，故下面在水池条件下，对比单基元定位精度与基线长度测量精度。为便于操作，采用正方形轨迹进行测量。误差源包括时延误差、声速误差、观测点位置误差。

1. 单基元定位精度与基线长度测量精度对比

统计单基元定位结果和基线测量长度的均方根误差（root mean square error, RMSE），仿真参数如表 2-1 所示，仿真结果如表 2-2 所示。

表 2-1　仿真参数

参数	数值
时延误差	0.05μs
测点间距	0.2m
轨迹边长	8m
测点深度	1m
基元 1	[0.3, −0.2, 4.35]
基元 2	[0.2, 0.1, 4.3]
统计次数	300
观测点位置误差	1mm、2mm、4mm、8mm

表 2-2　仿真结果

测点误差/mm	基元 1 三方向位置 RMSE	基元 2 三方向位置 RMSE	基线长度 RMSE
1	0.000242	0.000243	0.00000804
2	0.000486	0.000488	0.00001450
4	0.000975	0.000978	0.00002980
8	0.001946	0.001943	0.00006320

可见，随着观测点位置误差的增大，单基元定位精度下降，基线长度定位精度也下降。当观测点位置误差小于等于 8mm 时，单点定位精度小于 2mm，基线长度定位精度小于 0.1mm，远高于单点定位精度。

此外，本章在确定基元在参考坐标系下的位置时融合了有效声速理论，将声速 c 从未知参数空间中移除，降低了参数空间的维度。为验证基于有效声速算法的优势，下面对比分析基于平均声速算法［式（2-89）］与基于有效声速算法［式（2-90）］的解算结果。

2. 平均声速算法与有效声速算法的对比

仿真参数同表 2-1，统计两种算法定位结果和基线长度的 RMSE，统计结果如表 2-3 所示。

表 2-3　平均声速算法与有效声速算法对比

测点误差/mm	有效声速			平均声速		
	基元 1 三方向位置 RMSE	基元 2 三方向位置 RMSE	基线长度 RMSE	基元 1 三方向位置 RMSE	基元 2 三方向位置 RMSE	基线长度 RMSE
1	0.000242	0.000243	0.00000804	0.001407	0.001387	0.000156
2	0.000486	0.000488	0.00001450	0.002788	0.002734	0.000300
4	0.000975	0.000978	0.00002983	0.005516	0.005469	0.000583
8	0.001946	0.001943	0.00006321	0.011901	0.011760	0.001263

由表 2-3 的结果可以看出，无论是单基元定位精度还是基线长度测量精度，采用有效声速算法的解算结果均显著优于采用平均声速算法的解算结果。

2.5　安装误差校准技术

USBL 定位系统除了声学定位系统外还配备了卫星定位系统和姿态测量系统，整个系统在实际作业时，各个传感器所定义的坐标系并非同一个，各坐标系之间存在着位置偏差和角度偏差，需通过安装误差校准技术进行修正。校准的基本思想是通过水底锚定一支声信标来构建一个不变量（图 2-21），这样在增加观测的同时不增加未知数，由此可以构造超定方程来求解安装误差。同时由于系统误差量较多，直接求解困难，因此利用观测量和待估计安装偏差量的特征进行分解对方程降维，第一级仅利用距离观测信息求解位置相关偏差，然后将第一级结果作为已知量，再代入方位观测信息，解决角度相关偏差。

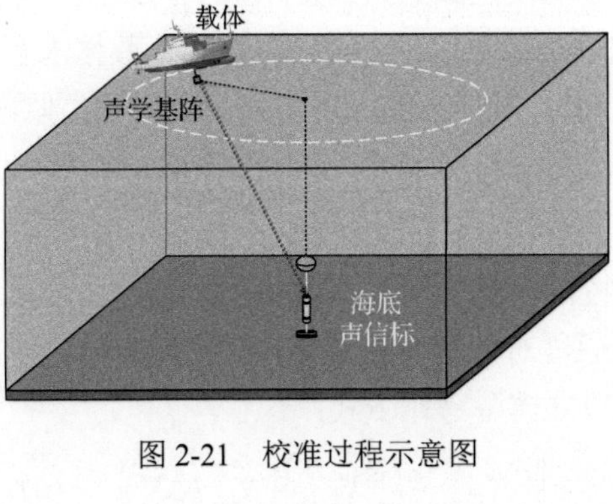

图 2-21　校准过程示意图

以上校准思路反映到式（2-21）中则是 $\boldsymbol{R}_{AS}$、$\Delta\boldsymbol{X}$ 为未知数，分两步进行基阵的安装误差校准：第一步，求解安装位置偏差，声学观测量仅采用距离信息（时延）；第二步，求解安装偏角，声学观测量采用距离与方位信息（时延及时延差）。

2.5.1 安装位置偏差校准技术

安装位置偏差校准是指通过在指定测线采用声学观测手段，结合卫星定位系统与姿态传感器的数据，来确定天线相位中心与基阵坐标系原点之间的安装位置偏差。在求解安装位置偏差时，既可以采用同一平均声速进行求解，也可以根据SVP对每个观测点进行声线跟踪，获得对应的有效声速来进行求解，因此，安装位置偏差校准的算法可分为基于平均声速和基于有效声速两类。

1. 基于平均声速的模型

平均声速采用的校准模型如式（2-94）所示。该模型认为不同位置的观测点对应的有效声速都相同，并将其作为未知数采用高斯牛顿法进行求解。适用于在数据采集过程中，有效声速恒定或者变化极小的外场环境。

$$\left\| {}^{G}\boldsymbol{X}_{\text{Resp}} - \left({}^{G}\boldsymbol{X}_{\text{Ship}}^{(i)} - \boldsymbol{R}_{SG}^{(i)} \cdot \Delta \boldsymbol{X} \right) \right\| = c_i \cdot t_i \tag{2-94}$$

式中，${}^{G}\boldsymbol{X}_{\text{Resp}}$ 表示海底信标在大地坐标系下的绝对坐标，为先验已知量；${}^{G}\boldsymbol{X}_{\text{Ship}}^{(i)}$ 表示第 i 个测点载体在大地坐标系下的绝对坐标，可通过卫星定位系统获得；$\boldsymbol{R}_{SG}^{(i)}$ 为第 i 个测点载体坐标系到大地坐标系的旋转矩阵，由姿态传感器获得；c_i 表示第 i 个测点的有效声速；$\Delta \boldsymbol{X}$ 为基阵安装位置偏差，为待估计量。

2. 基于有效声速的模型

有效声速采用的校准模型如式（2-95）所示。该模型首先需要获得作业环境的 SVP 数据，对于不同的观测点，需要结合 SVP 数据求解对应的有效声速，具体解法与 2.4.2 小节基于有效声速的水声定位算法步骤类似，这里不再赘述。

$$\left\| {}^{G}\boldsymbol{X}_{\text{Resp}} - \left({}^{G}\boldsymbol{X}_{\text{Ship}}^{(i)} - \boldsymbol{R}_{SG}^{(i)} \cdot \Delta \boldsymbol{X} \right) \right\| = c_i \cdot t_i \tag{2-95}$$

在安装位置误差校准作业中，校准测线的选取也十分重要。故下文在直线、圆这类特殊测线下，通过对待估参量 $\Delta \boldsymbol{X}$ 的可观测分析，给出测点位置的设计准则。将安装位置误差校准模型写作下式：

$$f = \left\| {}^{G}\boldsymbol{X}_{\text{Resp}} - \left({}^{G}\boldsymbol{X}_{\text{Ship}} - \boldsymbol{R}_{SG} \cdot \Delta \boldsymbol{X} \right) \right\|_2 = c \cdot t \tag{2-96}$$

式中，${}^{G}\boldsymbol{X}_{\text{Resp}} = \begin{bmatrix} x_G & y_G & z_G \end{bmatrix}^{\text{T}}$；${}^{G}\boldsymbol{X}_{\text{Ship}} = \begin{bmatrix} x_S & y_S & z_S \end{bmatrix}^{\text{T}}$。

记实际安装偏差为 $\Delta\boldsymbol{X}_0=\begin{bmatrix}\Delta x_0 & \Delta y_0 & \Delta z_0\end{bmatrix}^{\mathrm{T}}$，将式（2-95）在 $\Delta\boldsymbol{X}_0$ 处进行线性化展开，则式（2-95）变为

$$c_i\cdot t_i=f_0+\left.\frac{\partial f}{\partial\Delta x}\right|_{\Delta x=\Delta x_0}(\Delta x-\Delta x_0)+\left.\frac{\partial f}{\partial\Delta y}\right|_{\Delta y=\Delta y_0}(\Delta y-\Delta y_0)+\left.\frac{\partial f}{\partial\Delta z}\right|_{\Delta z=\Delta z_0}(\Delta z-\Delta z_0) \quad (2\text{-}97)$$

式中，$f=\left\|{}^{G}\boldsymbol{X}_{\text{Resp}}-\left({}^{G}\boldsymbol{X}_{\text{Ship}}-\boldsymbol{R}_{SG}\cdot\Delta\boldsymbol{X}\right)\right\|_2$；$f_0$ 为 f 在 $\Delta\boldsymbol{X}_0$ 处的函数值。

实际工况下，载体的纵摇角 κ 与横滚角 φ 均为小量，为便于分析，假设 $\kappa=\varphi=0$，基于上述近似，f 对各项的偏导数可表示为

$$\frac{\partial f}{\partial\Delta x}=\frac{1}{f}(\Delta x+2\sin A\cdot\cos A\cdot\Delta y-\cos A\cdot\overline{x}-\sin A\cdot\overline{y}) \quad (2\text{-}98)$$

$$\frac{\partial f}{\partial\Delta y}=\frac{1}{f}(2\sin A\cdot\cos A\cdot\Delta x+\Delta y-\sin A\cdot\overline{x}-\cos A\cdot\overline{y}) \quad (2\text{-}99)$$

$$\frac{\partial f}{\partial\Delta z}=\frac{1}{f}(\Delta z-\overline{z}) \quad (2\text{-}100)$$

式中，$\overline{x}=x_G-x_S$；$\overline{y}=y_G-y_S$；$\overline{z}=z_G-z_S$。

定义海底信标与载体之间的斜距为 R，斜距 R 与大地坐标系 z_G 轴的夹角为 φ，斜距的水平投影为 r，r 与大地坐标系的 x_G 轴夹角为 θ，如图 2-22 所示。

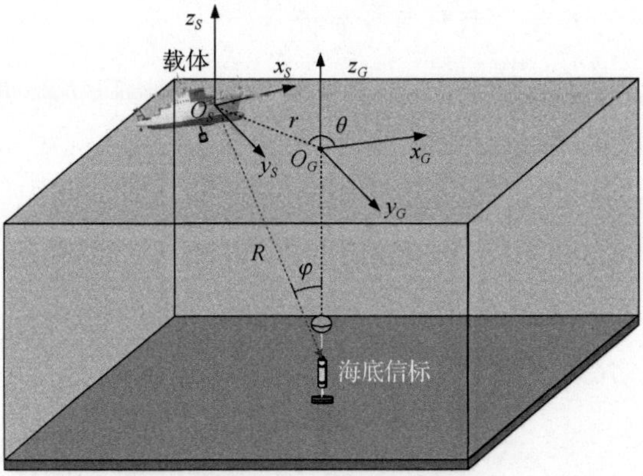

图 2-22　φ 角与 θ 角的定义

由于 $\Delta\boldsymbol{X}$ 相对于 $\overline{x}$、$\overline{y}$、$\overline{z}$ 为小量，则有

$$f\approx\sqrt{\overline{x}^2+\overline{y}^2+\overline{z}^2}=R \quad (2\text{-}101)$$

式中，$\overline{x}=R\cdot\sin\varphi\cdot\cos\theta$；$\overline{y}=R\cdot\sin\varphi\cdot\sin\theta$；$\overline{z}=-R\cdot\cos\varphi$。

$$\frac{\partial f}{\partial \Delta x} \approx -\sin\varphi \cdot \cos(A-\theta) \tag{2-102}$$

$$\frac{\partial f}{\partial \Delta y} \approx -\sin\varphi \cdot \sin(A+\theta) \tag{2-103}$$

$$\frac{\partial f}{\partial \Delta z} = -\cos\varphi \tag{2-104}$$

根据式（2-102）～式（2-104）可知，对 Δx 、Δy 而言，当 θ 给定时，$\sin\varphi$ 数值偏大比较好，即水平距离越大越好，当 φ 给定时，θ 与 $\theta+\pi$ 能够成最大变化量，即对称观测点较好。对 Δz 而言，Δz 的可解性主要取决于测线点差距所带来的 $\cos\varphi$ 的变化，越大越好。

此外，根据式（2-102）～式（2-104）可将观测方程式（2-97）的系数矩阵写为如下形式：

$$\boldsymbol{H} = \begin{bmatrix} -\sin\varphi_1 \cdot \cos(A_1-\theta_1) & -\sin\varphi_1 \cdot \sin(A_1+\theta_1) & -\cos\varphi_1 \\ -\sin\varphi_2 \cdot \cos(A_2-\theta_2) & -\sin\varphi_2 \cdot \sin(A_2+\theta_2) & -\cos\varphi_2 \\ \vdots & \vdots & \vdots \\ -\sin\varphi_N \cdot \cos(A_N-\theta_N) & -\sin\varphi_N \cdot \sin(A_N+\theta_N) & -\cos\varphi_N \end{bmatrix} \tag{2-105}$$

式中，N 代表总的观测点数量。

3. 标准圆测线下观测方程可解性分析

假设载体以信标的水面投影点为圆心，行驶标准圆测线，如图 2-23 所示。

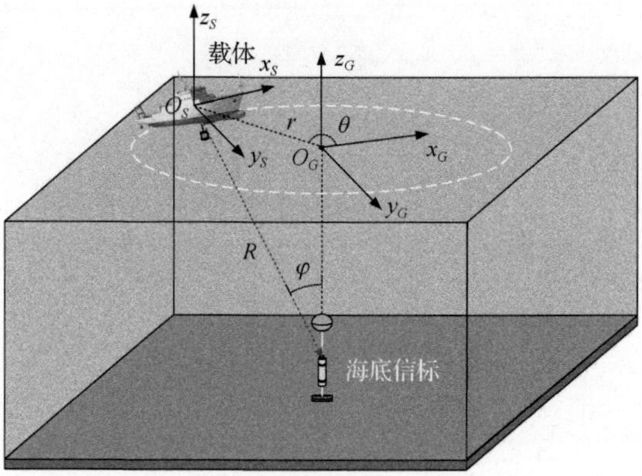

图 2-23　圆轨迹水平投影

标准圆测线下，有 $A_i-\theta_i=90°$，$\cos(A_i-\theta_i)=0$，$\varphi_i=\varphi$ 为常值。此外，假设

圆轨迹采样点数目足够多，且分布均匀，则有 $\sum\sin(A_i+\theta_i)=0$，$\sum\cos(A_i-\theta_i)=0$。此时

$$\boldsymbol{H}^{\mathrm{T}}\boldsymbol{H}=\operatorname{diag}\begin{bmatrix}0 & \dfrac{N}{2}\sin^2\varphi & N\cos^2\varphi\end{bmatrix} \tag{2-106}$$

由式（2-106）可知，$\boldsymbol{H}^{\mathrm{T}}\boldsymbol{H}$ 显然不可逆，故 $\Delta\boldsymbol{X}$ 不可解。

4. 直线测线下观测方程可解性分析

由上述分析可知，选择对称观测点有利于解 Δx、Δy，故假设载体以信标的水面投影点为中心，行驶对称直线测线，如图 2-24 所示。

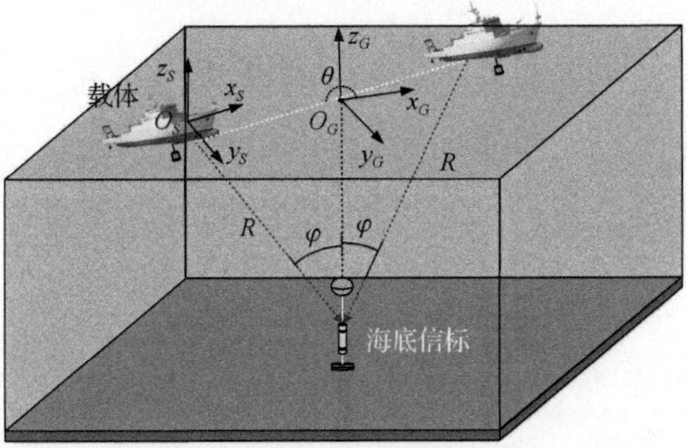

图 2-24　直线测线

易知，载体的航向角 A 为常值。关于水面投影点对称的测点 φ 角相等，θ 角差 180°。基于上述条件，可整理得

$$\boldsymbol{H}^{\mathrm{T}}\boldsymbol{H}=\begin{bmatrix}\sum\sin^2\varphi_i\cos^2(A_i-\theta_i) & \sum\sin^2\varphi_i\cos(A_i-\theta_i)\sin(A_i+\theta_i) & 0\\ \sum\sin^2\varphi_i\cos(A_i-\theta_i)\sin(A_i+\theta_i) & \sum\sin^2\varphi_i\sin^2(A_i+\theta_i) & 0\\ 0 & 0 & \sum\cos^2\varphi_i\end{bmatrix} \tag{2-107}$$

由式（2-107）可知，$\boldsymbol{H}^{\mathrm{T}}\boldsymbol{H}$ 可逆，故 $\Delta\boldsymbol{X}$ 可解。通过上述对 $\Delta\boldsymbol{X}$ 的可观测分析，可得以下结论：①对 Δx、Δy 而言，当 θ 给定时 $\sin\varphi$ 大比较好，即水平距离越大越好；当 φ 给定时，θ 与 $\theta+\pi$ 能够成最大变化量，即对称观测点较好。对 Δz 而言，Δz 的可解性主要取决于测线点差距所带来的 $\cos\varphi$ 的变化，$\cos\varphi$ 越大越好。②标准圆测线下，$\boldsymbol{H}^{\mathrm{T}}\boldsymbol{H}$ 不可逆，安装位置偏差 $\Delta\boldsymbol{X}$ 不可解。③直线测线下，$\boldsymbol{H}^{\mathrm{T}}\boldsymbol{H}$ 可逆，$\Delta\boldsymbol{X}$ 可解。

2.5.2 安装角度偏差校准技术

安装角度偏差校准是指在指定测线采用声学观测手段并结合卫星定位数据与姿态传感器数据，确定基阵坐标系与载体坐标系之间的安装角度偏差。定位模型如式（2-108）所示：

$$ {}^{G}\boldsymbol{X}_{\text{Resp}} = {}^{G}\boldsymbol{X}_{\text{Ship}} + \boldsymbol{R}_{SG} \cdot \left(\boldsymbol{R}_{AS} \cdot {}^{A}\boldsymbol{X}_{\text{Resp}} + \Delta \boldsymbol{X} \right) \tag{2-108} $$

式中，${}^{G}\boldsymbol{X}_{\text{Resp}}$ 表示海底信标在大地坐标系下的绝对坐标；${}^{G}\boldsymbol{X}_{\text{Ship}}$ 表示载体在大地坐标系下的绝对坐标；$\Delta\boldsymbol{X}$ 表示基阵安装位置偏差；${}^{A}\boldsymbol{X}_{\text{Resp}}$ 表示海底信标在基阵坐标系下的坐标；$\boldsymbol{R}_{SG}$ 表示载体坐标系到大地坐标系的旋转矩阵；$\boldsymbol{R}_{AS}$ 表示基阵坐标系至载体坐标系的旋转矩阵，为待估计量。

同安装位置误差的校准算法一样，安装角度偏差校准算法也分为基于平均声速和基于有效声速两类。

1. 基于平均声速的模型

对式（2-108）进行整理，可得

$$ {}^{G}\boldsymbol{X}_{\text{Resp}}^{\text{T}} \cdot \boldsymbol{R}_{SG}^{\text{T}} - {}^{G}\boldsymbol{X}_{\text{Ship}}^{\text{T}} \cdot \boldsymbol{R}_{SG}^{\text{T}} - \Delta\boldsymbol{X}^{\text{T}} = {}^{A}\boldsymbol{X}_{\text{Resp}} \cdot \boldsymbol{R}_{AS}^{\text{T}} + \boldsymbol{V} \tag{2-109} $$

式中，$\boldsymbol{V}$ 为观测误差矢量。

将式（2-109）写为误差方程的形式：

$$ \begin{aligned} \boldsymbol{V} &= \boldsymbol{C} \cdot \boldsymbol{R}_{AS}^{\text{T}} - \boldsymbol{L} \\ \boldsymbol{C} &= {}^{A}\boldsymbol{X}_{\text{Resp}} \\ \boldsymbol{L} &= {}^{G}\boldsymbol{X}_{\text{Resp}}^{\text{T}} \cdot \boldsymbol{R}_{SG}^{\text{T}} - {}^{G}\boldsymbol{X}_{\text{Ship}}^{\text{T}} \boldsymbol{R}_{SG}^{\text{T}} - \Delta\boldsymbol{X}^{\text{T}} \end{aligned} \tag{2-110} $$

式中，$\boldsymbol{L}$ 为观测矢量。

可得 $\boldsymbol{R}_{AS}$ 的最小二乘解

$$ \boldsymbol{R}_{AS}^{\text{T}} = (\boldsymbol{C}^{\text{T}}\boldsymbol{C})^{-1}\boldsymbol{C}^{\text{T}}\boldsymbol{L} \tag{2-111} $$

至此便得到了由安装偏差所带来的旋转矩阵 $\boldsymbol{R}_{AS}$。

2. 基于有效声速的模型

上述基于平均声速的角度偏差校准算法直接通过各坐标系下的坐标值来估计旋转矩阵 $\boldsymbol{R}_{AS}$，此过程忽略了声线弯曲引入的入射角度误差，在较大深度的工作条件下，该误差会给系统的定位精度带来很大的损失，对此，本部分介绍基于有效声速的角度偏差校准算法。

记入射声线与基阵坐标系的夹角矢量为$\boldsymbol{\alpha}$，入射声线与大地坐标系的夹角矢量为$\boldsymbol{\beta}$，那么由坐标旋转有

$$\cos\boldsymbol{\beta} = \boldsymbol{R}_{SG} \cdot \boldsymbol{R}_{AS} \cdot \cos\boldsymbol{\alpha} \tag{2-112}$$

整理可得观测方程为

$$\cos\boldsymbol{\alpha}^{\mathrm{T}} \cdot \boldsymbol{R}_{AS}^{\mathrm{T}} = \cos\boldsymbol{\beta}^{\mathrm{T}} \cdot \boldsymbol{R}_{SG} \tag{2-113}$$

误差方程为

$$\boldsymbol{V} = \cos\boldsymbol{\alpha}^{\mathrm{T}} \cdot \boldsymbol{R}_{AS}^{\mathrm{T}} - \cos\boldsymbol{\beta}^{\mathrm{T}} \cdot \boldsymbol{R}_{SG} \tag{2-114}$$

可得$\boldsymbol{R}_{AS}$的最小二乘解

$$\boldsymbol{R}_{AS}^{\mathrm{T}} = (\cos\boldsymbol{\alpha} \cdot \cos\boldsymbol{\alpha}^{\mathrm{T}})^{-1} \cos\boldsymbol{\alpha} \cdot \cos\boldsymbol{\beta}^{\mathrm{T}} \cdot \boldsymbol{R}_{SG} \tag{2-115}$$

式中，$\cos\boldsymbol{\alpha}$可由通过声学基阵处的声速解算得到；$\cos\boldsymbol{\beta}$需要联合卫星定位信息和海底信标的大地坐标和声速分布得到。

同样的，在圆、直线这类特殊测线下，对待估参量α、β、γ进行可观测分析。为方便分析，假设基阵坐标系与载体坐标系的原点重合，即$\Delta\boldsymbol{X} = \begin{bmatrix}0 & 0 & 0\end{bmatrix}^{\mathrm{T}}$，并假设载体纵摇角、横滚角都为 0。

3. 标准圆测线下安装角度偏差可观测分析

假设大地坐标系的原点位于海底信标的正上方，信标入水深度为h，则信标在大地坐标系下的理论坐标为${}^{G}\boldsymbol{X}_{\text{Resp}} = \begin{bmatrix}0 & 0 & -h\end{bmatrix}^{\mathrm{T}}$。由于载体坐标系与基阵坐标系的原点重合，二者之间仅存在角度偏差，可通过旋转矩阵进行坐标转换。图 2-25 展示了标准圆测线下，大地坐标系与载体坐标系之间的关系，θ表示载体在大地坐标系下的航向角，r表示圆测线的半径。此时，海底信标在载体坐标系下的坐标为${}^{S}\boldsymbol{X}_{\text{Resp}} = \begin{bmatrix}0 & r & -h\end{bmatrix}^{\mathrm{T}}$，载体在大地坐标系下的坐标为${}^{G}\boldsymbol{X}_{\text{Ship}} = \begin{bmatrix}r\cos\theta & r\sin\theta & 0\end{bmatrix}^{\mathrm{T}}$，载体的航向角为$\theta + \pi/2$。

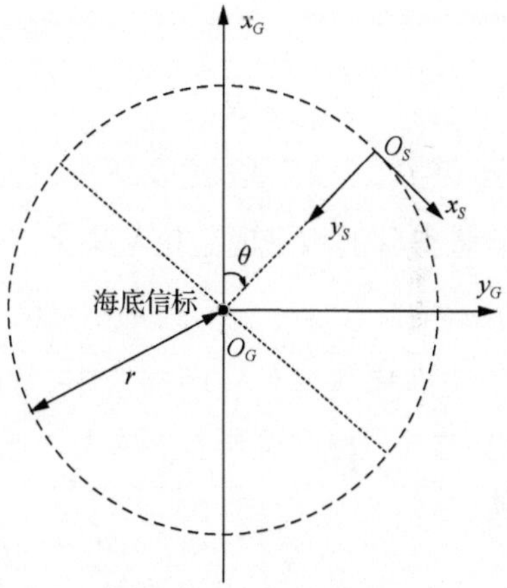

图 2-25　标准圆测线

当仅存在航向偏角α时，若不校准安装角度偏差，则 USBL 的绝对定位结果${}^{G}\boldsymbol{X}'_{\text{Resp}} = \begin{bmatrix}x_G & y_G & z_G\end{bmatrix}^{\mathrm{T}}$，如下式：

$$
{}^{G}\boldsymbol{X}'_{\text{Resp}} = {}^{G}\boldsymbol{X}_{\text{Ship}} + \boldsymbol{R}_{SG} \cdot {}^{A}\boldsymbol{X}_{\text{Resp}} = \begin{bmatrix} -r\sin\theta\sin\alpha - r\cos\theta\cos\alpha + r\cos\theta \\ r\cos\theta\sin\alpha - r\sin\theta\cos\alpha + r\sin\theta \\ -h \end{bmatrix} \tag{2-116}
$$

测量得到的水平面定位结果为

$$
x_G^2 + y_G^2 = r^2 \cdot (2 - 2\cdot\cos\alpha) \tag{2-117}
$$

即在不校准航向偏角α的情况下，USBL 水平定位轨迹为一半径为$\sqrt{r^2\cdot(2-2\cdot\cos\alpha)}$的圆。标准圆半径$r$越大，定位轨迹与${}^{G}\boldsymbol{X}_{\text{Resp}}$的理论坐标差别越大，越有利于校准$\alpha$偏角。

当仅存在纵摇偏角β时，${}^{G}\boldsymbol{X}'_{\text{Resp}} = \begin{bmatrix} x_G & y_G & z_G \end{bmatrix}^{\text{T}}$，为

$$
{}^{G}\boldsymbol{X}'_{\text{Resp}} = {}^{G}\boldsymbol{X}_{\text{Ship}} + \boldsymbol{R}_{SG} \cdot {}^{A}\boldsymbol{X}_{\text{Resp}} = \begin{bmatrix} h\sin\theta\sin\beta \\ -h\cos\theta\sin\beta \\ -h\cos\beta \end{bmatrix} \tag{2-118}
$$

测量得到的水平面定位结果为

$$
x_G^2 + y_G^2 = h^2 \cdot (\sin\beta)^2 \tag{2-119}
$$

即在不校准纵摇偏角β情况下，USBL 水平定位轨迹为一半径为$h\cdot|\sin\beta|$的圆，并且定位轨迹并不随标准圆半径r的变化而变化。若校准水域过浅，带纵摇偏角的定位轨迹与理论坐标差别较小，不宜被反映出来，此时不利于校准β偏角。

同理，当仅存在横滚偏角γ时，${}^{G}\boldsymbol{X}'_{\text{Resp}} = \begin{bmatrix} x_G & y_G & z_G \end{bmatrix}^{\text{T}}$，为

$$
{}^{G}\boldsymbol{X}'_{\text{Resp}} = {}^{G}\boldsymbol{X}_{\text{Ship}} + \boldsymbol{R}_{SG} \cdot {}^{A}\boldsymbol{X}_{\text{Resp}} = \begin{bmatrix} -r\cos\theta\cos\gamma + h\cos\theta\sin\gamma + r\cos\theta \\ -r\sin\theta\cos\gamma + h\sin\theta\sin\gamma + r\sin\theta \\ -r\sin\gamma - h\cos\gamma \end{bmatrix} \tag{2-120}
$$

测量得到的水平面定位结果为

$$
x_G^2 + y_G^2 = (r + h\cdot\cos\gamma - r\cdot\cos\gamma)^2 \tag{2-121}
$$

即在不校准横滚偏角γ的情况下，USBL 水平定位轨迹为一半径为$r + h\cdot\cos\gamma - r\cdot\cos\gamma$的圆。标准圆半径$r$越大，定位轨迹与理论坐标差别越大，越有利于校准$\gamma$偏角。

4. 直线测线下安装角度偏差可观测分析

图 2-26 展示了直线测线下，大地坐标系与载体坐标系之间的关系，θ表示载体的航向角，L_{SG}为海底信标与载体在θ方向的距离，d_{SG}表示海底信标到直线测线的

水平距离。此时，海底信标在载体坐标系下的坐标为 ${}^{S}\boldsymbol{X}_{\text{Resp}} = \begin{bmatrix} -L_{SG} & -d_{SG} & -h \end{bmatrix}^{\text{T}}$，载体在大地坐标系下的坐标为 ${}^{G}\boldsymbol{X}_{\text{Ship}} = \begin{bmatrix} -d_{SG}\sin\theta + L_{SG}\cos\theta & d_{SG}\cos\theta + L_{SG}\sin\theta & 0 \end{bmatrix}$。

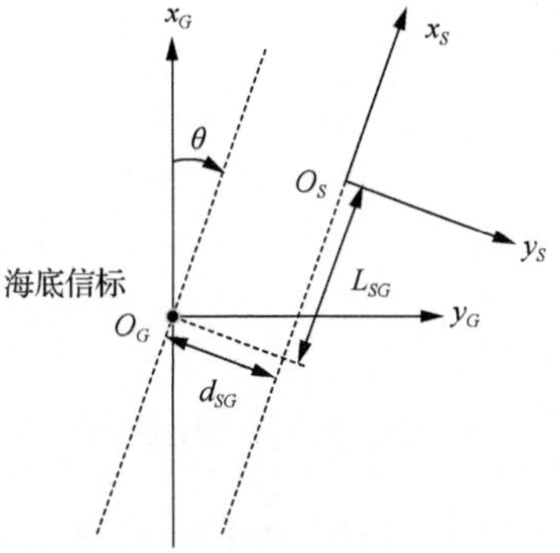

图 2-26　直线测线下大地坐标系与载体坐标系之间的关系

当仅存在航向偏角 α 时，若不校准安装角度偏差，则 USBL 的绝对定位结果 ${}^{G}\boldsymbol{X}'_{\text{Resp}} = \begin{bmatrix} x_G & y_G & z_G \end{bmatrix}^{\text{T}}$，如下式：

$$
{}^{G}\boldsymbol{X}'_{\text{Resp}} = {}^{G}\boldsymbol{X}_{\text{Ship}} + \boldsymbol{R}_{SG} \cdot {}^{A}\boldsymbol{X}_{\text{Resp}} = \begin{bmatrix} -L_{SG}\cos(\theta-\alpha) + d_{SG}\sin(\theta-\alpha) \\ -L_{SG}\sin(\theta-\alpha) - d_{SG}\cos(\theta-\alpha) \\ -h \end{bmatrix} \tag{2-122}
$$

测量得到的水平面定位结果为

$$
x_G \cdot [\sin(\theta-\alpha) - \sin\theta] - y_G \cdot [\cos(\theta-\alpha) - \cos\theta] = d_{SG}(2 + 2\cdot\cos\alpha) \tag{2-123}
$$

由式（2-123）可知，在不校准航向偏角 α 的情况下，USBL 得到的水平定位轨迹为一直线，直线的斜率与 α 及 θ 有关。此外，通过式（2-122）可知，在水平距离 d_{SG} 给定时，L_{SG} 越大，x_G、y_G 方向的定位轨迹越远离 ${}^{G}\boldsymbol{X}_{\text{Resp}}$ 的理论坐标，越有利于校准 α 偏角。

当仅存在纵摇偏角 β 时，${}^{G}\boldsymbol{X}'_{\text{Resp}} = \begin{bmatrix} x_G & y_G & z_G \end{bmatrix}^{\text{T}}$，为

$$
{}^{G}\boldsymbol{X}'_{\text{Resp}} = {}^{G}\boldsymbol{X}_{\text{Ship}} + \boldsymbol{R}_{SG} \cdot {}^{A}\boldsymbol{X}_{\text{Resp}} = \begin{bmatrix} L_{SG}(\cos\theta - \cos\theta\cos\beta) - h\cos\theta\sin\beta \\ L_{SG}(\sin\theta - \sin\theta\cos\beta) - h\sin\theta\sin\beta \\ L_{SG}\cdot\sin\beta - h\cdot\cos\beta \end{bmatrix} \tag{2-124}
$$

测量得到的水平面定位结果为

$$
x_G \cdot \sin\theta - y_G \cdot \cos\theta = 0 \tag{2-125}
$$

由式（2-125）可知，在不校准纵摇偏角 β 的情况下，USBL 得到的水平定位

轨迹为一穿过原点且斜率等于$\cos\theta/\sin\theta$的直线。此外，通过式（2-124）可知，L_{SG}越大，x_G、y_G、z_G方向的定位轨迹越远离${}^G\boldsymbol{X}_{\text{Resp}}$的理论坐标，越有利于校准$\beta$偏角。

当仅存在横滚偏角γ时，${}^G\boldsymbol{X}'_{\text{Resp}}=\begin{bmatrix}x_G & y_G & z_G\end{bmatrix}^{\mathrm{T}}$，为

$$
{}^G\boldsymbol{X}'_{\text{Resp}}={}^G\boldsymbol{X}_{\text{Ship}}+\boldsymbol{R}_{SG}\cdot{}^A\boldsymbol{X}_{\text{Resp}}=\begin{bmatrix} d(\sin\theta\cos\gamma-\sin\theta)+h\sin\theta\sin\gamma \\ d(\cos\theta-\cos\theta\cos\gamma)-h\cos\theta\sin\gamma \\ d\cdot\sin\gamma-h\cdot\cos\gamma \end{bmatrix} \tag{2-126}
$$

测量得到的水平面定位结果为

$$
x_G\cdot\cos\theta+y_G\cdot\sin\theta=0 \tag{2-127}
$$

由式（2-127）可知，在不校准横滚偏角γ的情况下，USBL 得到的水平定位轨迹为一穿过原点且斜率等于$-\sin\theta/\cos\theta$的直线。此外，通过式（2-126）可知，d_{SG}越大，x_G、y_G、z_G方向的定位轨迹越远离${}^G\boldsymbol{X}_{\text{Resp}}$的理论坐标，越有利于校准$\gamma$偏角。

通过上述在标准圆和直线测线下对α、β、γ的可观测分析，得出以下结论：①无论是标准圆测线还是直线测线，航向偏角α只会带来水平方向上的定位误差，不会带来深度方向上的定位误差，纵摇偏角β与横滚偏角γ不仅会带来水平方向上的定位误差，还会带来深度方向上的定位误差。②在标准圆测线下，测线半径越大越有利于校准航向偏角α与横滚偏角γ，纵摇偏角β与标准圆半径无关，只与信标入水深度有关，若校准水域过浅，则不利于校准β偏角。③在直线测线下，海底信标与载体在航行方向的距离L_{SG}越大，越有利于航向偏角α与纵摇偏角β的校准，海底信标到直线测线的水平距离d_{SG}越大，越有利于横滚偏角γ的校准。

通过安装位置误差与安装角度误差校准的结论可得出测线设计准则：无论是圆测线还是直线测线，测线的尺度应越大越好，测线应满足关于信标中心对称。

2.5.3 测线优选

由上面的分析可知，利用大尺度对称测线能提高安装误差的校准精度，此外，各大商用 USBL 公司在对称测线的基础上还引入往返测线进行安装误差的校准，其目的是通过引入含大小相同、符号相反的固定偏差的“测点对”消除系统偏差对估值的影响，特别是解算所采用的算法是最小二乘的情况下。

1. 安装位置偏差校准测线优选

分析声速偏差 Δc、时延偏差 Δt 对安装位置偏差 $\Delta \boldsymbol{X}$ 的影响。安装位置偏差的基本观测方程为

$$\left\| {}^{G}\boldsymbol{X}_{A} - {}^{G}\boldsymbol{X}_{R} \right\|_{2} = c \cdot t \tag{2-128}$$

式中，${}^{G}\boldsymbol{X}_{R}$ 为海底锚定信标的绝对大地坐标；${}^{G}\boldsymbol{X}_{A}$ 为基阵声中心的绝对大地坐标。

为了分析对称测线点解算带来的好处，以对称测线示意图来进行分析，如图 2-27 所示。

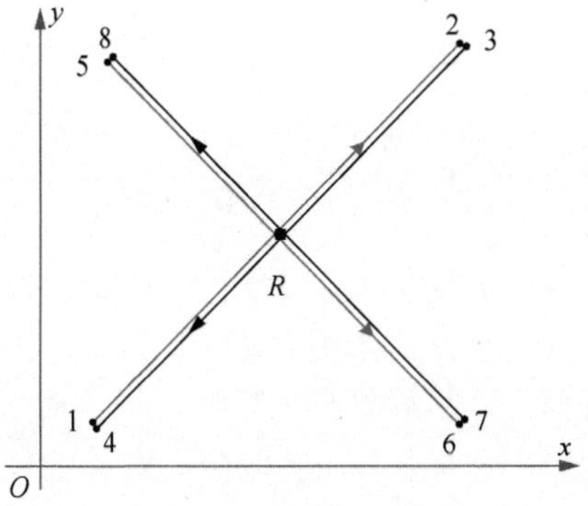

图 2-27　对称测线示意图

图 2-27 为海底信标 R 和测线 12、34、56、78 在大地坐标系下的水平投影图，测线 12 和测线 34 为往返的重合测线，测线 56 和测线 78 为往返的重合测线。

假设海底信标的大地坐标 ${}^{G}\boldsymbol{X}_{R}=\begin{bmatrix} {}^{G}x_{R} & {}^{G}y_{R} & {}^{G}z_{R} \end{bmatrix}$，载体在点 1 处的大地坐标 ${}^{G}\boldsymbol{X}_{S1}=\begin{bmatrix} {}^{G}x_{R}-\hat{x} & {}^{G}y_{R}-\hat{y} & {}^{G}z_{R1} \end{bmatrix}$，载体在点 1 处的航向角为 $\text{Heading1}=\alpha$，横滚角和纵摇角均假设为 0，安装位置偏差 $\Delta\boldsymbol{X}=\begin{bmatrix} \Delta x & \Delta y & \Delta z \end{bmatrix}$。则根据测线的对称性可知：

（1）点 2 处，${}^{G}\boldsymbol{X}_{S2}=\begin{bmatrix} {}^{G}x_{R}+\hat{x} & {}^{G}y_{R}+\hat{y} & {}^{G}z_{R2} \end{bmatrix}$，$\text{Heading2}=\alpha$；

（2）点 3 处，${}^{G}\boldsymbol{X}_{S3}=\begin{bmatrix} {}^{G}x_{R}+\hat{x} & {}^{G}y_{R}+\hat{y} & {}^{G}z_{R3} \end{bmatrix}$，$\text{Heading3}=\alpha+\pi$；

（3）点 4 处，${}^{G}\boldsymbol{X}_{S4}=\begin{bmatrix} {}^{G}x_{R}-\hat{x} & {}^{G}y_{R}-\hat{y} & {}^{G}z_{R4} \end{bmatrix}$，$\text{Heading4}=\alpha+\pi$。

将以上点坐标和航向角代入式（2-128）中，可得每个点对应的距离方程。

点 1 处：

$$
\begin{aligned}
&(-\hat{x}+\Delta x\cdot\cos\alpha+\Delta y\cdot\sin\alpha)^2+(-\hat{y}-\Delta x\cdot\sin\alpha+\Delta y\cdot\cos\alpha)^2\\
&+({}^{G}z_{S1}+\Delta z-{}^{G}z_R)^2=\left[(c_1+\Delta c)\cdot(t_1+\Delta t)\right]^2
\end{aligned}
\tag{2-129}
$$

点 2 处：

$$
\begin{aligned}
&(\hat{x}+\Delta x\cdot\cos\alpha+\Delta y\cdot\sin\alpha)^2+(\hat{y}-\Delta x\cdot\sin\alpha+\Delta y\cdot\cos\alpha)^2\\
&+({}^{G}z_{S2}+\Delta z-{}^{G}z_R)^2=\left[(c_2+\Delta c)\cdot(t_2+\Delta t)\right]^2
\end{aligned}
\tag{2-130}
$$

点 3 处：

$$
\begin{aligned}
&(\hat{x}-\Delta x\cdot\cos\alpha-\Delta y\cdot\sin\alpha)^2+(\hat{y}+\Delta x\cdot\sin\alpha-\Delta y\cdot\cos\alpha)^2\\
&+({}^{G}z_{S2}+\Delta z-{}^{G}z_R)^2=\left[(c_3+\Delta c)\cdot(t_3+\Delta t)\right]^2
\end{aligned}
\tag{2-131}
$$

点 4 处：

$$
\begin{aligned}
&(-\hat{x}-\Delta x\cdot\cos\alpha-\Delta y\cdot\sin\alpha)^2+(-\hat{y}+\Delta x\cdot\sin\alpha-\Delta y\cdot\cos\alpha)^2\\
&+({}^{G}z_{S2}+\Delta z-{}^{G}z_R)^2=\left[(c_4+\Delta c)\cdot(t_4+\Delta t)\right]^2
\end{aligned}
\tag{2-132}
$$

由以上四个点处的距离方程可以进行分析：由以上四组距离方程可知，选择点 1 和点 3 或者点 2 和点 4 时，可以组合消掉 $\hat{x}$ 和 $\hat{y}$，因此在该种组合下声速偏差 Δc、时延偏差 Δt 只会对 Δz 的解算产生影响，不会对 Δx 和 Δy 的解算精度产生影响。可得以下结论：以信标为中心，选取中心对称的反向测线点能保证安装位置偏差 $\Delta\boldsymbol{X}$ 的水平估计精度不受声速的偏差 Δc 和时延偏差 Δt 的影响。

2. 安装角度偏差校准测线优选

在安装偏角标定中的固定误差一般来自信号入射方向与大地坐标系夹角 $\boldsymbol{\varPsi}_U$ 的偏差，以及信号入射方向与基准坐标系夹角 $\boldsymbol{\theta}_A$ 的偏差，分析 $\boldsymbol{\varPsi}_U$ 偏差与 $\boldsymbol{\theta}_A$ 偏差对安装偏角的影响，以及如何选取对称测点以消除对应固定偏差的影响。

根据 2.4.2 小节的内容，基于有效声速的安装偏角校准算法可写为

$$
\cos\boldsymbol{\varPsi}_U=\boldsymbol{R}_{SG}(\boldsymbol{\varOmega})\cdot\boldsymbol{R}_{AS}(\boldsymbol{\varPhi})\cdot\cos\boldsymbol{\theta}_A
\tag{2-133}
$$

式中，$\boldsymbol{\theta}_A=\begin{bmatrix}\theta_{Ax} & \theta_{Ay} & \theta_{Az}\end{bmatrix}^{\mathrm{T}}$ 为信号入射方向与基阵坐标系夹角；$\boldsymbol{\varPsi}_U=\begin{bmatrix}\varPsi_{Ux} & \varPsi_{Uy} & \varPsi_{Uz}\end{bmatrix}^{\mathrm{T}}$ 为信号入射方向与大地坐标系夹角；$\boldsymbol{\varPhi}=\begin{bmatrix}\alpha & \beta & \gamma\end{bmatrix}^{\mathrm{T}}$ 为基阵安装偏角；$\boldsymbol{\varOmega}=\begin{bmatrix}A & \kappa & \varphi\end{bmatrix}^{\mathrm{T}}$ 为载体姿态角。

对上式全微分有

$$
\frac{\partial\boldsymbol{R}_{AS}}{\partial\boldsymbol{\varPhi}}\cos\boldsymbol{\theta}_A\mathrm{d}\boldsymbol{\varPhi}=\boldsymbol{R}_{SG}^{\mathrm{T}}\sin\boldsymbol{\varPsi}_U\mathrm{d}\boldsymbol{\varPsi}_U-\boldsymbol{R}_{AS}\sin\boldsymbol{\theta}_A\mathrm{d}\boldsymbol{\theta}_A
\tag{2-134}
$$

本节将分别分析$\boldsymbol{\Psi}_U$偏差与$\boldsymbol{\theta}_A$偏差对安装偏角估计的影响，并寻找能够产生反向估值误差的测点作为规划标定测线的基础。

1）大地坐标系内$\boldsymbol{\Psi}_U$偏差

$\boldsymbol{\Psi}_U$由声学基阵中心的大地坐标与海底信标的大地坐标计算得到

$$\begin{cases}\cos\Psi_{Ux}=\cos\omega\sin\xi\\ \cos\Psi_{Uy}=\sin\omega\sin\xi\\ \cos\Psi_{Uy}=\cos\xi\end{cases} \tag{2-135}$$

式中，ξ为入射声线与水平面法线的夹角，通过声学基阵与海底信标间的本征声线搜索得到；ω为声学基阵中心相对海底信标的水平航向角，

$$\tan\omega=\frac{Y_{\text{Sen}}-Y_{\text{Res}}}{X_{\text{Sen}}-X_{\text{Res}}} \tag{2-136}$$

其中，$(X_{\text{Sen}},Y_{\text{Sen}})$为声学基阵中心的大地坐标，通过卫星定位数据得到，$(X_{\text{Res}},Y_{\text{Res}})$为海底信标的大地坐标，通过先前标定得到[5]。

首先仅考虑$\boldsymbol{\Psi}_U$偏差对航向偏角α的影响。为便于分析推导，令载体纵摇角、横滚角及纵摇偏角、横滚偏角均为0，即$\kappa=\varphi=0$、$\beta=\gamma=0$，此时$\boldsymbol{\Psi}_U$与ω角等价。代入式（2-134）并展开为

$$\begin{bmatrix}-\sin\alpha & -\cos\alpha\\ \cos\alpha & -\sin\alpha\end{bmatrix}\begin{bmatrix}\cos\theta_{Ax}\\ \cos\theta_{Ay}\end{bmatrix}\mathrm{d}\alpha=\begin{bmatrix}-\sin A & -\cos A\\ \cos A & -\sin A\end{bmatrix}\begin{bmatrix}\cos\omega\\ \sin\omega\end{bmatrix}\mathrm{d}\omega \tag{2-137}$$

对于上式，若能存在测点使得$\mathrm{d}\alpha_1=-\mathrm{d}\alpha_2$，则该测点可作为所规划测线的一部分，以抵消固定偏差。

考虑测点关于海底信标原点对称，即$(X_{\text{Sen1}},Y_{\text{Sen1}})=-(X_{\text{Sen2}},Y_{\text{Sen2}})$，由式(2-136)易知$\mathrm{d}\omega_1=-\mathrm{d}\omega_2$。代入式（2-137），此时在条件（a）、（b）下满足$\mathrm{d}\alpha_1=-\mathrm{d}\alpha_2$。

条件（a）：$\theta_{A_1}=\theta_{A_2}$，$A_1=A_2+\pi$，$\omega_1=\omega_2+\pi$即满足两测点载体航行方向相反，且在基阵坐标系下海底信标位置未发生改变。

条件（b）：$\theta_{A_1}=\theta_{A_2}+\pi$，$A_1=A_2$，$\omega_1=\omega_2+\pi$，即满足两测点载体航行方向相同，且在基阵坐标系下海底信标位置与原位置关于原点对称。

可见，估值偏差的符号与载体航行方向及海底信标的相对位置紧密相关。

考虑$\boldsymbol{\Psi}_U$偏差对纵摇偏角β的影响，式（2-134）可展开为

$$\begin{bmatrix}-\sin\beta & -\cos\beta\\ \cos\beta & -\sin\beta\end{bmatrix}\begin{bmatrix}\cos\theta_{Ax}\\ \cos\theta_{Az}\end{bmatrix}\mathrm{d}\beta=\begin{bmatrix}-\cos A & 0\\ 0 & 1\end{bmatrix}\begin{bmatrix}\cos\xi\\ \sin\xi\end{bmatrix}\mathrm{d}\xi \tag{2-138}$$

当两测点关于海底信标原点对称，有$\mathrm{d}\xi_1=\mathrm{d}\xi_2$。由于海底信标始终在载体下方，上式中$\cos\theta_{Az}$符号不变，在条件（c）下可满足$\mathrm{d}\beta_1=-\mathrm{d}\beta_2$。

条件（c）：$\theta_{A_1}=\theta_{A_2}$，$A_1=A_2+\pi$，$\xi_1=\xi_2$，即满足两测点载体航行方向相反，且在基阵坐标系下海底信标位置未发生改变。横滚偏角γ与式（2-138）的分析结果相同，此处不再详细说明。

由此针对大地坐标系下航向角$\boldsymbol{\Psi}_U$偏差的影响，分别找到了能抵消航向偏角、纵摇偏角、横滚偏角估值偏差的条件。

2）基阵坐标系内$\boldsymbol{\theta}_A$偏差

基阵坐标系下的角$\boldsymbol{\theta}_A$可由式(2-4)解算得到，为简化误差分析步骤，将式(2-4)进行微分，得到

$$\mathrm{d}\boldsymbol{\theta}_A=\frac{\cot\boldsymbol{\theta}_A}{c}\mathrm{d}c \tag{2-139}$$

式中，c为声学基阵处对应声速。

同样先考虑$\boldsymbol{\theta}_A$偏差对航向偏角α影响，联立式（2-139）与式（2-134），为

$$\begin{bmatrix}-\sin\alpha & -\cos\alpha\\ \cos\alpha & -\sin\alpha\end{bmatrix}\begin{bmatrix}\cos\theta_{Ax}\\ \cos\theta_{Ay}\end{bmatrix}\mathrm{d}\alpha=\begin{bmatrix}\cos\alpha & -\sin\alpha\\ \sin\alpha & \cos\alpha\end{bmatrix}\begin{bmatrix}\sin\theta_{Ax} & 0\\ 0 & \sin\theta_{Ay}\end{bmatrix}\begin{bmatrix}\mathrm{d}\theta_{Ax}\\ \mathrm{d}\theta_{Ay}\end{bmatrix} \tag{2-140}$$

式中，

$$M=\begin{bmatrix}\cos\alpha & -\sin\alpha\\ \sin\alpha & \cos\alpha\end{bmatrix} \tag{2-141}$$

式（2-140）表明：声速测量偏差$\mathrm{d}c$不会产生航向偏角α的估值偏差。

对于纵摇偏角β受$\boldsymbol{\theta}_A$的影响。将式（2-134）化简为

$$\begin{bmatrix}-\sin\beta & -\cos\beta\\ \cos\beta & -\sin\beta\end{bmatrix}\begin{bmatrix}\cos\theta_{Ax}\\ \sin\theta_{Ay}\end{bmatrix}\mathrm{d}\beta=\begin{bmatrix}\cos\beta & -\sin\beta\\ \sin\beta & \cos\beta\end{bmatrix}\begin{bmatrix}-\sin\theta_{Ay}\\ \cos\theta_{Ax}\end{bmatrix}\mathrm{d}\theta_{Ay} \tag{2-142}$$

进一步化简得到$\mathrm{d}\theta_{Ax}=\dfrac{\cot\theta_{Ax}}{c}\mathrm{d}c$。易知此时在以下情况下可满足$\mathrm{d}\beta_1=-\mathrm{d}\beta_2$使纵摇偏角$\beta$估值无偏。

条件（d）：$\theta_{Ax1}=\pi-\theta_{Ax2}$，即要求在基阵坐标系下，两测点测得信标$x$坐标反向。

同理对于横滚偏角γ，有

$$\begin{bmatrix}-\sin\gamma & -\cos\gamma\\ \cos\gamma & -\sin\gamma\end{bmatrix}\begin{bmatrix}\cos\theta_{Ay}\\ \sin\theta_{Ay}\end{bmatrix}\mathrm{d}\gamma=\begin{bmatrix}\cos\gamma & -\sin\gamma\\ \sin\gamma & \cos\gamma\end{bmatrix}\begin{bmatrix}-\sin\theta_{Ay}\\ \cos\theta_{Ay}\end{bmatrix}\mathrm{d}\theta_{Ay} \tag{2-143}$$

化简得$\mathrm{d}\theta_{Ay}=\dfrac{\cot\theta_{Ay}}{c}\mathrm{d}c$，则以下条件可满足$\mathrm{d}\gamma_1=-\mathrm{d}\gamma_2$。

条件（e）：$\theta_{Ay1}=\pi-\theta_{Ay2}$，即要求在基阵坐标系下，两测点测得的海底信标 y 坐标反向。

由此针对基阵坐标系下 $\boldsymbol{\theta}_A$ 偏差的影响，分别找到了能抵消航向偏角、纵摇偏角、横滚偏角估值偏差的条件。

根据前面分析所得保障偏角估值无偏的结论，结合载体实际，规划满足条件的简单测线，并通过数值计算评价测线对各固定测量误差的响应情况。本节将基阵坐标系与载体坐标系方向统一以便于分析。

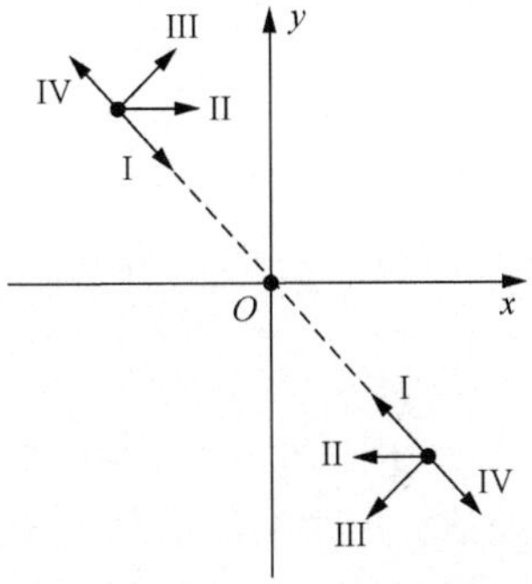

图 2-28　满足条件（a）的部分测点

对于条件（a），图 2-28 所示的几组测点均满足要求，且在图中四组航向之间仍有无穷多组满足要求，这里仅列出部分代表性航向。

航向 I 与 IV 均可通过两条穿过海底信标上方且航向相反的重合直线测线实现，见图 2-29（a）；航向 II 可通过两条平行于坐标轴但航向相反的直线测线实现，实际航行中可以拓展为矩形测线，见图 2-29（b）；航向 III 同样可通过两条直线实现，特殊地，以海底信标为圆心的圆测线同样满足条件，见图 2-29（c）。

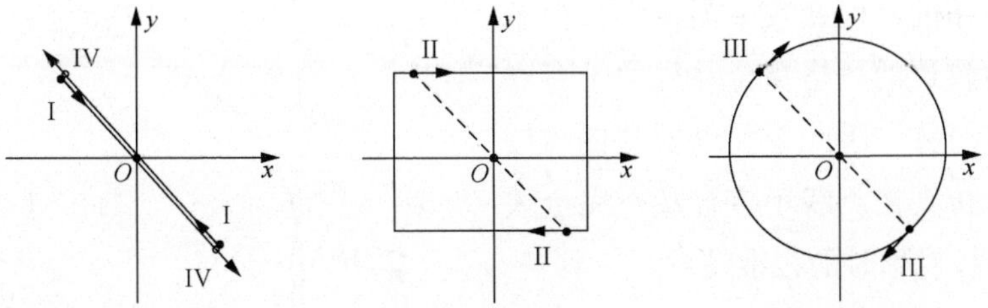

图 2-29　对应的测线

对于条件（b），一条以任意恒定航向通过海底信标的直线测线即可满足，如图 2-30 所示。当然图 2-29（a）所示的往返直线测线同样满足要求。

对于条件（c），易知图 2-29 中的三类测线均可满足。而对于图 2-30 的直线测线，由于航向恒定，其上无法找到满足条件的“测点对”，即说明仅利用一条直线测线采集数据标定结果仍受大地坐标系下 $\boldsymbol{\Psi}_U$ 角测量偏差的影响。因而图 2-30 中测线与图 2-29 测线相比，后者更适合进行基阵安装偏角的校准。

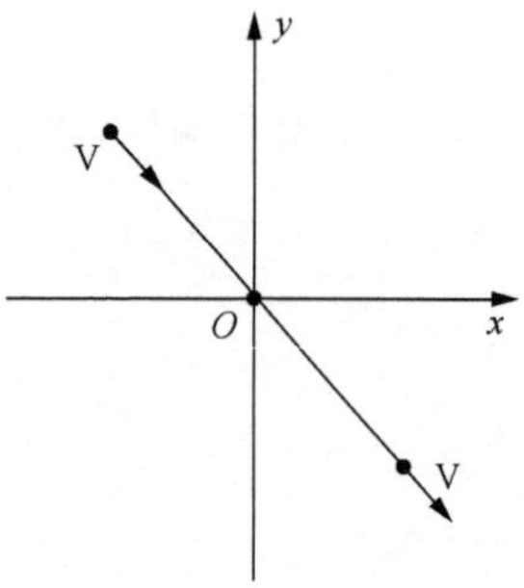

图 2-30　满足条件（b）的测线

进一步，对于条件（d）与（e），图 2-29 中仅有往返直线满足，“测点对”关于信标中心对称，航向相反。将该特性应用于图 2-29 其他测线中，则可得到先后以顺逆时针航行的圆与矩形测线。

基于条件（a）～（e），若严格遵循航向相反且完全重合的两条通过海底信标上方的直线测线、两条以海底信标为圆心的圆测线、两条以海底信标为中心的矩形测线均能保证安装偏角估值的无偏。

通过上述对固定测量误差的分析，得出以海底信标为中心，选取中心对称的反向测线点能减少甚至消除固定测量误差对安装偏差估计的影响。由此可知，测线在满足对称性的前提下，还应满足往返性。

2.5.4　仿真与试验分析

1. 仿真分析

通过上面对测线的分析可知，选取对称往返的测线有利于获得高精度安装误差校准精度，但在实际测量中，很难保证载体轨迹的严格重合并且关于海底信标严格对称。因此下面以安装偏角校准为例，仿真在测线不重合及不完全关于海底信标对称时的校准精度。

仿真条件：海底信标深度 1000m，载体分别以三种往返测线航行：①长为 2000m 的直线测线；②边长为 2000m 的矩形测线；③直径为 2000m 的圆测线。往返测线之间存在 20m 的位置偏差与 3° 的旋转角。海底信标存在 2m 的位置偏差。仿真使用如图 2-31 所示的声速剖面，设定该剖面测量存在 3m/s 的偏差。

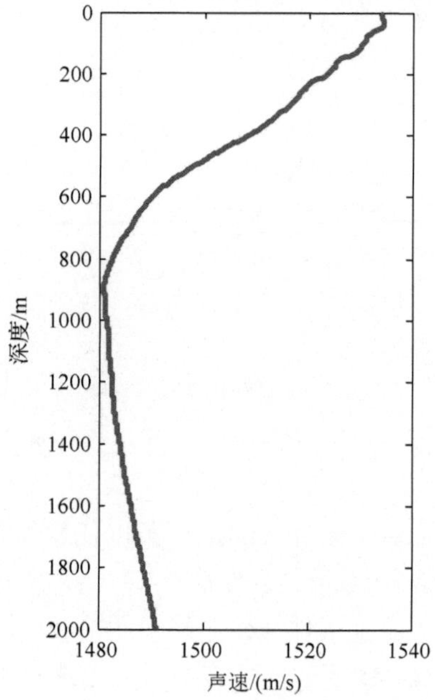

图 2-31　仿真使用的声速剖面

不同测线标定结果与真值的偏差如表 2-4 所示。

表 2-4　不同测线标定结果与真值偏差　　单位：(°)

	航向偏角	纵摇偏角	横滚偏角
直线	0.0105	0.0641	0.0065
矩形	0.0110	0.0031	0.0813
圆	0.0150	0.0081	0.0643
组合	0.0033	0.0321	0.0418

由仿真结果可见，当测线不再严格对称与重合时：直线测线的纵摇偏角标定结果存在 0.0641° 的残差，纵摇标定偏差较横滚标定偏差大；圆、矩形测线横滚偏角标定结果分别存在 0.0641°、0.0813° 的残差，其横滚标定偏差较纵摇标定偏差大。这是因为对于图 2-29（a）中的直线测线，载体朝向海底信标航行时，基阵坐标系的 y 轴与海底信标的夹角均接近 90°，根据式（2-143）化简结果可知该测线可保证横滚偏角 γ 受基阵坐标系下测角偏差影响较小。但由于该测线的基阵坐标系 x 轴与海底信标夹角随航行位置变化，纵摇偏角 β 存在较大的标定偏差。对于图 2-29（c）中的圆测线，只在航行过程中基阵坐标系的 y 轴始终朝向海底信标，即 x 轴与海底信标的夹角均接近 90°，根据式（2-142）可知该测线可保证纵摇偏角 β 受基阵坐标系下测角偏差影响较小，横滚偏角 γ 则存在较大的偏差。

以上分析表明，单独利用图 2-29 的三类测线标定，当测线不严格满足对称、重合要求时，直线、圆与矩形测线标定结果偏差分别主要体现在纵摇偏角、横滚偏角上，无法同时保证更准确的纵摇偏角、横滚偏角估值。考虑将直线与圆测线或矩形组合可同时减小横滚偏角、纵摇偏角的估值偏差。从理论上看，直线和矩形组合测线性能与直线和圆测线组合相近，本节仅讨论直线和圆测线组合，检验通过组合同时提高横滚偏角、纵摇偏角的估值准确度的可行性，计算结果列于表 2-4。组合测线与以上三类测线相比，实现了横滚偏角、纵摇偏角估值准确度的同时提高。

综上，将安装偏角标定测线规划为由两条通过海底信标上方的往复直线与一条以海底信标为圆心的顺逆时针航行的圆测线组成的组合测线，如图 2-32 所示。组合测线较单独直线、圆测线标定准确度更高，对 USBL 定位系统精度保障更好。

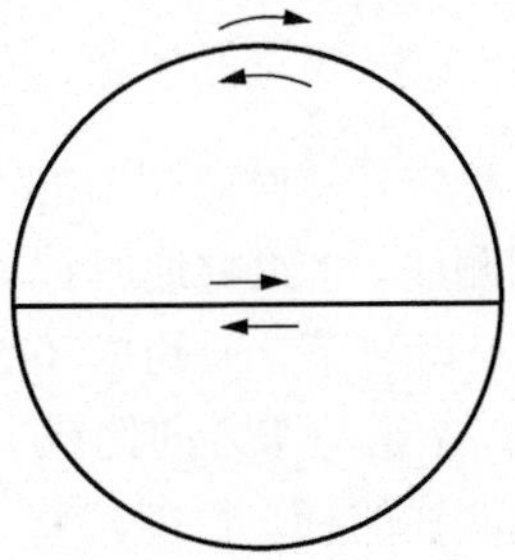

图 2-32　规划的组合测线

2. 试验验证

2011 年 10 月，哈尔滨工程大学在吉林省松花湖水库进行了 USBL 定位系统安装角度偏差标定试验。试验区域水深 50m 左右。试验中 USBL 定位系统声学基阵安装于载体右舷，入水约 2m；姿态测量设备安装靠近载体重心；卫星定位设备安装在声学基阵固定杆顶端。海底信标布放于湖底，深度为 50m。

试验在未对设备重新安装的情况下，以三种标定测线采集了安装角度偏差标定数据，具体包括：以海底信标为圆心，半径 90m 与 60m 的顺时针、逆时针圆测线各 3 个条次；通过海底信标上方，与东方向约成 45° 与 135° 夹角的往返直线测线各 2 个条次。总共 16 个条次的测线数据，如图 2-33 所示。

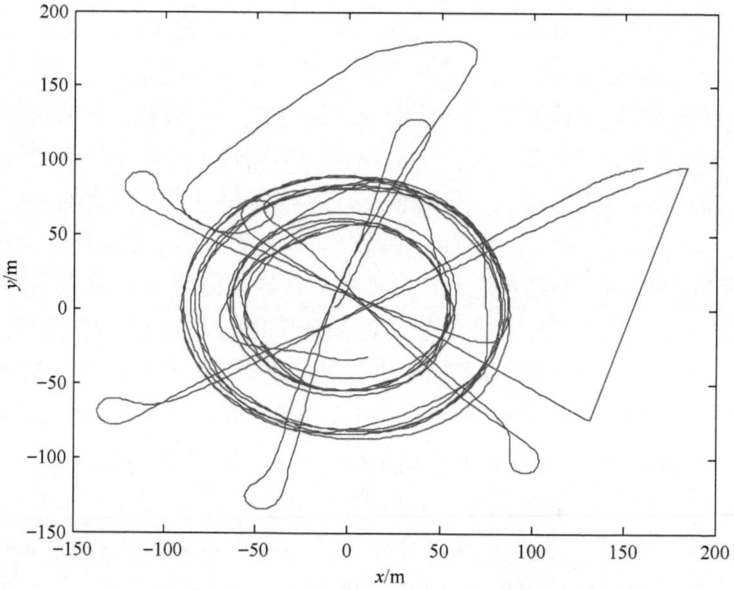

图 2-33　试验采集的全部标定测线

标定计算时对图 2-33 中的测线进行了截取。分别截取了 3 组顺逆时针 90m 半径圆测线、3 组顺逆时针 60m 半径圆测线，1 组与东方向约成 45° 夹角的直线测线、1 组与东方向约成 135° 夹角的直线测线、1 组与东方向约成 80° 夹角的直线测线、1 组与东方向约成 130° 夹角的直线测线共四类测线。进一步检验圆与往返直线测线的标定性能，将六组 60m、90m 半径圆测线分别与四组直线测线组合，共形成 6 组组合测线进行标定计算。在组合过程中将直线截取为圆测线直径长度。同时利用各圆测线与直线测线分别标定计算，比较同类测线之间及不同测线之间的标定结果，如表 2-5 所示。

表 2-5　湖试各类测线标定结果　　单位：(°)

类型	编号	α	β	γ
组合测线	R90_1	3.1367	−0.3708	2.8117
	R90_2	3.1660	−0.3706	2.8037
	R90_3	3.1841	−0.4102	2.7817
	R60_1	3.1652	−0.4045	2.8518
	R60_2	3.1822	−0.4092	2.8270
	R60_3	3.1745	−0.4069	2.8024
	std	0.0173	0.0194	0.0240
圆测线	R90_1	3.4256	−0.3542	2.6109
	R90_2	3.5110	−0.4107	2.5944
	R90_3	3.0505	−0.6431	2.5730
	R60_1	3.3529	−0.1065	2.7068
	R60_2	3.1014	−0.4833	2.7234
	R60_3	3.0162	−0.6123	2.6930
	std	0.2124	0.1959	0.0648
直线测线	L1	3.2626	−0.3061	2.7945
	L2	3.1974	−0.3499	2.7397
	std	0.046	0.0309	0.0387

对比组合测线与其他测线的结果可见：6 组组合测线的安装偏角标定结果基本一致，其起伏程度为 0.02° 左右，优于直线测线对应的 0.04° 左右起伏的标定结果。圆测线由于采用了两种不同的半径，海底信标在基阵坐标系下的开角不同，导致声速偏差的影响不同，因而在 γ 偏角标定结果中 60m 与 90m 半径分别对应 2.6° 左右与 2.7° 左右的结果。同时由于海底信标位置偏离圆心，圆测线的偏航与纵摇偏角标定结果出现 0.2° 左右的起伏。

根据不同观测对应标定结果的一致性，组合测线具备更优的标定性能，但其标定结果的准确性仍有待评价。现利用标定结果修正定位散点评价标定结果的准确性：由于在标定过程中海底信标位置未曾改变，不同测线经过安装角度偏差校准后的定位散点应当基本重合。因此将三类测线对应标定结果的均值分别修正全部的 USBL 定位数据散点，观察不同测线间散点的差别，如图 2-34 所示。

由图 2-34 可见，使用组合测线标定结果修正定位结果时，圆与直线测线对应的散点范围基本一致，统计定位散点沿 x 、y 坐标方向标准差分别为 $\text{std}_x = 0.217\text{m}$ 、

$std_y = 0.235m$。使用圆测线标定结果修正定位结果时，直线测线对应的散点范围明显扩大，统计散点的$std_x = 0.674m$、$std_y = 0.430m$。使用直线测线标定结果修正定位结果时，圆测线对应的散点范围明显扩大，统计散点的$std_x = 0.271m$、$std_y = 0.260m$。

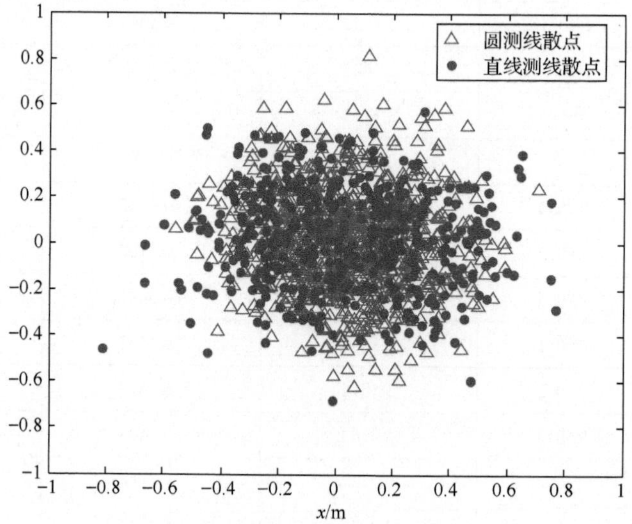

（a）组合测线标定结果修正定位散点

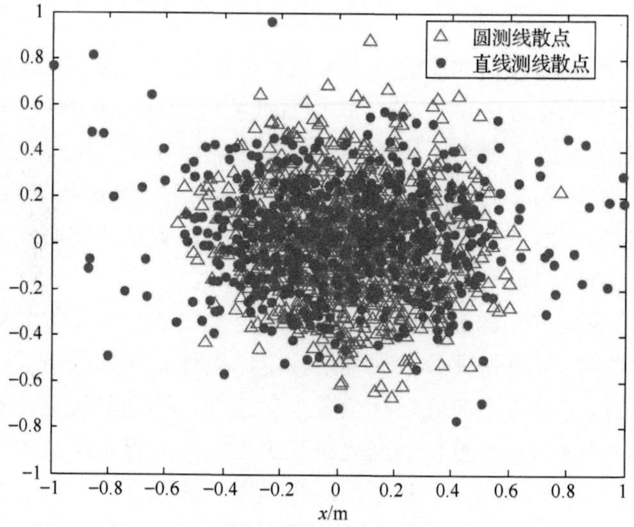

（b）圆测线标定结果修正定位散点

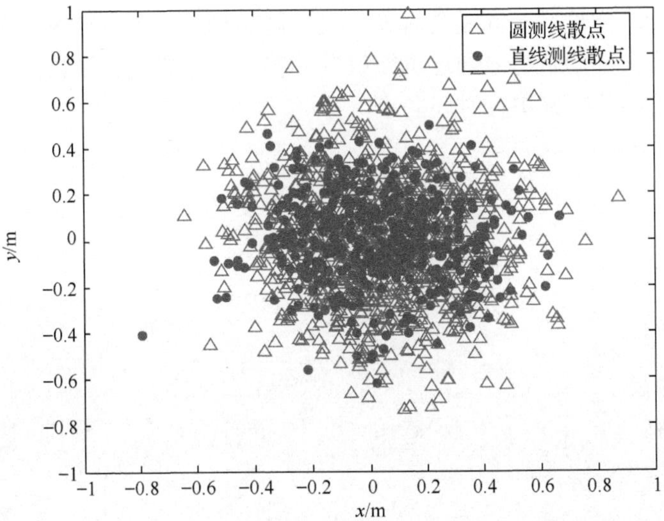

（c）直线测线标定结果修正定位散点

图 2-34 不同测线标定结果修正定位散点对比

通过不同测线标定结果修正定位散点的情况比对可以看出：使用组合测线结果时不同测线散点的一致性更好，定位散点更为密集，定位精度更高，因而认为组合测线对应的标定结果更接近真值。

2.6 典 型 应 用

2.6.1 USBL 水声定位技术概述

海洋作为地球最大的生态系统影响着全球能量流动、气候变化与生态安全。我国是一个海洋大国，海洋面积辽阔，海洋面积相当于陆地面积的三分之一，认识海洋、经略海洋、建设海洋强国具有重要的战略意义。USBL 水声定位技术是人类利用众多水下航行器进入深海、探测深海和开发深海的关键技术，广泛应用于海洋资源开发利用、海洋科学研究、海洋调查等领域（图 2-35）。

根据工作模式可将 USBL 定位系统分为两种，一种是应答模式，另一种是同步模式。应答模式下，USBL 在某一时刻向应答器发送询问信号，应答器成功接收到询问信号后回复应答信号，通过测量 USBL 发送信号时刻到接收应答信号时刻的时间间隔来计算应答器与声学基阵的相对位置关系。同步模式下，通过同步信号触发使应答器在特定时刻发射信号，通过测量应答器发送信号时刻到 USBL 接收信号时刻的时间间隔来计算应答器与声学基阵的相对位置关系。其中，根据应答器与 USBL 定位系统间是否有缆，又将同步模式分为有缆模式和无缆模式，如果是有缆模式则同步信号通过电缆触发应答器，如果是无缆模式则需要采用高精度的同步时钟芯片来进行时间同步。

图 2-35 USBL 定位系统的典型应用场景

根据使用方式可将 USBL 定位系统分为传统 USBL 定位系统和反超短基线（inverted USBL, iUSBL）定位系统。对于传统 USBL 定位系统，声学基阵安装在水面母船上，应答器安装在水下目标上，水面母船通过测量并处理来自水下目标的声信号，可获得目标的位置，定位原理与 2.2.1 小节相同。对于 iUSBL 定位系统，声学基阵安装在水下目标上，应答器安装在水面母船上，此时，应答器的绝对大地位置为已知量，通过坐标转换可根据应答器的大地位置确定声学基阵的大地位置。

2.6.2 “蛟龙”号载人深海潜水器

“蛟龙”号载人深海潜水器是我国首台自主设计、自主集成研制的作业型载人深海潜水器，如图 2-36 所示。设计最大下潜深度为 7000m 级，可以在占世界海洋面积 99.8%的海域自由行动。深海精细作业需要高精度的位置参考，由于声波是进行水下信息传播最有效的信息载体，水声定位技术成为“蛟龙”号载人深海潜水器在深海开展高精度作业的必要支撑技术。

在科技部和中国大洋矿产资源研究开发协会的支持下，哈尔滨工程大学研制的完全自主知识产权的深海高精度 USBL 定位系统装备于“向阳红 09”科考船上。声学基阵位于科考船底部，为图 2-1 所示的十字正交阵，应答器安装在“蛟龙”号的背部，其半球形指向性可覆盖整个上半空间，保证潜水器在水下各种深度和倾角状态下声学基阵均能收到声信号。采用无缆同步模式，在“向阳红 09”科考船及“蛟龙”号上都安装了高精度的同步时钟芯片，在潜水器下水前，两台同步时钟进行时间对准，当“蛟龙”号入水后，其上的应答器以固定周期向水面母船发送声信号，母船测量并处理来自应答器的声信号，实现对潜水器的测向和测距，同时融合卫星定位系统和姿态测量系统的观测数据获得潜水器的绝对大地位置。在“蛟龙”号载人深海潜水器数十次下潜过程中，USBL 定位系统为其提供了水下精确定位服务，工作稳定性、数据质量有效性均优于同船国外设备。图 2-37 展示了“蛟龙”号第 78 潜次航迹。

图 2-36　“蛟龙”号载人深海潜水器[13]

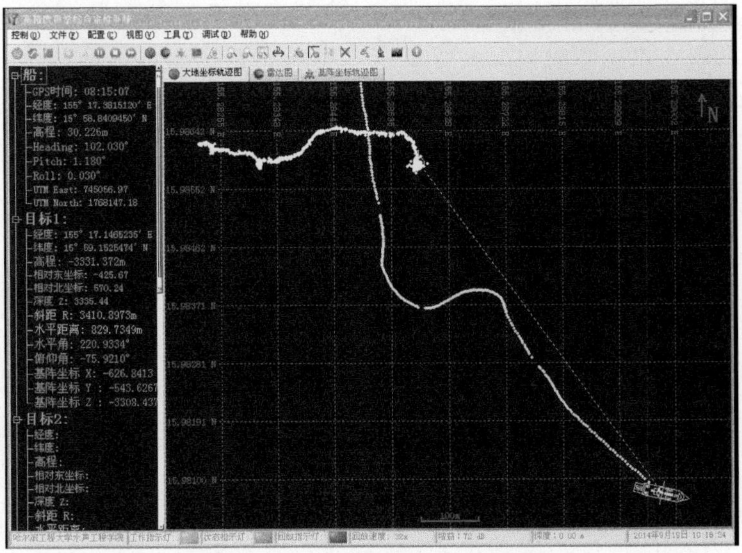

图 2-37　“蛟龙”号第 78 潜次航迹

2.6.3 水下无人潜水器对接引导应用

水下无人航行器是水下无人潜水器的一种，可携带多种传感器和任务模块，具有自主性、隐蔽性、环境适应性等优点。随着 UUV 技术的逐步成熟，其应用范围也越来越广泛，目前主要应用在水文信息观测与采集、海底矿产资源的探测与开发、水下设备打捞、水下通信、水下搜救等方面。

考虑到海洋探索进程以及实际应用需求等方面的问题，UUV 在水下的作业时间、续航能力和作业内容等方面的要求逐步提高。为了便于 UUV 的水下工作，科学家建立了海底对接站。海底对接站可以完成 UUV 能量补给、数据交互、任务接收、UUV 回收等功能，有效地提高了 UUV 的工作便捷性与工作效率。目前，UUV 对接技术已逐渐成为全世界研究的热点。

水下复杂的介质与环境使得 GPS 等高精度定位设备无法在深水环境中应用，所以目前应用于水下对接系统的终端引导方法主要分为四种，分别是声学引导、电磁引导、光学引导和视觉引导。这几种方法在定位引导过程中各有不同，声学引导方法受其定位精度影响适合在中远距离的位置完成定位，电磁引导、光学引导方法受水下环境影响适合在近距离完成定位，具体性能如表 2-6 所示。由于水下光学环境受限，视觉引导适用性较差。

表 2-6 适用于水下对接引导方法的比较

引导方法	有效范围	导航精度	影响因素
声学引导	>300m	精度：0.5%～2%距离	多径等干扰，数据更新率低
电磁引导	<20～30m	厘米级	外界磁场干扰
光学引导	<10～28m	厘米级	海水对光的折射、散射效应

对于水下对接技术而言，UUV 的声学引导定位是不可或缺的。高精度的水下定位技术是对接成功的前提条件，通过在 UUV 上安装 USBL 声学基阵，在对接装置上安装应答声信标，在 UUV 逐渐接近回收装置的过程中，声学基阵与声信标进行声波交互，精确测量 UUV 与对接装置的相对位置和姿态，进而指导 UUV 调整自身的位置和姿态直至完成对接。

美国麻省理工学院研制了名为 Odyssey IIB 的 UUV 及其对接系统，此系统采用捕捉式对接方式，运用基于 USBL 的声学引导方法完成水下对接。UUV 上安装 V 形剪和弹簧机构，对接站由对接杆与捕捉结构组成，可以完成能源补充、数据交换和故障检测的任务。这种结构的归航采集的范围很大，深水范围可达到 1km，同时这种结构采用同步钳位器，以确保 UUV 与对接站之间距离测量的高更新速率，如图 2-38 所示。

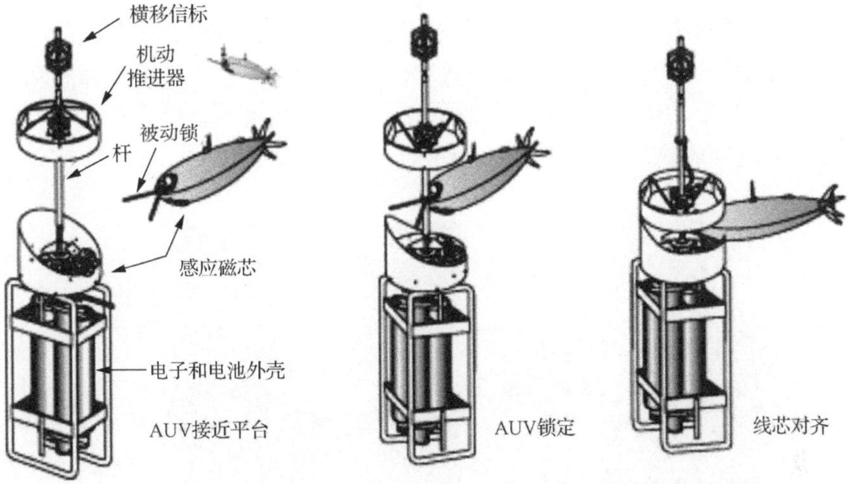

图 2-38　Odyssey IIB 的 UUV 对接系统示意图[14]

美国 Woods Hole 研究所研制的 REMUS 6000 型 UUV 和其对接系统采用包容式对接方式，同样运用基于 USBL 的声学引导方法完成对接。主要完成能源补充和数据交换等任务。其使用的包容式对接站由圆锥导向罩及对接管等部件组成，其结构如图 2-39 所示。圆锥导向罩的范围较大，允许 UUV 存在一定的位置误差并引导 UUV 进入对接管完成对接，从而进行能量补充和数据上传等工作。

图 2-39　REMUS 6000 型 UUV 对接系统实物图[15]

2015 年，哈尔滨工程大学在烟台海域完成了动静对接的海上试验，采用 500kg 级 UUV，并在头部加装 USBL 基阵，在座底回收装置上加装引导声信标，UUV 从距离回收装置 2km 处由声学导引方式实现对接，两次水下对接全部成功完成（图 2-40）。2021 年 10 月，在青岛海域完成了大型无人潜水器浅海近水面回收小型潜水器的运动回收试验，如图 2-41 所示。

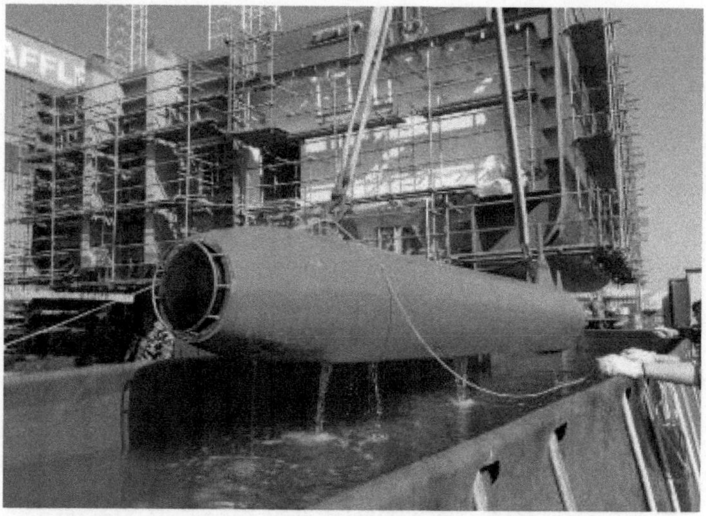

图 2-40　哈尔滨工程大学回收用 UUV（2015 年）[16]

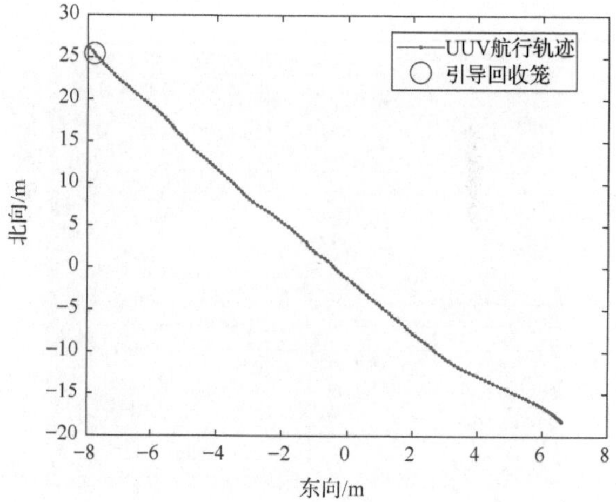

（a）回收导引轨迹

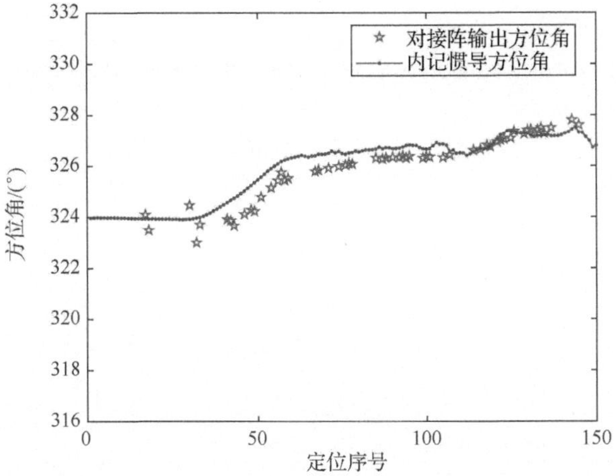

（b）导引方位角

图 2-41　大型无人潜水器浅海近水面回收小型潜水器的运动回收试验（2021 年）

参 考 文 献

[1] 田坦. 水下定位与导航技术[M]. 北京: 国防工业出版社, 2007.

[2] 秦永元. 惯性导航[M]. 2 版. 北京: 科学出版社, 2014.

[3] Kawase K. A general formula for calculating meridian arc length and its application to coordinate conversion in the Gauss-Krüger projection[J]. Bulletin of the Geospatial Information Authority of Japan, 2011, 59: 1-13.

[4] 张道平. 超短基线定位系统中时间和相位测量的误差分析[J]. 海洋技术, 1989, 11(2): 36-40.

[5] 郑翠娥. 超短基线定位技术在水下潜器对接中的应用研究[D]. 哈尔滨: 哈尔滨工程大学, 2008.

[6] Arkhipov M. A design method for USBL systems with skew three-element arrays[C]. WSEAS International Conference on Circuits, 2011: 102-107.

[7] Sun D J, Ding J, Zheng C E, et al. An underwater acoustic positioning algorithm for compact arrays with arbitrary configuration[J]. IEEE Journal of Selected Topics in Signal Processing, 2019, 13(1): 120-130.

[8] 田坦, 刘国枝, 孙大军. 声呐技术[M]. 哈尔滨: 哈尔滨工程大学出版社, 2000: 247-263.

[9] 刘伯胜, 雷家煜. 水声学原理[M]. 哈尔滨: 哈尔滨工程大学出版社, 1993.

[10] 王新洲. 非线性模型参数估计理论与应用[M]. 武汉: 武汉大学出版社, 2002.

[11] Hartley H O. The modified gauss-newton method for the fitting of non-linear regression functions by least squares[J]. Technometrics, 1961, 3(2): 269-280.

[12] 丁杰. 复杂紧凑型超短基线定位及校准技术研究[D]. 哈尔滨: 哈尔滨工程大学, 2019.

[13] 崔维成, 宋婷婷. “蛟龙号”载人潜水器的研制及其对中国深海探索的推动[J]. 科技导报, 2019, 37(16): 108-116.

[14] Singh H, Bellingham J G, Hover F, et al. Docking for an autonomous ocean sampling network[J]. IEEE Journal of Oceanic Engineering, 2001, 26(4): 498-514.

[15] Allen B, Austin T, Forrester N, et al. Autonomous docking demonstrations with enhanced REMUS technology[C]// Oceans,IEEE,2006.

[16] 我校科研团队攻克 AUV 水下搭载对接技术[EB/OL]. (2015-10-28)[2023-04-08]. http://news.hrbeu.edu.cn/info/1035/38589.htm.

第 3 章　水下综合定位技术

3.1　概　　述

水下综合定位系统（简称综合定位系统）通过融合 LBL 定位系统、USBL 定位系统实现对水下目标的高精度实时导航及监控。首先，本章简要介绍综合定位系统的基本概念，包括综合定位系统的工作原理、工作模式；其次，针对综合定位系统的海底参考基准获取问题，详细介绍高精度声信标阵型标定技术；最后，针对 LBL 定位对水下运载器进行定位时存在的非共点、非共时信号收发问题，介绍基于运动补偿的高精度定位技术。

3.2　综合定位系统介绍

综合定位系统由安装在水面母船的水面定位单元（USBL 声学定位系统）、安装在水下目标上的测距仪及布放在海底的声信标阵列构成。水面定位单元可实时监控水下目标的位置；水下目标的测距仪通过与海底声信标的相互应答，可利用 LBL 原理获取自身大地位置，实现高精度导航。

3.2.1　综合定位基本原理

1. 综合定位系统工作原理

综合定位系统的工作原理如图 3-1 所示，通过水面定位单元、水下目标的测距仪和海底声信标之间的相互应答，实现水面对水下目标的实时监控，水下目标可以获得自身的精确位置而实现对自身的高精度定位导航。

2. 综合定位系统工作模式

1）定位工作模式

USBL 与测距仪协同工作。USBL 利用测距仪对海底声信标阵列的询问信号进行 USBL 定位，实现水面母船对水下目标的监控；测距仪通过接收海底声信标阵列的应答信号进行 LBL 定位，实现水下目标的高精度声学导航。

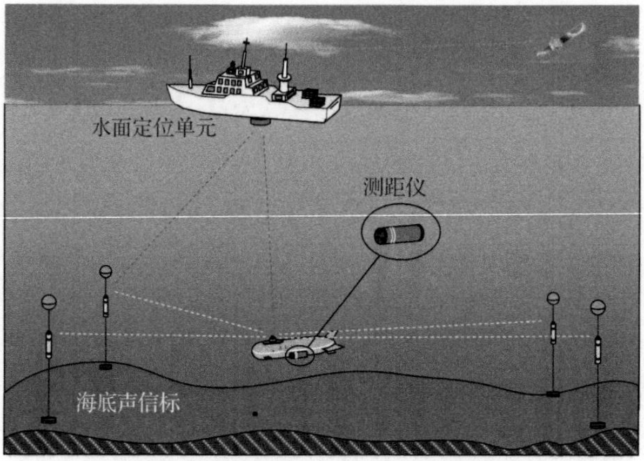

图 3-1　综合定位系统工作原理图

2）海底声信标阵型标定工作模式

海底声信标的位置是 LBL 定位的参考基准，需通过阵型标定精确获得各海底声信标的大地位置。阵型标定方法分为绝对标定和相对标定。

（1）绝对标定。水面母船按特定的测线依次绕海底声信标航行，航行过程中，水面声学基阵不断发送询问信号，海底声信标接收后回复应答信号。通过多次应答，获得不同测点下水面声学基阵相对于海底声信标的距离信息、水面定位单元距离测量信息与测点的大地位置信息，利用距离交汇方式获得海底声信标的大地位置。

（2）相对标定。作业中由水面定位单元发送指令，设定某一个声信标作为主节点，由主节点声信标发送公共询问信号，其他声信标检测到公共询问信号后独立回复信号，主节点声信标解算距离信息，上传给水面定位单元。然后按照上述方式，依次配置各个声信标为主节点，多次测量各个声信标之间的距离信息。水面定位单元利用部分声信标的大地坐标和声信标间的距离测量信息，可获得每个海底声信标的大地位置。

3.2.2　综合定位精度分析

为衡量综合定位系统的精度，采用 DOP 进行描述，第 2 章重点分析了 USBL 定位方法，本章重点分析 LBL 定位方法。

LBL 定位是基于水下目标到各海底声信标的距离，通过球面交汇实现对水下目标位置的解算。假设空间中已知海底声信标的坐标为 $\boldsymbol{X}_{\text{Resp}}^{G}(i)=\begin{bmatrix} x_R^i & y_R^i & z_R^i \end{bmatrix}^{\text{T}}$

$(i=1,2,\cdots,n)$，i 代表第 i 个声信标，水下目标的坐标为 $\boldsymbol{X}_T^G=\begin{bmatrix}x_T & y_T & z_T\end{bmatrix}^{\mathrm{T}}$，它们之间的真实几何距离为 r_i，根据距离交汇理论，可以得到如下方程组：

$$r_i=\left\|\boldsymbol{X}_T^G-\boldsymbol{X}_{\text{Resp}}^G(i)\right\|=f(x_T,y_T,z_T),\quad i=1,2,\cdots,n \tag{3-1}$$

式中，$\|\bullet\|$ 表示矢量的模值。

对式（3-1）进行全微分，得

$$\mathrm{d}r_i=\frac{x_T-x_R^i}{r_i}\mathrm{d}x_T+\frac{y_T-y_R^i}{r_i}\mathrm{d}y_T+\frac{z_T-z_R^i}{r_i}\mathrm{d}z_T-\frac{x_T-x_R^i}{r_i}\mathrm{d}x_R^i-\frac{y_T-y_R^i}{r_i}\mathrm{d}y_R^i-\frac{z_T-z_R^i}{r_i}\mathrm{d}z_R^i \tag{3-2}$$

将式（3-1）写成矩阵形式有

$$\mathrm{d}\boldsymbol{r}=\boldsymbol{H}\cdot\mathrm{d}\boldsymbol{X}-\mathrm{d}\boldsymbol{S} \tag{3-3}$$

式中，$\mathrm{d}\boldsymbol{r}=\begin{bmatrix}\mathrm{d}r_1 & \mathrm{d}r_2 & \cdots & \mathrm{d}r_n\end{bmatrix}^{\mathrm{T}}$ 表示距离测量误差；$\boldsymbol{H}=\left[\left(x_T-x_R^i\right)/r_i\quad \left(y_T-y_R^i\right)/r_i\quad \left(z_T-z_R^i\right)/r_i\right]$，$i=1,2,\cdots,n$；$\mathrm{d}\boldsymbol{X}=\begin{bmatrix}\mathrm{d}x_T & \mathrm{d}y_T & \mathrm{d}z_T\end{bmatrix}^{\mathrm{T}}$ 表示目标位置误差；$\mathrm{d}\boldsymbol{S}$ 表示声信标的位置误差，写为下式：

$$\mathrm{d}\boldsymbol{S}=\left[\left(x_T-x_R^i\right)/r_i\cdot\mathrm{d}x_R^i+\left(y_T-y_R^i\right)/r_i\cdot\mathrm{d}y_R^i+\left(z_T-z_R^i\right)/r_i\cdot\mathrm{d}z_R^i\right],\quad i=1,2,\cdots,n \tag{3-4}$$

基于最小二乘准则将目标位置误差表示如下：

$$\mathrm{d}\boldsymbol{X}=\left(\boldsymbol{H}^{\mathrm{T}}\boldsymbol{H}\right)^{-1}\boldsymbol{H}^{\mathrm{T}}\left(\mathrm{d}\boldsymbol{r}+\mathrm{d}\boldsymbol{S}\right)\boldsymbol{H}\left(\boldsymbol{H}^{\mathrm{T}}\boldsymbol{H}\right)^{-1} \tag{3-5}$$

由式（3-5）可知，目标位置误差和距离测量误差与声信标位置误差有关，假设距离测量误差与声信标位置误差不相关，则目标位置误差的协方差矩阵可表示为

$$D(\mathrm{d}\boldsymbol{X})=\left(\boldsymbol{H}^{\mathrm{T}}\boldsymbol{H}\right)^{-1}\boldsymbol{H}^{\mathrm{T}}\left[D(\mathrm{d}\boldsymbol{r})+D(\mathrm{d}\boldsymbol{S})\right]\boldsymbol{H}\left(\boldsymbol{H}^{\mathrm{T}}\boldsymbol{H}\right)^{-1} \tag{3-6}$$

设距离测量误差 $\mathrm{d}\boldsymbol{r}=\begin{bmatrix}\mathrm{d}r_1 & \mathrm{d}r_2 & \cdots & \mathrm{d}r_n\end{bmatrix}^{\mathrm{T}}$ 均服从均值为 0、方差为 σ_r^2 的高斯分布，且各距离测量误差统计独立则距离测量误差的协方差矩阵 $D(\mathrm{d}\boldsymbol{r})$ 可表示为

$$D(\mathrm{d}\boldsymbol{r})=E(\mathrm{d}\boldsymbol{r}\cdot\mathrm{d}\boldsymbol{r}^{\mathrm{T}})=\boldsymbol{I}\cdot\sigma_r^2 \tag{3-7}$$

式中，$\boldsymbol{I}$ 为 $n\times n$ 的单位阵。

假设海底声信标的三方向的位置误差 $\begin{bmatrix}\mathrm{d}x_R^i & \mathrm{d}y_R^i & \mathrm{d}z_R^i\end{bmatrix}^{\mathrm{T}}$ 统计独立，且均满足均值为 0、方差为 σ_S^2 的正态分布，此外，假设不同海底声信标之间的位置误差也相互统计独立，则协方差矩阵 $D(\mathrm{d}\boldsymbol{S})$ 中的每个元素可写为

$$E(\mathrm{d}S_i \cdot \mathrm{d}S_j) = E\left[\begin{array}{l}\left[\left(x_T - x_R^i\right)/r_i \cdot \mathrm{d}x_R^i + \left(y_T - y_R^i\right)/r_i \cdot \mathrm{d}y_R^i + \left(z_T - z_R^i\right)/r_i \cdot \mathrm{d}z_R^i\right] \\ \left[\left(x_T - x_R^j\right)/r_j \cdot \mathrm{d}x_R^j + \left(y_T - y_R^j\right)/r_j \cdot \mathrm{d}y_R^j + \left(z_T - z_R^j\right)/r_j \cdot \mathrm{d}z_R^j\right]\end{array}\right]$$
$$= \begin{cases} \sigma_S^2, i = j \\ 0, i \neq j \end{cases} \tag{3-8}$$

即

$$D(\mathrm{d}\boldsymbol{S}) = E(\mathrm{d}\boldsymbol{S} \cdot \mathrm{d}\boldsymbol{S}^{\mathrm{T}}) = \boldsymbol{I} \cdot \sigma_S^2 \tag{3-9}$$

将式（3-7）与式（3-9）代入式（3-6）中，可将目标位置误差的协方差表示为

$$D(\mathrm{d}\boldsymbol{X}) = \left(\boldsymbol{H}^{\mathrm{T}}\boldsymbol{H}\right)^{-1}\left(\sigma_r^2 + \sigma_S^2\right) \tag{3-10}$$

系数矩阵 $\boldsymbol{G}$ 为

$$\boldsymbol{G} = \left(\boldsymbol{H}^{\mathrm{T}}\boldsymbol{H}\right)^{-1} = \begin{bmatrix} G_{xx} & G_{xy} & G_{xz} \\ G_{yx} & G_{yy} & G_{yz} \\ G_{zx} & G_{zy} & G_{zz} \end{bmatrix} \tag{3-11}$$

于是，

$$D(\mathrm{d}\boldsymbol{X}) = \begin{bmatrix} \sigma_{xx}^2 & \sigma_{xy}^2 & \sigma_{xz}^2 \\ \sigma_{yx}^2 & \sigma_{yy}^2 & \sigma_{yz}^2 \\ \sigma_{zx}^2 & \sigma_{zy}^2 & \sigma_{zz}^2 \end{bmatrix} = \left(\sigma_r^2 + \sigma_S^2\right)\begin{bmatrix} G_{xx} & G_{xy} & G_{xz} \\ G_{yx} & G_{yy} & G_{yz} \\ G_{zx} & G_{zy} & G_{zz} \end{bmatrix} \tag{3-12}$$

由式（3-12）可知，G_{xx}、G_{yy}、G_{zz} 的大小直接影响目标三方向位置误差的方差 σ_{xx}^2、σ_{yy}^2、σ_{zz}^2 的大小。

综合考虑距离测量误差及海底声信标位置误差转移到目标三方向位置误差的程度，定义

$$\mathrm{GDOP}_{\mathrm{LBL}} = G_{xx} + G_{yy} + G_{zz} \tag{3-13}$$

$\mathrm{GDOP}_{\mathrm{LBL}}$ 与目标位置误差的关系如下：

$$\sigma_{xx}^2 + \sigma_{yy}^2 + \sigma_{zz}^2 = \mathrm{GDOP}_{\mathrm{LBL}}(\sigma_r^2 + \sigma_S^2) \tag{3-14}$$

由式(3-14)可知，$\mathrm{GDOP}_{\mathrm{LBL}}$ 值越大，三方向位置误差的方差和越大。且由式(3-13)可知，$\mathrm{GDOP}_{\mathrm{LBL}}$ 值和海底声信标的阵型与水下目标之间的几何位置关系有关，合理布放声信标阵型有利于减小 $\mathrm{GDOP}_{\mathrm{LBL}}$ 值，提高 LBL 定位精度。

3.2.3　海底声信标阵型设计

由精度分析可知，海底声信标的阵型布设方式将关系到水下目标的定位精度。为此，本部分从最小 $\mathrm{GDOP_{LBL}}$ 准则出发，给出声信标的最佳布放方式。

三个声信标是 LBL 定位方法能解算的最小工作单元，以三个声信标为例推导最小 $\mathrm{GDOP_{LBL}}$ 阵型。假设三个声信标的坐标为 $\boldsymbol{X}_{\mathrm{Resp}}^{G}(i)=\begin{bmatrix}x_R^i & y_R^i & z_R^i\end{bmatrix}^{\mathrm{T}}$ $(i=1,2,3)$，目标的位置为 $\boldsymbol{X}_T^G=\begin{bmatrix}x_T & y_T & z_T\end{bmatrix}^{\mathrm{T}}$，则式（3-3）的系数矩阵 $\boldsymbol{H}$ 可写为

$$\boldsymbol{H}=\left[\left(x_T-x_R^i\right)/r_i \quad \left(y_T-y_R^i\right)/r_i \quad \left(z_T-z_R^i\right)/r_i\right], i=1,2,3 \tag{3-15}$$

定义 i 为第 i 个声信标，γ_i 为目标与第 i 个声信标声学测距与垂线方向的夹角，β_i 为目标与第 i 个声信标水平半径方向与大地坐标系（坐标系的定义在第 2 章）x_G 轴的夹角，如图 3-2 所示。

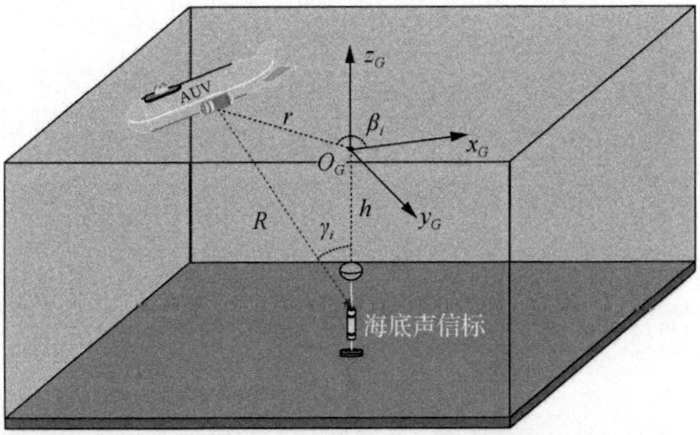

图 3-2　γ_i 角与 β_i 角的定义

基于以上定义，系数矩阵可等效写为

$$\boldsymbol{H}=\left[\sin\gamma_i\cos\beta_i \quad \sin\gamma_i\sin\beta_i \quad \cos\gamma_i\right], i=1,2,3 \tag{3-16}$$

为简化分析过程，假设三个声信标构成等边三角形且深度相同，目标位于等边三角形的水平中心位置，有 $\gamma_1=\gamma_2=\gamma_3=\gamma$，$\sum\limits_{i=1}^{3}\cos\beta_i=0$、$\sum\limits_{i=1}^{3}\sin\beta_i=0$、$\sum\limits_{i=1}^{3}\sin 2\beta_i=0$，则 $\boldsymbol{H}^{\mathrm{T}}\boldsymbol{H}$ 的计算结果如下：

$$
\boldsymbol{H}^{\mathrm{T}}\boldsymbol{H}=\begin{bmatrix}\sin^2\gamma\sum_{i=1}^{3}\cos^2\beta_i & 0 & 0\\ 0 & \sin^2\gamma\sum_{i=1}^{3}\sin^2\beta_i & 0\\ 0 & 0 & 3\cos^2\gamma\end{bmatrix} \tag{3-17}
$$

由于式（3-17）为对角阵，易求出 $\boldsymbol{H}^{\mathrm{T}}\boldsymbol{H}$ 的逆，如下：

$$
\left(\boldsymbol{H}^{\mathrm{T}}\boldsymbol{H}\right)^{-1}=\begin{bmatrix}1\Big/\left(\sin^2\gamma\sum_{i=1}^{3}\cos^2\beta_i\right) & 0 & 0\\ 0 & 1\Big/\left(\sin^2\gamma\sum_{i=1}^{3}\sin^2\beta_i\right) & 0\\ 0 & 0 & 1\Big/\left(3\cos^2\gamma\right)\end{bmatrix} \tag{3-18}
$$

由式（3-13）对 $\mathrm{GDOP_{LBL}}$ 的定义，可获得如下表达式：

$$
\mathrm{GDOP_{LBL}}=\frac{1}{\sin^2\gamma\sum_{i=1}^{3}\cos^2\beta_i}+\frac{1}{\sin^2\gamma\sum_{i=1}^{3}\sin^2\beta_i}+\frac{1}{3\cos^2\gamma} \tag{3-19}
$$

令 $a=\sin^2\gamma\sum_{i=1}^{3}\cos^2\beta_i$、$b=\sin^2\gamma\sum_{i=1}^{3}\sin^2\beta_i$、$c=3\cos^2\gamma$，可将 $\mathrm{GDOP_{LBL}}$ 改写为

$$
\mathrm{GDOP_{LBL}}=\frac{1}{a}+\frac{1}{b}+\frac{1}{c} \tag{3-20}
$$

此外，a、b、c 满足如下约束条件：

$$
a+b+c=\sin^2\gamma\sum_{i=1}^{3}\cos^2\beta_i+\sin^2\gamma\sum_{i=1}^{3}\sin^2\beta_i+3\cos^2\gamma=3 \tag{3-21}
$$

基于该约束条件，可构造如下拉格朗日函数：

$$
\varPhi=\frac{1}{a}+\frac{1}{b}+\frac{1}{c}+\lambda(a+b+c-3) \tag{3-22}
$$

式中，λ 为拉格朗日系数。

为获得 $\mathrm{GDOP_{LBL}}$ 极值，将式（3-22）分别对 a、b、c 求偏导，并令导函数为 0，有

$$
\frac{\partial\varPhi}{\partial a}=-\frac{1}{a^2}+\lambda=0 \tag{3-23}
$$

$$
\frac{\partial\varPhi}{\partial b}=-\frac{1}{b^2}+\lambda=0 \tag{3-24}
$$

$$\frac{\partial \Phi}{\partial c} = -\frac{1}{c^2} + \lambda = 0 \tag{3-25}$$

将式（3-23）～式（3-25）代入式（3-21），解得

$$a = b = c = 1 \tag{3-26}$$

定义 r 为海底声信标阵的水平半径，h 为声信标阵平面与水下目标的垂直距离，则可将 $\cos^2\gamma$ 表示为

$$\cos^2\gamma = \frac{h^2}{h^2 + r^2} \tag{3-27}$$

联立式（3-26）与式（3-27）可得

$$3\cos^2\gamma = \frac{3h^2}{h^2 + r^2} = c = 1 \tag{3-28}$$

则三元声信标阵的水平半径 $r = \sqrt{2}h$ 时，$\mathrm{GDOP_{LBL}}$ 值最小。

综上所述，对于按等边三角形布放的三元声信标阵，其外接圆半径为 $r = \sqrt{2}h$ 时，目标位于阵型中心处的 $\mathrm{GDOP_{LBL}}$ 值最小。

3.2.4　主要系统误差来源

综合定位系统融合了 USBL 和 LBL 两种定位系统的解算方法，通过第 2 章的内容可知，对于 USBL 定位方法，阵型误差及安装误差是主要的系统误差来源，可通过阵型误差及安装误差的校准对这两种误差进行修正。本章主要研究制约 LBL 定位精度的主要系统误差。

（1）海底声信标大地位置。海底声信标的位置是 LBL 定位方法的参考基准。LBL 要实现对目标的绝对定位，需要精确获得每个海底声信标的大地位置。此问题将在 3.3 节做详细说明。

（2）距离测量误差。距离测量误差由时延估计误差和声速误差决定，其中时延估计误差由信噪比决定，声速误差是距离测量误差的主要来源。声波在水中的传播速度随深度变化，导致声线的传播轨迹不为直线，常用的恒定声速假设对距离测量误差有较大影响，对此将基于射线声学理论，研究声速修正定位算法。此外，声速剖面作为测量量，若存在测量误差会影响声速修正定位算法的性能，故进一步讨论了声速剖面测量偏差下的声速修正定位算法。

（3）模型近似误差。LBL 对水下运动目标定位时存在非共点非共时的信号收

发问题，若采用静止定位模型近似解算，会对定位结果产生模型误差，必须考虑目标的运动状态并进行补偿。此问题将在 3.4 节进行详细说明。

3.3 高精度声信标阵型标定

海底声信标阵列是 LBL 实现对水下目标定位的参考基准，其精度直接影响定位误差，需要预先标定。

3.3.1 绝对标定

绝对标定最早由文献[1]提出，是指利用水面声学测量单元在不同测点的大地位置及通过声学观测的传播时延，基于射线声学理论获得海底声信标的大地位置。

1. 水面声学基阵的大地位置

水面声学基阵的大地位置需通过坐标转换的方法得到。记 $\boldsymbol{X}_{\text{Array}}^{S}$ 为水面声学基阵在载体坐标系下的坐标，$\boldsymbol{R}_{SG}$ 为载体坐标系到大地坐标系的旋转矩阵，$\boldsymbol{X}_{\text{antenna}}^{G}$ 为载体天线相位中心在大地坐标系下的坐标，则水面声学基阵在大地坐标系下的坐标 $\boldsymbol{X}_{\text{Array}}^{G}$ 可表示为

$$\boldsymbol{X}_{\text{Array}}^{G} = \boldsymbol{X}_{\text{antenna}}^{G} + \boldsymbol{R}_{SG} \cdot \boldsymbol{X}_{\text{Array}}^{S} \tag{3-29}$$

2. 基于射线声学的海底声信标位置估计

由于声波在水中的传播速度随深度变化，声线的传播轨迹不为直线，将声线传播近似为恒声速直线传播会为 LBL 定位方法带来较大定位误差。水声定位信号常采用高频段（5～50kHz）声波，高频段声波的传播轨迹可通过射线声学理论进行较为准确的描述[2]。对此，本节内容将基于射线声学理论构建海底声信标的定位模型，能有效地减小声线近似带来的误差。

当声速随水深变化而声波传播轨迹发生弯曲时，声源到接收点间的几何直线距离难以在声源位置未知的情况下利用声信号传播时间准确转换得到，此时采用恒定声速假设的常规 LBL 定位模型在实际使用时会存在模型误差。与之相比，以声信号传播时间作为观测量物理意义明确，避免了几何距离计算不准确而产生的模型误差。故基于射线声学理论，以声传播时间作为观测量建立海底声信标的定位模型。

假设声线由深度 z_1 传播到深度 z ，所累计的时间和水平距离为

$$t=\int_{z_1}^{z}\frac{1}{c(z')\sqrt{1-n^2c^2(z')}}\mathrm{d}z' \tag{3-30}$$

$$r=\int_{z_1}^{z}\frac{nc(z')}{\sqrt{1-n^2c^2(z')}}\mathrm{d}z' \tag{3-31}$$

式中，n 为 Snell 常数；$c(z)$ 为深度 z 处的声速值。通过式（3-30）建立声传播时间与声信标位置的关系，如下：

$$t(\boldsymbol{X}_{\text{Resp}}^{G})=t^{\text{obs}} \tag{3-32}$$

式中，$\boldsymbol{X}_{\text{Resp}}^{G}=\begin{bmatrix}x_R & y_R & z_R\end{bmatrix}^{\text{T}}$ 代表声信标的大地位置，为待估计参数；t^{obs} 代表水面声学基阵测量获得的声信号传播时间。将不同水面声学基阵大地位置的观测数据及对应的待估计参数以矢量方式表达如下：

$$\boldsymbol{t}(\boldsymbol{X}_{\text{Resp}}^{G})=\boldsymbol{t}^{\text{obs}} \tag{3-33}$$

由于式（3-33）为关于待估计参数的非线性数学模型，不能直接求解，需要将模型在起始位置 $\boldsymbol{X}_{\text{Resp0}}^{G}=\begin{bmatrix}x_R^0 & y_R^0 & z_R^0\end{bmatrix}^{\text{T}}$ 进行一阶泰勒展开以线性化，得

$$\boldsymbol{t}(\boldsymbol{X}_{\text{Resp0}}^{G})+\frac{\partial\boldsymbol{t}(\boldsymbol{X}_{\text{Resp0}}^{G})}{\partial\boldsymbol{X}_{\text{Resp}}^{G}}(\boldsymbol{X}_{\text{Resp}}^{G}-\boldsymbol{X}_{\text{Resp0}}^{G})=\boldsymbol{t}^{\text{obs}} \tag{3-34}$$

记雅可比矩阵为

$$\boldsymbol{J}=\frac{\partial\boldsymbol{t}(\boldsymbol{X}_{\text{Resp0}}^{G})}{\partial\boldsymbol{X}_{\text{Resp}}^{G}}=\begin{bmatrix}\dfrac{\partial\boldsymbol{t}(\boldsymbol{X}_{\text{Resp0}}^{G})}{\partial x_R} & \dfrac{\partial\boldsymbol{t}(\boldsymbol{X}_{\text{Resp0}}^{G})}{\partial y_R} & \dfrac{\partial\boldsymbol{t}(\boldsymbol{X}_{\text{Resp0}}^{G})}{\partial z_R}\end{bmatrix}^{\text{T}} \tag{3-35}$$

其中，待估计参数修正值为 $\Delta\boldsymbol{X}_{\text{Resp}}^{G}=\boldsymbol{X}_{\text{Resp}}^{G}-\boldsymbol{X}_{\text{Resp0}}^{G}=\begin{bmatrix}\Delta x_R & \Delta y_R & \Delta z_R\end{bmatrix}^{\text{T}}$，则式（3-34）为

$$\boldsymbol{J}\cdot\Delta\boldsymbol{X}_{\text{Resp}}^{G}=\boldsymbol{t}^{\text{obs}}-\boldsymbol{t}(\boldsymbol{X}_{\text{Resp0}}^{G}) \tag{3-36}$$

记 $\boldsymbol{d}=\boldsymbol{t}^{\text{obs}}-\boldsymbol{t}(\boldsymbol{X}_{\text{Resp0}}^{G})$，可得海底声信标位置的最小二乘估值 $\boldsymbol{X}_{\text{Resp}}^{G}$ 为

$$\boldsymbol{X}_{\text{Resp}}^{G}=\boldsymbol{X}_{\text{Resp0}}^{G}+\left(\boldsymbol{J}^{\text{T}}\boldsymbol{J}\right)^{-1}\boldsymbol{J}^{\text{T}}\boldsymbol{d} \tag{3-37}$$

以下给出雅可比矩阵 $\boldsymbol{J}$ 中各项解析表达式的详细推导过程，水面声学基阵的大地位置为 $\boldsymbol{X}_{\text{Array}}^{G}=\begin{bmatrix}x_A & y_A & z_A\end{bmatrix}^{\text{T}}$，二者的水平距离 r 为

$$r=\sqrt{\left(x_R-x_A\right)^2+\left(y_R-y_A\right)^2} \tag{3-38}$$

由于水面声学基阵的入水深度小于海底声信标的入水深度，即 $z_A < z_R$，则式（3-30）和式（3-31）分别改写为

$$r = \int_{z_A}^{z_R} \frac{nc(z')}{\sqrt{1 - n^2 c^2(z')}} \mathrm{d}z' \tag{3-39}$$

$$t = \int_{z_A}^{z_R} \frac{1}{c(z')\sqrt{1 - n^2 c^2(z')}} \mathrm{d}z' \tag{3-40}$$

对于 $\boldsymbol{J}$ 中的 $\partial t / \partial x_R$ 一项，有

$$\frac{\partial t}{\partial x_R} = \frac{\partial t}{\partial n} \cdot \frac{\partial n}{\partial r} \cdot \frac{\partial r}{\partial x_R} = \frac{\partial t}{\partial n} \cdot \left(\frac{\partial r}{\partial n}\right)^{-1} \cdot \frac{\partial r}{\partial x_R} \tag{3-41}$$

对传播时间 t 取关于 n 的偏导有

$$\frac{\partial t}{\partial n} = n\int_{z_A}^{z_R} \frac{c(z')}{\left[1 - n^2 c^2(z')\right]^{3/2}} \mathrm{d}z' \tag{3-42}$$

对水平距离取关于 n 的偏导有

$$\frac{\partial r}{\partial n} = \int_{z_A}^{z_R} \frac{c(z')}{\sqrt{1 - n^2 c^2(z')}} \mathrm{d}z' \tag{3-43}$$

对式（3-38）取关于 x_R 的偏导有

$$\frac{\partial r}{\partial x_R} = \frac{x_R - x_A}{r} \tag{3-44}$$

将式（3-42）～式（3-44）代入式（3-41）中，有

$$\frac{\partial t}{\partial x_R} = \frac{n(x_R - x_A)}{r} \tag{3-45}$$

类似地，对于 $\boldsymbol{J}$ 中的 $\partial t / \partial y_R$ 一项，有

$$\frac{\partial t}{\partial y_R} = \frac{n(y_R - y_A)}{r} \tag{3-46}$$

对传播时间取关于 z 的偏导有

$$\frac{\partial t}{\partial z_R} = \int_{z_A}^{z_R} \frac{nc(z')\mathrm{d}z'}{\left[1 - n^2 c^2(z')\right]^{3/2}} \left(\frac{\partial n}{\partial z_R}\right) - \frac{1}{c(z_R)\left[1 - n^2 c^2(z_R)\right]^{1/2}} \tag{3-47}$$

对水平距离取关于 z 的偏导有

$$\frac{\partial r}{\partial z_R}=\int_{z_A}^{z_R}\frac{c(z')\mathrm{d}z'}{\left[1-n^2c^2(z')\right]^{3/2}}\left(\frac{\partial n}{\partial z_R}\right)-\frac{nc(z_R)}{\left[1-n^2c^2(z_R)\right]^{1/2}} \tag{3-48}$$

由于水面声学基阵和海底声信标之间的水平距离与 z_R 无关，有

$$\frac{\partial r}{\partial z_R}=0 \tag{3-49}$$

综合式（3-47）～式（3-49），有

$$\frac{\partial t}{\partial z_R}=\frac{\left[1-n^2c^2(z_R)\right]^{1/2}}{c(z_R)} \tag{3-50}$$

由此雅可比矩阵 $\boldsymbol{J}$ 为

$$\boldsymbol{J}=\left[\begin{matrix}\dfrac{n(x_R-x_A)}{r} & \dfrac{n(y_R-y_A)}{r} & \dfrac{\left[1-n^2c^2(z_R)\right]^{1/2}}{c(z_R)}\end{matrix}\right] \tag{3-51}$$

以上表达式均在已知位置（水面声学基阵）入水深度小于待估计位置（海底声信标）入水深度的条件下推导所得，当两者深度关系反转时，式（3-39）与式（3-40）的积分限上下调换，对应的雅可比矩阵 $\boldsymbol{J}$ 改写为

$$\boldsymbol{J}=\left[\begin{matrix}\dfrac{n(x_R-x_A)}{r} & \dfrac{n(y_R-y_A)}{r} & -\dfrac{\left[1-n^2c^2(z_R)\right]^{1/2}}{c(z_R)}\end{matrix}\right] \tag{3-52}$$

由于线性化过程忽略了待估计参数修正值的高阶项，因而当待估计参数的初始值 $\boldsymbol{X}_{\mathrm{Resp0}}^{G}$ 偏离真值较大时求解结果并非非线性模型的最优估值，故采用高斯牛顿迭代提高精度。算法 3-1 给出高斯牛顿迭代算法流程。

算法 3-1　高斯牛顿迭代算法流程

输入：声信标初始位置 $\boldsymbol{X}_{\mathrm{Resp0}}^{G}$、水面声学基阵位置 $\boldsymbol{X}_{\mathrm{Array}}^{G}$、测量传播时延 $\boldsymbol{t}^{\mathrm{obs}}$、声速剖面 $c(z)$、迭代终止门限 $\varDelta$。
输出：声信标位置 $\boldsymbol{X}_{\mathrm{Resp}}^{G}$。
（1）根据 $\boldsymbol{X}_{\mathrm{Resp0}}^{G}$ 及水面声学基阵位置计算 Snell 常数 n、雅可比矩阵 $\boldsymbol{J}$、模型残差 ε_0。 （2）由最小二乘准则得到 $\boldsymbol{X}_{\mathrm{Resp}}^{G}$。 （3）通过 $\boldsymbol{X}_{\mathrm{Resp}}^{G}$ 与测量传播时延 $\boldsymbol{t}^{\mathrm{obs}}$ 计算模型残差 ε_1。 （4）如果 $\lvert\varepsilon_0-\varepsilon_1\rvert<\varDelta$，输出 $\boldsymbol{X}_{\mathrm{Resp}}^{G}=\boldsymbol{X}_{\mathrm{Resp}}^{G}$；否则，令 $\boldsymbol{X}_{\mathrm{Resp0}}^{G}=\boldsymbol{X}_{\mathrm{Resp}}^{G}$，并返回第（1）步。

3. 基于非准确声速剖面的海底声信标位置估计

上述模型中，声速剖面 $c(z)$ 的数值直接采用 ADCP 测量得到，但若 ADCP 长期未校准或使用/维护不当，声速剖面 $c(z)$ 的测量结果将产生偏差。声速剖面测量误差会导致“时间→距离”的转换不准确，进而使得“距离→坐标”的定位估计结果产生误差。本节针对测量声速存在与深度无关的测量偏差的情况，介绍海底声信标的位置与声速偏差的联合估计方法。

1）声速剖面测量偏差的影响

首先研究声速剖面测量偏差对“时间→距离”转换准确性的影响。设声速剖面中声速测量存在与深度无关的固定偏差，即 $c(z)=c_{\text{True}}(z)-\Delta c$。将声速测量存在的固定偏差导致的距离测量误差分解到水平与深度两个方向：

$$\mathrm{d}r=\frac{\partial r}{\partial \Delta c}\Delta c \tag{3-53}$$

$$\mathrm{d}z_R=\frac{\partial z}{\partial \Delta c}\Delta c \tag{3-54}$$

对于式（3-53）所示的距离测量误差水平分量，有

$$\frac{\partial r}{\partial \Delta c}=\frac{\partial r}{\partial x_R}\cdot\left(\frac{\partial t}{\partial x_R}\right)^{-1}\cdot\frac{\partial t}{\partial \Delta c} \tag{3-55}$$

式中，

$$\frac{\partial t}{\partial \Delta c}=\int_{z_A}^{z_R}\frac{c^{-2}(z')-2n^2}{\left[1-n^2c^2(z')\right]^{3/2}}\mathrm{d}z'-\int_{z_A}^{z_R}\frac{nc(z')}{\left[1-n^2c^2(z')\right]^{3/2}}\mathrm{d}z'\cdot\left(\frac{\partial n}{\partial \Delta c}\right) \tag{3-56}$$

其中，$\partial n/\partial \Delta c=-n/c$，有

$$\frac{\partial t}{\partial \Delta c}=\int_{z_A}^{z_R}\frac{\mathrm{d}z'}{c^2(z')\left[1-n^2c^2(z')\right]^{3/2}} \tag{3-57}$$

将式（3-44）、式（3-45）、式（3-57）代入式（3-55）中，有

$$\frac{\partial r}{\partial \Delta c}=-\frac{1}{n}\cdot\int_{z_A}^{z_R}\frac{\mathrm{d}z'}{c^2(z')\left[1-n^2c^2(z')\right]^{3/2}} \tag{3-58}$$

对于距离测量误差的深度方向分量，有

$$\frac{\partial z_R}{\partial \Delta c}=\frac{\partial t}{\partial \Delta c}\cdot\left(\frac{\partial t}{\partial z_R}\right)^{-1} \tag{3-59}$$

式中，

$$\frac{\partial z_R}{\partial \Delta c}=-\frac{c\left(z_R\right)}{\left[1-n^2c^2\left(z_R\right)\right]^{1/2}}\cdot\int_{z_A}^{z_R}\frac{\mathrm{d}z'}{c^2\left(z'\right)\left[1-n^2c^2\left(z'\right)\right]^{3/2}} \tag{3-60}$$

根据 Snell 定律 $n=\cos\theta\left(z_A\right)/c\left(z_A\right)$，将其代入式（3-58）、式（3-60），有

$$\mathrm{d}r=\frac{\partial r}{\partial \Delta c}\cdot\Delta c=-\frac{c\left(z_A\right)\cdot\Delta c}{\cos\theta\left(z_A\right)}\cdot\int_{z_A}^{z_R}\frac{\mathrm{d}z'}{c^2\left(z'\right)\sin^3\theta\left(z'\right)} \tag{3-61}$$

$$\mathrm{d}z=\frac{\partial z_R}{\partial \Delta c}\cdot\Delta c=-\frac{c\left(z_A\right)\cdot\Delta c}{\sin\theta\left(z_A\right)}\cdot\int_{z_A}^{z_R}\frac{\mathrm{d}z'}{c^2\left(z'\right)\sin^3\theta\left(z'\right)} \tag{3-62}$$

可见距离测量误差的水平/垂直分量均与声源和接收点之间声线的掠射角有关。

2）海底声信标位置与声速偏差的联合估计算法

本部分介绍海底声信标位置与声速偏差的联合估计算法。考虑声速剖面测量偏差后，式（3-33）中定位模型改写为

$$\boldsymbol{t}\left(\boldsymbol{X}_{\mathrm{Resp}}^{G},\Delta c\right)=\boldsymbol{t}^{\mathrm{obs}} \tag{3-63}$$

式中，Δc 表示声速偏差参数。根据 Δc 的定义，该参数可视为对 $c\left(z\right)$ 的修正量。对式（3-63）线性化后，可得海底声信标位置与声速偏差的最小二乘估值为

$$\begin{aligned}\left[x_R\quad y_R\quad z_R\quad \Delta c\right]^{\mathrm{T}}&=\left[x_R^0\quad y_R^0\quad z_R^0\quad \Delta c_0\right]^{\mathrm{T}}\\&\quad+\left(\boldsymbol{J}^{\mathrm{T}}\boldsymbol{J}\right)^{-1}\boldsymbol{J}^{\mathrm{T}}\left(\boldsymbol{t}^{\mathrm{obs}}-\boldsymbol{t}(\boldsymbol{X}_{\mathrm{Resp}0}^{G},\Delta c_0)\right)\end{aligned} \tag{3-64}$$

式中，雅可比矩阵 $\boldsymbol{J}$ 表示为

$$\begin{aligned}\boldsymbol{J}&=\left[\frac{\partial t}{\partial x_R}\quad\frac{\partial t}{\partial y_R}\quad\frac{\partial t}{\partial z_R}\quad\frac{\partial t}{\partial \Delta c}\right]\\&=\left[\frac{n\left(x_R-x_A\right)}{r}\quad\frac{n\left(y_R-x_A\right)}{r}\quad\frac{\left[1-n^2c^2\left(z_R\right)\right]^{1/2}}{c\left(z_R\right)}\quad-\frac{1}{n}\cdot\int_{z_A}^{z_R}\frac{\mathrm{d}z'}{c^2\left(z'\right)\left[1-n^2c^2\left(z'\right)\right]^{3/2}}\right]\end{aligned} \tag{3-65}$$

同 3.3.1 小节中“2. 基于射线声学的海底声信标位置估计”一样，由于线性化过程忽略了待估计参数修正值的高阶项，故需要进行多次迭代以更新起始待估计参数，直至待估计参数收敛于非线性模型的最优估值，迭代算法流程同算法 3-1。

4. 最佳标定测线设计

在海底声信标位置绝对标定的过程中，测线的选取也十分重要，下面将在圆、直线等基础测线下，分析待估计参数的可观测性，并给出标定测线的设计准则。

1）圆测线下模型的可观测性

按照非线性模型最小二乘参数估计的思路[3]，可研究定位模型在真值位置的线性化方程。若方程无解，则方程在真值附近没有区间唯一解，反之则有。若方程解和真值的偏差均值为 0，则估计无偏；若不为 0，则估计有偏。

记海底声信标的真实位置为 $\boldsymbol{X}_{\text{Resp0}}^{G}=\begin{bmatrix}x_R^0 & y_R^0 & z_R^0\end{bmatrix}^{\text{T}}$，实际声速偏差为 Δc_0，将式（3-63）在真实参数 $\begin{bmatrix}x_R^0 & y_R^0 & z_R^0 & \Delta c_0\end{bmatrix}^{\text{T}}$ 处进行线性化后，可得海底声信标位置与声速偏差的最小二乘估值为

$$\begin{bmatrix}x_R - x_R^0 & y_R - y_R^0 & z_R - z_R^0 & \Delta c - \Delta c_0\end{bmatrix}^{\text{T}} = \left(\boldsymbol{J}^{\text{T}}\boldsymbol{J}\right)^{-1}\boldsymbol{J}^{\text{T}}\boldsymbol{d} \tag{3-66}$$

式中，$\boldsymbol{d}=\boldsymbol{t}^{\text{obs}}-\boldsymbol{t}(\boldsymbol{X}_{\text{Resp0}}^{G},\Delta c_0)$。不同测点 $\boldsymbol{X}_{\text{Array}}^{G}(i)(i=1,2,\cdots,N)$ 下，雅可比矩阵 $\boldsymbol{J}$ 可写为

$$\boldsymbol{J}=\begin{bmatrix}\dfrac{n_1\left(x_R-x_{A1}\right)}{r_1} & \dfrac{n_1\left(y_R-y_{A1}\right)}{r_1} & \dfrac{\left[1-n_1^2c^2\left(z_R\right)\right]^{1/2}}{c\left(z_R\right)} & -\dfrac{1}{n_1}\cdot\displaystyle\int_{z_A}^{z_R}\dfrac{\mathrm{d}z'}{c^2\left(z'\right)\left[1-n_1^2c^2\left(z'\right)\right]^{3/2}} \\ \dfrac{n_2\left(x_R-x_{A2}\right)}{r_2} & \dfrac{n_2\left(y_R-y_{A2}\right)}{r_2} & \dfrac{\left[1-n_2^2c^2\left(z_R\right)\right]^{1/2}}{c\left(z_R\right)} & -\dfrac{1}{n_2}\cdot\displaystyle\int_{z_A}^{z_R}\dfrac{\mathrm{d}z'}{c^2\left(z'\right)\left[1-n_2^2c^2\left(z'\right)\right]^{3/2}} \\ \vdots & \vdots & \vdots & \vdots \\ \dfrac{n_N\left(x_R-x_{A3}\right)}{r_N} & \dfrac{n_N\left(y_R-y_{A3}\right)}{r_N} & \dfrac{\left[1-n_N^2c^2\left(z_R\right)\right]^{1/2}}{c\left(z_R\right)} & -\dfrac{1}{n_N}\cdot\displaystyle\int_{z_A}^{z_R}\dfrac{\mathrm{d}z'}{c^2\left(z'\right)\left[1-n_N^2c^2\left(z'\right)\right]^{3/2}}\end{bmatrix} \tag{3-67}$$

式中，$n_i(i=1,2,\cdots,N)$ 代表不同测点下的 Snell 值；$r_i(i=1,2,\cdots,N)$ 代表不同测点下测点与海底声信标的水平距离。

定义海底声信标与载体之间的斜距为R，斜距R与大地坐标系z_G轴的夹角为φ，斜距在海面的水平投影为r，r与大地坐标系x_G轴的夹角为θ，如图 3-3 所示。

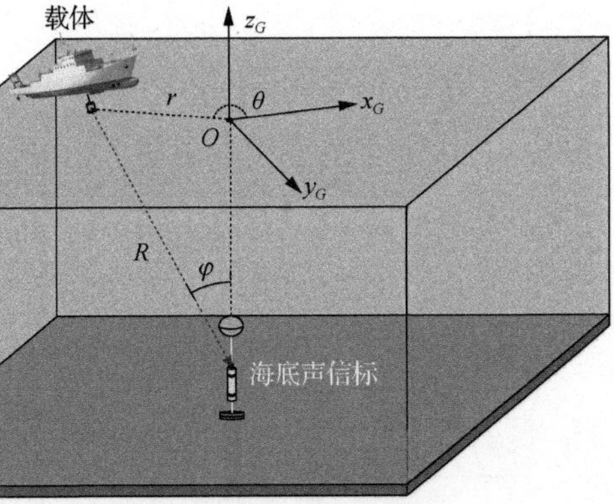

图 3-3　φ角与θ角的定义

式（3-67）中，水平距离r与斜距的关系为$r = R\cdot\sin\varphi$，而$\left(x_R - x_A\right)/R$可等效写为$\sin\varphi\cos\theta$，$\left(y_R - y_A\right)/R$可等效写为$\sin\varphi\sin\theta$，则式（3-67）的雅可比矩阵可写为

$$
\boldsymbol{J} = \begin{bmatrix}
n_1\cos\theta_1 & n_1\sin\theta_1 & \dfrac{\left[1-n_1^2c^2\left(z_R\right)\right]^{1/2}}{c\left(z_R\right)} & -\dfrac{1}{n_1}\cdot\displaystyle\int_{z_A}^{z_R}\dfrac{\mathrm{d}z'}{c^2\left(z'\right)\left[1-n_1^2c^2\left(z'\right)\right]^{3/2}} \\
n_2\cos\theta_2 & n_2\sin\theta_2 & \dfrac{\left[1-n_2^2c^2\left(z_R\right)\right]^{1/2}}{c\left(z_R\right)} & -\dfrac{1}{n_2}\cdot\displaystyle\int_{z_A}^{z_R}\dfrac{\mathrm{d}z'}{c^2\left(z'\right)\left[1-n_2^2c^2\left(z'\right)\right]^{3/2}} \\
\vdots & \vdots & \vdots & \vdots \\
n_N\cos\theta_N & n_N\sin\theta_N & \dfrac{\left[1-n_N^2c^2\left(z_R\right)\right]^{1/2}}{c\left(z_R\right)} & -\dfrac{1}{n_N}\cdot\displaystyle\int_{z_A}^{z_R}\dfrac{\mathrm{d}z'}{c^2\left(z'\right)\left[1-n_N^2c^2\left(z'\right)\right]^{3/2}}
\end{bmatrix}
\tag{3-68}
$$

其中，圆测线下所有测点的初始掠射角均为一个常量，如图 3-4 所示。

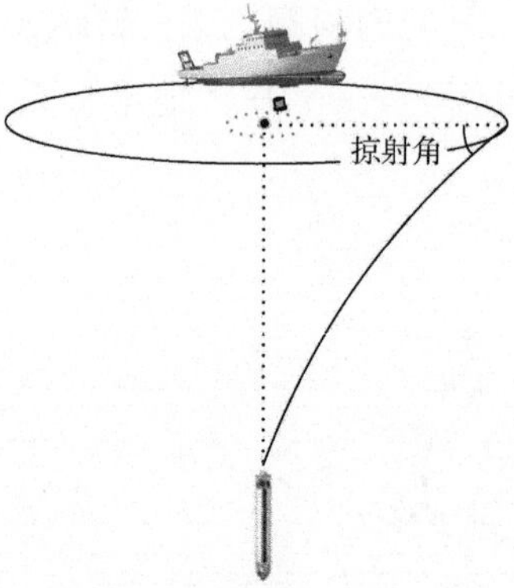

图 3-4　圆测线下初始掠射角

由于 Snell 值与初始掠射角直接相关，则式（3-68）中 $n_i = n$ 为常值，进一步分析可知 $\dfrac{\left[1-n_i^2c^2\left(z_R\right)\right]^{1/2}}{c\left(z_R\right)}$ 与 $-\dfrac{1}{n_i}\cdot\int_{z_A}^{z_R}\dfrac{\mathrm{d}z'}{c^2\left(z'\right)\left[1-n_i^2c^2\left(z'\right)\right]^{3/2}}$ 也为常值，记 $a_1 = \dfrac{\left[1-n_i^2c^2\left(z_R\right)\right]^{1/2}}{c\left(z_R\right)}$、$a_2 = -\dfrac{1}{n_i}\cdot\int_{z_A}^{z_R}\dfrac{\mathrm{d}z'}{c^2\left(z'\right)\left[1-n_i^2c^2\left(z'\right)\right]^{3/2}}$，则雅可比矩阵 $\boldsymbol{J}$ 改写为

$$\boldsymbol{J} = \begin{bmatrix} n\cos\theta_1 & n\sin\theta_1 & a_1 & a_2 \\ n\cos\theta_2 & n\sin\theta_2 & a_1 & a_2 \\ \vdots & \vdots & \vdots & \vdots \\ n\cos\theta_N & n\sin\theta_N & a_1 & a_2 \end{bmatrix} \tag{3-69}$$

此外，若圆测线的采样点足够多且分布均匀，则有 $\sum\limits_i \cos\theta_i = 0$、$\sum\limits_i \sin\theta_i = 0$，由此可得

$$\boldsymbol{J}^{\mathrm{T}}\boldsymbol{J} = \begin{bmatrix} Nn^2/2 & 0 & 0 & 0 \\ 0 & Nn^2/2 & 0 & 0 \\ 0 & 0 & Na_1^2 & Na_2a_1 \\ 0 & 0 & Na_2a_1 & Na_2^2 \end{bmatrix} \tag{3-70}$$

由于式（3-70）中第 3 列与第 4 列线性相关，矩阵 $\boldsymbol{J}^{\mathrm{T}}\boldsymbol{J}$ 不可逆，则线性方程（3-66）不存在唯一解。问题出现在待估计参数 z 与 Δc 上，同一声速剖面下，式（3-63）对参数 z 与参数 Δc 的偏导数只与 Snell 常数 n 相关，而 Snell 常数与声

线的初始掠射角直接相关，在圆测线下，所有测点声线的初始掠射角均为恒定值，故 Snell 常数为恒定值，导致 z 与 Δc 的偏导数为恒定值，进而导致矩阵 $\boldsymbol{J}^{\mathrm{T}}\boldsymbol{J}$ 不可逆，故当所有测点的初始掠射角恒定时，方程不可解。

若定位模型不估计声速偏差 Δc ，则雅可比矩阵 $\boldsymbol{J}$ 为

$$\boldsymbol{J}=\begin{bmatrix} n\cos\theta_1 & n\sin\theta_1 & a_1 \\ n\cos\theta_2 & n\sin\theta_2 & a_1 \\ \vdots & \vdots & \vdots \\ n\cos\theta_N & n\sin\theta_N & a_1 \end{bmatrix} \tag{3-71}$$

有

$$\boldsymbol{J}^{\mathrm{T}}\boldsymbol{J}=\begin{bmatrix} Nn^2/2 & 0 & 0 \\ 0 & Nn^2/2 & 0 \\ 0 & 0 & Na_1^2 \end{bmatrix} \tag{3-72}$$

$$\boldsymbol{J}^{\mathrm{T}}\boldsymbol{d}=\left[n\sum d_i\cos\theta_i \quad n\sum d_i\sin\theta_i \quad a_1\sum d_i\right]^{\mathrm{T}} \tag{3-73}$$

将式（3-72）与式（3-73）代入式（3-66）中，有

$$x_R=x_R^0+\frac{2\sum d_i\cos\theta_i}{Nn} \tag{3-74}$$

$$y_R=y_R^0+\frac{2\sum d_i\sin\theta_i}{Nn} \tag{3-75}$$

$$z_R=z_R^0+\frac{\sum d_i}{Na_1} \tag{3-76}$$

式中， $d_i=t_i^{\mathrm{obs}}-t(\boldsymbol{X}_{\mathrm{Resp0}}^G,\Delta c_0)$ 。假设观测传播时间 t^{obs} 为均值为真值的随机变量，即 $E(t_i^{\mathrm{obs}})=t_i^{\mathrm{ture}}$ ，且每次观测间相互独立。对式（3-74）～式（3-76）取期望，有

$$E\left(x_R\right)=x_R^0+\frac{2\sum E\left(d_i\right)\cos\theta_i}{Nn} \tag{3-77}$$

$$E\left(y_R\right)=y_R^0+\frac{2\sum E\left(d_i\right)\sin\theta_i}{Nn} \tag{3-78}$$

$$E\left(z_R\right)=z_R^0+\frac{\sum E\left(d_i\right)}{Na_1} \tag{3-79}$$

由于圆测线的对称性，有 $\sum_i \cos\theta_i = 0$、$\sum_i \sin\theta_i = 0$，则

$$E\left(x_R\right) = x_R^0 \tag{3-80}$$

$$E\left(y_R\right) = y_R^0 \tag{3-81}$$

由式（3-80）及式（3-81）可知，x_R、y_R 方向的估值满足无偏估计。

单独考虑 z_R 方向，当声速剖面 $c\left(z\right)$ 不存在固定偏差时，$t(\boldsymbol{X}_{\text{Resp0}}^G, \Delta c_0) = t^{\text{ture}}$，则 $E\left(d_i\right) = E(t^{\text{obs}}) - t^{\text{ture}} = 0$，此时，$z_R$ 方向估值无偏；当声速剖面 $c\left(z\right)$ 存在固定偏差，$t(\boldsymbol{X}_{\text{Resp0}}^G, \Delta c_0)$ 不等于真值，$E\left(d_i\right) \neq 0$，此时，z_R 方向估值有偏。

由上述对 x_R、y_R、z_R 方向估值的分析可得出结论，当存在声速剖面偏差时，由于圆测线的水平对称性，传递至 x_R、y_R 方向的误差能抵消，使 x_R、y_R 方向估计无偏，但 z_R 方向没有抵消，估计有偏。

接下来，考虑估值的方差，暂时只考虑 x、y 方向，对式（3-74）及式（3-75）取方差，有

$$D\left(x_R\right) = 4D\left(\frac{\sum d_i \cos\alpha_i}{\left(Nn\right)^2}\right) = \frac{2D\left(d_i\right)}{Nn^2} \tag{3-82}$$

$$D\left(y_R\right) = 4D\left(\frac{\sum d_i \sin\alpha_i}{\left(Nn\right)^2}\right) = \frac{2D\left(d_i\right)}{Nn^2} \tag{3-83}$$

由上可知，x_R、y_R 方向估值的方差与 Snell 常数 n 有关，当圆测线半径越大，初始掠射角越小，n 越大，使得 x_R、y_R 方向的方差越小。

通过总结上述在圆测线下待估计参数的可观测性，得出以下结论：

（1）圆测线所有测点的初始掠射角为定值，使得无法区分模型中的 z_R 和 Δc，进而导致方程不可解，故需引入含多个初始掠射角的测线。

（2）圆测线的水平对称性质有利于抵消声速剖面偏差对 x_R、y_R 方向估计误差的影响。

（3）圆测线的尺度越大，越有利于减小 x_R、y_R 方向的估值方差。

2）直线测线下模型的可观测性

由上述对圆测线的分析可知，对称测点有利于抵消声速剖面偏差对 x、y 方向估计误差的影响，故假设载体以海底声信标的水平投影点为中心，行驶对称直线测线，如图 3-5 所示。

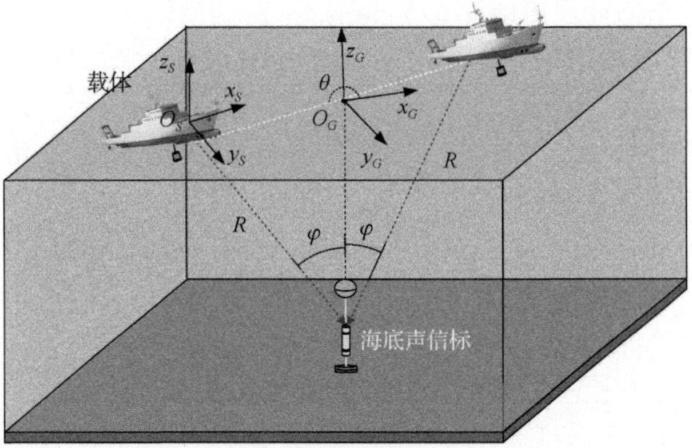

图 3-5　直线测线

直线测线下，各测点的初始掠射角不再为同一常值，相应的 Snell 值也有所不同，令式（3-68）中的 $\dfrac{\left[1-n_i^2c^2\left(z_R\right)\right]^{1/2}}{c\left(z_R\right)}=A_i$、$-\dfrac{1}{n_i}\cdot\displaystyle\int_{z_A}^{z_R}\frac{\mathrm{d}z'}{c^2\left(z'\right)\left[1-n_i^2c^2\left(z'\right)\right]^{3/2}}=B_i$，则式（3-68）的雅可比矩阵改写为

$$\boldsymbol{J}=\begin{bmatrix} n_1\cos\theta_1 & n_1\sin\theta_1 & A_1 & B_1 \\ n_2\cos\theta_2 & n_2\sin\theta_2 & A_2 & B_2 \\ \vdots & \vdots & \vdots & \vdots \\ n_N\cos\theta_N & n_N\sin\theta_N & A_N & B_N \end{bmatrix} \tag{3-84}$$

假设测点 i、j 关于水面投影点对称，则有 $\theta_i=\theta_j+\pi$、$n_i=n_j$，此外，同一声速剖面下，A_i 与 B_i 只与 Snell 值有关，进一步可知 $A_i=A_j$、$B_i=B_j$。基于上述条件，可整理得

$$\boldsymbol{J}^{\mathrm{T}}\boldsymbol{J}=\begin{bmatrix} \sum_{i=1}^{N}n_i^2\cos^2\theta_i & \sum_{i=1}^{N}n_i^2\sin\theta_i\cos\theta_i & 0 & 0 \\ \sum_{i=1}^{N}n_i^2\sin\theta_i\cos\theta_i & \sum_{i=1}^{N}n_i^2\sin^2\theta_i & 0 & 0 \\ 0 & 0 & \sum_{i=1}^{N}A_i^2 & \sum_{i=1}^{N}A_iB_i \\ 0 & 0 & \sum_{i=1}^{N}A_iB_i & \sum_{i=1}^{N}B_i^2 \end{bmatrix} \tag{3-85}$$

由式（3-85）可知，$\boldsymbol{J}^{\mathrm{T}}\boldsymbol{J}$ 可逆，方程可解，这是由于直线测线下，不同测点初始掠射角不同，模型中的 z 和 Δc 得以有效区分，使得 $\boldsymbol{J}^{\mathrm{T}}\boldsymbol{J}$ 矩阵不再奇异。

若定位模型不估计声速偏差Δc，则有

$$\boldsymbol{J}^{\mathrm{T}}\boldsymbol{J}=\begin{bmatrix}\sum_{i=1}^{N}n_i^2\cos^2\theta_i & \sum_{i=1}^{N}n_i^2\sin\theta_i\cos\theta_i & 0\\ \sum_{i=1}^{N}n_i^2\sin\theta_i\cos\theta_i & \sum_{i=1}^{N}n_i^2\sin^2\theta_i & 0\\ 0 & 0 & \sum_{i=1}^{N}A_i^2\end{bmatrix}\tag{3-86}$$

$$\boldsymbol{J}^{\mathrm{T}}\boldsymbol{V}'=\left[\sum_{i=1}^{N}n_i d_i\cos\theta_i\quad \sum_{i=1}^{N}n_i d_i\sin\theta_i\quad \sum_{i=1}^{N}A_i d_i\right]^{\mathrm{T}}\tag{3-87}$$

由分块矩阵求逆公式[4]可给出$\left(\boldsymbol{J}^{\mathrm{T}}\boldsymbol{J}\right)^{-1}$的解析式为

$$\left(\boldsymbol{J}^{\mathrm{T}}\boldsymbol{J}\right)^{-1}=\begin{bmatrix}\dfrac{\sum_{i=1}^{N}n_i^2\sin^2\theta_i}{C} & \dfrac{-\sum_{i=1}^{N}n_i^2\sin\theta_i\cos\theta_i}{C} & 0\\ \dfrac{-\sum_{i=1}^{N}n_i^2\sin\theta_i\cos\theta_i}{C} & \dfrac{\sum_{i=1}^{N}n_i^2\cos^2\theta_i}{C} & 0\\ 0 & 0 & \dfrac{1}{\sum_{i=1}^{N}A_i^2}\end{bmatrix}\tag{3-88}$$

式中，$C=\sum_{i=1}^{N}n_i^2\cos^2\theta_i\sum_{i=1}^{N}n_i^2\sin^2\theta_i-\left(\sum_{i=1}^{N}n_i^2\sin\theta_i\cos\theta_i\right)^2$，将式（3-87）与式（3-88）代入式（3-66）中，有

$$x_R=x_R^0+\frac{\sum_{i=1}^{N}n_i^2\sin^2\theta_i\cdot\sum_{i=1}^{N}n_i d_i\cos\theta_i-\sum_{i=1}^{N}n_i^2\sin\theta_i\cos\theta_i\cdot\sum_{i=1}^{N}n_i d_i\sin\theta_i}{C}\tag{3-89}$$

$$y_R=y_R^0+\frac{\sum_{i=1}^{N}n_i^2\cos^2\theta_i\cdot\sum_{i=1}^{N}n_i d_i\sin\theta_i-\sum_{i=1}^{N}n_i^2\sin\theta_i\cos\theta_i\cdot\sum_{i=1}^{N}n_i d_i\cos\theta_i}{C}\tag{3-90}$$

$$z_R=z_R^0+\frac{\sum_{i=1}^{N}A_i d_i}{\sum_{i=1}^{N}A_i^2}\tag{3-91}$$

式中，$d_i=t_i^{\mathrm{obs}}-t(\boldsymbol{X}_{\mathrm{Resp}0}^G,\Delta c_0)$。同圆测线分析一样，假设观测时延$t^{\mathrm{obs}}$为均值为真

值的随机变量，即 $E(t_i^{\text{obs}})=t_i^{\text{ture}}$，且每次观测相互独立。对式（3-89）～式（3-91）取期望，有

$$E\left(x_R\right)=x_R^0+\frac{\sum_{i=1}^{N}n_i^{\,2}\sin^2\theta_i\cdot\sum_{i=1}^{N}n_iE\left(d_i\right)\cos\theta_i-\sum_{i=1}^{N}n_i^{\,2}\sin\theta_i\cos\theta_i\cdot\sum_{i=1}^{N}n_iE\left(d_i\right)\sin\theta_i}{C}\tag{3-92}$$

$$E\left(y_R\right)=y_R^0+\frac{\sum_{i=1}^{N}n_i^{\,2}\cos^2\theta_i\cdot\sum_{i=1}^{N}n_iE\left(d_i\right)\sin\theta_i-\sum_{i=1}^{N}n_i^{\,2}\sin\theta_i\cos\theta_i\cdot\sum_{i=1}^{N}n_iE\left(d_i\right)\cos\theta_i}{C}\tag{3-93}$$

$$E\left(z_R\right)=z_R^0+\frac{\sum_{i=1}^{N}A_i\,E\left(d_i\right)}{\sum_{i=1}^{N}A_i^2}\tag{3-94}$$

由于直线测线关于海底声信标的水平投影点对称，有 $\sum_i n_i\cos\theta_i=0$、$\sum_i n_i\sin\theta_i=0$，则

$$E\left(x_R\right)=x_R^0\tag{3-95}$$

$$E\left(y_R\right)=y_R^0\tag{3-96}$$

由上可知 x_R、y_R 方向估值满足无偏估计。

单独考虑 z_R 方向，当声速剖面 $c\left(z\right)$ 不存在固定偏差时，$t(\boldsymbol{X}_{\text{Resp}0}^{G},\Delta c_0)=t^{\text{ture}}$，则 $E\left(d_i\right)=E(t^{\text{obs}})-t^{\text{ture}}=0$，此时，$z_R$ 方向估值无偏；当声速剖面 $c\left(z\right)$ 存在固定偏差，$t(\boldsymbol{X}_{\text{Resp}0}^{G},\Delta c_0)$ 不等于真值，进而导致 $E\left(d_i\right)\neq0$，此时，z_R 方向估值有偏。

通过总结上述在直线测线下待估计参数的可观测性，得出以下结论：

（1）直线测线下，不同测点初始掠射角不同，有效区分了模型中的 z 和 Δc，使得方程可解。

（2）关于声信标对称的直线测线有利于抵消声速剖面偏差对 x_R、y_R 方向估计误差的影响。

通过总结圆测线及直线测线下待估计参数的可观测性，可得出以下标定测线的设计准则：测线的尺度应尽可能大，测线应满足关于海底声信标水面投影点对称，测线的初始掠射角不能少于两个。这里给出两种满足上述准则的测线：关于海底声信标对称的多个同心圆测线、关于海底声信标对称的圆+直线组合测线。

此外，对测线的设计还应考虑声信标接收信号的信噪比，考虑声信号在水介质中会出现声衰减及声吸收现象，当测线尺度较大时，接收端信噪比会急剧下降，故在选择测线尺度时，应在满足一定信噪比的前提下再考虑大尺度测线。

上述介绍的绝对标定方法对船只的测线要求很高，同时测得的海底声信标位置易受到卫星定位精度、姿态测量精度、测时精度和声速等多方面因素影响。在深海应用环境下，由于作用距离的限制，每次航行仅能对一只海底声信标进行标定，标定效率低。下面介绍声信标阵型的相对标定方法。

3.3.2 相对标定

相对标定的基本思想是利用海底声信标之间的相互测距信息来确定相对阵型，并结合部分声信标的大地位置，通过平差处理，即可获得每个海底声信标的大地位置。在相对标定之前，部分声信标的大地位置可通过绝对标定方法或 USBL 定位方法获得，为方便描述，以下称事先已知大地位置的声信标为参考声信标，未知大地位置的为普通声信标。

相对标定方法的过程如图 3-6 所示。作业中由水面定位单元发送指令，设定某一个声信标作为主节点，由主节点声信标发射公共询问信号，其他声信标检测到公共询问信号后独立回复信号，主节点声信标解算距离信息，上传给水面定位单元。然后按照上述方式，依次配置各个声信标为主节点，多次测量各个声信标之间的距离信息。水面定位单元对测阵数据进行处理以得到最终测阵结果。

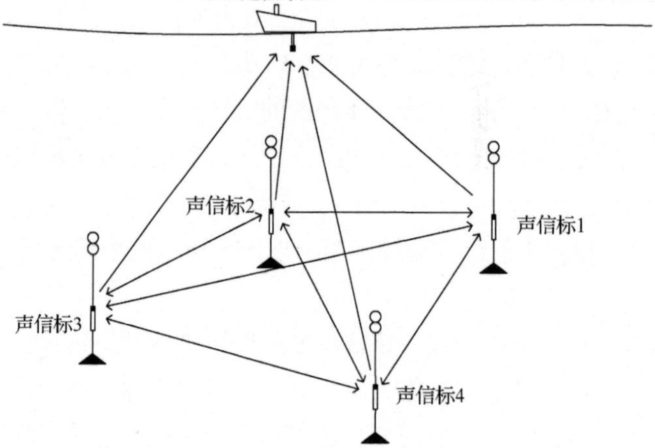

图 3-6　相对标定方法过程

利用海底声信标互测距信息进行相对标定，能够有效避免测量条件对标定的约束。首先，各声信标均位于水下，水文环境比较稳定，受不同海况影响小，而且深海作业时有效减小了垂向大跨度带来的声速修正误差的影响；其次，各声信标相对静止，测距信息精确，不受测量船测线的影响，测量效率也大大提高；最后，各声信标的测距信息融入同一个阵型标定模型中，各测量量相互约束，标定结果是满足整体平差的最优解而非独立量，使得各声信标具有一致的定位精度。

根据海底声信标配置的差异，可采用不同的相对标定模型。若声信标配备高精度的压力传感器系统，可获取深度信息，此时声信标 z 方向上的坐标为已知量，可构建二维平差模型求解 x 、y 方向上的坐标；若声信标未配备高精度压力传感系统，此时声信标 x 、y 、z 方向的坐标均为未知量，需构建三维平差模型求解。

在相对标定的解算过程中认为参考声信标的坐标及所有声信标之间的距离测量量为真值。假设待标定的海底声信标阵中有 M 个参考声信标及 N 个普通声信标，所有声信标之间的距离测量量共 L 个。

1. 二维平差模型建立

当声信标配备高精度深度传感器时，声信标 z 方向的坐标可由深度传感器获得，为已知量，仅需求解 x 、y 方向的坐标。任意两个声信标 $\boldsymbol{X}_{\text{Resp}}^{G}(i)=\begin{bmatrix}x_R^i & y_R^i & z_R^i\end{bmatrix}^{\text{T}}$、$\boldsymbol{X}_{\text{Resp}}^{G}(j)=\begin{bmatrix}x_R^j & y_R^j & z_R^j\end{bmatrix}^{\text{T}}$ 之间的水平距离可通过下式描述：

$$l_{ij}=\sqrt{\left(x_R^i-x_R^j\right)^2+\left(y_R^i-y_R^j\right)^2} \tag{3-97}$$

若两个声信标均为普通声信标，则可列出两个声信标之间观测距离误差方程为

$$v_{ij}=-\frac{\Delta x_{ij}^0}{r_{ij}^0}\hat{x}_i-\frac{\Delta y_{ij}^0}{r_{ij}^0}\hat{y}_i+\frac{\Delta x_{ij}^0}{r_{ij}^0}\hat{x}_j+\frac{\Delta y_{ij}^0}{r_{ij}^0}\hat{y}_j-\Delta l_{ij} \tag{3-98}$$

式中，$\left(\hat{x}_i,\hat{y}_i\right)$ 和 $\left(\hat{x}_j,\hat{y}_j\right)$ 分别为声信标 $\left(x_R^i,y_R^i\right)$ 和 $\left(x_R^j,y_R^j\right)$ 的坐标修正值；r_{ij}^0 为由初值计算的两个声信标水平距离值；l_{ij}^0 为两个声信标（第 i 个声信标与第 j 个声信标）之间的水平距离测量值，可通过两个声信标之间的空间测量斜距（由声信标间的传播时延与海底声速相乘获得）与深度差（由深度传感器获得）得到；$\Delta x_{ij}^0=x_R^{i0}-x_R^{j0}$ 和 $\Delta y_{ij}^0=y_R^{i0}-y_R^{j0}$ 分别为两个声信标在 x 方向和 y 方向的坐标差值；$\Delta l_{ij}=r_{ij}^0-l_{ij}^0$ 为初值的计算值和测量值的残差。

若两个声信标中 j 为参考声信标，为充分利用参考声信标的大地位置信息，使参考声信标的坐标修正值为 0，此时声信标 i 和 j 之间观测距离误差方程为

$$v_{ij}=-\frac{\Delta x_{ij}^{0}}{r_{ij}^{0}}\hat{x}_i-\frac{\Delta y_{ij}^{0}}{r_{ij}^{0}}\hat{y}_i+0\cdot\hat{x}_j+0\cdot\hat{y}_j-\Delta l_{ij} \tag{3-99}$$

针对 L 个距离测量量可建立 L 个误差方程为

$$\boldsymbol{V}=\boldsymbol{B}\hat{\boldsymbol{x}}-\boldsymbol{\Delta} \tag{3-100}$$

式中，$\boldsymbol{V}$ 为误差方程系数（矢量维度为 $L\times1$）；$\boldsymbol{B}$ 是各个修正量组成的系数矩阵（矩阵维度为 $L\times2N$）；$\hat{\boldsymbol{x}}$ 是各坐标修正量组成的矢量（矢量维度为 $2N\times1$）；$\boldsymbol{\Delta}$ 为水平距离初值的计算值与测量值的残差（矢量维度为 $L\times1$）。设各个距离测量量的误差是精度相同的服从高斯分布的随机误差，则普通声信标位置的修正值是在 $\boldsymbol{V}^{\mathrm{T}}\boldsymbol{V}=\min$，即最小二乘准则下求解的。

在解算过程中存在以下两种情况。

（1）方程个数大于未知数个数，即 $L\geqslant2N$，此时坐标修正值为

$$\hat{\boldsymbol{x}}=(\boldsymbol{B}^{\mathrm{T}}\boldsymbol{B})^{-1}\boldsymbol{B}^{\mathrm{T}}\boldsymbol{\Delta} \tag{3-101}$$

修正后各个声信标的坐标为

$$\hat{\boldsymbol{X}}=\boldsymbol{x}_0+\hat{\boldsymbol{x}} \tag{3-102}$$

（2）方程个数小于未知数个数，即 $L<2N$。这样，得到一个未知数多于方程个数的欠定方程求解问题。为此，需要在模型中增加约束条件以构成求解条件。

为了获得待估计参数的唯一解，增添加权的基准约束条件为

$$\boldsymbol{S}^{\mathrm{T}}\boldsymbol{P}_x\hat{\boldsymbol{x}}=\boldsymbol{0} \tag{3-103}$$

系数矩阵 $\boldsymbol{S}^{\mathrm{T}}$ 与 $\boldsymbol{B}$ 满足如下关系：

$$\operatorname{rank}\begin{bmatrix}\boldsymbol{B}\\ \boldsymbol{S}^{\mathrm{T}}\end{bmatrix}=\operatorname{rank}(\boldsymbol{B}) \tag{3-104}$$

$$\boldsymbol{B}\boldsymbol{S}=\boldsymbol{0} \tag{3-105}$$

式中，$\boldsymbol{S}^{\mathrm{T}}$ 为行满秩阵。同时，各个方程互不相关，与误差方程也相互独立。

按最小二乘准则，令函数

$$\phi=\boldsymbol{V}^{\mathrm{T}}\boldsymbol{V}+2\boldsymbol{K}^{\mathrm{T}}\left(\boldsymbol{S}^{\mathrm{T}}\boldsymbol{P}_x\hat{\boldsymbol{x}}\right)=\min \tag{3-106}$$

得到法方程为

$$\begin{cases}\boldsymbol{N}_{BB}\hat{\boldsymbol{x}}+\boldsymbol{P}_x\boldsymbol{S}\boldsymbol{K}=\boldsymbol{\Delta}\\ \boldsymbol{S}^{\mathrm{T}}\boldsymbol{P}_x\hat{\boldsymbol{x}}=\boldsymbol{0}\end{cases} \tag{3-107}$$

将式（3-107）第一式左乘 $\boldsymbol{S}^{\mathrm{T}}$，同时由于 $\boldsymbol{BS}=\boldsymbol{0}$ 成立，得

$$\boldsymbol{S}^{\mathrm{T}}\boldsymbol{P}_x\boldsymbol{SK}=\boldsymbol{0} \tag{3-108}$$

只有 $\boldsymbol{K}=\boldsymbol{0}$ 时才能使二次型 $\boldsymbol{S}^{\mathrm{T}}\boldsymbol{P}_x\boldsymbol{S}$ 为零，即有

$$\phi=\boldsymbol{V}^{\mathrm{T}}\boldsymbol{V}=\min \tag{3-109}$$

将式（3-107）的第二式左乘 $\boldsymbol{P}_x\boldsymbol{S}$ 后与第一式相加，顾及 $\boldsymbol{K}=\boldsymbol{0}$，可得

$$\left(\boldsymbol{N}+\boldsymbol{P}_x\boldsymbol{SS}^{\mathrm{T}}\boldsymbol{P}_x\right)\hat{\boldsymbol{x}}=\boldsymbol{\varDelta} \tag{3-110}$$

令

$$\boldsymbol{Q}_P=\left(\boldsymbol{N}+\boldsymbol{P}_x\boldsymbol{SS}^{\mathrm{T}}\boldsymbol{P}_x\right)^{-1} \tag{3-111}$$

得到参数估计为

$$\hat{\boldsymbol{x}}_P=\boldsymbol{Q}_P\boldsymbol{\varDelta} \tag{3-112}$$

按协因数传播律[5]，$\hat{\boldsymbol{x}}_P$ 的协因数为

$$\boldsymbol{Q}_{\hat{x}_P}=\boldsymbol{Q}_P\boldsymbol{N}\boldsymbol{Q}_P \tag{3-113}$$

单位权方差估值为

$$\hat{\sigma}_0^2=\frac{\boldsymbol{V}^{\mathrm{T}}\boldsymbol{V}}{n-t} \tag{3-114}$$

由上面的讨论可以看出，虽然添加的基准不同，但是并不影响最小二乘准则 $\boldsymbol{V}^{\mathrm{T}}\boldsymbol{V}=\min$，所以各种参数估计都是一种最小二乘解。具体地说，在不同基准下得到的解都满足法方程 $\boldsymbol{N}\hat{\boldsymbol{x}}=\boldsymbol{\varDelta}$，而且求得的改正数 $\boldsymbol{V}$ 也不因所选基准不同而异，故可采用相似变换法进行基准变换。

设有满足法方程的不同基准的两个最小二乘解 $\hat{\boldsymbol{x}}_1$ 和 $\hat{\boldsymbol{x}}_2$，即下式成立：

$$\boldsymbol{N}\hat{\boldsymbol{x}}_1=\boldsymbol{\varDelta},\boldsymbol{N}\hat{\boldsymbol{x}}_2=\boldsymbol{\varDelta} \tag{3-115}$$

相减得

$$\boldsymbol{N}\left(\hat{\boldsymbol{x}}_1-\hat{\boldsymbol{x}}_2\right)=\boldsymbol{0} \tag{3-116}$$

已知 $\boldsymbol{NS}=\boldsymbol{0}$，式（3-116）有无穷多组解，故有

$$\hat{\boldsymbol{x}}_2=\hat{\boldsymbol{x}}_1+\boldsymbol{SD} \tag{3-117}$$

式中，$\boldsymbol{D}$ 为不同解之间的转换因子。

以最小二维范数基准约束条件 $\hat{\boldsymbol{x}}_P^{\mathrm{T}}\boldsymbol{P}_x\hat{\boldsymbol{x}}_P=\min$ 为准则时，可将任意最小二乘解 $\hat{\boldsymbol{x}}$ 通过相似变换求出 $\hat{\boldsymbol{x}}_P$。设任意解的协因数阵为 $\boldsymbol{Q}_{\hat{x}\hat{x}}$，根据式（3-117）可得

$$\hat{\boldsymbol{x}}_P = \hat{\boldsymbol{x}} + \boldsymbol{SD} \tag{3-118}$$

$\boldsymbol{D}$ 是属于由 $\hat{\boldsymbol{x}}$ 变换成 $\hat{\boldsymbol{x}}_P$ 时的转换因子矢量，$\boldsymbol{D}$ 应满足

$$\frac{\partial \hat{\boldsymbol{x}}_P^{\mathrm{T}} \boldsymbol{P}_x \hat{\boldsymbol{x}}_P}{\partial \boldsymbol{D}} = 2\hat{\boldsymbol{\Delta}}_P^{\mathrm{T}} \boldsymbol{P}_x \boldsymbol{S} = \boldsymbol{0} \tag{3-119}$$

于是有

$$\boldsymbol{S}^{\mathrm{T}} \boldsymbol{P}_x \hat{\boldsymbol{x}}_P = \boldsymbol{S}^{\mathrm{T}} \boldsymbol{P}_x \left(\hat{\boldsymbol{x}}_P + \boldsymbol{SD} \right) = \boldsymbol{0} \tag{3-120}$$

得

$$\boldsymbol{D} = -\left(\boldsymbol{S}^{\mathrm{T}} \boldsymbol{P}_x \boldsymbol{S} \right)^{-1} \boldsymbol{S}^{\mathrm{T}} \boldsymbol{P}_x \hat{\boldsymbol{x}} \tag{3-121}$$

式（3-121）便是由 $\hat{\boldsymbol{x}}$ 变换成 $\hat{\boldsymbol{x}}_P$ 的转换因子计算公式。

将式（3-121）代入式（3-118），得

$$\hat{\boldsymbol{x}}_P = \left[\boldsymbol{E} - \boldsymbol{S}\left(\boldsymbol{S}^{\mathrm{T}} \boldsymbol{P}_x \boldsymbol{S} \right)^{-1} \boldsymbol{S}^{\mathrm{T}} \boldsymbol{P}_x \right] \hat{\boldsymbol{x}} \tag{3-122}$$

式中，$\boldsymbol{E}$ 为单位阵。令变换矩阵为

$$\boldsymbol{H}_P = \boldsymbol{E} - \boldsymbol{S}\left(\boldsymbol{S}^{\mathrm{T}} \boldsymbol{P}_x \boldsymbol{S} \right)^{-1} \boldsymbol{S}^{\mathrm{T}} \boldsymbol{P}_x \tag{3-123}$$

得到 $\hat{\boldsymbol{x}}_P$ 的协因数为

$$\boldsymbol{Q}_{\hat{x}_P \hat{x}_P} = \boldsymbol{H}_P \boldsymbol{Q}_{\hat{x}\hat{x}} \boldsymbol{H}_P^{\mathrm{T}} \tag{3-124}$$

式（3-122）～式（3-124）即是基准变换公式。

在对普通声信标的位置进行解算的过程中，应充分考虑各个普通声信标的初始定位结果，即约束其位置修正量在新的解算模型中最小。上述最小二维范数基准即为满足这一约束条件的最佳基准。在该准则下，普通声信标的位置调整量平方和最小。同时为保证添加的基准条件与上述误差方程的系数相互独立，可令

$$\boldsymbol{S}^{\mathrm{T}} = \begin{bmatrix} 1 & 0 & 1 & 0 & \cdots \\ 0 & 1 & 0 & 1 & \cdots \\ -y_1^0 & x_1^0 & -y_2^0 & x_2^0 & \cdots \end{bmatrix} \tag{3-125}$$

由式（3-125）可以看出，求得的 x 方向修正量之和与 y 方向修正量之和为零。

2. 三维平差模型建立

当声信标的 z 向坐标也为未知量时，任意两个声信标 $\boldsymbol{X}_{\mathrm{Resp}}^G(i) = \begin{bmatrix} x_R^i & y_R^i & z_R^i \end{bmatrix}^{\mathrm{T}}$、$\boldsymbol{X}_{\mathrm{Resp}}^G(j) = \begin{bmatrix} x_R^j & y_R^j & z_R^j \end{bmatrix}^{\mathrm{T}}$ 间的空间距离可通过下式描述：

$$l_{ij}=\sqrt{\left(x_R^i-x_R^j\right)^2+\left(y_R^i-y_R^j\right)^2+\left(z_R^i-z_R^j\right)^2} \tag{3-126}$$

若两个声信标均为普通声信标，则可列出两声信标之间观测距离误差方程为

$$v_{ij}=-\frac{\Delta x_{ij}^0}{r_{ij}^0}\hat{x}_i-\frac{\Delta y_{ij}^0}{r_{ij}^0}\hat{y}_i-\frac{\Delta z_{ij}^0}{r_{ij}^0}\hat{z}_i+\frac{\Delta x_{ij}^0}{r_{ij}^0}\hat{x}_j+\frac{\Delta y_{ij}^0}{r_{ij}^0}\hat{y}_j+\frac{\Delta z_{ij}^0}{r_{ij}^0}\hat{z}_j-\Delta l_{ij} \tag{3-127}$$

式中，$\left(\hat{x}_i,\hat{y}_i,\hat{z}_i\right)$ 和 $\left(\hat{x}_j,\hat{y}_j,\hat{z}_j\right)$ 分别为声信标 $\left(x_R^i,y_R^i,z_R^i\right)$ 和 $\left(x_R^j,y_R^j,z_R^j\right)$ 的坐标修正值；r_{ij}^0 为由初值计算的两个声信标空间距离值；l_{ij}^0 为两个声信标（第 i 个声信标与第 j 个声信标）之间的空间距离测量值（由声信标间的传播时延乘海底声速获得）；$\Delta x_{ij}^0=x_R^{i0}-x_R^{j0}$、$\Delta y_{ij}^0=y_R^{i0}-y_R^{j0}$、$\Delta z_{ij}^0=z_R^{i0}-z_R^{j0}$ 分别为两个声信标在 x 方向、y 方向和 z 方向的坐标差值；$\Delta l_{ij}=r_{ij}^0-l_{ij}^0$ 为初值的计算值和测量值的残差。

若声信标 j 为参考声信标，为充分利用参考声信标的大地位置信息，使参考声信标的坐标修正值为0，此时声信标 i 和 j 之间观测距离误差方程为

$$v_{ij}=-\frac{\Delta x_{ij}^0}{r_{ij}^0}\hat{x}_i-\frac{\Delta y_{ij}^0}{r_{ij}^0}\hat{y}_i-\frac{\Delta z_{ij}^0}{r_{ij}^0}\hat{z}_i+0\cdot\hat{x}_j+0\cdot\hat{y}_j+0\cdot\hat{z}_i-\Delta l_{ij} \tag{3-128}$$

针对 L 个距离测量量可建立 L 个误差方程为

$$\boldsymbol{V}=\boldsymbol{B}\hat{\boldsymbol{x}}-\boldsymbol{\varDelta} \tag{3-129}$$

具体解法同二维平差模式类似，当方程个数大于未知数个数时，即 $L\geqslant 3N$，用式（3-101）解算坐标修正数，当方程个数小于未知数个数时，即 $L<3N$，增添满足式（3-104）和式（3-105）的基准约束条件进行求解，对应解的协因数矩阵由式（3-113）获得。

3. *相对标定优势分析*

由上面的分析可以看出，相比于绝对标定方法，相对标定方法具有以下优势。

（1）受垂直方向声速变化敏感影响小。相对标定方法由于声信标布放在海底，因此各个声信标的深度差异小、声速变化小、近似等梯度，容易进行声速修正，修正误差小。而采用绝对标定方式，垂直方向上声速变化大，需从海面到海底进行全剖面声速修正，修正误差大。

（2）不同声信标的定位结果一致。相对标定方法能够有效解决在目标跟踪定位中采用不同声信标组合定位结果不同的问题。设海底共有 N 个声信标，由上面的数学模型可知，任意一个声信标 $\boldsymbol{X}_{\text{Resp}}^G(k)$ 可以表示为水下声信标阵

$\boldsymbol{X}_{\text{Resp}}^{G}(i)(i=1,2,\cdots,N)$ 及相互测距信息 $L_i\left[i=1,2,\cdots,N(N-1)/2\right]$ 的函数，即有

$$X_k = G\left[\boldsymbol{X}_{\text{Resp}}^{G}(1),\cdots,\boldsymbol{X}_{\text{Resp}}^{G}(N),L_1,\cdots,L_{N(N-1)/2}\right] \tag{3-130}$$

在跟踪定位时，若选定其中的 $M\left(M<N\right)$ 个声信标作为基准，待定目标的位置 T 可以表示为水下声信标和待定目标之间的观测距离 $L_i'(i=1,2,\cdots,M)$ 的函数，即 $T=F\left[\boldsymbol{X}_{\text{Resp}}^{G}(1),\cdots,\boldsymbol{X}_{\text{Resp}}^{G}(M),L_1',\cdots,L_M'\right]$。同时，$X_k=G\left[\boldsymbol{X}_{\text{Resp}}^{G}(1),\cdots,\boldsymbol{X}_{\text{Resp}}^{G}(N),L_1,\cdots,L_{N(N-1)/2}\right]$，故 $T=F\left[G(\boldsymbol{X}_{\text{Resp}}^{G}(1),\cdots,\boldsymbol{X}_{\text{Resp}}^{G}(N),L_1,\cdots,L_{N(N-1)/2}),L_1',\cdots,L_M'\right]$。

由此可以看出，在相对标定方法中，声信标阵内的任意位置都可以表示为标定声信标和观测距离的函数，因此在选择不同的声信标组合作为基准时，得到的解算结果是一致的。

（3）标定效率提升明显。相对标定方法通过测量基线长度来确定相对阵型，能够有效减小测量条件带来的影响，提升标定效率。各个声信标相对静止，测量时可以在某一点进行定点测量，测量结果不受船位置的影响。设基线长度为 L，每一个声信标作为主节点的单次测量周期为 $2L/c$。N 个声信标的测量时间为 $N\cdot 2L/c$。而绝对标定方法需要的时间为 $N\cdot 2\pi D/v$，两种方法的时间比为

$$(N\cdot 2\pi D/v)/(N\cdot 2L/c)=\pi\left(D/L\right)\cdot\left(C/v\right) \tag{3-131}$$

由式（3-131）可以看出，两种标定方法所消耗的时间主要取决于声信标的布放深度、基线长度和测量船的速度。布放深度和基线长度具有相同数量级，即可以忽略两者比例的影响，因此两种标定方法的标定时间主要取决于测量船的速度。由于声速远远大于船速，因此可以看出相对标定方法能够大幅减少标定时间，提高标定效率。

3.3.3　性能分析

1. 位置估计与位置声速偏差联合估计

本节仿真对比海底声信标大地位置估计及位置与声速偏差联合估计（以下简称联合估计）两种方法，仿真条件如下：声信标布放于深度为 45m 的湖底；测线由半径分别为 30m、60m、90m 的三条标准圆航迹组成，如图 3-7（a）所示；测线中接收点的坐标位置存在以 0.05m 为标准差的高斯随机误差；声学测时数据中存在以 5μs 为标准差的高斯随机误差；声速剖面真值如图 3-7（b）所示，声速剖面测量偏差为 1m/s。

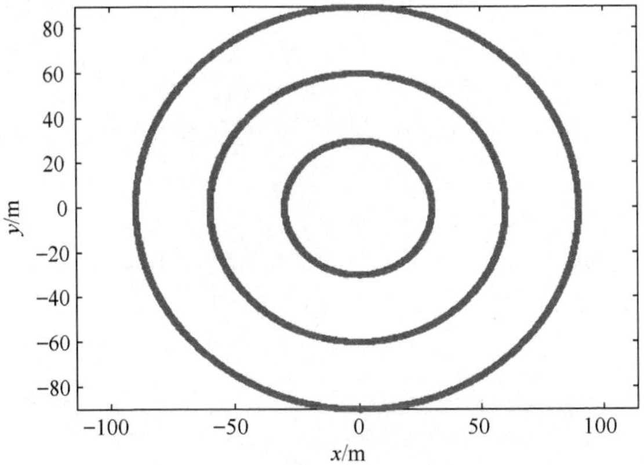

（a）仿真多掠射角测线

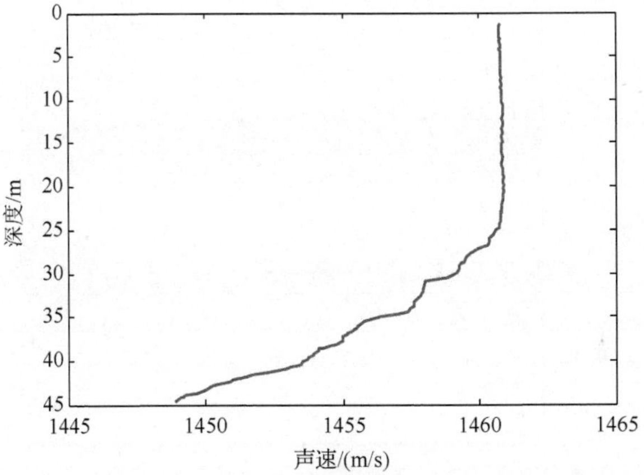

（b）仿真声速剖面

图 3-7　仿真中使用的测线与声速剖面

首先设定声信标坐标真值为[0　0　42m]，在测线完全对称的条件下比较位置估计及联合估计两种方法在存在声速偏差的情况下对声信标的定位精度。在以上条件下进行 1000 次蒙特卡罗仿真，两种不同方法的定位结果如图 3-8 所示。

由图 3-8（a）可见，位置估计与联合估计两种方法的水平定位结果基本一致，并且定位散点以真值为中心，因而两种方法的估值均为无偏估计。该结果表明当测线相对于声信标位置完全对称时，可完全抵消声速偏差对水平定位的影响。但对于声信标深度方向的估计结果，位置估计算法估计有偏，联合估计算法估计无偏，如图 3-8（b）所示。同时由图 3-8（c）可见，联合估计对声速误差的估值也是无偏的，而图 3-8（d）中的时延残差也更为接近高斯分布。此结果证明了存在声速偏差时联合估计算法的有效性。

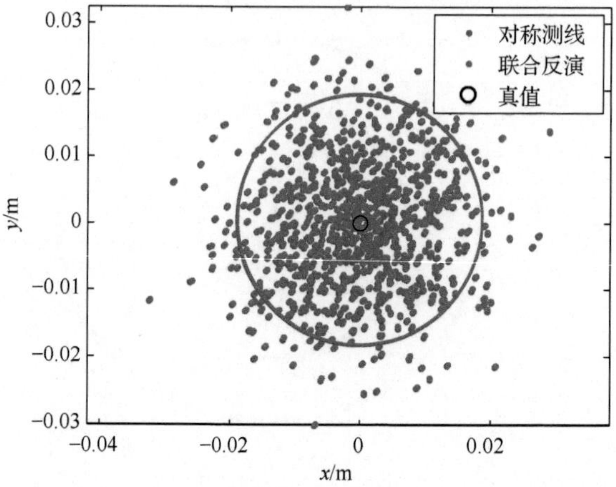

（a）声信标水平定位结果

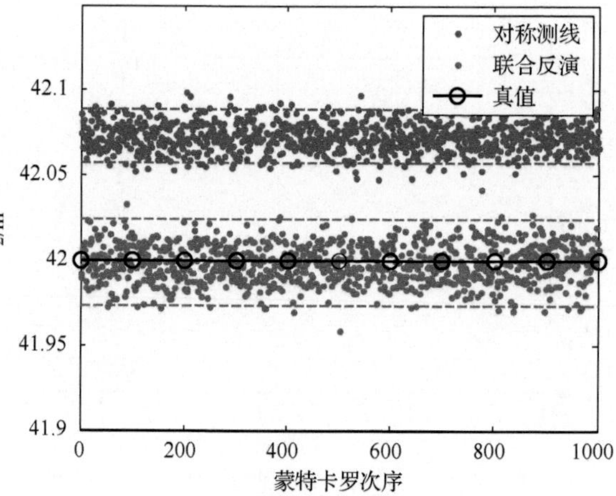

（b）声信标深度定位结果

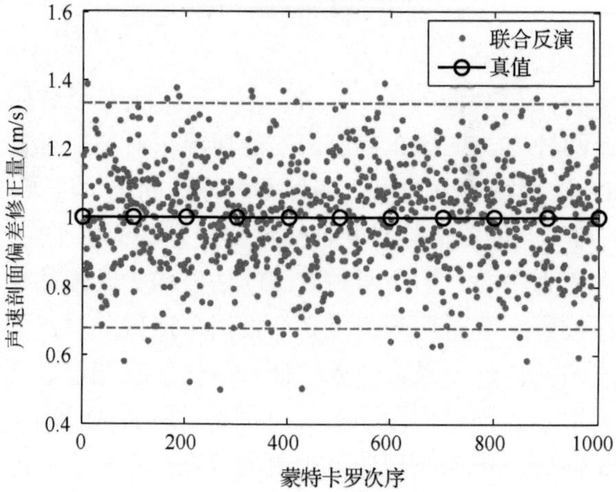

（c）声速误差估计结果

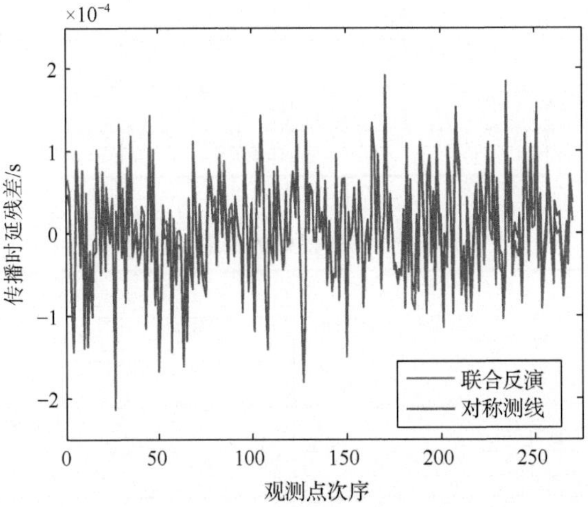

（d）传播时延残差

图 3-8　两种方法的仿真结果（彩图附书后）

2. 绝对标定与相对标定

通过 2012 年 10 月哈尔滨工程大学在吉林省吉林市松花湖采集的湖试数据，对比声信标位置估计的绝对标定方法和附加深度观测值的相对标定方法。

湖试共采用了四个海底声信标，每个声信标均附有高精度压力传感器，其最高精度可以达到 0.01%FS（FS 表示满量程），其深度方向上的测量精度可以达到 0.3m。USBL 声学基阵安装在水面船上，实验中首先将四个声信标布放在湖底，由 USBL 声学基阵发出测阵指令，声信标接收到指令后依次以一个声信标为主节点，发射公共询问信号，其他声信标检测到该询问信号后回复定位信号，主节点声信标根据此信号解算出主节点声信标与其他声信标的距离，通过声通信上传给水面母船。对水下各个声信标进行了 50 次测量后，统计测量结果。

由于声信标锚于水下是固定不动的，因此测量的距离信息应该为一固定值。采用 3σ 原则剔除野点后，统计测得各个声信标之间的精度，如表 3-1 所示，深度方向的测量值如表 3-2 所示。

表 3-1　各声信标之间的测距结果　　单位：m

	距离估值	测距精度
声信标 1 与声信标 2	81.287	0.003
声信标 1 与声信标 3	139.426	0.005
声信标 1 与声信标 4	112.460	0.009
声信标 2 与声信标 3	100.065	0.005

续表

	距离估值	测距精度
声信标 2 与声信标 4	148.385	0.011
声信标 3 与声信标 4	116.284	0.008

表 3-2　各声信标的深度测量值　单位：m

	深度测量值
声信标 1	60.517
声信标 2	60.319
声信标 3	59.871
声信标 4	60.557

采用二维平差模型进行标定，经过计算得到四个声信标的坐标和三个方向上的标定精度，如表 3-3 所示。

表 3-3　标定后的声信标位置及点位精度　单位：m

	x	y	z	σ_x	σ_y	σ_z	σ_P
信标 1	−57.050	33.964	60.533	0.004	0.002	0.300	0.300
信标 2	−47.037	−46.704	60.302	0.004	0.003	0.300	0.300
信标 3	52.900	−51.766	59.884	0.003	0.004	0.300	0.300
信标 4	51.187	64.506	60.546	0.005	0.005	0.300	0.300

从上述标定结果可以看出，在水平方向上的标定精度优于 0.005m，深度方向的精度取决于深度传感器的精度（0.3m）。同时，整个实验进行了 50 次测量，单次测量周期为 2s，整体标定过程持续时间小于 10min，且水面船只不受位置和航迹的影响，标定效率高。

为验证上述标定结果的优越性，采用绝对标定方法对四个声信标进行标定，标定结果及标定精度如表 3-4 所示。

表 3-4　绝对标定的声信标位置及点位精度　单位：m

	x	y	z	σ_x	σ_y	σ_z	σ_P
信标 1	−56.968	33.828	60.548	0.053	0.042	0.300	0.308
信标 2	−47.113	−46.787	60.285	0.075	0.055	0.300	0.314
信标 3	52.952	−51.719	59.895	0.053	0.050	0.300	0.309
信标 4	51.130	64.678	60.535	0.068	0.056	0.300	0.313

分别采用声信标的位置作为基准对水面船进行跟踪，在 USBL 声学基阵的正上方固定卫星定位设备，将定位设备输出的位置信息作为评价定位结果的基准信息。两组跟踪的结果及卫星定位设备的定位结果如图 3-9 所示。从图 3-9 中可以看出，相对标定的跟踪轨迹与卫星定位设备的更加接近。以跟踪结果与卫星定位设备定位结果的水平距离计算，相对标定方法与卫星定位设备定位的误差为 0.472m，绝对标定方法的定位误差为 0.540m。相比之下相对标定方法输出轨迹连续，标定及定位精度高，同时不存在以不同声信标为基准解算不一致的情况。

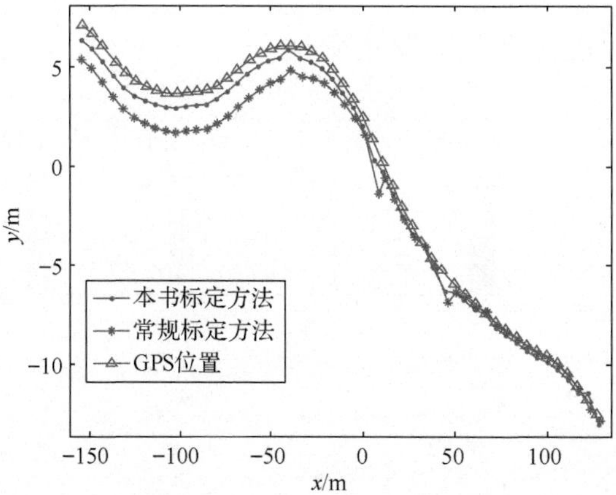

图 3-9　不同标定方法跟踪轨迹

3.4 运动补偿

由于声速慢，水下运载器 LBL 定位时存在的非共点、非共时信号收发问题是影响系统定位精度的一大因素，需进行运动补偿。运动补偿的基本思想是通过考虑水下运载器的运动状态，将观测到的声传播时间信息准确地归算到水下运载器的同一采样时刻。基于此思想，本节介绍两种运动补偿的方式：一种是通过引入测时修正量改正常规 LBL 模型中对声学测时数据的不准确使用问题；另一种是利用水下运载器的速度信息，通过构造虚拟声信标位置，将水下运载器收发非共点问题转换为水下运载器发送信号位置至不同声信标的测距问题。

3.4.1 水下运载器运动对定位精度的影响

当 LBL 用于水下运载器自我导航或定位时，水下运载器上的测距仪在每个定位周期以广播方式发送询问信号，布放于海底的声信标接收该信号后发送回复信号。测距仪接收全部回复信号后估计各信号的双程传播时间。当水下运载器在此“询问-回复”过程中发生运动时，测距仪发送信号时刻的位置与接收信号时刻的位置不同。进一步，由于水下运载器与各声信标之间的距离不同，接收不同声信标回复信号的时刻与位置也不相同，如图 3-10 所示。常规的 LBL 定位模型通常忽略目标运动影响（后称为静态模型），简单地将双程传播时间的一半作为单程传播时间的观测值。该观测值既不等于水下运载器发送位置至声信标的单程传播时间，也不等于水下运载器接收位置至声信标的单程传播时间，因此采用静态模型定位运动水下运载器存在模型近似误差。

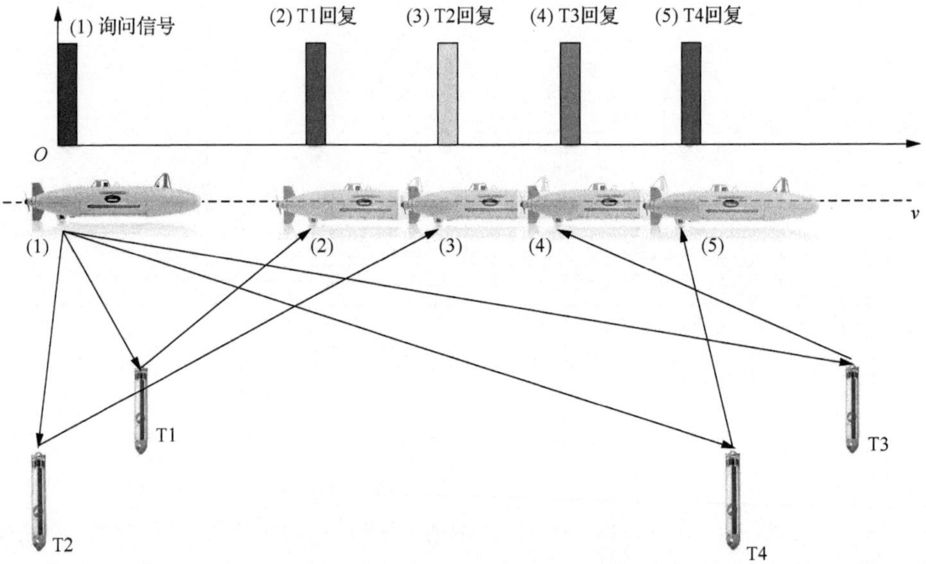

图 3-10　水下运载器运动对 LBL 定位的影响

以下通过仿真计算说明使用静态模型［式（3-33）所示的模型］定位运动目标时产生的定位误差。仿真中声信标（T1～T4）的坐标值分别为$\begin{bmatrix}100\text{m} & 100\text{m} & 30\text{m}\end{bmatrix}$、$\begin{bmatrix}100\text{m} & -100\text{m} & 30\text{m}\end{bmatrix}$、$\begin{bmatrix}-100\text{m} & -100\text{m} & 30\text{m}\end{bmatrix}$、$\begin{bmatrix}-100\text{m} & 100\text{m} & 30\text{m}\end{bmatrix}$。目标由坐标$\begin{bmatrix}-150\text{m} & -150\text{m} & 3.9\text{m}\end{bmatrix}$处开始以 1.5m/s 大小的速度行驶图 3-11（a）所示的航迹。仿真中使用的声速剖面如图 3-11（b）所示。声学测时数据存在以 30μs 为标准差的高斯随机误差。在以上条件下统计静态模型的定位误差。

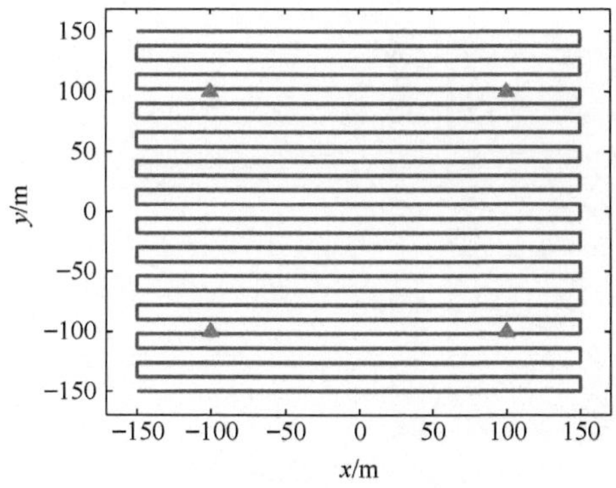

（a）目标轨迹与声信标位置

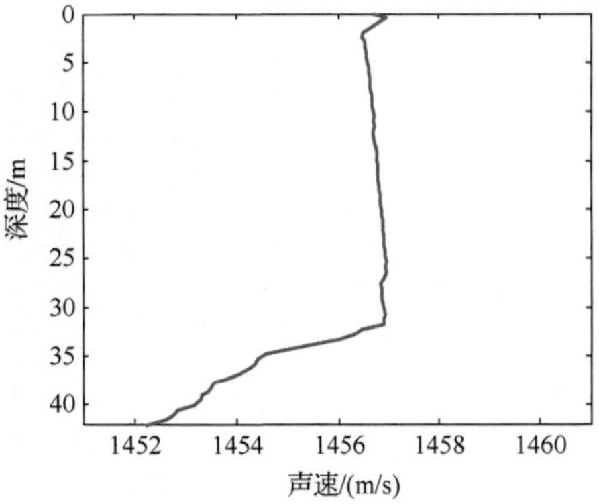

（b）声速剖面

图 3-11　仿真中使用的目标轨迹与声速剖面

图 3-12（a）为静态模型对静止目标（在询问-回复期间保持静止不动）定位的 RMS 误差伪彩图，此时定位误差仅为 0.015～0.055m。与之相比，图 3-12（b）显示的静态模型对运动目标定位结果的定位误差为 0.28～0.5m，由此可知用静止模型时运动目标的定位误差大于静止目标的定位误差。如此之大的定位误差正是由于定位算法中忽略了目标运动的影响而错误地计算了信号单程传播时间。因此，为了获得高精度的定位结果，必须充分考虑目标运动对定位模型的影响。保证测时信息采样时刻的一致性，是提高 LBL 定位方法定位精度的一个重点。

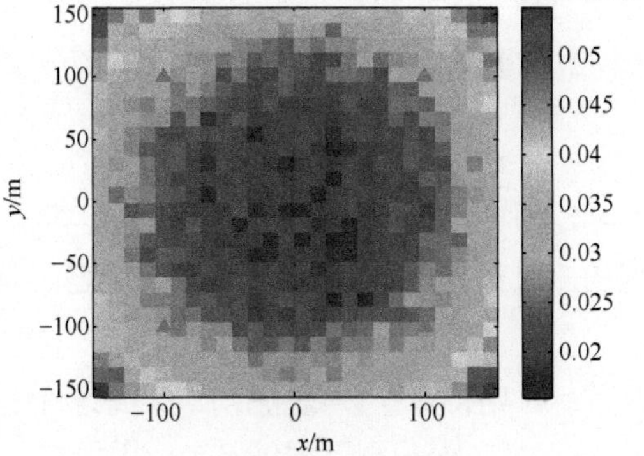

（a）目标静止时的定位误差

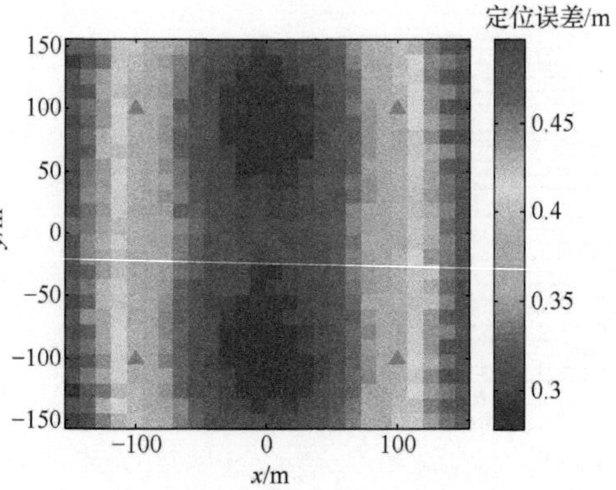

（b）目标运动时的定位误差

图 3-12　静止模型对静止与运动目标的定位误差（彩图附书后）

3.4.2　基于运动补偿高精度定位

1. 基于测时修正量的运动补偿算法

3.3.1 小节介绍的定位算法（静止模型定位算法），忽略了水下运载器运动的影响，以双程传播时间的一半近似为水下运载器与声信标的单程传播时延。本节在该算法的基础上，通过引入测时修正量，将观测到的声传播时间信息近似归算到水下运载器的同一采样时刻。

以水下运载器询问时刻作为归算时刻，考虑到水下运载器的运动，水下运载器询问位置与声信标之间单程传播时间的真实值 t 与单程传播时间的观测值 t^{obs}（双程传播时间的一半）之间相差一个固定偏差 Δt（以下称为测时修正量），则式（3-33）给出的模型可更改为

$$t\left(\boldsymbol{X}_{\mathrm{send}}^{G}\right)+\Delta t_j=t_j^{\mathrm{obs}} \tag{3-132}$$

式中，$\boldsymbol{X}_{\mathrm{send}}^{G}=\begin{bmatrix}x_s & y_s & z_s\end{bmatrix}^{\mathrm{T}}$ 代表水下运载器的询问坐标；Δt_j 代表水下运载器与第 j 个声信标测时数据的测时修正量；t_j^{obs} 代表水下运载器与第 j 个声信标的测时数据。

设一共有 P 个声信标，则待估计参数包括水下运载器的三维坐标及每个声信标的测时修正量，共 $3+P$ 个，而观测方程仅 P 个，因而式（3-132）是一个欠定的参数估计问题。为减少待估计参数的数量，以下引入“平均”测时修正量的概念。假设不同声信标对应的观测时间与真实时间均偏移了一个“平均”的测时修正量，即 $\Delta t_j=\Delta t(j=1,2,\cdots,P)$，则式（3-132）可改写为

$$t\left(\boldsymbol{X}_{\mathrm{send}}^{G}\right)+\Delta t=t_{j}^{\mathrm{obs}} \tag{3-133}$$

此时，待估计参数减少到原来的四个。令 $\tau_{j}=t\left(\boldsymbol{X}_{\mathrm{send}}^{G}\right)+\Delta t$，并将不同声信标的测时数据及对应的待估计参数以矢量方式表达如下：

$$\boldsymbol{\tau}\left(\boldsymbol{X}_{\mathrm{send}}^{G},\Delta t\right)=\boldsymbol{t}^{\mathrm{obs}} \tag{3-134}$$

式中，$\boldsymbol{X}_{\mathrm{send}}^{G}$ 是待估计参数矢量。

对式（3-134）在 $\boldsymbol{X}_{\mathrm{send0}}^{G}$ 处线性化后，可得该模型的最小二乘估值为

$$\begin{bmatrix}x_{s} & y_{s} & z_{s} & \Delta t\end{bmatrix}^{\mathrm{T}}=\begin{bmatrix}x_{s}^{0} & y_{s}^{0} & z_{s}^{0} & \Delta t_{0}\end{bmatrix}^{\mathrm{T}}+\left(\boldsymbol{J}^{\mathrm{T}}\boldsymbol{J}\right)^{-1}\boldsymbol{J}^{\mathrm{T}}\left(\boldsymbol{t}^{\mathrm{obs}}-\boldsymbol{\tau}\left(\boldsymbol{X}_{\mathrm{send0}}^{G},\Delta t_{0}\right)\right) \tag{3-135}$$

式中，雅可比矩阵 $\boldsymbol{J}$ 为

$$\boldsymbol{J}=\left[\frac{\partial\boldsymbol{\tau}}{\partial x_{s}},\frac{\partial\boldsymbol{\tau}}{\partial y_{s}},\frac{\partial\boldsymbol{\tau}}{\partial z_{s}},\frac{\partial\boldsymbol{\tau}}{\partial\Delta t}\right] \tag{3-136}$$

其中，$\boldsymbol{\tau}$ 对水下运载器坐标的偏导由 3.3.1 小节中“2．基于射线声学的海底声信标位置估计”给出。$\boldsymbol{\tau}$ 对测时修正量的偏导为 1。

2．基于虚拟声信标的水下运载器运动补偿算法

水下运载器的运动会导致水下运载器收发位置非共点。对此，本节将利用水下运载器的速度信息构建虚拟声信标，将水下运载器收发非共点问题转换为水下运载器发送位置至不同声信标的测距问题。

假设水下运载器的询问坐标为 $\boldsymbol{X}_{\mathrm{send}}^{G}=\begin{bmatrix}x_{s} & y_{s} & z_{s}\end{bmatrix}^{\mathrm{T}}$，对应的发送时刻为 t_{s}，接收回复信号的坐标（以下称为接收坐标）为 $\boldsymbol{X}_{\mathrm{Rev}}^{G}=\begin{bmatrix}x_{r} & y_{r} & z_{r}\end{bmatrix}^{\mathrm{T}}$，对应的接收时刻为 t_{r}。若在此“询问”到“接收”的过程中，已知水下运载器在大地坐标系下的速度 $\boldsymbol{v}_{t}^{G}=\begin{bmatrix}v_{t}^{x} & v_{t}^{y} & v_{t}^{z}\end{bmatrix}^{\mathrm{T}}$（由水下运载器自身携带的惯导设备获取），则水下运载器的询问坐标与接收坐标间存在如下关系：

$$\boldsymbol{X}_{\mathrm{Rev}}^{G}=\boldsymbol{X}_{\mathrm{send}}^{G}+\sum_{t=t_{s}}^{t_{r}}\boldsymbol{v}_{t}^{G}\Delta t \tag{3-137}$$

式中，Δt 表示水下运载器速度参数测量的采样间隔。

此外，也可通过距离方程描述水下运载器询问坐标与接收坐标的关系，如下：

$$\left\|\boldsymbol{X}_{\mathrm{send}}^{G}-\boldsymbol{X}_{\mathrm{Resp}}^{G}(i)\right\|+\left\|\boldsymbol{X}_{\mathrm{Rev}}^{G}-\boldsymbol{X}_{\mathrm{Resp}}^{G}(i)\right\|=R_{si}+R_{ri},\ i=1,2,\cdots,N \tag{3-138}$$

式中，$\boldsymbol{X}_{\mathrm{Resp}}^{G}(i)(i=1,2,\cdots,N)$ 代表第 i 个声信标的大地位置；R_{si} 代表水下运载器询问坐标与第 i 个声信标之间的距离；R_{ri} 代表接收坐标与第 i 个声信标之间的距离。

将式（3-137）代入式（3-138）中，可得

$$\left\|\boldsymbol{X}_{\text{send}}^{G}-\boldsymbol{X}_{\text{Resp}}^{G}(i)\right\|+\left\|\boldsymbol{X}_{\text{send}}^{G}-\left(\boldsymbol{X}_{\text{Resp}}^{G}(i)-\sum_{t=t_s}^{t_r}\boldsymbol{v}_t^{G}\Delta t\right)\right\|=R_{si}+R_{ri},\ i=1,2,\cdots,N \tag{3-139}$$

若把 $\boldsymbol{X}_{\text{Resp}}^{G}(i)-\sum_{t=t_s}^{t_r}\boldsymbol{v}_t^{G}\Delta t$ 当作一个整体，就相当于把水下运载器询问至接收的坐标改正量转移给了实际布放的海底声信标 $\boldsymbol{X}_{\text{Resp}}^{G}(i)$，则式（3-139）的物理意义变成了水下运载器询问坐标 $\boldsymbol{X}_{\text{send}}^{G}=\begin{bmatrix}x_s & y_s & z_s\end{bmatrix}^{\text{T}}$ 至不同声信标的距离之和。令 $\boldsymbol{X}_{\text{Resp}}^{V}(i)=\boldsymbol{X}_{\text{Resp}}^{G}(i)-\sum_{t=t_s}^{t_r}\boldsymbol{v}_t^{G}\Delta t$ 为新的声信标位置，由于该位置不是真实存在的，故称之为虚拟声信标。

双程距离 $R_{si}+R_{ri}$ 可利用测量得到的双程传播时延 $2t^{\text{obs}}$ 及对应平均声速 c 得到

$$R_{si}+R_{ri}=2t^{\text{obs}}\cdot c \tag{3-140}$$

联立式（3-139）及式（3-140）可得

$$\left\|\boldsymbol{X}_{\text{send}}^{G}-\boldsymbol{X}_{\text{Resp}}^{G}(i)\right\|+\left\|\boldsymbol{X}_{\text{send}}^{G}-\boldsymbol{X}_{\text{Resp}}^{V}(i)\right\|=2t^{\text{obs}}\cdot c \tag{3-141}$$

式中，$\boldsymbol{X}_{\text{Resp}}^{G}(i)$ 通过声信标位置标定获得，为已知量；$\boldsymbol{X}_{\text{Resp}}^{V}(i)$ 通过水下运载器速度信息及声信标位置信息推算获得，为已知量；询问坐标 $\boldsymbol{X}_{\text{send}}^{G}$ 与平均声速 c 为待估计量。

令 $f_i(\boldsymbol{X}_{\text{send}}^{G})=\left\|\boldsymbol{X}_{\text{send}}^{G}-\boldsymbol{X}_{\text{Resp}}^{G}(i)\right\|+\left\|\boldsymbol{X}_{\text{send}}^{G}-\boldsymbol{X}_{\text{Resp}}^{V}(i)\right\|$，将不同声信标的测时数据及对应的待估计参数以矢量方式表达如下：

$$\boldsymbol{f}(\boldsymbol{X}_{\text{send}}^{G})=2\boldsymbol{t}^{\text{obs}}\cdot c \tag{3-142}$$

对式（3-142）在初值 $\boldsymbol{X}_{\text{send0}}^{G}$、$c_0$ 处线性化后，可得该模型的最小二乘估值为

$$\begin{bmatrix}x_s & y_s & z_s & c\end{bmatrix}^{\text{T}}=\begin{bmatrix}x_s^0 & y_s^0 & z_s^0 & c_0\end{bmatrix}^{\text{T}}+\left(\boldsymbol{J}^{\text{T}}\boldsymbol{J}\right)^{-1}\boldsymbol{J}^{\text{T}}\left(2\boldsymbol{t}^{\text{obs}}\cdot c_0-\boldsymbol{f}(\boldsymbol{X}_{\text{send0}}^{G})\right) \tag{3-143}$$

式（3-143）中，雅可比矩阵 $\boldsymbol{J}$ 为

$$\boldsymbol{J}=\begin{bmatrix}\dfrac{\partial \boldsymbol{f}}{\partial x_s} & \dfrac{\partial \boldsymbol{f}}{\partial y_s} & \dfrac{\partial \boldsymbol{f}}{\partial z_s} & \dfrac{\partial\left(-2\boldsymbol{t}^{\text{obs}}\cdot c\right)}{\partial c}\end{bmatrix} \tag{3-144}$$

对于雅可比矩阵 $\boldsymbol{J}$ 中 $\partial f_i/\partial x_s$ 一项，有

$$\frac{\partial f_i}{\partial x_s}=\frac{x_s^0-x_R^i}{r_{sR}^0}+\frac{x_s^0-x_R^{vi}}{r_{sv}^0} \tag{3-145}$$

式中，r_{sR}^0 为由初值计算的水下运载器至声信标的距离值；r_{sv}^0 为由初值计算的水下运载器至虚拟声信标的距离值。

同理，可得 $\partial f_i / \partial y_s$ 项与 $\partial f_i / \partial z_s$ 项分别为

$$\frac{\partial f_i}{\partial y_s} = \frac{y_s^0 - y_R^i}{r_{sR}^0} + \frac{y_s^0 - y_R^{vi}}{r_{sv}^0} \tag{3-146}$$

$$\frac{\partial f_i}{\partial z_s} = \frac{z_s^0 - z_R^i}{r_{sR}^0} + \frac{z_s^0 - z_R^{vi}}{r_{sv}^0} \tag{3-147}$$

对于 $\partial\left(-2\boldsymbol{t}^{\text{obs}} \cdot c\right) / \partial c$ 一项有

$$\frac{\partial\left(-2\boldsymbol{t}^{\text{obs}} \cdot c\right)}{\partial c} = -2\boldsymbol{t}^{\text{obs}} \tag{3-148}$$

由此，雅可比矩阵 $\boldsymbol{J}$ 为

$$\boldsymbol{J} = \left[\frac{y_s^0 - y_R^i}{r_{sR}^0} + \frac{y_s^0 - y_R^{vi}}{r_{sv}^0} \quad \frac{y_s^0 - y_R^i}{r_{sR}^0} + \frac{y_s^0 - y_R^{vi}}{r_{sv}^0} \quad \frac{z_s^0 - z_R^i}{r_{sR}^0} + \frac{z_s^0 - z_R^{vi}}{r_{sv}^0} \quad -2\boldsymbol{t}^{\text{obs}}\right] \tag{3-149}$$

3.4.3 性能分析

1. 仿真分析

本小节通过仿真验证基于测时修正量的运动补偿算法的性能。

首先，图 3-13 对比了静止模型与运动补偿算法在目标运动时的定位误差，仿真条件与图 3-12（b）中相同。

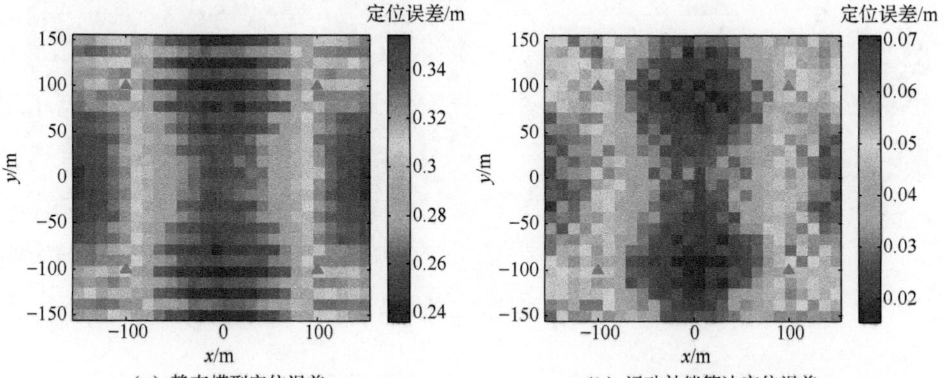

（a）静态模型定位误差　　（b）运动补偿算法定位误差

图 3-13　两种方法对运动目标定位误差对比（彩图附书后）

如图 3-13（a）所示，静态模型定位的 RMS 误差为 0.24～0.35m，与之相比图 3-13（b）中运动补偿算法将定位误差显著减小至 0.015～0.07m，但是仍大于图 3-12（a）中目标保持静止情况下的定位误差，说明该算法并不能对目标运动进行完全补偿。尽管如此，与静态模型结果相比运动补偿算法依然很大程度地减小了目标运动的影响，显著提高了 LBL 定位方法的定位精度。

2. 湖试数据处理

2014 年 11 月 3 日，哈尔滨工程大学在吉林省吉林市松花湖开展了 LBL 定位系统的外场湖试试验。试验期间平均水深约为 45m。

参试的 LBL 定位系统包括四个声信标与一套 LBL 收发机。声信标以“沉块-软绳-浮球”的锚系结构布放于湖底，如图 3-14（a）所示。LBL 收发机安装于 7m 长的作为试验平台的小型游船上。收发机的声学换能器采用 USBL 声学基阵，基阵入水深度 3.9m。卫星定位设备安装在钢架的顶部，姿态测量设备安装在基阵与钢架之间。声学基阵的大地坐标可通过 3.3.1 小节中“1．水面声学基阵的大地位置”介绍的方法进行归算，该坐标的精度为 3～4cm，可作为参考真值用于评估 LBL 的定位误差。

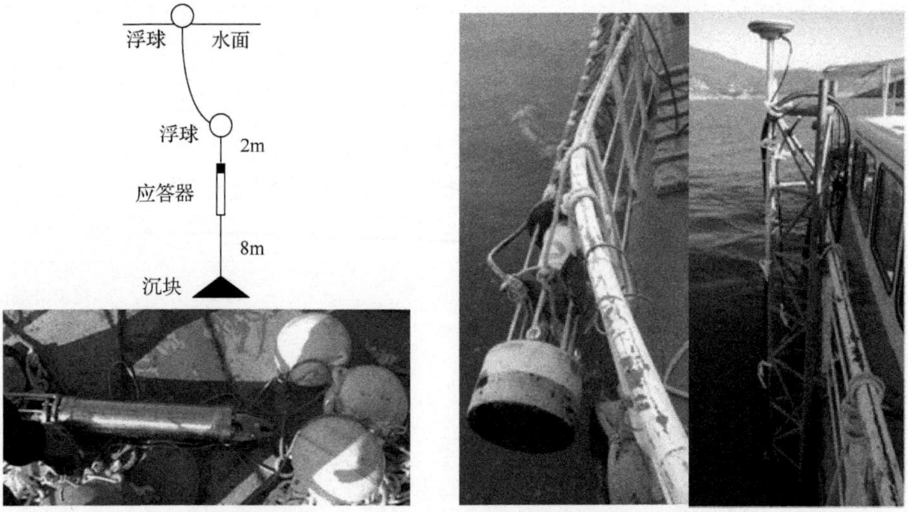

（a）声信标布放　　（b）声学基阵、姿态测量设备与卫星定位设备安装方式

图 3-14　湖试设备的安装与布放

通过声学基阵采集到的传播时间数据，分别采用以下两种方法定位声学基阵的运动轨迹：①忽略目标运动影响的静态模型定位方法；②考虑目标运动，将目

标位置及测时修正量进行联合估计的运动补偿定位算法。通过统计两种定位方法的定位精度体现运动补偿算法的优势。以卫星定位设备的输出位置为真值，计算 LBL 的定位误差，结果如图 3-15 所示。图 3-15（a）和（b）分别对应运动补偿算法与静态模型的定位误差在目标轨迹上分布的伪彩图。

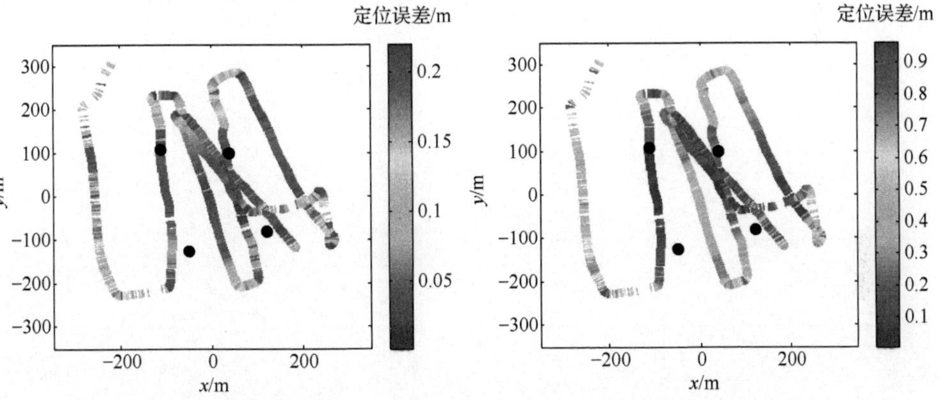

（a）运动补偿算法定位误差　　（b）静态模型定位误差

图 3-15　两种方法对湖试运动目标定位误差空间分布（彩图附书后）

由图 3-15（a）和（b）可见，两种方法的定位误差均随目标轨迹剧烈变化。总体而言，当目标位于声信标阵内部时的定位误差要小于当目标位于声信标阵外部的情况。对于静态模型方法，声信标阵内部的最大定位误差约为 0.5m，平均定位误差为(0.19±0.14)m；当使用运动补偿算法后，声信标阵内部的平均定位误差被减小到(0.034±0.014)m，即使目标在声信标阵外部定位误差也小于 0.2m。图 3-15 证明了运动补偿定位算法的有效性。

3.5　典 型 应 用

传统的水下定位系统采用 USBL 或者 LBL 定位原理。USBL 定位系统仅能在百余米左右海深上保持较高定位精度，随着海深的增加，其定位误差与斜距成正比，满足不了精密大洋考察的要求；LBL 定位系统在接近水面的深度上定位精度变差，且难以在较短的工作周期内实现水面与水下同时对水下运载器定位。综合定位系统通过融合 USBL 及 LBL 定位方法，有效解决单一定位系统在远距离及水面位置定位精度低的问题，为水下运载器提供全海深、高精度、连续、稳定可靠的定位信息，如图 3-16 所示。

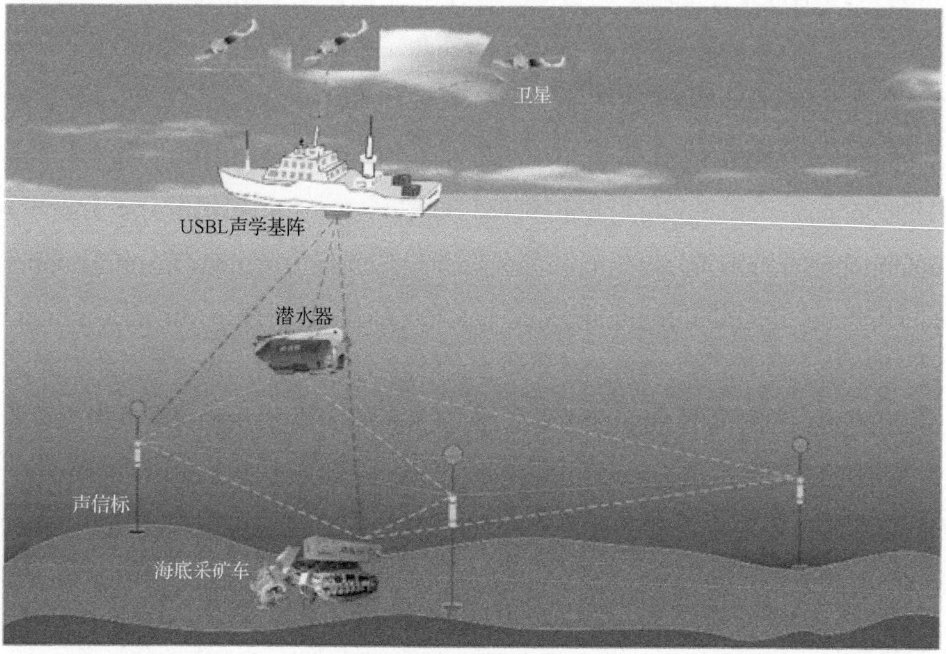

图 3-16　综合定位技术应用

3.5.1　“奋斗者”号载人深海潜水器

“奋斗者”号是我国自主研发的载人深海潜水器，如图 3-17 所示。2020 年 10 月，“奋斗者”号赴马里亚纳海沟开展万米海试，成功完成 13 次下潜。其中，8 次下潜深度突破万米，这标志着我国具有了进入世界海洋最深处开展科学探索和研究的能力，这是我国深海科技探索道路上的重要里程碑。

为助力“奋斗者”号万米深潜的顺利实施，我国自主研制的深海高精度水声综合定位系统装备于“探索一号”和“探索二号”科考船，为全海深载人潜水器“奋斗者”号、万米着陆器“沧海”号提供全流程下潜的定位导航服务。

1. 定位总体方案

深海高精度水声综合定位系统包括“探索一号”上的 USBL 声学基阵、安装在“奋斗者”号上的声信标，以及布放在“奋斗者”号工作区海底的多个海底声信标（图 3-18）。综合定位系统的工作流程如下。

（1）布放海底声信标并通过绝对标定模式逐一获取海底声信标的大地位置。

图 3-17　“奋斗者”号载人深海潜水器[6]

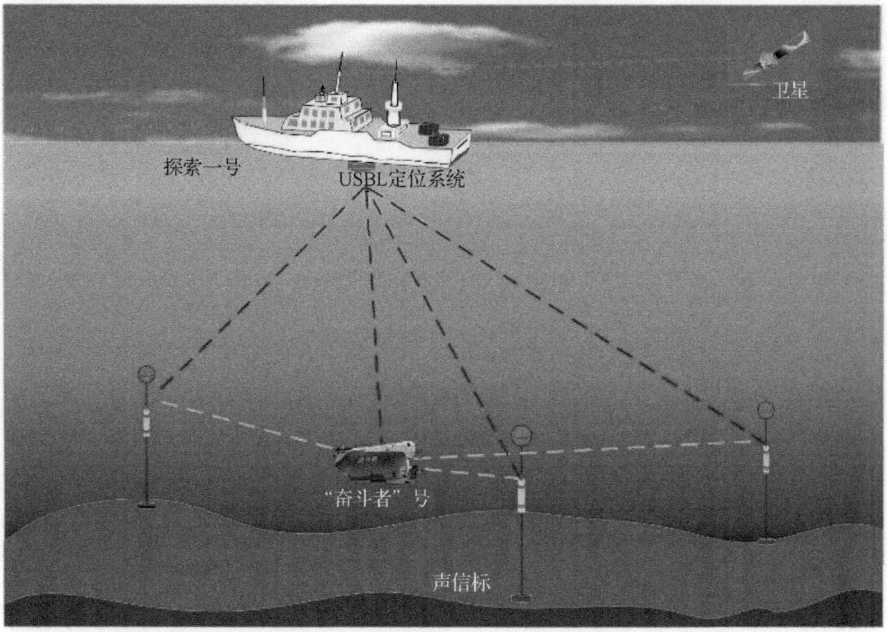

图 3-18　“奋斗者”号综合定位系统

（2）“奋斗者”号综合定位系统采用同步工作模式，在“探索一号”及“奋斗者”号上都安装了高精度的同步时钟芯片，在水下运载器入水前，两台同步时钟进行时间对准，设置定位周期。

（3）水下运载器入水后，根据同步周期触发，安装在水下运载器上的声信标收到同步信号后发射定位脉冲。

（4）水下运载器定位脉冲传播至“探索一号”上的 USBL 声学基阵，完成一次 USBL 定位。

（5）与此同时，水下运载器定位脉冲传播至海底声信标处，海底声信标成功收到信号后经各自的转发时延发送定位脉冲。

（6）各海底声信标定位脉冲传播至“探索一号”上的 USBL 声学基阵，结合预先标定的海底声信标的位置，USBL 声学基阵的后置处理单元计算水下运载器与各个海底声信标的距离。

（7）根据水下运载器与各个海底声信标之间的距离，完成一次 LBL 定位。

2. 海试实施结果

图 3-19 为“奋斗者”号 FDZ027 潜次下潜过程中 USBL 的定位结果，五角星为“奋斗者”号下潜开始位置（开始定位深度约 200m），带颜色定位点为 USBL 定位结果，右侧色标表示定位精度。图 3-20 为“奋斗者”号在海底航行时的定位结果和在海底作业时静态定位散点图。

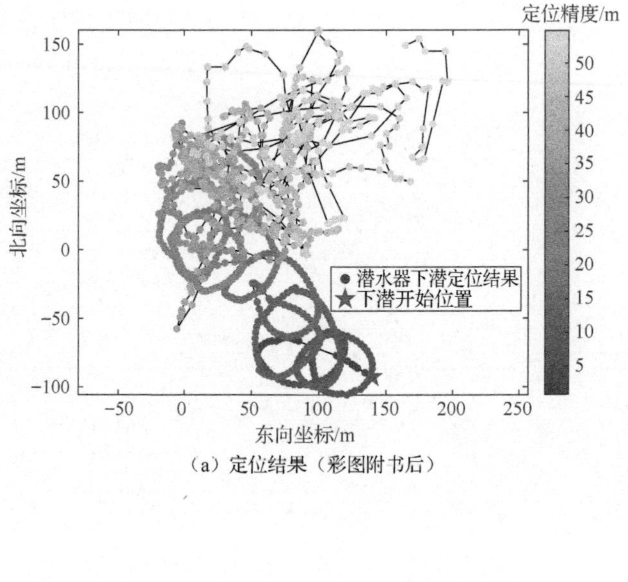

（a）定位结果（彩图附书后）

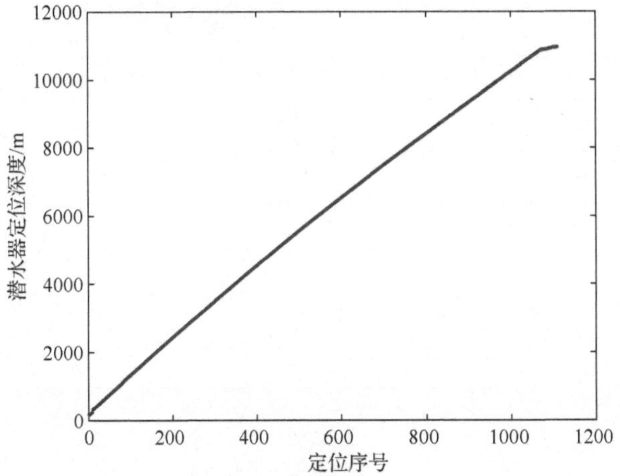

（b）深度变化

图 3-19　FDZ027 潜次下潜过程中 USBL 定位结果

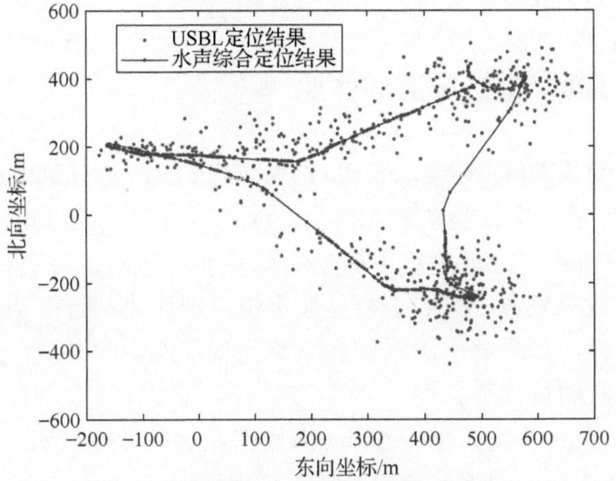

（a）“奋斗者”号海底航行（彩图附书后）

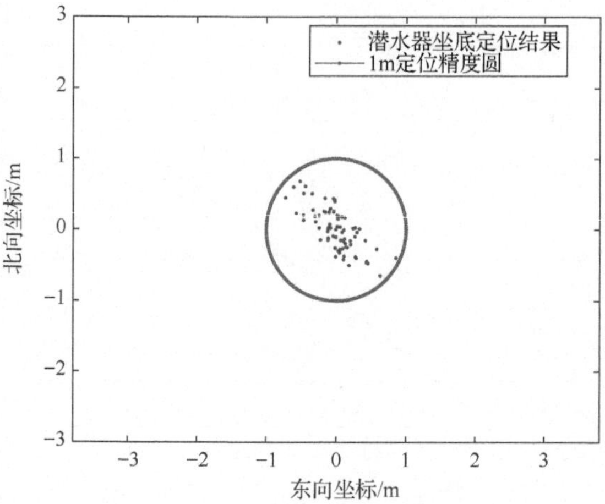

（b）“奋斗者”号海底坐底

图 3-20　水声综合定位结果和 USBL 定位结果

图 3-19 与图 3-20 对比分析可知，USBL 定位精度随着定位系统与水下运载器斜距的增加不断变差，而高精度综合定位系统定位精度不受影响，能满足“奋斗者”号在深海深渊作业时所需的高精度定位导航要求。

3.5.2　“鲲龙 500”集矿车海底作业

“鲲龙 500”是我国自主研发的 500m 级海底集矿车，如图 3-21 所示，于 2018 年 6 月在中国南海完成海上试验，最大作业水深 514m，并按规划的路径，在中国南海走出一个单边长度为 120m 的“中国星”。该项研究突破了海底稀软底质上行驶、海底矿物水力自适应采集、海底综合导航定位及智能控制等多项关键技术，拥有完全自主知识产权，标志着中国采矿技术研究从陆地走向海洋，是我国深海采矿技术发展历史上新的里程碑。

为满足“鲲龙 500”集矿车在 500m 海底作业时所需的亚米级精度要求，选择采用 USBL 与 LBL 组合的综合定位系统提供定位服务。

1. 定位总体方案

“鲲龙 500”集矿车所采用的综合定位系统包括水面定位单元（USBL 声学基阵）、集矿车安装的发射声信标和复合缆拐弯点安装的发射声信标、海底布设的海底声信标阵以及具有通信功能的定位解算声信标等（图 3-22），整个系统的工作流程如下。

图 3-21　“鲲龙 500”集矿车[7]

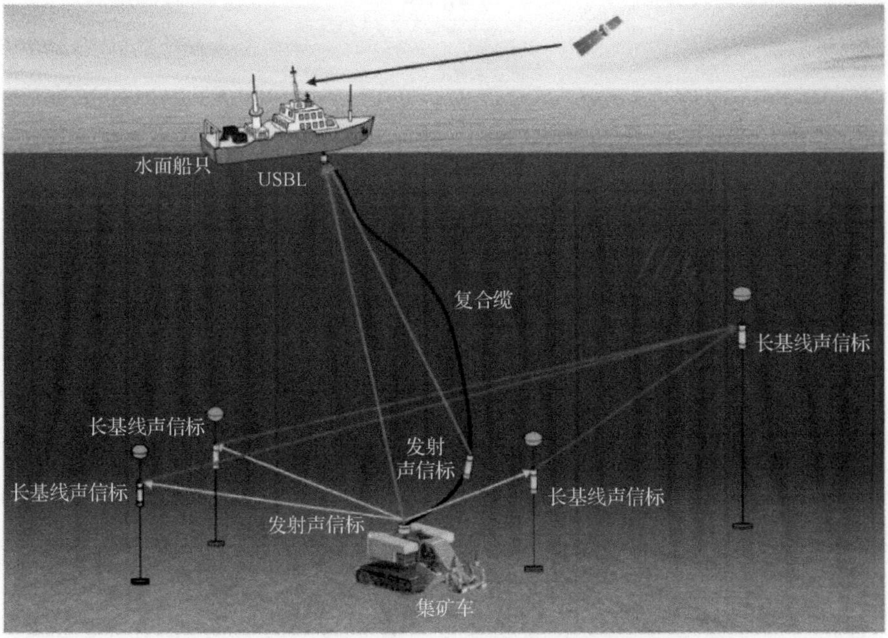

图 3-22　“鲲龙 500”集矿车综合定位系统工作流程

（1）布放海底声信标并通过绝对标定模式逐一获取海底声信标的大地位置。

（2）“鲲龙 500”集矿车的综合定位系统采用同步工作模式，集矿车下水前，USBL 声学基阵与发射声信标采用同步电脉冲信号进行同步触发。

（3）集矿车下水后，发射声信标按照同步周期定时发射定位脉冲 W_1。

（4）水面 USBL 声学基阵接收到发射声信标的定位脉冲 W_1 后，可直接完成对集矿车的一次定位。

（5）海底声信标阵接收到定位脉冲 W_1 后，转发各自的脉冲 $R_1 \sim R_n$。

（6）定位解算声信标接收到各转发脉冲 $R_1 \sim R_n$ 后，解算各信号到达的时延值，进而计算时延差，最后结合海底声信标的位置通过 LBL 定位方法计算集矿车的位置。

（7）定位解算声信标将集矿车的位置信息进行编码并通过声波传输至水面定位单元。

2. 海试实施结果

集矿车下水坐底后，首先静止约半小时，然后开始按预定的轨迹行驶。其间综合定位系统对集矿车进行定位，定位结果如图 3-23 所示。

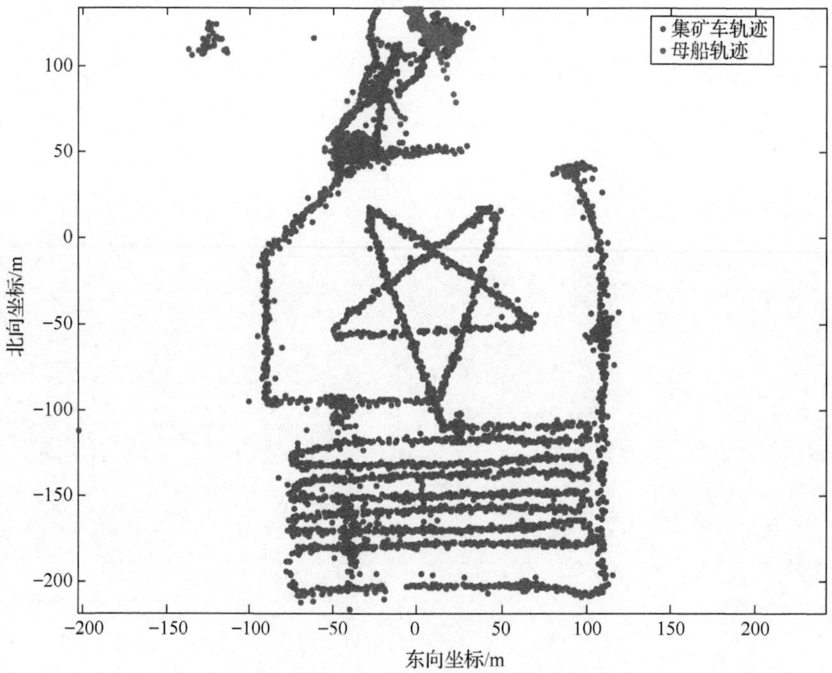

图 3-23　集矿车综合定位结果（彩图附书后）

由图 3-23 可见，定位过程中轨迹点连续，跳点少，定位效果良好，能正确反映水下集矿车的移动情况，能满足“鲲龙 500”集矿车在深海海底作业时所需的高精度定位导航要求。

参 考 文 献

[1] Xu P, Ando M, Tadokoro K. Precise, three-dimensional seafloor geodetic deformation measurements using difference techniques[J]. Earth Planets Space, 2005, 57(9): 795-808.

[2] 刘伯胜, 雷家煜. 水声学原理[M]. 哈尔滨: 哈尔滨工程大学出版社, 1993.

[3] 王新洲. 非线性模型参数估计理论与应用[M]. 武汉: 武汉大学出版社, 2002: 1-13.

[4] Bernstein D S. Matrix Mathematics[M]. Princeton: Princeton University Press, 2009.

[5] 武汉大学测绘学院测量平差学科组. 误差理论与测量平差基础[M]. 武汉: 武汉大学出版社, 2003.

[6] 海底 1 万米, 你好！——“奋斗者”号标注中国载人深潜新坐标[EB/OL]. (2020-11-28)[2023-04-08]. http://www.xinhuanet.com/politics/2020-11/28/c_1126798286.htm.

[7] 中国五矿多项重大科技成果亮相国家“十三五”科技创新成就展[EB/OL]. (2021-11-01)[2023-04-08]. https://m.thepaper.cn/newsDetail_forward_15174805.

第4章　高精度相控阵水声测速技术

4.1　概　　述

多普勒测速声呐是利用声波在水中的多普勒效应来精确测速的一种导航仪器，是现代舰船导航和水文要素监测系统的重要组成部分。测速准确度和精度是衡量声学多普勒测速性能的两个核心技术指标。本章将重点从宽带发射信号波形设计、长期测速准确度校准、瞬时测速精度评价等几方面展开讨论，在此基础上，通过两个工程案例介绍多普勒测速声呐的具体实现与应用。

4.2　水声测速技术基础

4.2.1　水声测速原理

1. *水声多普勒效应*

当声源和接收器之间有相对运动时，听者接收到的声波频率将不同于它们之间在相对静止状态时的频率，这一现象称为多普勒效应。声波在水下传播时，可将声源（假设声源为收发合置换能器）与目标之间相对运动产生的多普勒效应等效为声源相对于静目标（对地测速场景）、声源相对于动目标（对水测速场景）两种情况[1]。

1）声源相对于静目标

设水中声速为c，声源运动速度为v，发射声波频率为f_0。对于去程声波，该过程等效为动声源→静目标，目标接收到的声波频率f_1为

$$f_1 = \frac{c}{c - v} f_0 \tag{4-1}$$

对于回程声波，该过程等效为静目标→动声源，声源接收到信号频率f_r为

$$f_r = \frac{c + v}{c} f_1 = \frac{c + v}{c - v} f_0 \tag{4-2}$$

相应的收发频率变化量，即多普勒频率 f_d 为

$$f_d = f_r - f_0 = \frac{2v}{c-v} f_0 \tag{4-3}$$

由此建立了相对运动速度 v 与多普勒频率 f_d 之间的关系。当 $v>0$ 时，接收信号频率增大且多普勒频率为正值；当 $v<0$ 时，接收信号频率减小且多普勒频率为负值。

2）声源相对于动目标

设声源运动速度仍为 v，目标运动速度为 u。对于去程声波，该过程等效为动声源→动目标，目标接收到的声波频率 f_1 为

$$f_1 = \frac{c+u}{c-v} f_0 \tag{4-4}$$

对于回程声波，该过程等效为动目标→动声源，声源接收到的信号频率 f_r 为

$$f_r = \frac{c+v}{c-u} f_1 = \frac{(c+v)(c+u)}{(c-v)(c-u)} f_0 \tag{4-5}$$

相应的收发频率变化量，即多普勒频率 f_d 为

$$f_d = f_r - f_0 = \frac{2c(v+u)}{(c-v)(c-u)} f_0 \tag{4-6}$$

若声源和目标的运动方向不在二者瞬时连线上，需要将声源速度 v 和目标速度 u 在二者瞬时位置连线上投影，如图 4-1 所示，用速度分量 $v\cos\alpha_1$ 和 $u\cos\alpha_2$ 代替上述式中的 v 和 u。

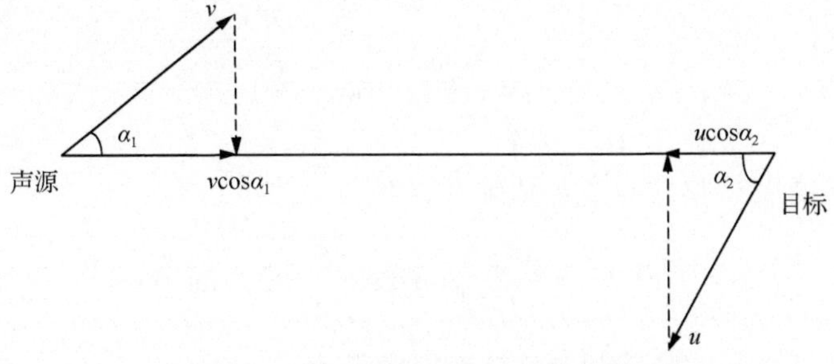

图 4-1　运动方向偏离声源和目标连线

对于舰船导航，为了能够利用多普勒效应获取航行速度，需要声波以夹角 α（波束轴与水平面夹角）倾斜照射海底。对于接收过程，由于舰船运动，声源→目

标连线与水平面夹角变为α_1。设舰船以水平速度v_x航行，发射声波频率为f_0，由式（4-3）可知回波信号多普勒频率f_d为

$$f_d = \frac{v_x \cos\alpha + v_x \cos\alpha_1}{c - v_x \cos\alpha} f_0 \tag{4-7}$$

将式（4-7）进行泰勒级数展开，得到

$$f_d = \left[\frac{v_x}{c}(\cos\alpha + \cos\alpha_1) + \frac{{v_x}^2}{c^2}(\cos\alpha\cos\alpha_1 + \cos^2\alpha) + \cdots \right] f_0 \tag{4-8}$$

考虑到$v_x \ll c$，且一次收发周期内的舰船平移为小量，可以近似认为$\alpha_1 \approx \alpha$，因此

$$f_d = \frac{2f_0 v_x}{c}\left(\cos\alpha + \frac{v_x}{c}\cos^2\alpha + \cdots \right) \approx \frac{2v_x}{c} f_0 \cos\alpha \tag{4-9}$$

可以看出，严格意义上来说，多普勒频率f_d与速度v_x之间是非线性的。但对于工程应用，非线性引起的估计误差可忽略不计，通过估计回波信号多普勒频移f_d，按照式（4-9）可以计算出舰船速度v_x。

上述分析过程中，隐含假定换能器波束指向性宽度无限窄，收发信号频谱为单线谱。实际换能器波束指向性具有一定宽度，接收信号是波束照射脚印内具有大量随机相位和振幅的散射波形叠加，各散射点的多普勒频率取决于散射点相对换能器方向和舰船速度矢量，即使发射连续单频信号，回波信号多普勒频谱也将产生频谱展宽现象。对于波束宽度为θ的测速声呐，波束轴向多普勒频移f_d满足式（4-9），而波束边沿对应的多普勒频率分别为

$$\begin{cases} f_d' = \dfrac{2v_x}{c} f_0 \cos(\alpha + \dfrac{\theta}{2}) \\ f_d'' = \dfrac{2v_x}{c} f_0 \cos(\alpha - \dfrac{\theta}{2}) \end{cases} \tag{4-10}$$

有限波束宽度接收到的多普勒频带宽度为

$$\Delta f = f_d' - f_d'' = \frac{4v_x}{c} f_0 \sin\alpha \sin\frac{\theta}{2} = 2 f_d \tan\alpha \sin\frac{\theta}{2} \tag{4-11}$$

波束宽度θ引起的多普勒频移相对展宽量为

$$\frac{\Delta f}{f_d} = 2\tan\alpha \sin\frac{\theta}{2} \tag{4-12}$$

为此，多普勒测速声呐通常采用“笔状”倾斜波束，在能够应对平台摇摆影

响前提下，尽量减小波束宽度（通常选为$2^\circ\sim4^\circ$）。根据式（4-12），$\alpha=60^\circ$、$\theta=2^\circ\sim4^\circ$对应的多普勒展宽相对量为$9.07\%\sim15.11\%$。

2. 詹纳斯配置测速原理

在舰船导航实际应用中，为提高多普勒测速声呐性能，通常会在艏艉方向同时斜向海底发射声波，即詹纳斯（Janus）配置（图 4-2），其优点主要体现在以下几方面。

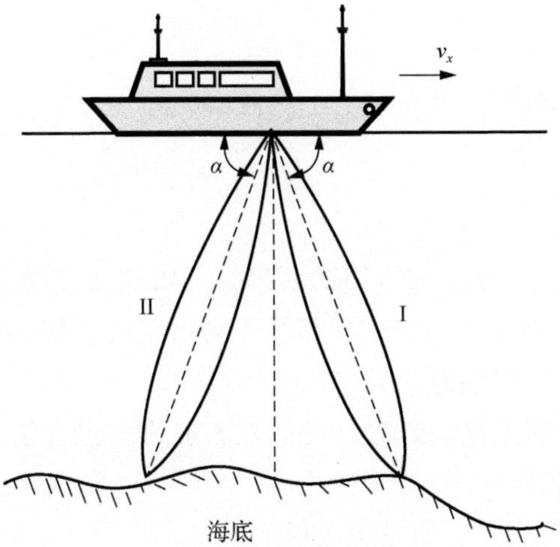

图 4-2　詹纳斯配置

1）减小由解算式近似引起的误差

由式（4-3）可知，没有近似时的多普勒频率记为f_{d1}，即[2]

$$f_{d1}=f_r-f_0=\frac{2v_x\cos\alpha}{c-v_x\cos\alpha}f_0 \tag{4-13}$$

一阶近似后的多普勒频率可由式（4-9）得到，可知速度解算式近似引入的误差为

$$\frac{\Delta f_d}{f_{d1}}=\frac{f_{d1}-f_d}{f_{d1}}=\frac{v_x\cos\alpha}{c} \tag{4-14}$$

当采用图 4-2 所示的詹纳斯配置时，I 波束接收的信号频率（不经近似）为

$$f_{r1}=\frac{c+v_x\cos\alpha}{c-v_x\cos\alpha}f_0 \tag{4-15}$$

II 波束接收的信号频率为

$$f_{r2}=\frac{c-v_x\cos\alpha}{c+v_x\cos\alpha}f_0 \tag{4-16}$$

两个波束接收信号频率差为

$$f_{d1}=f_{r1}-f_{r2}=\frac{4cv_x\cos\alpha}{c^2-{v_x}^2\cos^2\alpha}f_0 \tag{4-17}$$

近似后为

$$f_d\approx\frac{4v_x}{c}f_0\cos\alpha \tag{4-18}$$

由此可知，由多普勒频率近似引起的估值相对误差为

$$\frac{\Delta f_d}{f_{d1}}=\frac{f_{d1}-f_d}{f_{d1}}=\left(\frac{v_x\cos\alpha}{c}\right)^2 \tag{4-19}$$

当$\alpha=60^\circ$、$v_x=15\text{m/s}$、$c=1500\text{m/s}$时，式（4-14）和式（4-19）的频率相对估值误差分别为 0.5%和 0.0025%，可见，利用双波束詹纳斯配置可以大幅减小由解算式近似引起的解算误差。

同理，为了测定舰船横向速度，舰船左右舷方向也会采用詹纳斯配置同时斜向海底发射两束声波。

2）抵消舰船垂直方向运动引起的误差

当舰船存在垂直方向运动时，如图 4-3 所示，设向上运动速度为v_z。若只有艏向波束 I，则v_z在该波束轴线方向的速度分量为$v_z\sin\alpha$，它与v_x在该波束轴线方向的速度分量$v_x\cos\alpha$的方向相反，导致接收信号多普勒频率变小，使得速度估值产生误差。若采用詹纳斯配置，v_z在 II 波束轴线方向的速度分量为$v_z\sin\alpha$，它与v_x在 II 波束轴线方向的速度分量的方向相反，导致接收信号多普勒频率也变小，但变化幅值与 I 波束相同，两个多普勒频率相减后能够消除垂向速度影响。

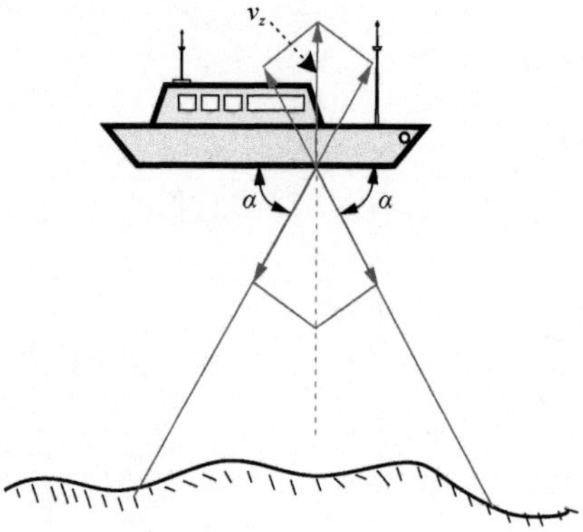

图 4-3　舰船垂直方向运动

因此，对于詹纳斯配置，利用式(4-18)解算的速度v_x将不受垂直方向速度v_z影响。左右舷方向速度v_y也同样存在此现象[1-2]。

3）减小舰船摇摆引起的误差

对于大深度多普勒测速声呐，声波收发延迟期间的舰船纵摇和横摇变化是高精度水声测速必须考虑的因素[1]。如图 4-4 所示，当只有艏向波束工作时，设发射时的波束倾角为α，接收时的波束倾角为α'，则接收到的回波频率为

$$f_{r1}=\frac{c+v_x\cos\alpha}{c-v_x\cos\alpha'}f_0 \tag{4-20}$$

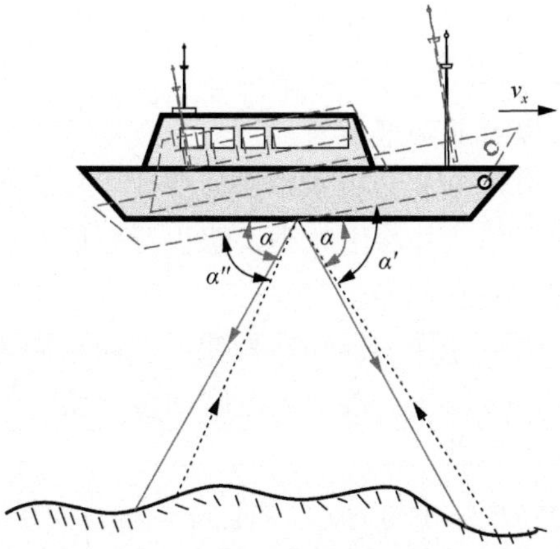

图 4-4　舰船纵横摇运动

相比于收发期间舰船无摇摆时接收的信号频率，即

$$f_{r1}=\frac{c+v_x\cos\alpha}{c-v_x\cos\alpha}f_0 \tag{4-21}$$

由于$\cos\alpha'>\cos\alpha$，接收信号频率变大，相应的解算速度也变大。

若采用詹纳斯配置方式，由于艉向的发射波束倾角仍为α，而接收波束倾角变为α''，则接收到的回波频率为

$$f_{r2}=\frac{c-v_x\cos\alpha}{c+v_x\cos\alpha''}f_0 \tag{4-22}$$

艏艉方向接收到多普勒频率差为

$$f_d=\frac{c+v_x\cos\alpha}{c-v_x\cos\alpha'}f_0-\frac{c-v_x\cos\alpha}{c+v_x\cos\alpha''}f_0 \tag{4-23}$$

而发射和接收波束倾角相同时的艏艉方向多普勒频率差为

$$f_d=\frac{c+v_x\cos\alpha}{c-v_x\cos\alpha}f_0-\frac{c-v_x\cos\alpha}{c+v_x\cos\alpha}f_0 \tag{4-24}$$

对比式（4-23）与式（4-24）可以看出：式（4-23）中等号右侧的第一项 $\cos\alpha' > \cos\alpha$，导致该项整体变大，而第二项 $\cos\alpha'' > \cos\alpha$，也导致该项整体增大，因此第一项和第二项相减在一定程度上能够抵消舰船摇摆引起的测速误差。此外，考虑到 $\cos\alpha$、$\cos\alpha'$、$\cos\alpha''$ 近似相等，且 $c \gg v_x$，可以用式（4-24）代替式（4-23）解算，即詹纳斯配置方式在一定程度上能够抵消舰船摇摆引起的测速误差。

同样，针对舰船位移导致的收发波束倾角变化问题，仍可以采用詹纳斯配置方式在一定程度上抵消有关测速误差。

3. 影响水声测速的主要因素

通过詹纳斯配置可以有效降低解算式近似、舰船摇摆和垂向运动等引起的测速误差。除此之外，本节进一步分析水中声速变化、频谱变化、旁瓣波束、基阵安装等因素引起的测速误差，并给出减小、修正及补偿测速误差的相关措施。

1）声速变化引起的误差

在解算速度时，水中声速作为已知常量代入，而水中声速受到水温、水压和盐度等因素影响，声速不准确将直接引起速度测量误差[2-3]。

海水中声速的经验式为[4]

$$c = 1449.2 + 4.6T_e - 0.055T_e^2 + 0.00029T_e^3 + (1.34 - 0.01T_e)(S - 35) + 0.016H \quad (4\text{-}25)$$

式中，T_e 为温度（℃）；S 为盐度（‰）；H 为海面下的深度（m）。其中，温度对水中声速影响最大，例如，水温从极地地区的−2.2℃变化到赤道地区的 30℃，只由温差原因引起的声速变化达 7%。另外，盐度的变化也不可忽视，开阔海洋中的盐度变化通常较小（如从 33‰到 36‰），但在有些海湾、内海和入海口河流的盐度则在海水和淡水之间，只由盐度变化引起的声速变化达 1.5%。

根据速度解算式可知，声速误差会直接引起速度测量误差，这是高精度水声测速不能允许的，必须消除声速误差或进行声速补偿。常用方法主要有以下几种。

方法 1：在换能器表面附近放置一个温度传感器，根据测量的实际水温值估计换能器表面水中声速，以实现声速补偿（更精确的补偿方法是同时测量换能器附近海水的温度、盐度和压力）。然而，海水声速剖面与深度是非线性变化的且存在跃变层，声波的传播路径是穿透不同水层再由海底散射回换能器，仅需测量换能器表层的海水温度，具体原因分析如下。

为简化分析，假设有两层不同水温的水层，如图 4-5 所示。第一层的流速为 v_{w1}，声速为 c_1；第二层的流速为 v_{w2}，声速为 c_2；船航速为 v。换能器的波束倾角为 α，发射信号频率为 f_0（图 4-5 中未考虑声波通过不同水层的折射问题）。在某一时刻，如果在第二层贴近第一层 A 点有个固定换能器（即不随第二层流动），考虑到传播介质（第一层）是运动的，传播介质沿波束轴线方向的速度分量为 $v_{w1}\cos\alpha$，所以式（4-1）中的声速 c 均应改为 $c_1+v_{w1}\cos\alpha$，则它的接收频率 f_{R1} 为

$$f_{R1}=f_0\frac{c_1+v_{w1}\cos\alpha}{c_1+v_{w1}\cos\alpha-v\cos\alpha} \tag{4-26}$$

同时，A 点换能器又将频率为 f_{R1} 的声波向海底发射，那么，对于位于海底 P 点的接收频率 f_{R2}，尽管第二层是流动的，但由于 A 点与 P 点没有相对运动，所以不产生多普勒频移，即 $f_{R2}=f_{R1}$。同理，由海底漫反射的声波回到 A 点的频率 f_{R3} 也必然与 f_{R2} 相等，即 $f_{R3}=f_{R2}=f_{R1}$。

因此，最后船底部的接收换能器接收到的频率 f_R 可参考式（4-15），并将声速 c_1 减去介质沿波束方向速度分量 $v_{w1}\cos\alpha$，得

$$f_R=f_0\frac{c_1+v_{w1}\cos\alpha}{c_1+v_{w1}\cos\alpha-v\cos\alpha}\left(1+f_0\frac{v\cos\alpha}{c_1-v_{w1}\cos\alpha}\right) \tag{4-27}$$

这个结果和仅有一个水层，即将图 4-5 中的海底 P 点移到 A 点的结果是完全相同的。因为声波由 A 点传播到 P 点，再由 P 点返回 A 点的频率未发生改变。由此可以进一步推断，不论有多少不同水温的水层，只有贴近换能器表面水层的声速才能够影响多普勒频移估计。

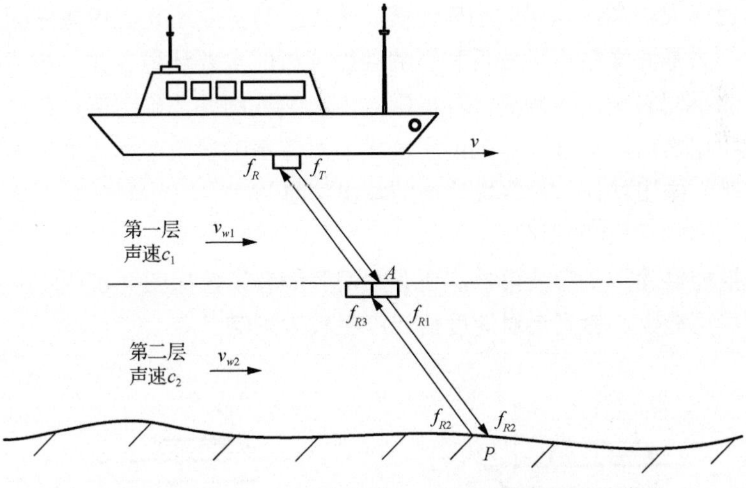

图 4-5　两层不同水温对声速的影响

方法 2：将换能器放在一个温控油箱中，油箱通过透声橡胶接触海水。由于油的温度保持恒定，油中 $\cos\alpha/c$ 也即确定。Snell 定律保证了在声线弯曲时，$\cos\alpha/c$ 也保持不变，以此来解决下面水层声速未知的问题。这种方法需要增加复杂的恒温加热装置，有时难以达到所需的补偿精度。

要消除由于声速变化引起的误差，另一个有效途径是使用相控阵，它从机理上消除了声速对于频率测量的影响。有关相控阵的机理将在后文介绍。

2）频谱变化引起的误差

目前，关于多普勒频谱变化引起的测速误差研究相对较少，邹明达等从回波信号多普勒能量谱角度，建立了频谱与底散射系数、掠射角、声吸收和声扩展损失之间的关系，分析了频谱变化对测速误差的影响[3,5]；Taudien 等[6-7]从回波建模仿真和参数拟合角度，研究了通过改变多普勒频谱结构影响测速性能的系统和环境因素，并认为频谱结构（即测速误差）与声吸收系数、海底底质类型、声波掠射角等因素密切关。虽然未能从机理层面建立有效的频谱结构与声学环境参量解析函数关系，但频谱变化引起测速误差已被人们所接受。

然而任何声呐设备性能都与环境密切相关，而水声环境效应存在不确定性。边界条件的不确定性：海面和海底受到气候条件或者其他条件的影响非常大，如风、雨等造成的海浪；天体引力引起的潮汐运动；大洋环流、潮流产生的海面及海水流动，以及海流、地质运动所造成的海底地质、地形的变化，这些均导致水声界面是动态且瞬息万变的。传播过程引起的不确定性：声波在海水中的损失以及在海底的声反射损失、衰减损失也造成不确定性；声波在海底沉积层中的衰减及海底反射损失都和沉积层的物理性质、孔隙度等关系密切，而海底的声反射损失、衰减损失是海洋中声场分析和声呐性能分析的重要环境参数；在不同海区或同一海区的不同时间，受到海洋环境影响，声呐性能并非确定值，在掌握一定的水声环境数据之后，通过一系列的水声模型对各声呐参数（如传播损失、环境噪声、混响等）做出估计，最终优化声呐输出信息。

3）旁瓣波束引起的误差

声学换能器除了主瓣波束外，还有大量旁瓣波束，如图 4-6 所示，主旁瓣抑制比必须尽可能大，否则会对速度估计产生较大影响[1]。

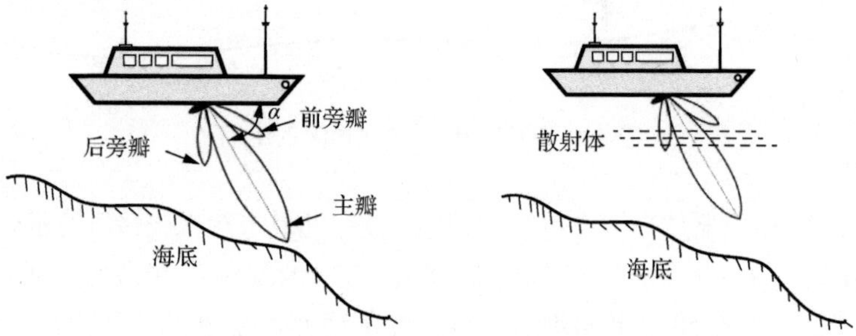

图 4-6　旁瓣波束引起的误差示意图

（1）对地测速。由于后旁瓣波束与水平面的夹角比主瓣大，接触海底的入射角较小，旁瓣方向的海底后向散射系数大于主瓣方向，旁瓣波束会收到较多的海底散射能量。同时由于后旁瓣波束比主瓣传播距离短，所以能量传播损失小。因此，后旁瓣波束收发能量比大于主瓣波束，前旁瓣波束收发能量比小于主瓣波束，由式（4-9）可知，后旁瓣的 $\cos\alpha$ 偏小，前旁瓣的 $\cos\alpha$ 偏大，因此式（4-17）计算的航速小于实际航速。

（2）对水测速。同理，前旁瓣多普勒频率大于主瓣和后旁瓣波束，后旁瓣波束多普勒频率小于主旁瓣，因此式（4-17）计算的航速会大于实际航速。

除以上因素外，还有其他因素会影响测速精度，如发射串漏、电路自身的毛刺噪声等缺陷。这些缺陷要通过设计、加工工艺水平的提高来加以改善。

4）基阵安装引起的误差

多普勒测速声呐通过测量波束主轴方向的多普勒频移来计算舰船速度，如果在安装基阵时发生了偏差，使得实际安装的基阵波束主轴与设计的波束主轴方向存在夹角，就会带来安装误差。

设换能器的三个安装偏角分别为航向偏角 α（甲板平面内，基阵 x 轴与载体方向夹角，向东为正）、纵摇偏角 β（基阵 x 轴与载体甲板平面的夹角，从甲板平面起 y 轴，向上为正）和横滚偏角 γ（基阵 y 轴与载体甲板平面的夹角，从甲板平面起 y 轴，向上为正）。船首方向速度为 v_x，右舷方向速度为 v_y，天向的速度为 v_z，测速声呐测量得到的基阵坐标系下对应的三个速度分量为 $\tilde{v}_x$、$\tilde{v}_y$、$\tilde{v}_z$，则存在安装位置偏差时的速度表示如下[8]：

$$\begin{bmatrix}\tilde{v}_x\\ \tilde{v}_y\\ \tilde{v}_z\end{bmatrix}=\begin{bmatrix}v_x\cos\beta\cos\alpha+v_y\cos\beta\sin\alpha+v_z\sin\beta\\ v_x(-\cos\gamma'\sin\alpha-\sin\gamma'\sin\beta\cos\alpha)+v_y(\cos\gamma'\cos\alpha-\sin\gamma'\sin\beta\sin\alpha)+v_z\sin\gamma'\cos\beta\\ v_x(\sin\gamma'\sin\alpha-\cos\gamma'\sin\beta\cos\alpha)+v_y(-\sin\gamma'\cos\alpha-\cos\gamma'\sin\beta\sin\alpha)+v_z\cos\gamma'\cos\beta\end{bmatrix}\tag{4-28}$$

以只存在航向偏角 α 为例，如图 4-7 所示，基阵坐标系速度表示如下：

$$\begin{cases}\tilde{v}_x=v_x\cos\theta+v_y\sin\theta\\ \tilde{v}_y=-v_x\sin\theta+v_y\cos\theta\end{cases}\tag{4-29}$$

当舰船直线航行时，安装偏差带来的相对测速误差为 $1-\cos\alpha$，2° 航向偏角对应的相对测速误差约为 0.06%；当舰船转弯时，设 $v_x=10\text{kn}$，$v_y=5\text{kn}$，则

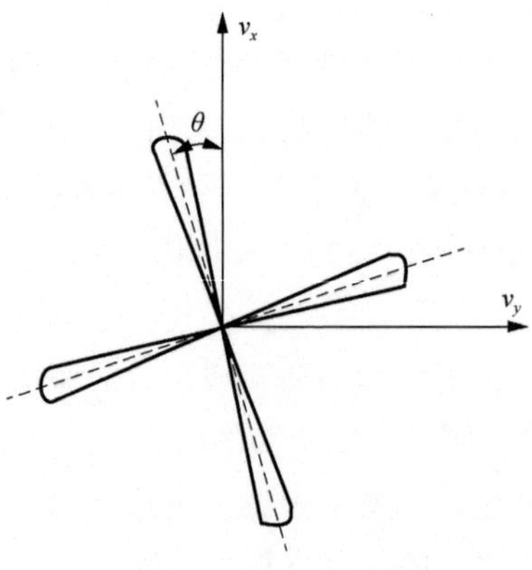

图 4-7　基阵安装偏差

2°航向偏角对应的相对测速误差分别为1.68%和7.04%。由此可见，基阵的安装误差在舰船直航时带来的相对测速误差较小，但当舰船转弯，即存在较大的左右舷速度时，相对测速误差将比较大。

若测速声呐各波束角存在误差，上述基阵安装偏角标定模型无法对其进行修正，因此需要将各波束角误差引入标定模型中。

对于高精度水声测速，径向波束角标定与补偿是需要考虑的误差源之一，具体标定方法将在后文介绍。

4.2.2　相控阵多普勒测速技术

1. 相控阵补偿声速变化机理

对活塞阵的分析可利用换能器自然指向性，得出波束开角 α 由换能器安装倾角决定的结论，并推导出单波束情况下的速度解算式[2]：

$$v_x = \frac{cf_d}{2f_0 \cos\alpha} \tag{4-30}$$

若采用阵元间距为 d 的多元直线阵发射，如图 4-8 所示，要形成水平俯角为 α 的波束，相邻阵元间应插入的相移为

$$\phi_d = 2\pi f_0 \frac{d}{c} \cos\alpha \tag{4-31}$$

因此有

$$\frac{c}{\cos\alpha} = \frac{2\pi f_0 d}{\phi_d} = \frac{1}{K} f_0 \tag{4-32}$$

式中，$K = \phi_d / (2\pi d)$。只要相邻阵元之间补偿相移 ϕ_d 保持不变，则可保证 $c/\cos\alpha$ 为常数，实现速度 v_x 与水中声速无关。因此，由测速公式可知，多普勒频率为

$$f_d = \frac{2v_x}{c} f_0 \cos\alpha = 2v_x K \tag{4-33}$$

这说明只要相邻阵元间补偿相位 ϕ_d 不变，则多普勒频率与水中声速无关。这从根本上避免了声速补偿操作。当采用詹纳斯配置时，速度由下式求得：

$$v = \frac{f_{d1} - f_{d2}}{4K} \tag{4-34}$$

将 K 的解析形式代入式（4-34）可得到

$$v = \frac{f_{d1} - f_{d2}}{2\phi_d} \pi d \tag{4-35}$$

式（4-35）说明在补偿相位不变时，载体速度只与两个波束回波频率差和阵元间距有关，与声速无关。阵元间距和补偿的相位在基阵和电路设计时就已确定，因此速度只与多普勒频率有关，从而实现了高精度速度解算。

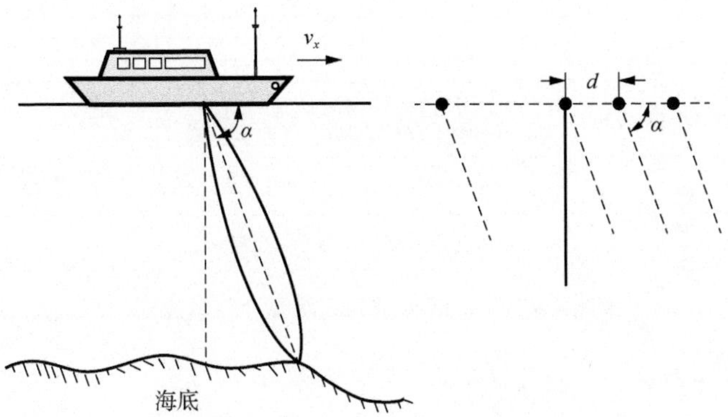

图 4-8　相控阵补偿声速变化机理

2. 相控阵波束形成技术

相控阵从原理上解决了声速补偿的难题，但还有以下几个问题需要解决。

（1）为使回波频率的扩展尽可能小，波束应尽可能为“笔状”，这要求基阵的形状最好为圆形。

（2）为了进行相控，基阵必须为多元阵。在发射时需同时形成几个方向的波束。在一般声呐设计中，为得到某一方向的波束，必须将各阵元所需补偿的相移分别加到各发射单元。如要形成多个方向的发射波束，则须施加不同组的相移。但实际上不可能将不同相移值加到同一发射单元。因此，为形成多个指向性波束，通常只能分时进行。当发射信号持续时间较长时，形成多个指向性波束所需时间将延长。因此，必须解决利用一组发射机（数量应最少）同时形成不同指向性波束的问题。

（3）在收发共用基阵时，能利用同一多元阵将不同指向性的接收通道分开。以一维相控阵为例，圆形基阵可视为由灵敏度不同的线阵组成[2]。为了说明相控原理，先观察灵敏度相同的等间距线阵的指向性及其相控方法。如图 4-9 所示，假定该直线阵有 N 个阵元，间距为 d，可将 N 元阵分为四个同样的 $N/4$ 元子阵，子阵的阵元间距为 $D_3=4d$，等效四元阵的间距为 d。再将此等效四元阵视为两级复合阵，即它由两个间距均为 $D_2=2d$ 的二元子阵构成，因此由两个子阵构成的等效二元阵的间距亦为 $D_1=d$。这样，一个 N 元的线阵可视为三级复合阵，它们的阵元数分别为 2、2、$N/4$，而对应的阵元间距分别为 $D_1=d$、$D_2=2d$、$D_3=4d$。

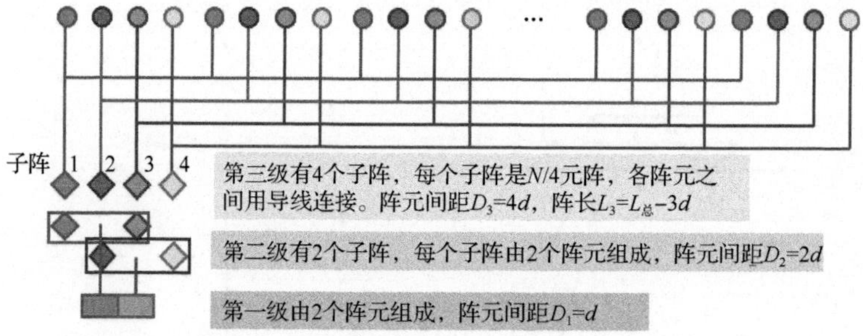

图 4-9　直线阵分解为三级复合阵示意图

各级子阵的自然指向性 $R_i(\theta)$ 为

$$R_i(\theta)=\frac{\sin\left(\dfrac{N_i}{2}\phi_{di}\right)}{N_i\sin\left(\dfrac{\phi_{di}}{2}\right)},\ i=1,2,3 \tag{4-36}$$

式中，N_i 为各级子阵的阵元数；$\phi_{di}=2\pi D_1\sin\theta/\lambda$。

由直线阵指向性零点和栅瓣位置分析可知，第一级二元阵的零点位置为

$$\sin\theta=\frac{\lambda}{2D_1}=\frac{\lambda}{2d} \tag{4-37}$$

第二级二元阵的零点位置为

$$\sin\theta=\frac{\lambda}{2D_2}=\frac{\lambda}{4d} \tag{4-38}$$

第三级子阵第一栅瓣的位置为

$$\sin\theta = \frac{\lambda}{D_3} = \frac{\lambda}{4d} \tag{4-39}$$

根据基阵乘积定理，可知基阵的总自然指向性为

$$R(\theta) = R_1(\theta)R_2(\theta)R_3(\theta) \tag{4-40}$$

各级子阵的自然指向性图 $R_1(\theta)$、$R_2(\theta)$、$R_3(\theta)$ 和指向性乘积定理获得的总阵自然指向性如图 4-10 所示。

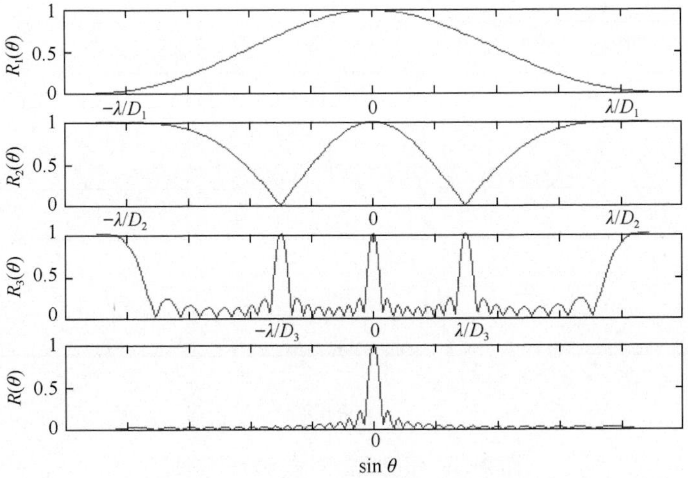

图 4-10　各子基阵指向性及总指向性

1）相控发射波束形成

从图 4-10 可以看出，只要对第二级二元阵进行适当的相控便可构成同时存在两个方向波束的总指向性，这即是所需的发射指向性。可知第二级阵的主波束应被控制到

$$\sin\theta = \frac{\lambda}{D_3} = \frac{\lambda}{4d} \tag{4-41}$$

适当设计 d/λ 可得所要求的波束指向角 θ。对此二元阵应补偿的相位为

$$\phi_{d2} = \frac{2\pi D_2}{\lambda}\frac{\lambda}{4d} = \pi \tag{4-42}$$

图 4-11 给出了经过对第二级二元阵相控后基阵的总指向性。可以看出，经过

相移后，基阵在一维平面上同时发射出两个对称的波束。容易得知，只需一个功率源便可实现发射相控，实现的原理如图 4-12 所示[9-10]。

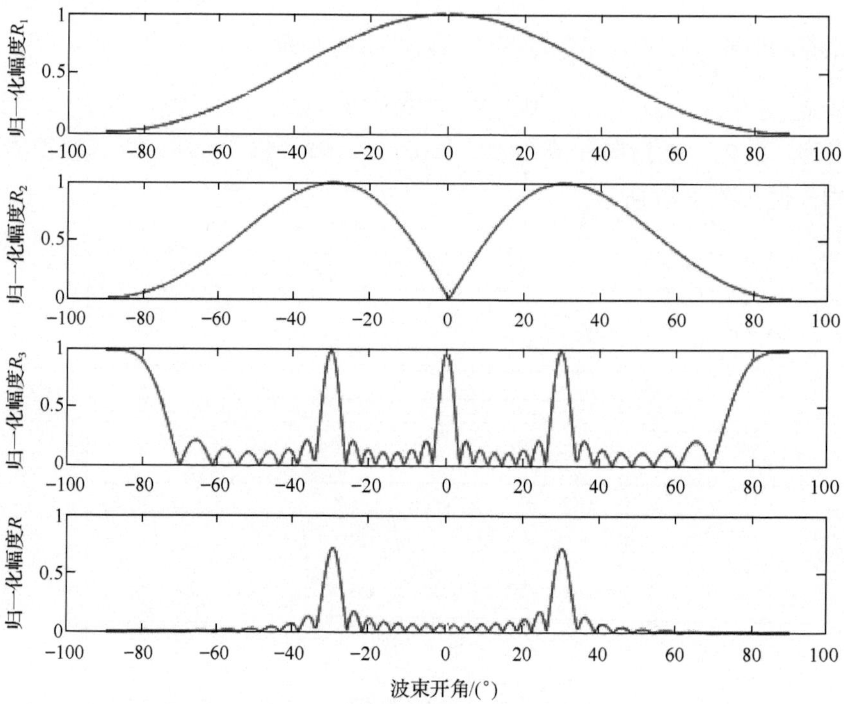

图 4-11　相控后基阵的发射指向性

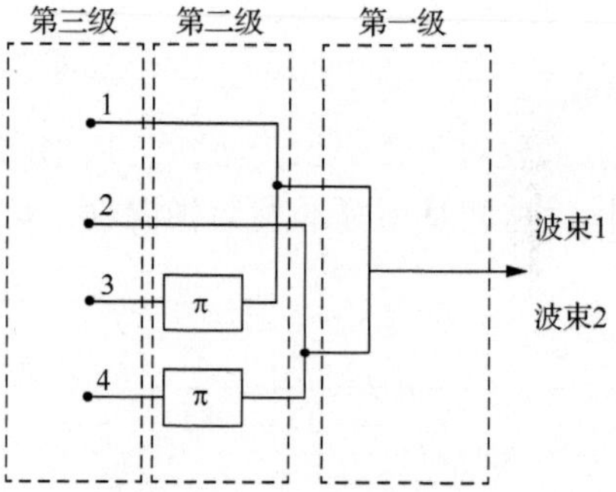

图 4-12　发射相控原理图

2）相控接收波束形成

接收时要求能区分是哪一个波束获取的信号，以便对各通道进行独立的频率测量，据此解算载体的运动速度。这意味着要将两个波束通道分开。此时如果在发射波束形成的基础上将第一级二元阵的主极大值方向控制到 $\sin\theta = \lambda / D_3 = \lambda / (4d)$ 的位置，再次利用乘积定理，则第三级阵的左边第一栅瓣刚好被抑制，最终指向性中只留下右边的波束，而这正好对应于右发射波束的指向。类似地，将第一级二元阵的主极大值方向控制到 $-\sin\theta = \lambda / (4d)$ 的位置，则最终形成左接收波束。接收波束的指向性如图 4-13 所示。

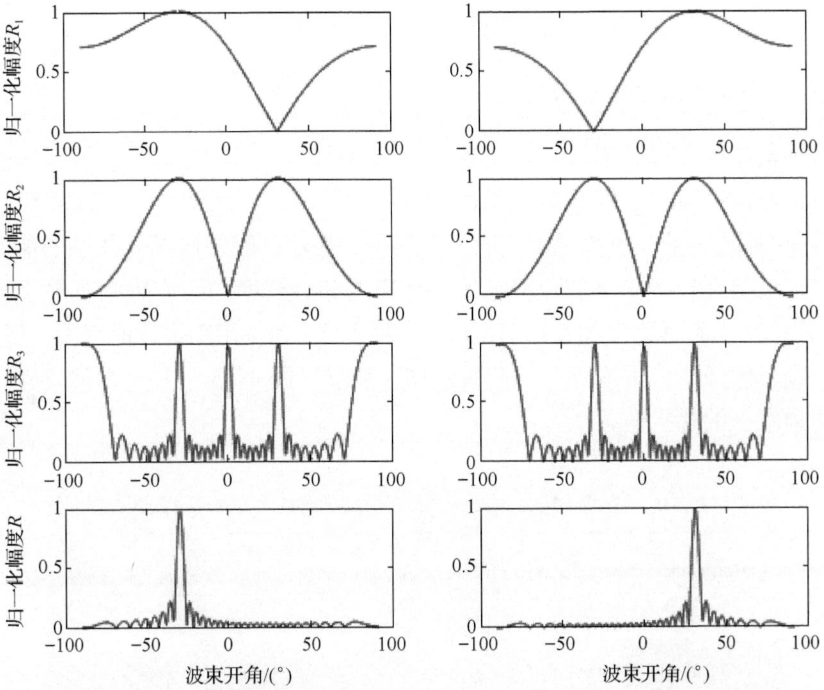

（a）左接收波束 （b）右接收波束

图 4-13 相控阵的接收指向性

由上述分析可知，第一级二元阵相邻阵元间需补偿的相移为

$$\phi_{d1} = \frac{2\pi D_1}{\lambda}\sin\theta = \frac{\pi}{2} \tag{4-43}$$

根据这一分析，容易得到实现波束通道分开的方案，如图 4-14 所示[9-10]。

按照上述的相控波束形成方案就可以用很少的发射机来实现测速声呐的双轴四波束的发射和接收。

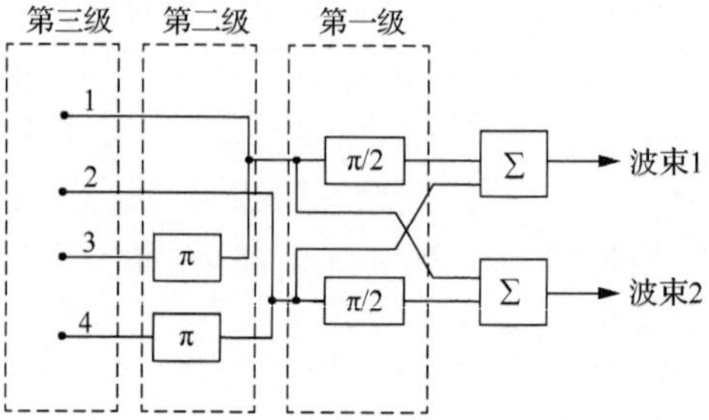

图 4-14　相控阵接收方案

3. 相控阵与活塞阵技术对比

常规与相控测速技术特点对比如图 4-15 所示。

（1）在波束宽度和工作频率相同的情况下，相对于常规阵，相控阵尺寸减小了 3/4，质量减小了一个数量级，适于安装平台更小、舰船底部开孔小的情况，这是相控阵优势之一。声学测速声呐的测速精度和分辨率与工作频率有关。工作频率低，则作用距离远而空间分辨率低；工作频率高，则作用距离近而空间分辨率高。但随着频率的降低，常规阵尺寸和质量增大明显（图 4-15 中左侧为常规阵，右侧为相同频率下的相控阵）。

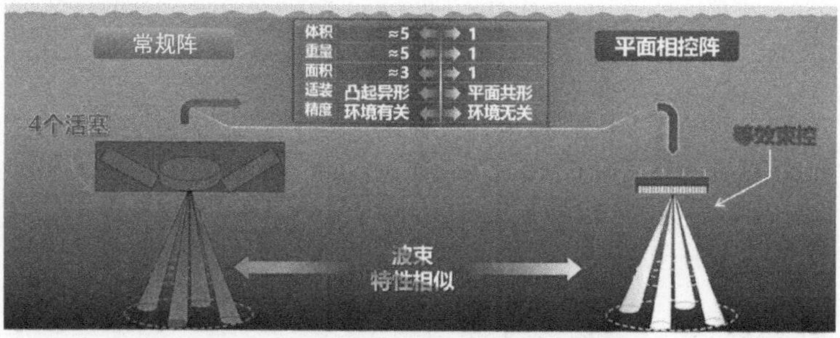

图 4-15　常规与相控测速技术特点对比

（2）相控阵能够从工作机理上消除海水温度、盐度和深度变化对测速性能产生的影响，不需要声速补偿；而常规阵需要声速补偿，补偿的误差直接影响测速精度，因此这是相控阵的另一个突出优势。常规阵测速仪的测速精度除受设备自身因素影响外，还受换能器处的海水声速测量的精度影响。常规测速声呐内部均包含温度传感器，实时测量影响声速最大的海水温度指标，通常 1℃的温度测量误差将带来 3‰的速度误差。更高级的常规测速声呐还包含盐度计和压力传感器，这些外部传感器的配置会增加系统的复杂性，并且最重要的是将带来额外的速度测量误差。

（3）平面阵的流线型好，不易于海洋生物附着，且受航行水动力噪声影响小。

4.2.3　高精度多普勒频率估计

1. 脉冲多普勒压缩因子

从时域角度看，声源与目标间的相对运动使信号波形发生改变，表现为信号频率变化。本节以单向单波束、平台机动航行为例，从收发信号波形的多普勒压缩因子角度进一步理解声学多普勒测速机理[11]。为简化分析，以单点散射、波束轴线方向的信号波形为例进行分析，实际应用中可采用多散射点叠加和波束开角内积分处理来获得完整回波信号。

设发射信号为（以复数形式描述）

$$u(t) = u_c(t)\mathrm{e}^{\mathrm{j}2\pi f_0 t} = A(t)\mathrm{e}^{\mathrm{j}2\pi(f_0 t+\varphi_t)} \tag{4-44}$$

式中，$u_c(t)$ 为信号复包络；f_0 为载波频率；φ_t 为复包络调制初相位。设发射时刻为 t，散射回波信号在 $t+\tau(t)$ 抵达接收换能器（由于基阵或散射体运动，回波信号时延 $\tau(t)$ 是时间函数），那么回波是散射点在 $t+\tau(t)/2$ 时刻的后向散射，相应的回波信号为

$$s(t) = K_s u\left[t-\tau(t)\right] \tag{4-45}$$

式中，K_s 是与目标散射界面有关的常数；由于基阵或散射体运动，回波信号时延 $\tau(t)$ 是时间函数，可以用换能器与散射体之间的距离 $r(t)$ 和水中声速 c 表示

$$\tau(t) = \frac{2}{c} r\left[t-\frac{\tau(t)}{2}\right] \tag{4-46}$$

因此，可将回波信号复包络表示为

$$s_c(t) = K_s u_c\left[t-\tau(t)\right]\mathrm{e}^{-\mathrm{j}2\pi f_0 \tau(t)} \tag{4-47}$$

速度信息包含在距离 $r(t)$ 的变化中，主要由回波信号到达时间 $\tau(t)$ 决定。由于散射体或换能器总是在运动变化，而换能器的发射信号宽度 T_s 是与水深成正比的小量，因此，可以认为在信号持续时间 T_s 内的距离变化很小。设回波时间中心为 τ_0，将 $r(t)$ 在散射时间中心进行泰勒级数展开：

$$r(t) = r\left(\frac{\tau_0}{2}\right) + v_0\left[t-\left(\frac{\tau_0}{2}\right)\right] + \cdots \tag{4-48}$$

式中，v_0为换能器与散射体之间的距离变化率（即径向速度），表示为

$$v_0 = \dot{r}(t)\Big|_{t=\frac{\tau_0}{2}} \tag{4-49}$$

同理，将$\tau(t)$在$t=\tau_0$处进行泰勒级数展开，并忽略高阶项

$$\tau(t) = \tau_0 + \dot{\tau}(t)\Big|_{t=\tau_0} \cdot (t-\tau_0) + \cdots \tag{4-50}$$

对式（4-46）进行求导运算：

$$\dot{\tau}(t) = \frac{2}{c}\left[1 - \frac{\dot{\tau}(t)}{2}\right] \cdot \dot{r}\left[t - \frac{\tau(t)}{2}\right] \tag{4-51}$$

再利用式（4-49），得

$$\dot{\tau}(t)\Big|_{t=\tau_0} = \frac{2v_0}{c+v_0} \tag{4-52}$$

将式（4-50）代入式（4-45），回波信号可以表示为

$$s(t) = K_s u\left[\kappa(t)(t-\tau_0)\right] \tag{4-53}$$

式中，

$$\kappa(t) = \kappa - \alpha(t-\tau_0) \tag{4-54}$$

而κ为多普勒压缩因子：

$$\kappa = 1 - \beta = 1 - \frac{2v_0}{c+v_0} = \frac{c-v_0}{c+v_0} \tag{4-55}$$

由以上分析可知，径向运动对信号接收的影响是线性地压缩（或伸张）信号的时间标尺，通过对多普勒压缩因子估计可以实现对窄带信号和宽带信号的多普勒频移估计。

2. 脉冲对多普勒频率估计

多普勒频率估计精度直接影响测速性能，而复杂时变水声信道引起的回波非平稳特性对频率估计算法提出了较高要求，为简化处理，人们通常认为声波单次收发期间的信道近似平稳。常用的多普勒频率估计方法有过零检测、自适应估计、准正交采样、脉冲对、现代谱估计等，其中脉冲对算法因其精度高、运算量小，适用于相干、窄带、宽带等多种测速模式，是目前国内外应用最为广泛的一种多普勒频率估计算法。

从物理过程角度看，脉冲对算法本质上估计的是两个脉冲在T_L时间间隔内的相位平均变化量，如图 4-16 所示。设换能器发射一对脉冲信号 A 和 B，当相对运

动速度 $v>0$ 时，与发射信号相比，间隔 T_L 时间内的脉冲 A 与 B 之间的相位相对变化量为 φ。当相对运动速度 $v \gg 0$ 时，相位相对变化量 $\varphi > 2\pi$，即出现了相位模糊现象，需要进行解模糊处理，多普勒频率估计利用下式：

$$f_d = \frac{\varphi}{2\pi T_L} = \frac{1}{2\pi T_L}\arctan\left\{\frac{\mathrm{Im}\left[R(T_L)\right]}{\mathrm{Re}\left[R(T_L)\right]}\right\} \tag{4-56}$$

式中，$\mathrm{Im}\left[R(T_L)\right]$ 和 $\mathrm{Re}\left[R(T_L)\right]$ 分别为 T_L 时刻的脉冲 A 和 B 互相关函数的实部和虚部。

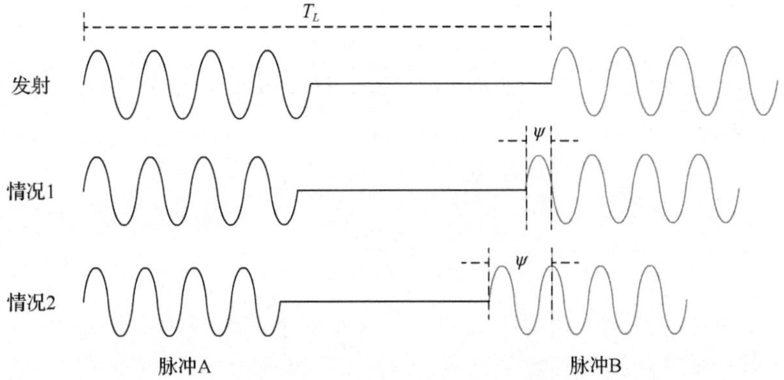

图 4-16　脉冲对测频算法思想

从数学解析角度看，脉冲对算法是建立在随机变量的高阶矩估计理论基础上。设 ω 为随机矢量 $\boldsymbol{x}$ 的角频率，其 n 阶矩与特征函数 $G_\omega(t)$ 的关系为

$$j^n E(\omega^n) = \frac{\mathrm{d}^n G_\omega(t)}{\mathrm{d}t^n}\Big|_{t=0} \tag{4-57}$$

由于 ω 特征函数 $G_\omega(t)$ 与其概率密度分布函数 $F(\omega)$ 满足傅里叶变换对关系，具体形式为

$$G_\omega(t) = \frac{1}{2\pi}\int_{-\infty}^{\infty} \mathrm{e}^{\mathrm{j}\omega t}\mathrm{d}F(\omega) \tag{4-58}$$

概率密度分布函数 $F(\omega)$ 与角频率 ω 的谱密度函数 $S(\omega)$ 之间满足

$$F(\omega) = \int_{-\infty}^{\omega} \frac{S(\omega')}{R(0)}\mathrm{d}\omega' \tag{4-59}$$

随机复矢量 $x(t)$ 的复自相关函数 $R(\tau)$ 与谱密度函数 $S(\omega)$ 之间满足

$$S(\omega) = \int_{-\infty}^{\infty} R(\tau)\mathrm{e}^{\mathrm{j}\omega\tau}\mathrm{d}\tau \tag{4-60}$$

式中，$R(\tau)$ 可用其幅值 $A_R(\tau)$ 和相位 $\varphi(\tau)$ 表示为

$$R(\tau)=A_R(\tau)\exp[\mathrm{j}2\pi\varphi(\tau)] \tag{4-61}$$

其中，$A_R(\tau)$ 为实偶函数；$\varphi(\tau)$ 为实奇函数。

由以上分析可得

$$E(\omega)=\frac{1}{\mathrm{j}}\frac{\left.\frac{\mathrm{d}R(\tau)}{\mathrm{d}\tau}\right|_{\tau=0}}{R(0)}=2\pi E(f) \tag{4-62}$$

对应的功率谱一阶矩 $\overline{f}$ 为

$$\overline{f}=E(f)=\frac{1}{\mathrm{j}2\pi}\frac{\left.\frac{\mathrm{d}R(\tau)}{\mathrm{d}\tau}\right|_{\tau=0}}{R(0)} \tag{4-63}$$

对于小时延 τ_3，功率谱一阶矩可近似表示为

$$\overline{f}\approx\frac{\varphi(\tau_s)}{2\pi\tau_s} \tag{4-64}$$

可见，脉冲对测频方法并不需要确定完整的功率谱或协方差函数，仅需要获取一个适当时延下的相关系数。

由于估计方法中存在假设条件与近似过程，误差分析是十分必要的。1972 年，Miller 等[12]推导出任意脉冲个数下的脉冲对估计参数的最大似然方程，为脉冲对估计的误差分析奠定了基础。

设定 ϖ_1、ϖ_2、ϖ_3 为待估计参数，将 $R(\tau)$ 改写为

$$R(\tau)=\varpi_3 A_R(2\pi\varpi_1\tau)\exp[\mathrm{j}2\pi\varphi(\varpi_2\tau)] \tag{4-65}$$

在与 $x(t)$ 独立的加性噪声 $n(t)$ 影响下，接收回波 $q(t)$ 及其自相关函数 $R_q(\tau)$ 为

$$\begin{cases}q(t)=x(t)+n(t)\\R_q(\tau)=R(\tau)+R_n(\tau)\end{cases} \tag{4-66}$$

假设存在 M 对独立观测回波

$$Q_m=\{q_m(t),q_m(t-\tau)\},\ 1\leqslant m\leqslant M \tag{4-67}$$

似然方程为

$$\mathrm{tr}\left(\boldsymbol{\Psi}\frac{\partial\boldsymbol{\Psi}^{-1}}{\partial\alpha_j}\right)=\frac{1}{M}\sum_{m=1}^{M}\boldsymbol{Q}_m^*\frac{\partial\boldsymbol{\Psi}^{-1}}{\partial\alpha_j}\boldsymbol{Q}_m \tag{4-68}$$

式中，tr 为矩阵的迹；* 为共轭符号；$\boldsymbol{\Psi}$ 为 $\boldsymbol{Q}_m$ 的正定协方差矩阵，表示为

$$\boldsymbol{\Psi}=E\left(\boldsymbol{Q}_m\boldsymbol{Q}_m^*\right)=\begin{bmatrix}\frac{R_q(0)}{R_q(\tau)} & \frac{R_q(\tau)}{R_q(0)}\end{bmatrix} \tag{4-69}$$

$R_q(\tau)$ 的无偏最大似然估计 $\tilde{R}_q(\tau)$ 为

$$\tilde{R}_q(\tau)=\frac{1}{M}\sum_{m=1}^{M}q_m(t)q_m^*(t-\tau) \tag{4-70}$$

$$\tilde{R}_q(0)=\frac{1}{2M}\sum_{m=1}^{M}\left[\left|q_m(t)\right|^2+\left|q_m^*(t-\tau)\right|^2\right] \tag{4-71}$$

将式（4-70）、式（4-71）代入式（4-68），得

$$\begin{cases}A_R(2\pi\hat{\varpi}_1\tau)=\dfrac{\left|\tilde{R}_q(\tau)-R_n(\tau)\right|}{\tilde{R}_q(0)-R_n(0)}\\ \varphi(\hat{\varpi}_2\tau)=\dfrac{1}{2\pi}\arctan\dfrac{\mathrm{Im}[\tilde{R}_q(\tau)-R_n(\tau)]}{\mathrm{Re}[\tilde{R}_q(\tau)-R_n(\tau)]}\\ \hat{\varpi}_3=\tilde{R}_q(0)-R_n(0)\end{cases} \tag{4-72}$$

对于小时延 τ_s，有

$$\varphi(\varpi_2\tau_s)=\varpi_2\tau_s \tag{4-73}$$

$$A_R(2\pi\varpi_1\tau_s)=1-\frac{(2\pi\varpi_1\tau_s)^2}{2} \tag{4-74}$$

因此，参数 ϖ_1、ϖ_2、ϖ_3 的最大似然解为

$$\begin{cases}\hat{\varpi}_1=\dfrac{1}{\sqrt{2}\pi\tau_s}\sqrt{1-\dfrac{\left|\tilde{R}_q(\tau)-R_n(\tau)\right|}{\tilde{R}_q(0)-R_n(0)}}\\ \hat{\varpi}_2=\dfrac{1}{2\pi\tau_s}\arctan\dfrac{\mathrm{Im}[\tilde{R}_q(\tau_s)-R_n(\tau_s)]}{\mathrm{Re}[\tilde{R}_q(\tau_s)-R_n(\tau_s)]}\\ \hat{\varpi}_3=\tilde{R}_q(0)-R_n(0)\end{cases} \tag{4-75}$$

当 $q(t)$ 为零均值广义平稳随机过程时，$\tilde{R}_q(\tau)$ 为 $R_q(\tau)$ 的无偏估计。当 $R_n(\tau)=0$ 时，$\tilde{R}_q(\tau_s)=R_q(\tau)=R(\tau)$。因此，当且仅当噪声 $n(t)$ 表现为零均值高斯白噪声时，脉冲对测频算法是一种无偏估计。

3. 宽带与窄带测速技术对比

按照声学多普勒测速发射声波信号波形的不同，可将其分为声学窄带多普勒测速和声学宽带多普勒测速两种：①声学窄带多普勒测速是指发射信号形式为单频窄带信号。由于窄带信号时间-带宽乘积没有处理增益，其在瞬时测速精度、距离分辨率和测速可靠性等方面存在不足。②声学宽带多普勒测速是指发射信号形式为一个较复杂的编码信号。由于编码信号时间-带宽乘积可以较大，使得回波信号携带更为丰富的多普勒信息，能够较好地解决窄带多普勒存在的不足。

图 4-17 从宽带与窄带信号的时域、频域角度进行了对比分析，二者的差异主要体现在：①相位编码是当前宽带信号应用最广泛的一种技术，发射信号是一个比较复杂的二进制伪随机相位编码调制的正弦信号，一次发射可以得到各个独立有效的统计平均值，所携带的多普勒信息量比窄带丰富了很多，因此与窄带测速技术相比，宽带测速精度高。②宽带编码信号的时间带宽积远远大于连续波（continuous wave, CW）单频矩形脉冲，在相同的脉冲长度条件下，宽带编码信号的距离分辨率是宽带编码信号带宽的倒数，即为一个码元的时间长度。也就是说在回波的时间轴上，当两个散射体回波的时延大于一个码元的时间长度时，这两个信号就是不相关的，所以宽带编码信号抗混响的能力远远大于 CW 脉冲信号，能改善回波信号的质量。特别在海底凸凹不平和有一定的坡度的情况下，底回波信号的改善效果更为明显。

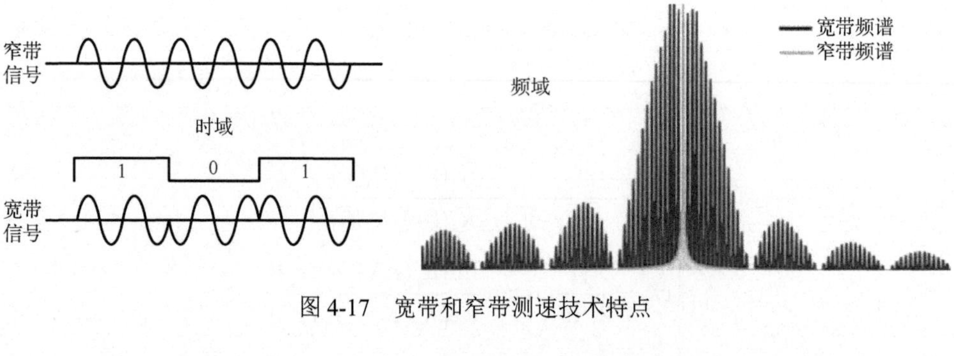

图 4-17　宽带和窄带测速技术特点

图 4-18 为外场实际的宽带和窄带回波信号。相比较而言，窄带回波信号通常起伏较大，且经常有信号分裂等畸变现象，要实现稳健检测和精准测速相对困难；宽带回波信号具有良好的自相关特性，时间带宽积有比较高的增益，抗混响能力较强，使回波信号过渡带变得更陡、更窄，能有效改善回波信号的质量，因此，也更易于实现稳健检测和精准测速。

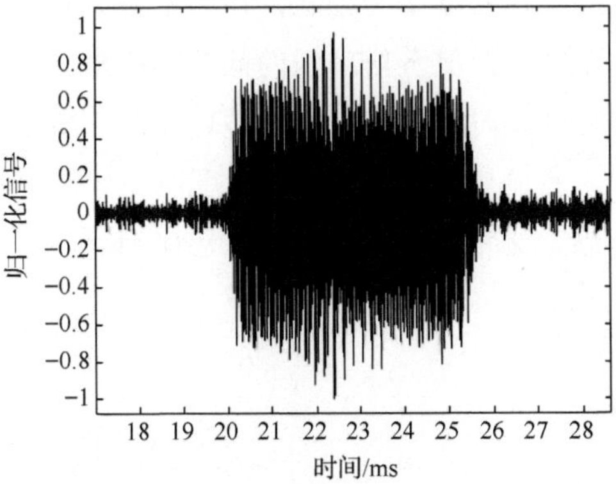

（a）宽带回波信号

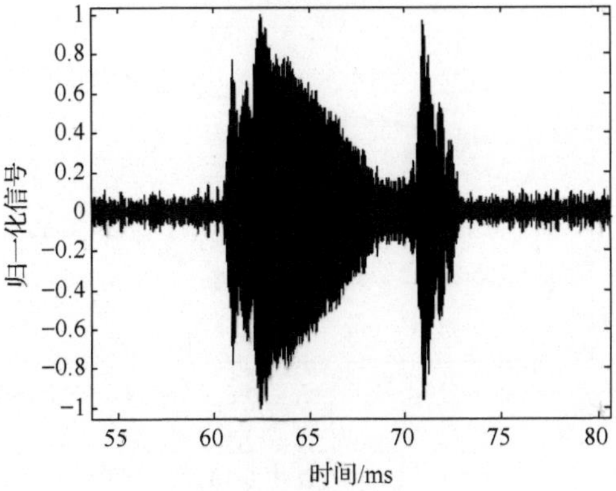

（b）窄带回波信号

图 4-18　回波信号波形

声学宽带多普勒测速性能的提升是以增大接收机通频带、增加数据运算量为代价的。数据运算量的增加可由高性能数字信号处理器解决，尤其是随着计算机技术的发展，此问题可以忽略不计。而接收机通频带的增大，需要重点解决声兼容问题，在舰船设计过程中，应该综合权衡所有舰载声呐设备工作频带的分配问题，据此设计宽带测速技术的可允许工作频带范围。

对于宽带测速技术的底跟踪范围略有降低问题（通常降低约 10%的最大跟踪深度），可以充分利用相控阵的原理性优势，通过采用声学相控宽带测速技术，能够在有限安装空间条件下大幅提升底跟踪范围。实际上，最大底跟踪深度略有降低的影响远不及测速性能提升带来的好处。此外，通过深入研究声学宽带多普勒测速技术，充分利用宽带编码信号可获得的处理增益，改善现有宽带测速算法，可以在提升测速性能的同时，不损失设备的最大跟踪深度。

从声学宽带多普勒测速技术本身来看，声学宽带多普勒测速技术是为解决窄带测速技术的测速精度低、距离分辨率低的问题而提出。由于采用的宽带编码信号具有良好的自相关特性和时间带宽积，处理增益高，抗混响能力较强，底回波信号过渡带变得更陡、更窄且起伏小，测速精度明显优于窄带测速技术。图 4-19 为 150kHz 测速声呐湖上宽带和窄带测速精度对比情况，可以看出宽带测速技术优势较为明显。

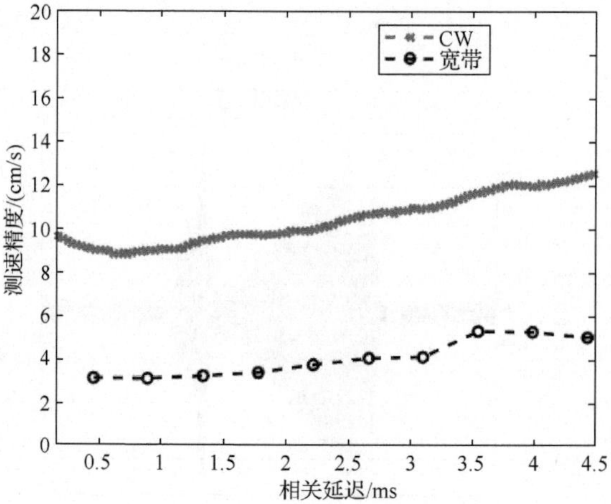

图 4-19 宽带和窄带测速精度对比

4.2.4 水声测速应用场景

声学多普勒测速的实际应用场景主要包括自主导航和流速剖面两种，分别对应 DVL 和 ADCP，本节主要对这两种模式做简要介绍。

1. 自主导航模式

自主导航模式是声学多普勒计程仪的典型应用模式，主要用于对底跟踪测速和对水跟踪测速，为水面舰船或水下潜水器提供必要的导航信息。

1）对底跟踪测速

对底跟踪是测量对底绝对速度。声呐周期性地向海底发射声学脉冲信号，若检测到有效底散射回波信号，除通过式（4-56）与式（4-30）对底绝对速度 v 进行估计外，还能够获取声呐距离海底的几何平均深度 h：

$$h=\frac{1}{4}\sum_{i=1}^{4}\frac{c\tau_i}{2}\cos\alpha \tag{4-76}$$

式中，τ_i 为波束 i 的回波信号时延。

2）对水跟踪测速

若计程仪未能检测到有效底散射回波信号，则可通过估计某一水层散射回波信号的多普勒频移得到基阵坐标系下的对水相对速度 v，计算方法同对底绝对速度。对水测速是通过测量海水中的微小粒子、泥沙颗粒、浮游生物及气泡等悬浮物反向散射回波的多普勒频移来估计速度。悬浮物随海水流动并与海水融为一体，对水测速即为计程仪相对于海水的速度，如图 4-20 所示。这些悬浮物也存在于清澈水体中。基于散射回波的对水跟踪测速实际观测的正是随水体流动的散射微粒运动速度，因此，某些湖泊或深海中悬浮物浓度太低将导致测速精度降低甚至不能正常工作。当发射声脉冲照射到悬浮物时，声波是向各个方向散射的，只有非常小的声波能量被后向散射回换能器，大部分的声波能量会继续沿照射路径传播，通常此类散射强度较底质散射强度低 40dB 以上。

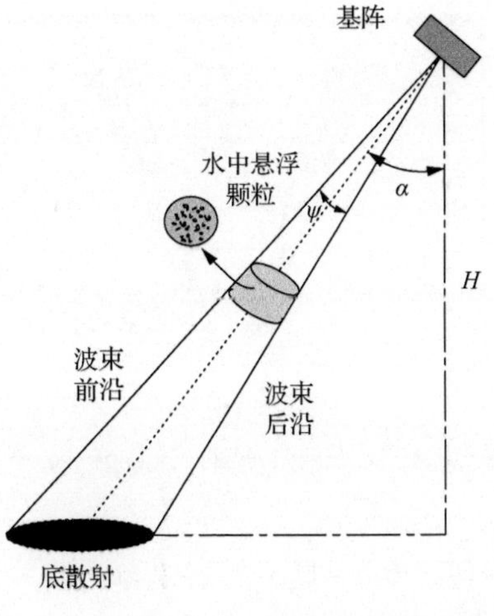

图 4-20　回波信号后向散射和发射信号脉宽

2. 流速剖面模式

剖面模式是 ADCP 的典型应用模式，主要用于遥测一定深度范围内的流速和流向，工作原理与 DVL 对水测速模式基本相同，回波信号均是由水中悬浮颗粒的后向散射信号叠加组成，不同之处在于：ADCP 发射一个声脉冲信号能够测量整个垂向剖面的三维海流速度，等同于在垂向区域布放了大量传统流速计的测量能力，如图 4-21 所示；ADCP 测量的是各水层内的平均流速，而流速计测量的是悬挂点的水流速度；ADCP 测量的水层厚度可通过软件灵活配置，而流速计需要重新调整悬挂点来改变测量水层，其测量分辨率和剖面层数受流速计物理尺寸和悬挂成本限制；ADCP 在测量过程中不会对流场产生任何扰动且不存在机械惯性，能够更加真实地反映流场分布。

ADCP 测量盲区分为上盲区和下盲区。以坐底式 ADCP 为例，如图 4-21 所示，上盲区是指从发射脉冲停止至接收到有效信号这段时间内，声波所传输距离的一半区间。在发射驱动脉冲结束后，压电换能器由于惯性会继续振动而产生余振，由于是收发合置换能器，在余振期间，回波信号被淹没在余振信号中，只有当余振足够小或停止后的回波信号才为有效信号。盲区的大小主要受工作频率、接收机设计、透声窗材质、安装方式等影响。下盲区是由基阵旁瓣波束干扰引起，在接近海面边界水域，由于波束掠射角不同，旁瓣波束接收的底散射回波信号掺杂在主瓣波束接收的水体散射回波中，使得这部分水域的回波信号失真，盲区深度大小约为 z_a。

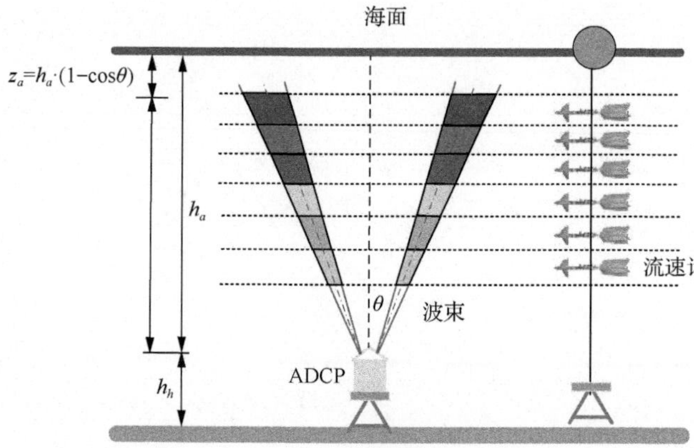

图 4-21　ADCP 的测量盲区及其与传统流速计差异示意图

4.3　宽带信号波形设计技术

针对多普勒测速声呐和信号处理算法，优化宽带信号波形是实现高精度水声测速的重要环节。本节将借鉴雷达波形设计理论，通过波形选择和波形综合优化[13-14]分析发射波形对测速声呐性能的影响[15]，重点关注速度测量的精度指标。

4.3.1　宽带信号波形设计准则

以对底跟踪测速为例，设发射信号为重复编码脉冲串，如图 4-22 所示，脉冲串个数为 n，即

$$s(t)=\left[a(t)+a(t-T)+\cdots+a(t-nT)\right]\mathrm{e}^{\mathrm{j}2\pi f_0 t} \tag{4-77}$$

式中，f_0 是载波频率；$a(t)$ 是长度为 T 的基带信号。

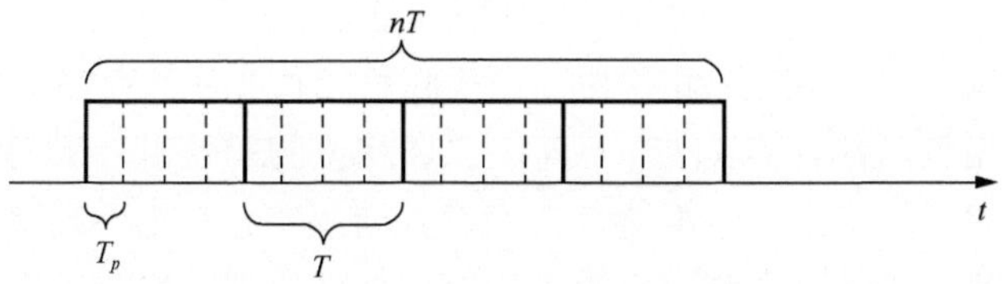

图 4-22　发射信号波形示意图

由点散射模型可知，底回波信号为

$$X(t)=\sum_{i=1}^{N}A_i s(t-\tau_i)\mathrm{e}^{\mathrm{j}\left(2\pi f_{d_i}t+\varphi_i\right)} \tag{4-78}$$

式中，N 为散射体个数；A_i 为与第 i 个散射体对应的回波信号幅度；τ_i 为第 i 个散射体的双程传播时延；f_{d_i} 为第 i 个散射体的多普勒频移；φ_i 为第 i 个散射体散射信号随机相位。

设回波信号的充分叠加区间为 $[t_0,t_0+kT]$，截取此段信号并解调后得到

$$X_1(t)=\mathrm{rect}\left(\frac{t-t_0}{kT}\right)\sum_{i=1}^{N}A_i\tilde{a}(t-\tau_i)\mathrm{e}^{\mathrm{j}\left(2\pi f_{d_i}t+\varphi_i\right)} \tag{4-79}$$

式中，$\tilde{a}(t-\tau_i)$ 为 $a(t-\tau_i)$ 的周期延扩，满足

$$\tilde{a}(t-\tau_i+gT)=\tilde{a}(t-\tau_i),\ g\in Z \tag{4-80}$$

$X_1(t)$ 在整周期 lT 时，时延处的自相关函数为

$$\begin{aligned}\hat{R}(lT)&=\int_{-\infty}^{+\infty}X_1(t)X_1^*(t-lT)\mathrm{d}t\\&=\sum_{i=1}^{N}\sum_{m=1}^{N}A_iA_m\mathrm{e}^{\mathrm{j}2\pi\left[f_{d_m}lT+f_{d_{im}}(t_0+lT)\right]}\mathrm{e}^{\mathrm{j}\varphi_{im}}\int_0^{pT}\tilde{a}(t-\tau_i')\tilde{a}^*(t-\tau_m')\mathrm{e}^{\mathrm{j}2\pi f_{d_{im}}t}\mathrm{d}t\end{aligned} \tag{4-81}$$

式中，

$$f_{d_{im}}=f_{d_i}-f_{d_m},\quad \varphi_{im}=\varphi_i-\varphi_m,\quad p=k-l,\quad \tau_i'=\tau_i-t_0,\quad \tau_m'=\tau_m-t_0$$

令 $R_1(lT)$ 为 $i=m$ 时的散射信号自相关函数之和，$R_2(lT)$ 为 $i\neq m$ 时的散射信号互相关函数之和，即

$$\begin{cases} R_1(lT)=\sum_{i=1}^{N}A_i^2\mathrm{e}^{\mathrm{j}2\pi f_{d_i}lT}\int_0^{pT}\tilde{a}(t-\tau_i')\tilde{a}^*(t-\tau_i')\mathrm{d}t \\ R_2(lT)=\sum_{i=1}^{N}\sum_{m\neq i}^{N}A_iA_m\mathrm{e}^{\mathrm{j}2\pi\left[f_{d_m}lT+f_{d_{im}}(t_0+lT)\right]}\mathrm{e}^{\mathrm{j}\varphi_{im}}\int_0^{pT}\tilde{a}(t-\tau_i')\tilde{a}^*(t-\tau_m')\mathrm{e}^{\mathrm{j}2\pi f_{d_{im}}t}\mathrm{d}t \end{cases} \tag{4-82}$$

则

$$\hat{R}(lT)=R_1(lT)+R_2(lT) \tag{4-83}$$

测频真值包含在 $R_1(lT)$ 的相位中。由于随机相位 $\mathrm{e}^{\mathrm{j}\varphi_{im}}$ 的存在，$R_2(lT)$ 的幅度和相位均与自相关函数真值 $R(lT)$ 不同，二者相位的差异引入了相位估计误差，造成测频精度的下降。$R_2(lT)$ 即为脉冲对算法自噪声，是由不同单元散射信号的互干扰导致。其本质是对底测速自噪声对相位估计误差的影响，即每一对单元散射信号因多普勒频移不同导致彼此互相关函数相位差异。在波束宽度一定的条件下，底跟踪测速的相位估计误差会因速度不同导致的频移不同而出现明显差异。静态条件下，自噪声造成的相位估计误差为零；动态条件下，相位估计误差随速度的增大而增大。而测频误差一般分为偏差和方差两部分，理论上脉冲对算法是无偏估计，因此算法自噪声影响的是测量结果的方差。

经过理论推导得到相关函数频率测量方差的解析式为

$$\operatorname{var}\left(\hat{f}_d\right)\leqslant\frac{3Q}{4\pi^2(lT)^2}\left[\frac{(k-l-1)^2}{(k-l)^2}\mathrm{ISL}_{\tilde{R}}+\frac{2}{(k-l)^2}\mathrm{ISL}_R\right] \tag{4-84}$$

式中，Q 是与环境相关的一个常数；$\mathrm{ISL}_{\tilde{R}}$ 为信号基带脉冲的归一化周期自相关函数积分旁瓣电平（normalized periodic autocorrelation function integrated sidelobe level, NPAFISL），满足

$$\mathrm{ISL}_{\tilde{R}}=\frac{1}{2T}\int_{-T}^{T}\left|\frac{\tilde{R}_a(\tau)}{\tilde{R}_a(0)}\right|^2\mathrm{d}\tau \tag{4-85}$$

ISL_R 为信号基带脉冲的归一化非周期自相关函数积分旁瓣电平[16]（normalized aperiodic autocorrelation function integrated sidelobe level, NAAFISL），满足

$$\mathrm{ISL}_R=\frac{1}{2T}\int_{-T}^{T}\left|\frac{R_a(\tau)}{R_a(0)}\right|^2\mathrm{d}\tau \tag{4-86}$$

式（4-86）给出了无噪理想条件下，只由回波信号自噪声引起的底跟踪测速测频方差理论上限，它与测频时延 lT、信号组成（如脉冲长度 T 及重复数目 k 的选取）

以及信号基带脉冲的 NPAFISL 和 NAAFISL 均有关系。在确定的信号长度和信号带宽下，存在使估计方差上限最小化的最优测频时延、最优信号内部构成及最优信号基带脉冲波形。最优测频时延和信号波形设计已有文献进行论述和验证[14]，在选定最优测频时延及信号内部构成条件下，测速波形设计聚焦于对其基带脉冲波形的设计，减小测频方差依靠同时减小信号基带脉冲的 NPAFISL 和 NAAFISL 来实现，得到波形设计准则为

$$\min\left(\frac{(k-l-1)^2}{(k-l)^2}\mathrm{ISL}_{\tilde{R}}+\frac{2}{(k-l)^2}\mathrm{ISL}_R\right) \tag{4-87}$$

4.3.2　宽带信号波形选择与优化

1．波形选择分析

波形选择是指利用设计准则，在已知波形（如调频信号、相位编码信号、频率编码信号和复合调制信号等）中选出最优波形。该方法选出的波形可能不是最优波形，但人们对调频信号等波形属性较为熟悉，且有相对成熟的硬件实现方案，该方法在工程中得到广泛应用。本节在 m 序列、Barker 码、Frank 码和 P4 码四种信号中[17-18]进行相位编码信号的波形选择，在线性步进频率编码（linear stepped discrete frequency coding, LSDFC）和 Costas 序列中[19-20]进行频率编码信号的波形选择。

由于相位编码和频率编码两种信号形式各有优劣，为使声呐设计者在两种信号形式下均有最优波形可用，波形自相关性能的对比只局限于同一种信号形式，并分别选出两种信号形式的最优波形，二者的对比将在后续的仿真和试验中进行。考虑到不同波形构造灵活性的差异，固定信号带宽为 20kHz，在相近信号长度条件下进行性能对比。

表 4-1 给出了经不同编码相位调制后信号波形的自相关性能对比。由表可见，P4 码拥有最小的 NPAFISL，NAAFISL 也仅略大于 Frank 码，同时，相较于表中的其他波形，P4 码信号构造最灵活，是表中所列的最优波形。

表 4-1　相位编码信号自相关性能对比

编码类型	NPAFISL	NAAFISL
m 序列（T=1.5ms）	0.0436	0.0308
Barker 码（T=1.3ms）	0.0584	0.0276
Frank 码（T=1.6ms）	0.0399	0.0239
P4 码（T=1.5ms）	0.0399	0.0247

表 4-2 给出了经不同编码频率调制后信号波形的自相关性能对比。由表可见，LSDFC 信号的 NPAFISL 和 NAAFISI 均为最小且构造灵活性与 Costas 序列频率编码信号差异不大，是表中所列的最优波形。

表 4-2　频率编码信号自相关性能对比

编码类型	NPAFISL	NAAFISL
LSDFC（T=1.8ms）	0.0267	0.0139
Costas 序列（T=1.8ms）	0.0332	0.0168

综上所述，运用波形选择法设计的相位编码最优波形为 P4 码，频率编码最优波形为 LSDFC 信号。

2. 波形综合优化

波形综合优化是基于具体应用构建波形设计目标函数，并通过优化算法完成最优波形设计的方法。构建的优化目标函数为

$$F=\frac{(k-l-1)^2}{(k-l)^2}\left[\frac{1}{2M}\sum_{j=-M+1}^{M-1}\left|\frac{\sum_{m=0}^{M-1}\tilde{a}(m)\tilde{a}^*(m-j)}{\sum_{m=0}^{M-1}\tilde{a}(m)\tilde{a}^*(m)}\right|^2\right]+\frac{2}{(k-l)^2}\left[\frac{1}{2M}\sum_{j=-M+1}^{M-1}\left|\frac{\sum_{m=0}^{M-1}a(m)a^*(m-j)}{\sum_{m=0}^{M-1}a(m)a^*(m)}\right|^2\right] \tag{4-88}$$

设采样率为$1/T_2$，对于相位编码信号，式中$a(m)$可表示为

$$a(m)=\sum_{n=1}^{N}\text{rect}\left(\frac{mT_2-nT_1}{T_1}\right)\mathrm{e}^{\mathrm{j}\varphi_n},\ m=0,1,2,\cdots,M-1 \tag{4-89}$$

对于频率编码信号，式中$a(m)$可表示为

$$a(m)=\sum_{n=1}^{N}\text{rect}\left(\frac{mT_2-nT_1}{T_1}\right)\mathrm{e}^{\mathrm{j}f_n mT_2},\ m=0,1,2,\cdots,M-1 \tag{4-90}$$

通过最小化目标函数，可分别求得码元相位和频率。

4.3.3 宽带信号波形设计性能分析

1. 最优波形选取

以 15 位编码信号为例，设发射信号中心频率 $f_0 = 150\text{kHz}$，编码重复次数 $N_p = 10$，码元数为 15，基于波形优化目标函数得到的优化编码信号相位优化编码（optimize phase code, OPC）和频率优化编码（optimize frequency code, OFC）各码元的相位、频率如表 4-3 所示。

表 4-3　15 位 OPC 和 OFC 信号各码元的对应相位和频率

码元	相位/rad	频率/kHz
1	−0.98	155.68
2	−4.00	159.37
3	−0.01	156.86
4	−2.44	151.96
5	1.75	148.44
6	−1.53	145.55
7	0.19	154.26
8	3.61	157.42
9	0.75	155.22
10	1.51	144.15
11	3.99	149.60
12	4.04	149.25
13	4.28	145.49
14	2.54	148.02
15	3.15	155.81

基于点散射底回波信号模型构建的测速仿真流程如图 4-23 所示，据此分析不同条件下基于设计准则设计的最优波形性能，蒙特卡罗仿真次数为 3000 次。假设水中声速 $c = 1500\text{m/s}$，海底深度 $h = 20\text{m}$，波束宽度 $\theta = 4^\circ$，波束倾角 $\alpha = 30^\circ$，信号采样率 $f_s = 1.2\text{MHz}$。由此可知，回波信号的充分叠加区间约为 9.3 个脉冲周期长度，截取其中 8 个周期长度作为测频信号，测频时延选取 4 个周期长度。

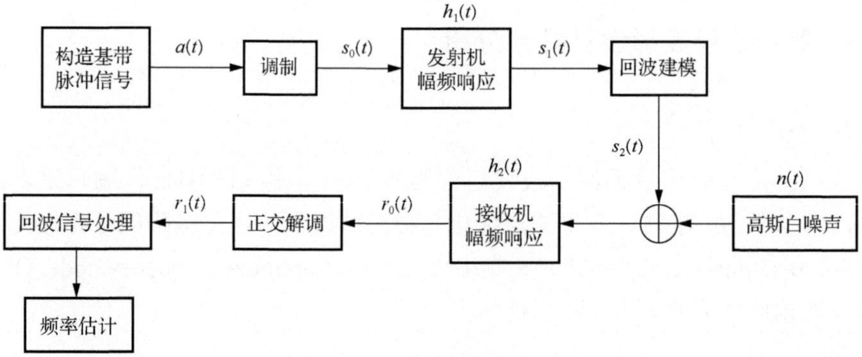

图 4-23　底跟踪测速仿真流程图

图 4-24 给出了载体速度 1m/s 时不同信噪比下各波形的测频标准差曲线。可以看出，低信噪比下，三种波形的测频精度较低且几乎没有差异，环境噪声成为此时影响测频精度的主要因素，随着信噪比的增大，三种波形的测频精度逐渐增大并表现出明显差异，自噪声逐渐取代环境噪声成为影响测频精度的主要因素。在高信噪比下，相比 m 序列相位编码信号，频率优化编码信号性能最优，测频精度提升了约 22%，相位优化编码信号次之，测频精度提升了约 6%。

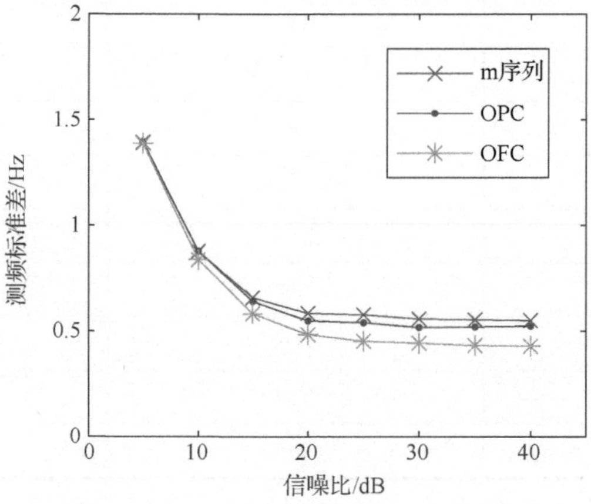

图 4-24　不同信噪比下测速波形性能对比

图 4-25 给出了信噪比为 25dB 时，各波形测频标准差随速度增大而变化的曲线。可以看出，三种信号的测频精度随速度的增大而降低，并逐渐表现出明显的差异，这表明底跟踪测速自噪声的影响与速度有关：速度越高，影响越大，波形优化效果越明显。这与底跟踪测速自噪声作用机理推导的结论相符。

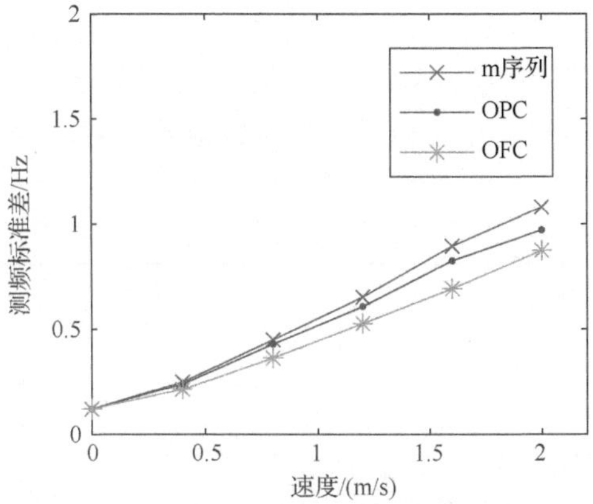

图 4-25　不同速度下测速波形性能对比

试验验证于 2020 年 8 月在吉林省吉林市松花湖进行，参试船及设备如图 4-26 所示，声学基阵频率为 150kHz，入水约 0.5m，利用卡扣与船舷固定，保证基阵与船的刚性连接。发射信号采用信号源 Agilent 33522A 构造，并通过 RF/Microwave Instrumentation 公司的 Model 40AD1 低频线性功放进行发射，用固定增益接收机接收信号。底跟踪测速最优波形性能验证选择在水深 15～20m 相对平坦的湖底区域进行，每次试验至少连续采集 1200 个回波数据样本。

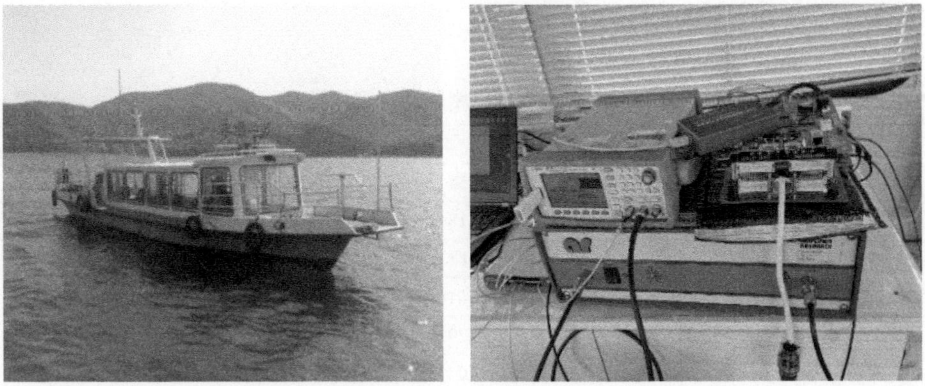

图 4-26　参试船及设备

2. 不同信噪比下的最优波形性能验证

表 4-4 给出了速度为 0.8m/s 时，不同信噪比下底跟踪测速波形测频标准差试验结果。综合 4 路通道结果可以看出，三种信号的测频精度均随信噪比的增大而提高，高信噪比下，OFC 信号性能最优，测频精度平均提升约 25%，OPC 信号次

之，测频精度平均提升约 11%。从趋势上看，试验结果与仿真基本相符。从数值上看，相较于仿真结果，试验的测频精度偏低，说明实际情况自噪声的影响更大，这主要由于波束照射到底面以下介质中也有较强的散射，照射区域不止一个平面。

表 4-4 不同信噪比下底跟踪测速波形性能验证

编码类型		测频标准差/Hz			
		1 路	2 路	3 路	4 路
低信噪比	m 序列	4.82	4.76	4.87	5.13
	OPC	4.71	4.80	4.44	4.67
	OFC	4.39	4.32	4.48	4.45
高信噪比	m 序列	2.53	2.08	2.44	2.32
	OPC	2.19	1.89	2.07	2.19
	OFC	1.92	1.74	1.78	1.88

3. 不同速度下的最优波形性能验证

表 4-5 给出了不同速度下底跟踪测速波形测频标准差的试验结果。可以看出，3 种信号在较高速度下的测频精度比低速的测频精度有较大幅度的降低，与仿真结果相符。由于信噪比较高，即使较高速度下信噪比有所损失，也可以认为自噪声随速度增大的变化造成了主要影响，进一步验证了底跟踪测速自噪声作用机理推导结论。

表 4-5 不同速度下底跟踪测速波形性能验证

编码类型			测频标准差/Hz			
			1 路	2 路	3 路	4 路
速度/（m/s）	0.6	m 序列	2.18	1.82	1.85	1.87
		OPC	1.83	1.55	1.69	1.63
		OFC	1.54	1.33	1.47	1.41
	1.2	m 序列	2.29	2.22	2.14	2.27
		OPC	2.04	1.85	1.99	1.89
		OFC	1.83	1.60	1.78	1.63

4.4 长期测速准确度校准技术

测速准确度（也称长期精度、测速偏差）是指测速信息的统计学偏差，即利用大量统计平均剔除随机误差后的剩余误差。以航位推算场景为例，测速数据经一次积分后可获得位置，由测速偏差引起的位置误差会随时间线性增长。测速准确度是声呐设计者和使用者必须考虑的指标，研究测速准确度具有十分必要的现实意义，然而与分析精度理论的大量文献相比，仅有较少文献对测速准确度问题进行了探讨。1982 年，Pinkel[21]简要讨论了测速准确度，认为测速准确度的量级没有根本限制，可能是波束旁瓣抑制不足、信号处理以及仪器使用不当造成的。2002 年，Zedel 等[22]讨论了在 1.7MHz 的双基地多普勒声呐的测速准确度，并认为影响准确度的误差源是空间位置以及波束对准的不确定性和流动干扰。

直至 2018 年，Taudien 等[6]首次从理论上系统性地研究了测速偏差问题，并使用多普勒相位的概念，通过仿真以及曲线拟合的方式获得了偏差与误差源之间的关系式。然而 Taudien 等获得该结论的结论属于“黑箱理论”，并未探讨误差源引起偏差的具体物理过程，且未能提出有效估计及补偿偏差的方法。

本节主要目的是分析底散射回波产生过程，从系统函数的角度建立产生底回波的多普勒谱模型，并基于该模型分析其特征，给出底回波多普勒谱的解析表达形式，为分析测速精度误差源提供重要理论支撑。在多普勒谱的解析表达式基础上，进一步通过多普勒一阶谱矩分析，更清晰地展现长期精度产生的物理过程，从而得出长期精度与声学环境参数之间的解析关系式。该方法为进一步利用回波反演多普勒谱提供了有益思路和前提。

4.4.1　影响测速准确度的误差源分析

对于多普勒回波信号的建模，往往从射线声学角度分析散射体后向散射，认为每个散射体激发出的信号都是发射信号的修改版本，再累加所有散射体的贡献信号，模拟散射回波[23-25]。从信道建模角度理解该建模方法，考虑到不同散射体激发出的信号实质上是发射信号的不同调制，其中包括了幅度、时延以及多普勒效应的调制，然后又将其线性叠加。显然这是一个线性时变（linear time-varying, LTV）信道对发射信号作用的过程，即回波信号 $X(t)$ 可描述为信道输出：

$$X(t)=\int_{-\infty}^{\infty}h(\tau,t)s(t-\tau)\mathrm{d}\tau \tag{4-91}$$

式中，$s(t)$ 是发射信号；$h(\tau,t)$ 是 LTV 信道的时变冲击响应函数。在此认为信道时变特性就是由信道中的多普勒效应引起的，从而确定 $h(\tau,t)$ 是一个典型的多途多普勒信道响应函数，可以认为它是一个广义平稳不相关散射（wide-sense stationary uncorrelated scattering, WSSUS）过程[26]。WSSUS 过程具有清晰物理意义，也是信道建模问题中使用最广泛的模型。本节分析 $h(\tau,t)$ 及其二阶统计量（如相关函数），并根据产生回波的物理过程得到 LTV 信道的多普勒谱模型。

基于 $h(\tau,t)$ 符合 WSSUS 过程的假设，通过傅里叶变换关系，可将其表示为如下形式：

$$h(\tau,t)=F_{\rho}^{-1}\{\psi(\tau,\omega)\}=\int_{-\infty}^{\infty}\psi(\tau,\omega)\mathrm{e}^{\mathrm{j}\omega t}\mathrm{d}\omega \tag{4-92}$$

式中，F^{-1} 表示傅里叶逆变换；ω 表示多普勒频率（为了简洁全书采用弧度制频率）；$\psi(\tau,\omega)$ 是分析 WSSUS 过程中常用的扩展函数[26]。$\psi(\tau,\omega)$ 描述了 LTV 信道在时延和多普勒频率域上的特性，具体来讲，可将式（4-92）代入式（4-91）：

$$X(t)=\int_{-\infty}^{\infty}\int_{-\infty}^{\infty}\psi(\tau,\omega)s(t-\tau)\mathrm{e}^{\mathrm{j}\omega t}\mathrm{d}\omega\mathrm{d}\tau \tag{4-93}$$

式（4-93）准确描述了在时延和多普勒频率域上 LTV 信道对发射信号作用的过程。

$h(\tau,t)$ 作为一个随机过程，假设其均值为零，并给出其二阶统计量：

$$R_h(\tau,\tau',t,t+\Delta t)=E[h^*(\tau,t)h(\tau',t+\Delta t)] \tag{4-94}$$

使用 WSSUS 过程的两个基本假设：①广义平稳（WSS）假设，这意味着沿 t 轴的自相关仅取决于 Δt；②不相关（US）假设，在不同时延 τ 处的响应函数 $h(\tau,t)$ 是不相关的，即

$$E[h^*(\tau,t)h(\tau',t+\Delta t)]=R_h(\tau,\tau',\Delta t)=A_h(\tau,\Delta t)\delta(\tau-\tau') \tag{4-95}$$

式中，$A_h(\tau,\Delta t)$ 为系统相关函数[27]。对 $A_h(\tau,\Delta t)$ 函数中的 Δt 变量进行傅里叶变换，得到散射函数 $S_h(\tau,\omega)$[26, 28-29]，散射函数是时延和多普勒频率的二维函数，表示为

$$S_h(\tau,\omega)=F_{\Delta t}\left[A_h(\tau,\Delta t)\right] \tag{4-96}$$

用式（4-92）中的扩展函数 $\psi(\tau,\omega)$ 也可以描述散射函数：

$$E[\psi^*(\tau,\omega)\psi(\tau',\omega')]=S_h(\tau,\omega)\delta(\tau-\tau')\delta(\omega-\omega') \tag{4-97}$$

可以认为散射函数是散射特性在时延和多普勒频率域上的映射，与发射信号 $x(t)$ 的波形无关。对多普勒测速声呐而言，主要关注的信息是信道中多普勒频率，对此需要考虑的问题是不同多普勒频率的功率分布，可以对式（4-96）散射函数的时延变量 τ 积分，获得随多普勒频率变化的功率分布，即多普勒谱：

$$S(\omega)=\int_{-\infty}^{\infty}S_h(\tau,\omega)\mathrm{d}\tau \tag{4-98}$$

多普勒谱具有实际物理意义，散射体只要沿换能器径向方向上有速度，那么该散射体在多普勒谱的对应频率处就产生一个谱线，根据叠加原理，所有散射体的径向速度产生了多普勒频率域的多普勒谱[30]。根据式（4-96）、式（4-98），可以得到多普勒谱的傅里叶变换函数，即系统时间相关函数 $R(\Delta t)$：

$$R(\Delta t)=F_{\rho}^{-1}\{S(\omega)\}=\left|R(\Delta t)\right|\mathrm{e}^{\mathrm{j}\angle R(\Delta t)} \tag{4-99}$$

$R(\Delta t)$ 函数的相位就是多普勒相位，例如在宽带多普勒测速声呐中，发射重复周期为 T_L 的信号，通常认为回波在 T_L 处的时域自相关相位就是多普勒相位[6]（发射信号在 T_L 处的时域自相关相位为 0）。

这里通过信道建模的方式，建立产生回波的系统级模型多普勒谱，为直接分析产生回波信号的物理过程提供重要理论基础，避免了直接研究回波信号时需要考虑发射信号自身特性的问题。下面分析多普勒信道及其多普勒谱，从而确定 DVL 测速长期精度的过程。

考虑使用恰当空间几何关系，合理划分和表示照射脚印内的散射体位置，为推导式（4-98）中多普勒谱提供便利。如图 4-27 所示，在直角坐标系 $O\text{-}xyz$ 中，换能器与海底散射平面距离为 H，沿 x 轴方向的速度 $\boldsymbol{v}=\begin{bmatrix}v & 0 & 0\end{bmatrix}$。图 4-27 中阴影区域代表照射脚印，换能器到任意散射体 i 的径向矢量与速度矢量 $\boldsymbol{v}$ 之间夹角用 α 表示，其中波束中心处的角为 α_0，径向矢量在 yOz 平面的投影与 y 轴夹角用 η 表示。通过换能器高度 H 及 $O\text{-}xyz$ 空间中 (α,η) 角度，可以唯一确定照射脚印内任意散射体 i 的空间位置。例如，记角 $o=\alpha-\alpha_0$，则 (α,η) 坐标和 (o,η) 坐标可等价表示同一散射体，DVL 使用的窄波束意味着 o 和 η 两个角度可取范围较小。

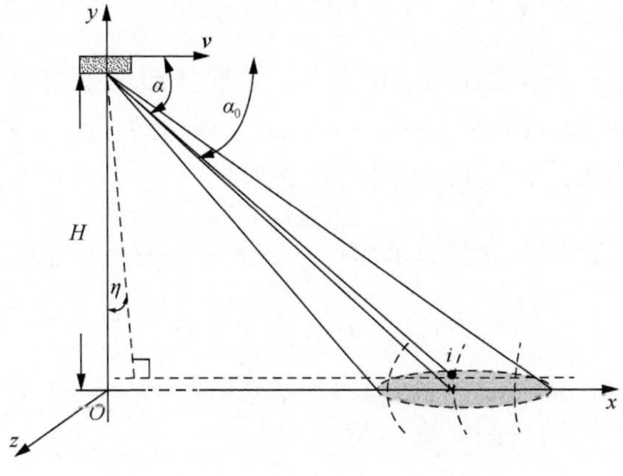

图 4-27 散射体空间位置描述

此外，将波束指向性也描述为角坐标 (α,η) 的函数，如下：

$$G(a,\eta)=\mathrm{e}^{\frac{(a-a_0)^2}{\varDelta_1^2}}\mathrm{e}^{\frac{\eta^2}{\varDelta_2^2}} \tag{4-100}$$

式中，$\boldsymbol{\varDelta}_1$、$\boldsymbol{\varDelta}_2$ 为波束指向性在 α 和 η 方向的开角。将传播损失和海底声散射也用角坐标 (α,η) 进行表示，因照射脚印内多普勒频率范围较小，可以不考虑传播损失（propagation loss, PL）受频率的影响，将其表示成仅与距离有关的指数衰减的形式[31]：

$$P_{\mathrm{MSP}}(r_1)=\mathrm{e}^{-2\beta_b(r_1-r_0)}\frac{r_0^{\ 2}}{r_1^{\ 2}}P_{\mathrm{MSP}}(r_0) \tag{4-101}$$

式中，P_{MSP} 表示均平方声压；r_0 指参考距离；r_1 表示散射体与换能器间距离；β_b 是声吸收的参数（单位为 Np/m，1Np=8.6859dB），与常用的声吸收系数 a_b（单位为 dB/m）间的换算为 $a_b=(20\lg \mathrm{e})\beta_b$。因照射脚印内不同散射体之间角度变化很小，可采用线性函数表示照射脚印内目标强度 $\mu(\chi)$，即

$$\frac{P_{\text{MSP-scat}}(\chi)}{P_{\text{MSP-in}}(\chi)}=\mu(\chi)=\mu(\chi_0)(1-\varepsilon\Delta\chi)\approx\mu(\chi_0)\mathrm{e}^{-\varepsilon\Delta\chi} \tag{4-102}$$

式中，χ 表示入射角；χ_0 指波束中心入射角；$\Delta\chi=\chi-\chi_0\approx-(\alpha-\alpha_0)$；$P_{\text{MSP-in}}$、$P_{\text{MSP-scat}}$ 分别表示入射和散射均平方声压；ε 是散射强度变化参数，与散射变化率 Sa′［单位为 dB/(°)］间的换算为 $\mathrm{Sa}'=(10\lg \mathrm{e})\varepsilon$。

实质上 LTV 信道上的多普勒谱可表示为照射脚印内所有散射体功率增益期望 $E[|a_s|^2]$ 和多普勒相位期望 $E[\mathrm{e}^{\mathrm{j}(rDt)}]$ 乘积的累加，再进行傅里叶变换[32]。因此，采用图 4-27 中定义的 (α,η) 表示照射脚印内任意散射体，可将多普勒谱表示为

$$S(\omega)=\int \mathrm{e}^{-\mathrm{j}\omega(\alpha,\eta)\Delta t}\iint E[|a_s(\alpha,\eta)|^2]E[\mathrm{e}^{\mathrm{j}\omega(\alpha,\eta)\Delta t}]\mathrm{d}\boldsymbol{\Omega}\mathrm{d}\Delta t \tag{4-103}$$

式中，任意散射体的面积微元用 $\mathrm{d}\boldsymbol{\Omega}$ 表示。散射体的功率增益期望 $E[|a_s(\alpha,\eta)|^2]$ 中包括的发射和接收的指向性功率、声吸收和声散射功率可分别用式（4-100）～式（4-102）表示，因此 $E[|a_s(\alpha,\eta)|^2]$ 可描述为

$$E[|a_s(\alpha,\eta)|^2]=G_T^2(\alpha,\eta)G_R^2(\alpha,\eta)\frac{\mathrm{e}^{-2\beta_b(r_{T1}-1)}}{r_{T1}^{\ 2}}\frac{\mathrm{e}^{-2\beta_b(r_{R1}-1)}}{r_{R1}^{\ 2}}\mu(\chi_0)\mathrm{e}^{-\varepsilon\Delta\chi} \tag{4-104}$$

多普勒相位期望 $E[\mathrm{e}^{\mathrm{j}\omega(\alpha,\eta)\Delta t}]$ 描述为 (o,η) 的函数。对图 4-27 散射体 i 而言，由于换能器沿 x 轴运动（速度 v），发射时和接收时声线不在同一方位，斜距分别为 r_{T1}、r_{R1}，此过程的空间关系如图 4-28 所示。

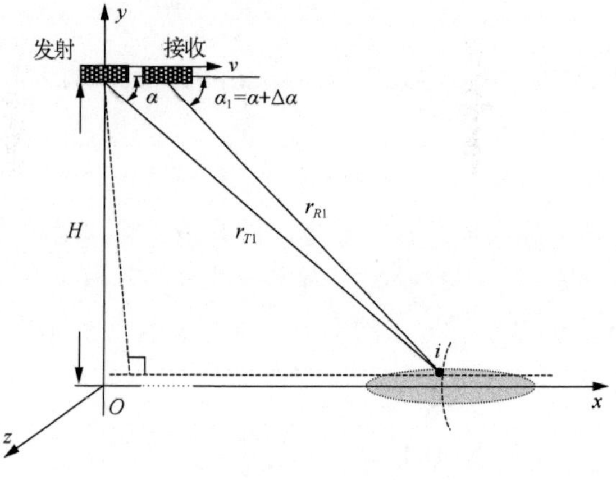

图 4-28　发射和接收时散射体与换能器空间位置

根据图 4-27 和图 4-28 可以确定散射体 i 的径向速度在发射和接收时分别为 $v\cos\alpha$ 和 $v\cos\alpha_1$，然后就能获得多普勒频率[33]：

$$\omega(\alpha,\eta)=\frac{v\cos\alpha+v\cos\alpha_1}{c-v\cos\alpha}\omega_0 \tag{4-105}$$

式中，ω_0 为发射载波频率；c 为换能器表层声速。多普勒相位期望可表示为

$$E[\mathrm{e}^{\mathrm{j}\omega(\alpha,\eta)\Delta t)}]=\mathrm{e}^{\mathrm{j}\Delta\chi},\ \Delta\chi=\omega(\alpha,\eta)\Delta t \tag{4-106}$$

将式（4-104）、式（4-105）代入式（4-103），经化简，多普勒谱可表示为

$$S(\omega)=R(\Delta t)\big|_{\Delta t=0}\frac{1}{\sqrt{2\pi}}\frac{1}{\dfrac{\varDelta_1}{2\sqrt{\xi}}p}\mathrm{e}^{\frac{1}{\left(\frac{\varDelta_1}{2\sqrt{\xi}}p\right)^2}(\omega-\omega_d-Dp)^2}\left[1-\cot\alpha_0\frac{1}{p}(\omega-\omega_d-Dp)\right] \tag{4-107}$$

式中，$\omega_d=\dfrac{2\omega_0 v\cos\alpha_0}{c-v\cos\alpha_0}$；$D=\dfrac{1}{2}(-\dfrac{\varDelta_1^2}{2\xi}\varepsilon-\dfrac{\varDelta_1^2}{2\xi}\beta_b H\csc\alpha_0\cot\alpha_0+U)$，$U=\dfrac{\tan\alpha_0}{\xi}\cdot\dfrac{4v}{c}\left(\cos\alpha_0+\dfrac{2v}{c}\cos^2\alpha_0\right)$；$p=\tan\alpha_0\omega_d+\dfrac{v}{c}\sin\alpha_0\omega_d$；$\xi=1+\left(1+\dfrac{2v}{c}\cos\alpha_0\right)^2$。

通过分析式（4-107）可以发现，因为 $[1-\cot\alpha_0\dfrac{1}{p}(\omega-\omega_d-Dp)]$ 这一项的存在，多普勒谱不是轴对称函数，该现象是散射体的功率并非中心对称这一物理事实的具体表现。另外，单独分析式（4-107）中的指数函数项，它的对称轴也并不是理论多普勒频率 ω_d，可以得出此产生现象是由于波束指向性并非无限窄。

通过 LTV 信道的角度，合理考虑了 DVL 信道的实际形成过程，确定了产生回波的多普勒谱的解析表达式［式（4-107）］。重要的是，展示了多普勒谱中参数的明确来源及物理意义，这是分析长期精度的重要理论基础。

通常 DVL 使用复协方差测频算法估计多普勒频率，复协方差测频算法是谱的一阶矩估计[12]。利用多普勒谱的解析表达式［式（4-107）］得到多普勒谱的一阶距 M_1，其解析表达式如下：

$$M_1=\int S(\omega)\omega\mathrm{d}\omega=\omega_d+Dp+\left[-\cot\alpha_0 p\left(\frac{\varDelta_1}{2\sqrt{\xi}}\right)^2\right] \tag{4-108}$$

在 DVL 测速中使用测量速度 v_{meas} 和测量多普勒频率 M_1 的线性关系 $M_1=\omega_0(2v_{\text{meas}}\cos\alpha_0)/c$，这样测频的相对误差就是测速的相对误差。因此引入 DVL 测速偏差 B 概念，如下：

$$B=\frac{v_{\text{meas}}-v}{v} \tag{4-109}$$

将式（4-108）代入式（4-109），得到DVL测速长期精度的解析表达式：

$$B = \frac{Dp - \cot\alpha_0 p\left(\dfrac{\varDelta_1}{2\sqrt{\xi}}\right)^2}{\omega_d} \approx \tan\alpha_0 D - \left(\frac{\varDelta_1}{2\sqrt{\xi}}\right)^2$$

$$= \frac{\tan\alpha_0}{2}\left(-\frac{\varDelta_1^2}{2\xi}\varepsilon - \frac{\varDelta_1^2}{2\xi}\beta_b H \csc\alpha_0 \cot\alpha_0 + U\right) - \left(\frac{\varDelta_1}{2\sqrt{\xi}}\right)^2 \tag{4-110}$$

文献[6]中式（14）描述了声散射过程产生的偏差（称地形偏差），用本节偏差解析式（4-110）去除声吸收作用（$\beta_b = 0$）的结果与其对比。考察波束方向$\alpha_0 = 60°$（即詹纳斯角为 30°）、直径为$40(\lambda/2)$的圆形活塞换能器，不同散射变化率Sa′对应的地形偏差结果如图4-29所示。值得注意的是，本书与文献[6]的明显区别是考虑了实际物理过程存在的发射接收方位差异，因此本书偏差解析式与速度有关，在与文献[6]对比时偏差解析式（4-110）采取5种不同速度下的结果。

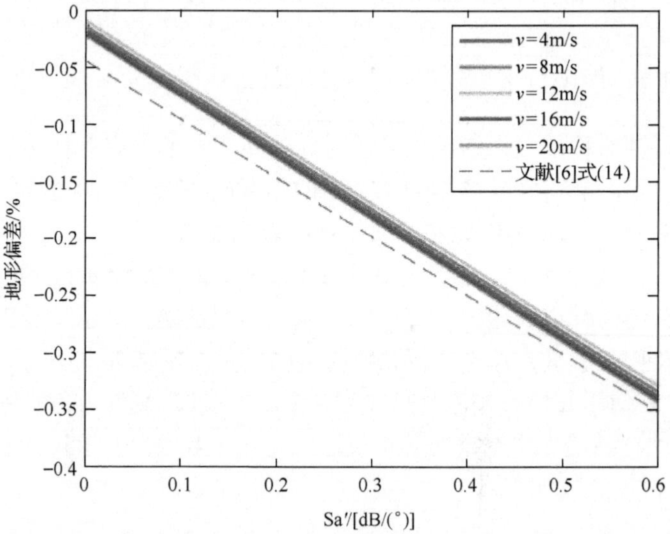

图4-29　地形偏差随声散射参数Sa′变化结果（彩图附书后）

虚线：文献[6]。实线：本节偏差式（4-110）

根据图4-29可以确定，两种方法关于地形偏差与散射变化率间关系的描述能相互印证，同时本节的结果证实了在换能器确定条件下，地形偏差几乎不受速度的影响。此外，用本节的研究方法能够清楚解释图4-29中线性关系的成因，窄波束条件下照射脚印内目标强度可用线性函数表示［式（4-101）］，散射增益参与了多普勒谱及其矩的形成，导致地形偏差与散射变化率间呈现出线性关系，如式（4-110）中偏差 B 和参数 ε 的解析关系。

考察波束方向 $\alpha_0=60°$（即詹纳斯角 $\alpha_J=90°-\alpha_0=30°$）、散射变化率 $\mathrm{Sa}'=0.4\mathrm{dB}/(°)$、不同直径的圆面活塞换能器对应的地形偏差结果，如图 4-30 所示。同样确定，两种方法关于地形偏差与换能器直径之间关系的描述是互相吻合的。同时本节分析表明，换能器的波束方向确定条件下，地形偏差几乎不受速度的影响。此外，换能器的不同直径表示不同的波束宽度，式（4-100）中等效宽度 $\boldsymbol{\Delta}_1$、$\boldsymbol{\Delta}_2$ 不同，但只有“等频线”方向的等效宽度 $\boldsymbol{\Delta}_1$ 直接影响多普勒谱及其矩，换能器的不同直径对应不同的等效宽度 $\boldsymbol{\Delta}_1$，导致图 4-30 结果呈现非线性关系，如式（4-110）中偏差 B 中散射项和参数 $\boldsymbol{\Delta}_1$ 的解析关系。

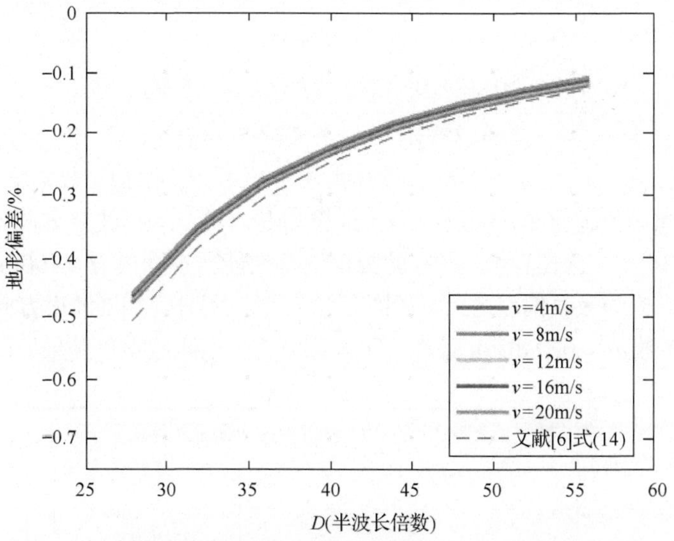

图 4-30　地形偏差随换能器直径变化结果（彩图附书后）

虚线：文献[6]。实线：本节偏差式（4-110）

考察直径为 $40(\lambda/2)$ 的圆形活塞换能器，散射变化率 $\mathrm{Sa}'=0.4\mathrm{dB}/(°)$，不同波束方向 α_J 对应的地形偏差结果如图 4-31 所示。首先明确在低速条件下，两种方法关于地形偏差与波束方向之间关系的描述是相互接近的。但随着速度的增大，二者的差异变大，这是因为速度越大，实际物理过程存在的发射接收方位差异越大，导致此因素引起的偏差越大且逐渐成为主要偏差。本节在建模过程中考虑了此物理过程，因此能够体现这个因素引起的偏差，例如，$v=20\mathrm{m/s}$ 时，$20°$ 相对 $35°$ 波束方向偏差相对变化了约 1%，如式（4-110）中偏差 B 中的 U 项和参数 α_0 的解析关系。

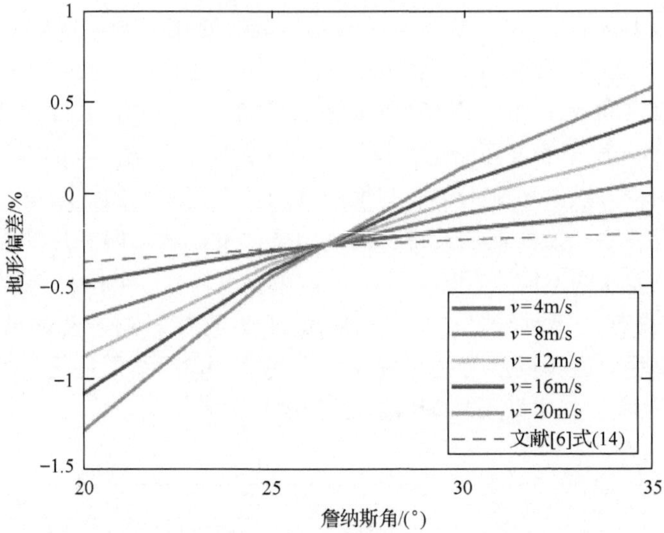

图 4-31　地形偏差随詹纳斯角变化结果（彩图附书后）

虚线：文献[6]。实线：本节偏差式（4-110）

文献[6]中式（16）描述了声吸收过程产生的偏差，用偏差解析式（4-110）去除已分析的地形偏差项（$\varepsilon=0,U=0$）结果与其对比。考察波束方向 $\alpha_0=60°$（即詹纳斯角为 30°）、直径为 $40(\lambda/2)$ 的圆形活塞换能器在深度 $H=100\text{m}$ 条件下不同吸收系数 a_b 对应的吸收偏差结果，如图 4-32 所示。另外，相同波束方向及直径的换能器在吸收系数 $a_b=0.16\text{dB/m}$ 条件下不同深度对应的吸收偏差结果如图 4-33 所示。

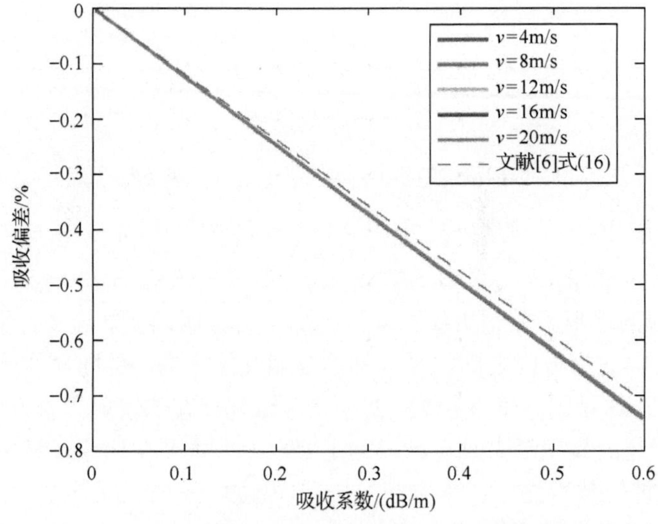

图 4-32　吸收偏差随吸收系数变化结果（彩图附书后）

虚线：文献[6]。实线：本节偏差式（4-110）

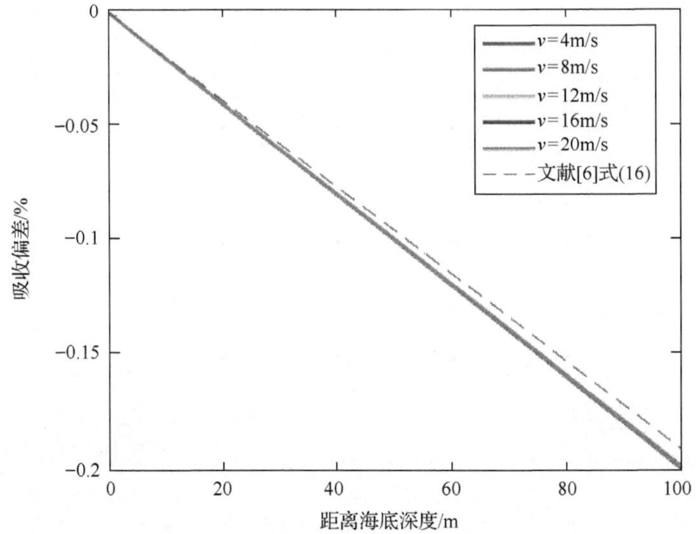

图 4-33　吸收偏差随深度变化结果（彩图附书后）

虚线：文献[6]。实线：本节偏差式（4-110）

图 4-32 和图 4-33 表明，两种方法关于吸收偏差与吸收系数及深度间关系的描述是基本一致的。图 4-34 中给出了不同散射体斜距差异，对应引起了不同散射体的吸收增益差异，且与吸收系数 a_b 和深度 H 都呈线性关系，导致吸收偏差与二者都呈现出线性关系，如式（4-110）中偏差 B 和参数 β_b、H 的解析关系。

考察波束方向 $\alpha_0 = 60°$（即詹纳斯角为 30°）在深度 $H = 100\text{m}$ 条件下不同直径的圆面活塞换能器对应的吸收偏差结果，如图 4-34 所示。同样确定，两种方法关于吸收偏差与换能器直径之间关系的描述是互相吻合的。图 4-34 与图 4-30 的结果成因一致，换能器的不同直径对应不同的等效宽度 $\varDelta_1$，导致结果呈现非线性关系，如式（4-110）中偏差 B 中吸收项与参数 $\varDelta_1$ 的解析关系。

直径为 $40(\lambda/2)$ 的圆形活塞换能器在吸收系数 $a_b = 0.16\text{dB/m}$、$H = 100\text{m}$ 条件下不同波束方向 α_J 对应的地形偏差结果如图 4-35 所示。可以确定两种方法关于吸收偏差与波束方向之间关系的变化趋势是一致的，仅有较小恒定相差量（约 0.01%）。

综合图 4-32～图 4-35，吸收偏差几乎都不受速度的影响，速度对偏差的影响主要是因为发射接收方位差异的存在，对应体现在式（4-110）中的 U 这一项中，已将其视为地形偏差的一部分，因此在吸收偏差中不再重复探讨。

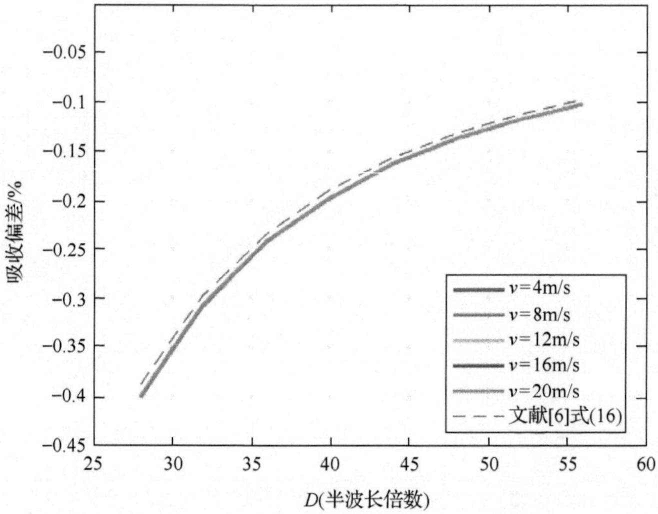

图 4-34　吸收偏差随换能器直径变化结果（彩图附书后）

虚线：文献[6]。实线：本节偏差式（4-110）

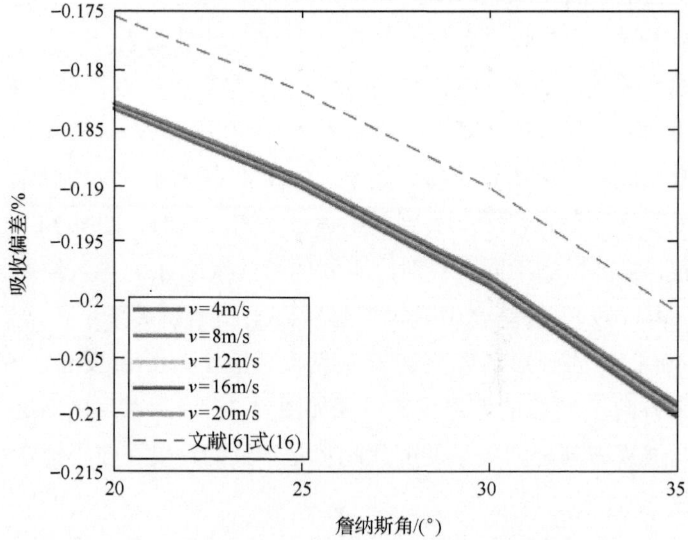

图 4-35　吸收偏差随詹纳斯角变化结果（彩图附书后）

虚线：文献[6]。实线：本节偏差式（4-110）

4.4.2　测速准确度的基阵坐标系校准方法

地理坐标系（Ω_t 系）：定义为原点 O_t 在载体质心，x_t 轴沿当地子午线指北，y_t 轴沿当地纬线指东，z_t 轴垂直于 x_t、y_t 轴，构成右手直角坐标系。

载体坐标系（Ω_S 系）：定义为原点 O_S 为载体质心，对于水面舰船，x_S 轴沿右舷方向，y_S 轴沿艏向方向，z_S 轴垂直于甲板向上，三轴同样构成右手直角坐标系。

基阵坐标系（Ω_A 系）：该坐标系也是右手直角坐标系，其具体方向由人为定义。对于 DVL，坐标原点 O_A 为声学基阵中心，一般来说，DVL 四波束关于 z_A 轴对称，分别处于第 V、VI、VII、VIII 四个象限中。

旋转矩阵：用以表示两坐标系的空间旋转，每个空间旋转都可用三次连续的绕轴旋转来表示，根据旋转轴的不同，旋转方式可分为两类[34]：一类为 Kardan 旋转，另一类则为欧拉旋转。Kardan 旋转是三次旋转轴都不一样，如旋转次序为 *z-x-y* 等；而欧拉旋转的第一次旋转轴与第三次旋转轴是同名轴，如旋转次序为 *z-x-z*。

1．速度比例因子校准

传统方式认为，受机械加工、晶振等误差影响，声呐测量速度与真实速度之间存在一个固有偏差，通常用速度比例因子 K 衡量二者差异或补偿。考虑到换能器、信号处理单元各通道间的对称性结构，通常认为测量得到的三个轴向速度比例因子相同，并用一个合速度比例因子描述[35]。常用标定方法有速度比对标定、最小二乘标定、航迹比对标定。

1）速度比对标定

通常以卫星导航系统提供的速度为基准，用匀速直航样本（以降低安装杆臂、观测异步等影响）的测量速度与基准速度的平均比值表示速度比例因子。

2）最小二乘标定

最小二乘标定方法的标定量仅为航向偏角以及速度比例因子[35]。其核心思想为速度残差偏导为零时，对应的航向偏角及速度比例因子即为所求值。

设 DVL 在载体坐标系下的速度为 $\begin{bmatrix} u_S & v_S & 0 \end{bmatrix}^{\mathrm{T}}$，在基阵坐标系下的速度为 $\begin{bmatrix} u_A & v_A & 0 \end{bmatrix}^{\mathrm{T}}$，比例因子为 ς，DVL 的基阵坐标系与载体坐标系在水平面上的夹角为 α（逆时针），如图 4-36 所示，则 DVL 在基阵坐标系下的速度和在载体坐标系下的速度之间的关系为

$$\begin{cases} u_S = (1+\varsigma)(u_A \cos\alpha - v_A \sin\alpha) \\ v_S = (1+\varsigma)(u_A \sin\alpha + v_A \cos\alpha) \end{cases} \tag{4-111}$$

残差平方为

$$\begin{aligned} \varepsilon^2 &= \left[u_S - (1+\varsigma)(u_A \cos\alpha - v_A \sin\alpha)\right]^2 + \left[v_S - (1+\varsigma)(u_A \sin\alpha + v_A \cos\alpha)\right]^2 \\ &= {u_S}^2 + {v_S}^2 + (1+\varsigma)^2\left({u_A}^2 + {v_A}^2\right) \\ &\quad + 2(1+\varsigma)\left[(u_A u_S + v_A v_S)\cos\alpha + (u_A v_S - v_A u_S)\sin\alpha\right] \end{aligned} \tag{4-112}$$

令 $\dfrac{\partial \varepsilon^2}{\partial(\alpha,\varsigma)} = 0$，求得航向偏角 α 及比例因子 ς 分别为

$$\alpha = \arctan\left(\frac{u_A v_S - v_A u_S}{u_A u_S + v_A v_S}\right) \tag{4-113}$$

$$1+\varsigma = -\frac{u_A u_S + v_A v_S}{\left({u_A}^2 + {v_A}^2\right)\cos\alpha} \tag{4-114}$$

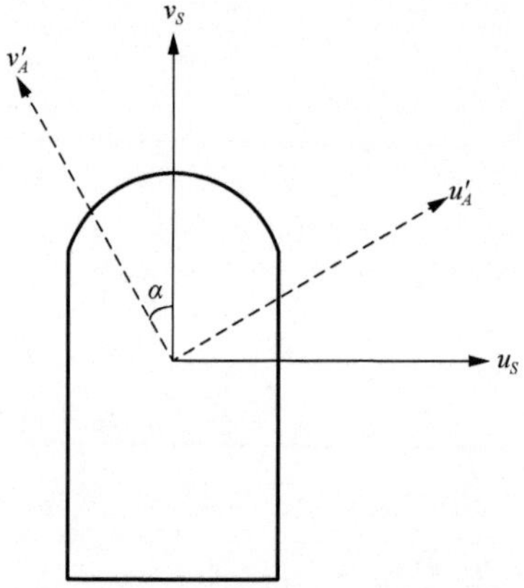

图 4-36　航向偏角示意图

3）航迹比对标定

由于载体航迹由速度积分而来，因此速度比例因子对航迹造成的影响也是成比例的。其标定基本思想为将航迹误差表示为比例因子误差与安装偏角误差两部分，并在误差最小的条件下求解比例因子，具体方法如下[8,36-37]。

以 GPS 的速度信息作为标定基准，由于 GPS 往往无法与 DVL 等安装在同一位置，存在安装偏差 $[\Delta x \quad \Delta y \quad \Delta z]^{\mathrm{T}}$，DVL 航迹 $[x_A \quad y_A \quad z_A]^{\mathrm{T}}$ 与 GPS 航迹 $[x_t \quad y_t \quad z_t]^{\mathrm{T}}$ 存在两种转换关系：

$$\boldsymbol{R}_t^S\left[x_t \quad y_t \quad z_t\right]^{\mathrm{T}}=\boldsymbol{R}_A^S\cdot\left(k\cdot\left[x_A \quad y_A \quad z_A\right]^{\mathrm{T}}+\left[\Delta x \quad \Delta y \quad \Delta z\right]^{\mathrm{T}}\right) \tag{4-115}$$

或

$$\boldsymbol{R}_A^S\left[x_A \quad y_A \quad z_A\right]^{\mathrm{T}}=\boldsymbol{R}_t^S\cdot j\cdot\left(\left[x_t \quad y_t \quad z_t\right]^{\mathrm{T}}-\left[\Delta x \quad \Delta y \quad \Delta z\right]^{\mathrm{T}}\right) \tag{4-116}$$

式中，$\boldsymbol{R}_t^S$ 为 Ω_t 系到 Ω_S 系姿态矩阵；$\boldsymbol{R}_A^S$ 为安装偏角矩阵；k、j 为所求比例因子。

理想情况下，两种形式的比例因子 $k\cdot j=1$，但实际中由于测速噪声等的影响，$k\cdot j\neq 1$。k、j 两种形式的比例因子分别受 GPS 与 DVL 测量精度的影响，若将 GPS 航迹向 DVL 航迹转化，如式（4-116），此时比例因子 j 要求 DVL 有更高的测速精度，这样才能保证所求得的比例因子精度更优。由于实际应用中不易判断 DVL 与 GPS 的精度，为了避免由高精度向低精度航迹转化，导致比例因子精度过低，一般对其进行综合考虑。以式（4-115）为例，可写为

$$\boldsymbol{R}_t^S\left[x_t \quad y_t \quad z_t\right]^{\mathrm{T}}/\sqrt{k}=\boldsymbol{R}_A^S\cdot\left(\sqrt{k}\cdot\left[x_A \quad y_A \quad z_A\right]^{\mathrm{T}}+\left[\Delta x \quad \Delta y \quad \Delta z\right]^{\mathrm{T}}\right) \tag{4-117}$$

则残差可表示为

$$e=\boldsymbol{R}_t^S\left[x_t \quad y_t \quad z_t\right]^{\mathrm{T}}/\sqrt{k}-\boldsymbol{R}_A^S\cdot\left(\sqrt{k}\cdot\left[x_A \quad y_A \quad z_A\right]^{\mathrm{T}}+\left[\Delta x \quad \Delta y \quad \Delta z\right]^{\mathrm{T}}\right) \tag{4-118}$$

对航迹做去均值处理，$r_{T,i}$ 与 $r_{A,i}$ 为去均值后的对应坐标系航迹。对残差平方求和展开后可得

$$\begin{aligned} e^2=&\sum_{i=1}^{n}\left\|\boldsymbol{R}_t^S\cdot\boldsymbol{r}_{t,1}/\sqrt{k}-\sqrt{k}\cdot\boldsymbol{R}_A^S\cdot\boldsymbol{r}_{A,i}\right\|^2 \\ &-2\boldsymbol{r}_0\cdot\sum_{i=1}^{n}\left\|\boldsymbol{R}_t^S\cdot\boldsymbol{r}_{t,i}/\sqrt{k}-\sqrt{k}\cdot\boldsymbol{R}_A^S\cdot\boldsymbol{r}_{A,i}\right\|+n\left\|\boldsymbol{r}_0^{\,2}\right\| \end{aligned} \tag{4-119}$$

由于采取了去均值处理，所以 $2\boldsymbol{r}_0\cdot\sum_{i=1}^{n}\left\|\boldsymbol{R}_t^S\cdot\boldsymbol{r}_{A,i}/\sqrt{k}-\sqrt{k}\cdot\boldsymbol{R}_A^S\cdot\boldsymbol{r}_{A,i}\right\|=0$。对其再次展开进行整理，将 e^2 分解为比例因子、安装偏角及常数三部分，由于旋转矩阵不改变模值大小，最终可简写如下：

$$e^2=\left(\sqrt{kS_A}-\sqrt{S_t/k}\right)^2+2\left(S_tS_A-D\right)+n\left\|\boldsymbol{r}_0^{\,2}\right\| \tag{4-120}$$

式中，$S_t=\sum_{i=1}^{n}\left\|\boldsymbol{r}_{t,i}^{\,2}\right\|$；$D=\sum_{i=1}^{n}\boldsymbol{R}_t^S\boldsymbol{r}_{t,i}\boldsymbol{R}_t^S\boldsymbol{r}_{A,i}$；$S_A=\sum_{i=1}^{n}\left\|\boldsymbol{r}_{A,i}^{\,2}\right\|$。由于安装偏角及比例因子两部分误差是独立的，因此在考虑比例因子时，安装偏角误差可认为是常数。此时，在误差最小的准则下，可求得 $k=\sqrt{S_t/S_A}$。

2. 安装误差偏角校准

1）四元数法

四元数是复数在三维空间中的拓展，形如 $\boldsymbol{y}=a+b\boldsymbol{i}+c\boldsymbol{j}+d\boldsymbol{k}$ ，可表示三维空间中的旋转，用四元数来代替旋转矩阵，具有线性程度高、待定参数少、计算误差小等特点。由式（4-120）可知，当 $(S_t S_A - D)$ 最小（即 D 最大）时，航迹误差最小，此时即求得安装偏角矩阵 $\boldsymbol{R}_A^S$ 。在此，将航迹扩展为实部为零的四元数，利用四元数与特征值的性质将 D 进行分解[37]，进而求得令 D 最大的单位四元数，此时即求得安装偏角矩阵。

令 $\boldsymbol{r}_{S,i}=\boldsymbol{R}_S^t\boldsymbol{r}_{t,i}$ ，由于 $\boldsymbol{r}_{S,i}$ 与 $\boldsymbol{r}_{A,i}$ 为三维数据，先将其扩充为实部为零的四元数，则 D 可表示为单位四元数的乘积的形式：

$$D=\sum_{i=1}^{n}\boldsymbol{R}_t^S\boldsymbol{r}_{t,i}\boldsymbol{R}_A^S\boldsymbol{r}_{A,i}=\sum_{i=1}^{n}\boldsymbol{q}\cdot\boldsymbol{r}_{S,i}\cdot\boldsymbol{q}^*\cdot\boldsymbol{r}_{A,i}=\sum_{i=1}^{n}\left(\boldsymbol{q}\boldsymbol{r}_{S,i}\right)\cdot\left(\boldsymbol{r}_{A,i}\boldsymbol{q}\right) \tag{4-121}$$

令

$$\boldsymbol{r}_{A,i}\boldsymbol{q}=\begin{bmatrix}0 & -x_{A,i} & -y_{A,i} & -z_{A,i}\\ x_{A,i} & 0 & -z_{A,i} & y_{A,i}\\ y_{A,i} & z_{A,i} & 0 & -x_{A,i}\\ z_{A,i} & -y_{A,i} & x_{A,i} & 0\end{bmatrix}\boldsymbol{q}=\boldsymbol{R}_{A,i}\boldsymbol{q} \tag{4-122}$$

$$\boldsymbol{q}\boldsymbol{r}_{S,i}=\begin{bmatrix}0 & -x_{S,i} & -y_{S,i} & -z_{S,i}\\ x_{S,i} & 0 & z_{S,i} & -y_{S,i}\\ y_{S,i} & -z_{S,i} & 0 & x_{S,i}\\ z_{S,i} & y_{S,i} & -x_{S,i} & 0\end{bmatrix}\boldsymbol{q}=\boldsymbol{R}_{S,i}\boldsymbol{q} \tag{4-123}$$

为了利用四元数的性质求得 D 的最大值，对 D 做进一步的变换：

$$D=\sum_{i=1}^{n}\left(\boldsymbol{R}_{S,i}\boldsymbol{q}\right)\cdot\left(\boldsymbol{R}_{A,i}\boldsymbol{q}\right)=\sum_{i=1}^{n}\boldsymbol{q}^{\mathrm{T}}\boldsymbol{R}_{S,i}^{\mathrm{T}}\boldsymbol{R}_{A,i}\boldsymbol{q}=\boldsymbol{q}^{\mathrm{T}}\left(\sum_{i=1}^{n}\boldsymbol{R}_{S,i}^{\mathrm{T}}\boldsymbol{R}_{A,i}\right)\boldsymbol{q}=\boldsymbol{q}^{\mathrm{T}}\boldsymbol{N}\boldsymbol{q} \tag{4-124}$$

式中，

$$\boldsymbol{N}=\begin{bmatrix}S_{xx}+S_{yy}+S_{zz} & S_{zy}-S_{yz} & S_{xz}-S_{zx} & S_{yx}-S_{xy}\\ S_{zy}-S_{yz} & S_{xx}-S_{yy}-S_{zz} & S_{xy}+S_{yx} & S_{xz}+S_{zx}\\ S_{xz}-S_{zx} & S_{xy}+S_{yx} & S_{yy}-S_{zz}-S_{xx} & S_{yz}+S_{zy}\\ S_{yx}-S_{xy} & S_{xz}+S_{zx} & S_{yz}+S_{zy} & S_{zz}-S_{xx}-S_{yy}\end{bmatrix}$$

式中，$S_{ab}=\sum_{i=1}^{n}a_i'b_{A,i}'\left(a,b=x,y\right)$。

为求解 $D=\boldsymbol{q}^{\mathrm{T}}\boldsymbol{N}\boldsymbol{q}$，从特征矢量与特征值角度考虑。令 $\boldsymbol{N}\boldsymbol{e}_i=\lambda_i\boldsymbol{e}_i\ (i=1,2,3,4)$，$\boldsymbol{q}$ 为四元数，可表示为 $\boldsymbol{q}=\alpha_1\boldsymbol{e}_1+\alpha_2\boldsymbol{e}_2+\alpha_3\boldsymbol{e}_3+\alpha_4\boldsymbol{e}_4$，且 $\alpha_1^2+\alpha_2^2+\alpha_3^2+\alpha_4^2=1$，则

$$\boldsymbol{N}\boldsymbol{q}=\alpha_1\boldsymbol{N}\boldsymbol{e}_1+\alpha_2\boldsymbol{N}\boldsymbol{e}_2+\alpha_3\boldsymbol{N}\boldsymbol{e}_3+\alpha_4\boldsymbol{N}\boldsymbol{e}_4 \tag{4-125}$$

$$D=\boldsymbol{q}^{\mathrm{T}}\boldsymbol{N}\boldsymbol{q}=\boldsymbol{q}^{\mathrm{T}}\left(\boldsymbol{N}\boldsymbol{q}\right)=\alpha_1^2\lambda_1+\alpha_2^2\lambda_2+\alpha_3^2\lambda_3+\alpha_4^2\lambda_4 \tag{4-126}$$

假设 $\lambda_1>\lambda_2>\lambda_3>\lambda_4$，则当 $\alpha_1=1,\alpha_2=\alpha_3=\alpha_4=0$ 时 D 最大。此时最大特征值所对应的特征矢量即为所求四元数 $q=s+x\boldsymbol{i}+y\boldsymbol{j}+z\boldsymbol{k}$，根据四元数与旋转矩阵的转化式即可求得安装偏角矩阵 $\boldsymbol{R}_A^S$：

$$\boldsymbol{R}_A^S=\begin{bmatrix} r_{11} & r_{12} & r_{13} \\ r_{21} & r_{22} & r_{23} \\ r_{31} & r_{32} & r_{33} \end{bmatrix}=\begin{bmatrix} s^2+x^2+y^2+z^2 & 2(xy-sz) & 2(xz-sy) \\ 2(xy+sz) & s^2-x^2+y^2-z^2 & 2(yz-sx) \\ 2(sz-sy) & 2(sx+yz) & s^2-x^2-y^2+z^2 \end{bmatrix} \tag{4-127}$$

2）奇异值分解法

奇异值分解的核心思想则是将 D 化为正交阵，进行奇异值分解，根据正交阵的性质求得安装偏角矩阵。首先将 D 写成

$$D=\sum_{i=1}^{n}\boldsymbol{r}_{S,i}\boldsymbol{R}_A^S\boldsymbol{r}_{A,i}=\mathrm{tr}\left(\sum_{i=1}^{n}\boldsymbol{r}_{S,i}\boldsymbol{R}_A^S\boldsymbol{r}_{A,i}\right)=\mathrm{tr}\left(\boldsymbol{R}_A^S\cdot H\right) \tag{4-128}$$

式中，$H=\sum_{i=1}^{n}\boldsymbol{r}_{S,i}\boldsymbol{r}_{A,i}$，$H$ 是载体坐标系与声学基阵坐标系下两组数据的协方差矩阵。则此问题转换成旋转矩阵 $\boldsymbol{R}_A^S$ 取何参数时使得 $\boldsymbol{R}_A^S H$ 的迹最大。对 H 进行奇异值分解，即 $H=\boldsymbol{U}\boldsymbol{\Sigma}\boldsymbol{V}^{\mathrm{T}}$，可得

$$D=\mathrm{tr}\left(\boldsymbol{R}_A^S\cdot H\right)=\mathrm{tr}\left(\boldsymbol{R}_A^S\boldsymbol{U}\boldsymbol{\Sigma}\boldsymbol{V}^{\mathrm{T}}\right)=\mathrm{tr}\left(\boldsymbol{\Sigma}\boldsymbol{V}^{\mathrm{T}}\boldsymbol{R}_A^S\boldsymbol{U}\right) \tag{4-129}$$

由于 $\boldsymbol{V}^{\mathrm{T}}$、$\boldsymbol{R}_A^S$、$\boldsymbol{U}$ 全都是正交阵，因此 $\boldsymbol{M}=\boldsymbol{V}^{\mathrm{T}}\boldsymbol{R}_A^S\boldsymbol{U}$ 矩阵也是正交阵，则 $\boldsymbol{M}$ 矩阵的列矢量 $\boldsymbol{m}_j$ 两两正交，且 $\boldsymbol{m}_j{}^{\mathrm{T}}\boldsymbol{m}_j=1$。因此 $\boldsymbol{M}$ 矩阵中的所有元素均小于等于 1。因此

$$\begin{aligned}\mathrm{tr}\left(\boldsymbol{\Sigma}\boldsymbol{V}^{\mathrm{T}}\boldsymbol{R}_A^S\boldsymbol{U}\right)&=\begin{bmatrix} \sigma_1 & \cdots & 0 & 0 \\ \vdots & \sigma_2 & 0 & 0 \\ 0 & 0 & \ddots & \vdots \\ 0 & 0 & \cdots & \sigma_d \end{bmatrix}\begin{bmatrix} m_{11} & m_{12} & \cdots & m_{1d} \\ m_{21} & m_{22} & \cdots & m_{2d} \\ \vdots & \vdots & \ddots & \vdots \\ m_{d1} & m_{d2} & \cdots & m_{dd} \end{bmatrix}\\ &=\sum_{i=1}^{d}\sigma_i m_{ii}\leqslant\sum_{i=1}^{d}\sigma_i\end{aligned} \tag{4-130}$$

式中，$\sigma_1,\sigma_2,\cdots,\sigma_d\geqslant 0$ 为 $\boldsymbol{M}$ 的非零奇异值。

为了使 D 最大，$\boldsymbol{M}$ 矩阵对角线元素必须全部为 1。又因为 $\boldsymbol{M}$ 矩阵是正交阵，所以 $\boldsymbol{M}$ 必须是单位阵。因此，可求得

$$\boldsymbol{I}=\boldsymbol{M}=\boldsymbol{V}^{\mathrm{T}}\boldsymbol{R}_A^S\boldsymbol{U}\to\boldsymbol{R}_A^S=\boldsymbol{V}\boldsymbol{U}^{\mathrm{T}} \tag{4-131}$$

3）罗德里格斯矩阵法

罗德里格斯旋转矩阵与常规欧拉角旋转矩阵的区别在于选择了 a、b、c 三个参数代替欧拉角的 α,β,γ 三个角来进行计算[38]，避免可能存在的象限判断的问题，以及没有大倾角时三角函数线性化所带来的精度损失。载体坐标系下的航迹与基阵坐标系的航迹关系为

$$\begin{bmatrix}x_A & y_A & z_A\end{bmatrix}^{\mathrm{T}}=\boldsymbol{R}\cdot k\cdot\begin{bmatrix}x_S & y_S & z_S\end{bmatrix}^{\mathrm{T}}+\begin{bmatrix}\Delta x & \Delta y & \Delta z\end{bmatrix}^{\mathrm{T}} \tag{4-132}$$

由反对称阵来构建罗德里格斯旋转矩阵 $\boldsymbol{R}$：

$$\begin{aligned}\boldsymbol{R}&=(\boldsymbol{I}+\boldsymbol{S})(\boldsymbol{I}-\boldsymbol{S})^{-1}\\&=\frac{1}{1+a^2+b^2+c^2}\begin{bmatrix}1+a^2-b^2+c^2 & -2c-2ab & -2b+2ac\\ 2c-2ab & 1-a^2+b^2-c^2 & -2a-2bc\\ 2b+2ac & 2a-2bc & 1-a^2-b^2+c^2\end{bmatrix}\end{aligned} \tag{4-133}$$

为了能够求解出旋转矩阵 $\boldsymbol{R}$ 中的各元素，联立式（4-132）与式（4-133），选取两组坐标系中对应的三组点 $(x_{S1}\ y_{S1}\ z_{S1})$、$(x_{S2}\ y_{S2}\ z_{S2})$、$(x_{S3}\ y_{S3}\ z_{S3})$ 与 $(x_{A1}\ y_{A1}\ z_{A1})$、$(x_{A2}\ y_{A2}\ z_{A2})$、$(x_{A3}\ y_{A3}\ z_{A3})$ 对应相减，得

$$(\boldsymbol{I}-\boldsymbol{S})\begin{bmatrix}\Delta x_{A1}\\ \Delta y_{A1}\\ \Delta z_{A1}\\ \Delta x_{A2}\\ \Delta y_{A2}\\ \Delta z_{A2}\end{bmatrix}=k(\boldsymbol{I}+\boldsymbol{S})\begin{bmatrix}\Delta x_{S1}\\ \Delta y_{S1}\\ \Delta z_{S1}\\ \Delta x_{S2}\\ \Delta y_{S2}\\ \Delta z_{S2}\end{bmatrix} \tag{4-134}$$

式中，$\Delta p_{i1}=p_{i2}-p_{i1}$，$\Delta p_{i2}=p_{i3}-p_{i1}$（$p$ 表示 x,y,z，i 表示 A,S）。得到

$$\begin{bmatrix}0 & -k\Delta z_{S1}-\Delta z_{A1} & -k\Delta y_{S1}-\Delta y_{A1}\\ -k\Delta z_{S1}-\Delta z_{A1} & 0 & k\Delta x_{S1}+\Delta x_{A1}\\ k\Delta y_{S1}+\Delta y_{A1} & k\Delta x_{S1}+\Delta x_{A1} & 0\\ 0 & -k\Delta z_{S2}-\Delta z_{A2} & -k\Delta \mathrm{y}_{p31}-\Delta y_{q31}\\ -k\Delta z_{S2}-\Delta z_{A2} & 0 & k\Delta x_{S2}+\Delta x_{A2}\\ k\Delta y_{S2}+\Delta y_{A2} & k\Delta x_{S2}+\Delta x_{A2} & 0\end{bmatrix}\begin{bmatrix}a\\ b\\ c\end{bmatrix}=\begin{bmatrix}\Delta x_{A1}-k\Delta x_{S1}\\ \Delta y_{A1}-k\Delta y_{S1}\\ \Delta z_{A1}-k\Delta z_{S1}\\ \Delta x_{A2}-k\Delta x_{S2}\\ \Delta y_{A2}-k\Delta y_{S2}\\ \Delta z_{A2}-k\Delta z_{S2}\end{bmatrix} \tag{4-135}$$

为了使该方程组可以求解出三个参数，要求三个点不能共线。当数据的点数

超过 3 点时，将所有航迹点在两个坐标系中的坐标代入式（4-136），通过最小二乘准则进行计算。

$$\begin{bmatrix} x_{Ai} \\ y_{Ai} \\ z_{Ai} \end{bmatrix} = \frac{1}{1+a^2+b^2+c^2} \begin{bmatrix} 1+a^2-b^2+c^2 & -2c-2ab & -2b+2ac \\ 2c-2ab & 1-a^2+b^2-c^2 & -2a-2bc \\ 2b+2ac & 2a-2bc & 1-a^2-b^2+c^2 \end{bmatrix} \begin{bmatrix} x_{Si} \\ y_{Si} \\ z_{Si} \end{bmatrix} \tag{4-136}$$

从三种方法的原理来看，四元数法与奇异值分解法都是求解 D 的最大值，唯一的区别仅在于一个用四元数来表示 D，从而求解，另一个则是对 D 进行奇异值分解，进而求得最大值。从数学上来说，能满足 D 最大的安装偏角矩阵 $\boldsymbol{R}_A^S$ 是唯一的，两种方法求得的 $\boldsymbol{R}_A^S$ 相同，即四元数法与奇异值分解法可认为是等效的。

罗德里格斯矩阵法在解算时要求航迹不能共线，否则将导致求解失败，这对标定航迹提出了要求。但实际情况中，载体航迹保持直线运动是比较困难的，多为曲线运动，因此该限制对实际影响不大。

当测量噪声为高斯白噪声时，三种安装偏角的标定结果极为接近，其中四元数法与奇异值分解法完全相等，可认为这三种方法在高斯白噪声的条件下效果是相同的。当测量噪声呈现出厚尾分布特性时，在较低特征指数下的厚尾分布中，三种方法标定结果十分接近。随着特征指数升高，噪声的非正态性越来越强，三种方法的性能逐步体现，此时罗德里格斯矩阵的估计精度要低于其余两种方法。因此在实际情况中，选择四元数法或奇异值分解法是比较合适的。

4.4.3　测速准确度的径向系校准方法

传统的基阵坐标系标定方法包含安装偏角及比例因子两项误差因素，安装偏角有着实际的物理意义，表示两坐标系之间的偏差，但比例因子的实际物理意义并不清晰。在实际处理中，所求得的比例因子通常为在一段时间内 DVL 所测航迹与 GPS 航迹的最小二乘值，其结果并不适用于所有航迹。对传统的标定方法进一步分析，其标定模型认为 DVL 各波束对称且夹角已知，若各波束角与理论值不相符，则 DVL 由四波束速度到基阵坐标系速度的解算式就不再适用。在实际加工中，受各种因素的影响，DVL 各波束实际夹角与理论参数往往存在一定误差，若仍将理论参数代入，则解算速度与真实速度必然存在误差。当载体速度发生变化时，该误差也将发生变化，与真实速度不完全成比例关系，因此仅用单一比例因子无法完全修正这一误差。

1. 径向系校准方法

若 DVL 各波束角存在误差，传统的安装偏角及比例因子标定模型已无法对其进行修正，因此需要将各波束角误差引入标定模型中。考虑到安装偏角与波束角存在耦合，为了标定模型的简洁，可直接将各波束角定义在载体坐标系中，从而免去由基阵坐标系到载体坐标系转换这一过程。而比例因子被认为是波束角误差导致的，因此在波束域标定模型中不重复考虑。在实际应用中，一般认为惯性导航系统坐标系即为载体坐标系，因此在设备中，波束角定义如图 4-37 所示，$\theta_i\left(i=1,2,3,4\right)$ 为各波束在载体坐标系中与 $x_S O_S y_S$ 平面的夹角，$\alpha_i\left(i=1,2,3,4\right)$ 为各波束在 $x_S O_S y_S$ 平面上的投影与 $y_S O_S z_S$ 平面的夹角。

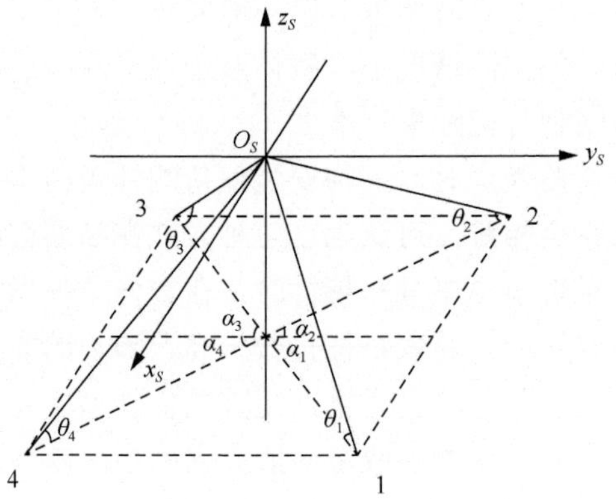

图 4-37　波束角定义图

设 Ω_S 系的三维速度为 $\boldsymbol{V}^S=\begin{bmatrix}v_x & v_y & v_z\end{bmatrix}^{\mathrm{T}}$，DVL 四波束速度为 $\boldsymbol{V}^L=\begin{bmatrix}v_1 & v_2 & v_3 & v_4\end{bmatrix}^{\mathrm{T}}$，根据定义可得

$$\boldsymbol{V}^L=\begin{bmatrix}v_1\\v_2\\v_3\\v_4\end{bmatrix}=\begin{bmatrix}\sin\alpha_1\cos\theta_1 & \cos\alpha_1\cos\theta_1 & -\sin\theta_1\\-\sin\alpha_2\cos\theta_2 & \cos\alpha_2\cos\theta_2 & -\sin\theta_2\\-\sin\alpha_3\cos\theta_3 & -\cos\alpha_3\cos\theta_3 & -\sin\theta_3\\\sin\alpha_4\cos\theta_4 & -\cos\alpha_4\cos\theta_4 & -\sin\theta_4\end{bmatrix}\boldsymbol{V}^S \tag{4-137}$$

仅由式（4-137）四个等式无法求解出 8 个波束角，因此需要两个方向不同的激励速度对等式（4-137）进行扩充后才能解出各波束角。下面对不同的速度情况进行进一步分析。

当载体速度沿载体坐标系坐标轴方向，以波束 1 为例，当两次均只存在一个轴向的速度，如$\begin{bmatrix} v_x & 0 & 0 \end{bmatrix}$与$\begin{bmatrix} 0 & v_y' & 0 \end{bmatrix}$时，在两次速度激励下波束 1 的径向速度为

$$\begin{cases} v_1 = v_x \sin\alpha_1 \cos\theta_1 \\ v_1' = v_y' \cos\alpha_1 \cos\theta_1 \end{cases} \tag{4-138}$$

此时可解出波束角θ_1、α_1：

$$\begin{cases} \theta_1 = \arccos\left[\sqrt{\left(\dfrac{v_1}{v_x}\right)^2 + \left(\dfrac{v_1'}{v_y'}\right)^2}\right] \\ \alpha_1 = \arcsin\left(\dfrac{v_1}{v_x \cos\theta_1}\right) \end{cases} \tag{4-139}$$

同理可解得其他波束角。

考虑到实际情况，DVL 速度可由水面舰船提供，其导航系下的速度真值可由 GPS 提供。由于水面舰船几乎只存在艏向速度，在大机动条件下，其侧弦速度也不明显，因此需要借助其他手段使 DVL 得到侧弦方向的速度激励。可将一体化设备相较于载体进行一定角度的旋转，从而使 DVL 得到不同方向速度的激励。由于测量数据均含有噪声，当旋转角度较小时，其测量速度方向可能会近似相同，两次速度的相关性较大，会减小波束角误差的可观测性，因此要求旋转角度为直角。在实际操作过程中，由于无法精确控制载体的速度方向以及一体化旋转角度，且测量数据均含噪声，无法直接计算得到各波束角，将 8 个波束角误差作为卡尔曼滤波器的状态量进行标定。为提高系统的可观测度，需扩充波束角与速度的关系式。由于 DVL 仅需三个波束就可得到三维速度，因此将四个波束分组，a 组为 1、2、3 波束，b 组为 1、2、4 波束，c 组为 1、3、4 波束，d 组为 2、3、4 波束。具体处理方法以 a 组波束为例，将实际波束角与理论波束角代入式（4-137）中，求得$\boldsymbol{\Omega}_S$系下的真实速度$\boldsymbol{V}^S$与 a 组估计速度$\widetilde{\boldsymbol{V}_a^S}$，设

$$\begin{cases} \boldsymbol{x} = [\alpha_d\ \alpha_d\ \alpha_d\ \alpha_d\ \theta_d\ \theta_d\ \theta_d\ \theta_d] \\ \boldsymbol{x}_k = [\alpha_1\ \alpha_2\ \alpha_3\ \alpha_4\ \theta_1\ \theta_2\ \theta_3\ \theta_4] \end{cases} \tag{4-140}$$

则

$$\Delta\boldsymbol{x} = \boldsymbol{x}_k - \boldsymbol{x} = [\delta\alpha_1\ \delta\alpha_2\ \delta\alpha_3\ \delta\alpha_4\ \delta\theta_1\ \delta\theta_2\ \delta\theta_3\ \delta\theta_4]^{\mathrm{T}} \tag{4-141}$$

在$\boldsymbol{x}$处对$\boldsymbol{V}_a^S(\boldsymbol{x}_k)$进行泰勒展开，可得

$$\boldsymbol{V}_a^S(\boldsymbol{x}_k) = \boldsymbol{V}_a^S(\boldsymbol{x}) + \left[\nabla \boldsymbol{V}_a^S(\boldsymbol{x})\right]^{\mathrm{T}}[\boldsymbol{x}_k - \boldsymbol{x}] + \frac{1}{2!}[\boldsymbol{x}_k - \boldsymbol{x}]^{\mathrm{T}} \boldsymbol{H}(\boldsymbol{x})[\boldsymbol{x}_k - \boldsymbol{x}] + o \tag{4-142}$$

式中，$\boldsymbol{H}(\boldsymbol{x})$ 为 Hessian 矩阵

$$\boldsymbol{H}(\boldsymbol{x})=\begin{bmatrix} \dfrac{\partial^2 \boldsymbol{V}_a^S(\boldsymbol{x})}{\partial x_1{}^2} & \dfrac{\partial^2 \boldsymbol{V}_a^S(\boldsymbol{x})}{\partial x_1 \partial x_2} & \cdots & \dfrac{\partial^2 \boldsymbol{V}_a^S(\boldsymbol{x})}{\partial x_1 \partial x_8} \\ \dfrac{\partial^2 \boldsymbol{V}_a^S(\boldsymbol{x})}{\partial x_2 \partial x_1} & \dfrac{\partial^2 \boldsymbol{V}_a^S(\boldsymbol{x})}{\partial x_2{}^2} & \cdots & \dfrac{\partial^2 \boldsymbol{V}_a^S(\boldsymbol{x})}{\partial x_2 \partial x_8} \\ \vdots & \vdots & \ddots & \vdots \\ \dfrac{\partial^2 \boldsymbol{V}_a^S(\boldsymbol{x})}{\partial x_8 \partial x_1} & \dfrac{\partial^2 \boldsymbol{V}_a^S(\boldsymbol{x})}{\partial x_8 \partial x_2} & \cdots & \dfrac{\partial^2 \boldsymbol{V}_a^S(\boldsymbol{x})}{\partial x_8{}^2} \end{bmatrix}$$

令 $\boldsymbol{C}_a=-\left[\nabla \boldsymbol{V}_a^S(\boldsymbol{x})\right]^{\mathrm{T}}$，则

$$\boldsymbol{\delta V}_a^S=\tilde{\boldsymbol{V}}_a^S-\boldsymbol{V}^S=\boldsymbol{C}_a \Delta \boldsymbol{x}-\boldsymbol{\delta}_a \tag{4-143}$$

忽略关于波束角的二阶以上小量，即

$$\boldsymbol{\delta V}_a^S=\tilde{\boldsymbol{V}}_a^S-\boldsymbol{V}^S=\boldsymbol{C}_a\left[\delta\alpha_1 \quad \delta\alpha_2 \quad \delta\alpha_3 \quad \delta\alpha_4 \quad \delta\theta_1 \quad \delta\theta_2 \quad \delta\theta_3 \quad \delta\theta_4\right]^{\mathrm{T}} \tag{4-144}$$

则载体在 Ω_t 系中的估计速度 $\tilde{\boldsymbol{V}}_a^t$ 为

$$\tilde{\boldsymbol{V}}_a^t=\left[\boldsymbol{I}-(\boldsymbol{\phi}\times)\right]\boldsymbol{C}_S^t\left(\boldsymbol{V}^S+\boldsymbol{\delta V}_a^S\right) \tag{4-145}$$

式中，$\boldsymbol{\phi}$ 为惯导系统姿态误差角，$(\boldsymbol{\phi}\times)$ 为 $\boldsymbol{\phi}$ 的反对称矩阵。可得到 Ω_t 系中的速度误差 $\boldsymbol{\delta V}_a^t$ 为

$$\begin{aligned}\boldsymbol{\delta V}_a^t&=\tilde{\boldsymbol{V}}_a^t-\boldsymbol{V}^t\\&=\left(\tilde{\boldsymbol{V}}_a^t\times\right)\boldsymbol{\phi}+\boldsymbol{X}_S^t\boldsymbol{C}_a\left[\delta\alpha_1 \quad \delta\alpha_2 \quad \delta\alpha_3 \quad \delta\alpha_4 \quad \delta\theta_1 \quad \delta\theta_2 \quad \delta\theta_3 \quad \delta\theta_4\right]^{\mathrm{T}}\end{aligned} \tag{4-146}$$

依此类推，可得到其余三组的速度误差式。

根据以上设计，以惯性导航系统（inertial navigation system, INS）12 维状态量和 8 个波束角误差构建 20 维状态量，建立卡尔曼滤波器。

$$\begin{cases}\dot{\boldsymbol{X}}(t)=\boldsymbol{F}(t)\boldsymbol{X}(t)+\boldsymbol{G}(t)\boldsymbol{w}(t)\\ \boldsymbol{Z}(t)=\boldsymbol{H}(t)\boldsymbol{X}(t)+\boldsymbol{v}(t)\end{cases} \tag{4-147}$$

式中，$\boldsymbol{v}(t)$ 为测量噪声；

$$\boldsymbol{X}(t)=\left[\phi_E \ \phi_N \ \phi_U \ \delta V_E \ \delta V_N \ \delta L \ \delta\lambda \ \varepsilon_x \ \varepsilon_y \ \varepsilon_z \ \nabla_x \ \nabla_y \ \delta\alpha_1 \ \delta\alpha_2 \ \delta\alpha_3 \ \delta\alpha_4 \ \delta\theta_1 \ \delta\theta_2 \ \delta\theta_3 \ \delta\theta_4\right]^{\mathrm{T}}$$

以 GPS 数据为基准，以速度及位置误差构建测量量

$$\boldsymbol{Z}(t)=\begin{bmatrix}\delta V^{t}\\ \delta P^{t}\\ \delta V_{a}^{t}\\ \delta V_{b}^{t}\\ \delta V_{c}^{t}\\ \delta V_{d}^{t}\end{bmatrix}=\begin{bmatrix}V_{\text{sins}}^{t}-V_{\text{gps}}^{t}\\ L_{\text{sins}}-L_{\text{gps}}\\ B_{\text{sins}}-B_{\text{gps}}\\ \tilde{V}_{a}^{t}-V_{\text{gps}}^{t}\\ \tilde{V}_{b}^{t}-V_{\text{gps}}^{t}\\ \tilde{V}_{c}^{t}-V_{\text{gps}}^{t}\\ \tilde{V}_{d}^{t}-V_{\text{gps}}^{t}\end{bmatrix} \tag{4-148}$$

其中，ϕ_E、ϕ_N、ϕ_U 为惯导系统的姿态误差角，δV_E、δV_N 为惯导系统的水平速度误差，δL、$\delta\lambda$ 为惯导系统的经度及纬度误差，L_{sins}、B_{sins} 为惯导输出位置信息，V_{sins}^{t} 为惯导输出速度信息，L_{gps}、B_{gps} 为 GPS 输出位置信息，V_{gps}^{t} 为 GPS 输出速度信息，δV^{t} 仅取水平速度误差。各矩阵含义如下：

$$\boldsymbol{F}(t)=\begin{bmatrix}\boldsymbol{F}_{\text{INS}} & \boldsymbol{0}_{12\times 8}\\ \boldsymbol{0}_{8\times 12} & \boldsymbol{0}_{8\times 8}\end{bmatrix},\quad \boldsymbol{G}(t)=\begin{bmatrix}-\boldsymbol{C}_{S}^{t} & \boldsymbol{0}_{3\times 2}\\ \boldsymbol{0}_{2\times 3} & \left(\boldsymbol{C}_{S}^{t}\right)_{2\times 2}\\ \boldsymbol{0}_{15\times 3} & \boldsymbol{0}_{15\times 2}\end{bmatrix}$$

$$\boldsymbol{w}(t)=\begin{bmatrix}\varepsilon_{wx} & \varepsilon_{wy} & \varepsilon_{wz} & \nabla_{wx} & \nabla_{wy}\end{bmatrix}^{\mathrm{T}},\quad \boldsymbol{H}(t)=\begin{bmatrix}\boldsymbol{0}_{4\times 3} & \boldsymbol{I}_{4\times 4} & \boldsymbol{0}_{4\times 5} & \boldsymbol{0}_{4\times 8}\\ (\tilde{\boldsymbol{V}}_{a}^{t}\times) & \boldsymbol{0}_{3\times 4} & \boldsymbol{0}_{3\times 5} & \boldsymbol{C}_{S}^{t}\boldsymbol{C}_{a}\\ (\tilde{\boldsymbol{V}}_{b}^{t}\times) & \boldsymbol{0}_{3\times 4} & \boldsymbol{0}_{3\times 5} & \boldsymbol{C}_{S}^{t}\boldsymbol{C}_{b}\\ (\tilde{\boldsymbol{V}}_{c}^{t}\times) & \boldsymbol{0}_{3\times 4} & \boldsymbol{0}_{3\times 5} & \boldsymbol{C}_{S}^{t}\boldsymbol{C}_{c}\\ (\tilde{\boldsymbol{V}}_{d}^{t}\times) & \boldsymbol{0}_{3\times 4} & \boldsymbol{0}_{3\times 5} & \boldsymbol{C}_{S}^{t}\boldsymbol{C}_{d}\end{bmatrix}$$

式中，$\boldsymbol{F}_{\text{INS}}$ 为惯导 12 维状态转移矩阵；ε_x、ε_y、ε_z 为陀螺零偏；ε_{wx}、ε_{wy}、ε_{wz} 为陀螺噪声；∇_x、∇_y 为加速度计零偏；∇_{wx}、∇_{wy} 为加速度计噪声。

8 个标定参数的初始值设为理论值 θ_d 、α_d ，求得各波束角误差后，波束角的最终标定结果为 $\alpha_i=\alpha_d+\delta\alpha_i\left(i=1,2,3,4\right)$、$\theta_i=\theta_d+\delta\theta_i\left(i=1,2,3,4\right)$。

2. 校准方法有效性验证

由于公式（4-147）建立的滤波系统为时变系统，可采用线性系统理论分析其可观测性[39]。设计标定航迹为匀速直航 6000s，在航迹中点处将 DVL 与惯导逆时针水平旋转 90°，仿真参数见表 4-6。

表 4-6　仿真参数

参数	数值	参数	数值	参数	数值
陀螺零偏	0.01°/h	最大速度	3m/s	α_3	45.5°
加表零偏	50μg	转向速度	1°/s	α_4	45°
DVL 噪声	0.02m/s	加速度	0.2m/s^2	θ_1	61°
GPS 精度	0.5m	α_d	45°	θ_2	59°
f_{DVL}	1Hz	θ_d	60°	θ_3	60°
f_{INS}	100Hz	α_1	44°	θ_4	60.5°
横纵摇	存在	α_2	47°		

根据仿真参数，计算 8 个标定量在惯导旋转前后可观测度，结果见表 4-7。

表 4-7　可观测度（归一化）对比

	α_1	α_2	α_3	α_4	θ_1	θ_2	θ_3	θ_4
旋转前	0.01	0	0	0	1	0.32	0.62	0.68
旋转后	0.41	0.22	0.23	0.47	0.97	0.82	0.80	1

在未旋转前，由于 DVL 只受到艏向速度 v_y 的激励，因此在 12 个速度误差式中，只有 4 个等式成立，其对应的速度误差系数矩阵秩为 4，因而无法求解出 8 个波束角，其可观测性则表示为只有 4 个波束角可观。但需要注意的是，虽然在旋转前有 4 个波束角具有可观测性，但这并不能说明这 4 个波束角是可以被准确估计出来的，因为 8 个波束角是互相耦合的。

旋转后各波束角都具有一定的可观测度，因为旋转之后 DVL 受到了侧弦方向速度 v_x 的激励，因此在 12 个误差式中，除去与 v_z 相关的 4 个等式外，其余 8 个等式均成立，因此对应的系数误差矩阵秩为 8，所以可以求得 8 个波束角。

在表 4-6 的仿真条件下，对该方法的性能进行仿真，其标定结果见表 4-8。

表 4-8　仿真标定结果　　单位：(°)

	α_1	α_2	α_3	α_4	θ_1	θ_2	θ_3	θ_4
理论值	44	47	45.5	45	61	59	60	60.5
标定值	44.1055	47.0012	45.5569	44.9892	60.9493	59.0132	59.9407	60.4956

该仿真结果显示，α_1 误差较大，达到了 0.1°，α_3、θ_1 与 θ_3 达到了 0.05°，其余标定误差均小于 0.02°。该仿真结果可认为此标定方法有效。进一步分析，处

于对称的 1、3 两个波束其标定结果误差要大于 2、4 两个波束，造成该结果的原因可能是式（4-144）线性化的误差。另选航迹，使用该标定结果进行 10km 船位推算导航，其最大误差为 0.43‰，1500s 后的实时导航误差均在 0.4‰以内。而在传统的基阵坐标系标定方法下，当航向角误差为 0.05° 时，其船位推算误差理论值为 0.87‰。该仿真结果验证了波束域标定方法的有效性。

对该方法进行进一步验证，在外场试验条件下，采用同一条航迹对同一设备分别进行基阵坐标系与波束域标定，其波束域标定结果如表 4-9 所示。该结果显示各波束角与理论值都存在偏差，并且该 8 个波束角无法通过理论值进行旋转得到，即本次试验所用 DVL 各波束夹角与理论值均存在一定误差，该误差无法单纯通过旋转来进行修正，这一结果验证了波束域标定方法所提出的假设。

选择另一条航迹来验证两组标定结果。船位推算结果仅受对准及姿态解算影响，而两组结果都采用了相同的对准及姿态，使用波束域标定结果的船位推算导航要明显优于基阵坐标系标定结果，其实时导航误差约小了 3‰。在组合导航情况下，波束域标定也略优于基阵坐标系标定。该结果证明了相较于基阵坐标系标定模型，波束域标定模型更符合实际情况。

表 4-9　试验标定结果　　单位：(°)

	α_1	α_2	α_3	α_4	θ_1	θ_2	θ_3	θ_4
标定值	44.8908	45.6034	44.1202	45.2575	59.7909	59.9814	59.6089	59.5151

4.5　瞬时测速精度评价技术

从统计学角度来讲，测速精度（也称为瞬时测速质量）就是测速方差，该指标反映了在测量速度统计平均值附近存在随机起伏。定性方面，测速方差在实践中可方便直观地确定，所以常用作反映 DVL 测速性能优劣的有效指标。定量方面，测速方差是 DVL 测速不确定度的具体数字特征描述，在 INS/DVL 组合导航计算中也需要测速方差的量化数值[40]。已有一些文献分析了影响测速方差的误差源[7,41-42]，并给出了测速方差的理论关系式。目前主要有以下三种方法。

（1）基于实测大量测速样本的统计方法。测速精度可以通过实测大量速度样本的误差方差进行计算。但受航姿变化影响，速度径向重心易发生不可忽略的变化，据此得到统计出的误差方差明显大于该测速环境下真实的测速精度。Lu 等[43]给出一种“误差速度”定义，他们通过四波束速度垂直分量差值的方差描述测速精度。这种方法虽然能够在一定程度上消除速度重心变化带来的精度计算额外误差，但其仅能作为垂直方向速度误差方差的一种体现，无法定量估计基阵坐标系速度精度。因此，我们认为基于实测大量测速样本的统计方法并不能给出准确的测速精度计算结果，仅是一种定量的分析。

（2）基于统计推断的测速精度分析方法。真实速度信息的随机变化过程可以采用典型运动状态空间模型（如匀速、加/减速等）有效描述[44]，此时的测量速度可描述为真实速度的测量，据此实现真实速度、测速方差的联合统计推断。该方法假设随机变量的先验、后验概率密度都属同一概型（即共轭先验），通过合理配置真实速度、测量速度及测速方差概率密度模型，将概率密度推断问题视为贝叶斯统计问题，通过变分法获得在 KL（Kullback-Leibler）散度最小的概率密度近似解[45]，实现对测速方差的统计推断。该推断过程具有递归形式，既符合统计学基本原理，又可以确保测速方差实时在线推断，是实现测速精度分析的一种手段。

（3）基于混响波形统计特性的测速性能预测。期望获取当次散射回波输出速度的统计特性，这就将信息获取的来源限制为一帧回波信号的波形。除接收回波直接反映出的时域、频域信息，波形统计特性描述了概率密度维度重要的回波性质。测速精度的度量等价于建立波形一阶统计特性、相关特性与脉冲对算法输出速度统计特性的联系。因此，测速性能预测的主要思想为：在回波瞬时值正态分布假设下，以相关特性为输入量，应用复正态随机变量统计方法拟合出复相关系数的概率密度分布，经边缘变换将相关系数相位概率密度的方差作为测速精度的预测估计。这种方法依赖对回波相关函数或协方差矩阵的精准建模，且已有的常用模型尚未考虑复杂水声环境对测速性能的影响，因此无法用于评价每一次测速结果的精度。

4.5.1 信息级测速精度评价

本节不探究测速方差的具体成因，而是从测速信息处理方面，挖掘测速信息的统计学特征，明确具有统计学意义的测速方差推断思想和方法。

声学多普勒测速信息处理技术主要是将测速信息视为时间序列，结合测速原理和特定工作场景给定时间序列的统计学特征（或模型），使用测速信息计算统计参数（如方差）。根据测速信息的不同用途将声学多普勒测速信息处理技术分为：测速信息的后置处理技术[46]、实时处理技术[47]。例如，声学多普勒测速仪（acoustic Doppler velocimetry, ADV）的测速信息没有实时输出的需求，通常采取后置处理技术。通常测速信息具有平稳统计特性，通过统计一段时间内测速信息的方式，估计测速方差同时剔除数据中偶然性歧异值[48-50]。然而，针对 DVL 的测速信息处理技术必须具备实时特性，典型统计方法有滑动平均、卡尔曼滤波。滑动平均算法简单、易于实现，但是其处理性能受滑动窗选择、歧异值等因素影响，统计结果往往产生较大的差异性，用于实时描述测速方差不够恰当，缺乏可靠性。采用经典卡尔曼滤波技术对测速信息处理时[51]，大多以估计状态量（真实速度）为目的，并不具备统计测速方差的能力，只能假定测速信息为平稳高斯分布对其处理。实际上 DVL 的测速方差与测量环境和测速设备稳定程度密不可分，例如照射区域散射系数较高时回波信噪比也会较高，而信噪比的高低影响测频精度，从而产生不同的测速方差，并且地形的起伏、水下游动生物随机分布等环境因素都会引起测速方差的随机变化，即将测速信息视为非平稳的时间序列更符合实际情况，采用时变的方式描述测速信息的方差更合理。

为了使经典卡尔曼滤波技术具有推断方差的能力，从贝叶斯估计的角度理解卡尔曼滤波基本原理，使其具有更广泛的意义。贝叶斯估计用随机的观点描述实际物理过程存在的不确定性，实际中平台的随机运动过程大多属于常见运动场景（如匀速、加/减速），可以采用典型运动状态空间模型有效描述。将真实速度 $\boldsymbol{X}$ 和测速信息 $\boldsymbol{Y}$ 都视为随机变量，运动的不确定性引起了 $\boldsymbol{X}$ 的随机特性，随机测速噪声导致了 $\boldsymbol{Y}$ 的随机性。

平台的真实运动可能很复杂，无法实时准确描述（如随机海流、浪涌等）。例如，平台以恒定动力学参数运动时，从统计学的角度来看，可将真实速度认为是静水时速度附加随机噪声的结果，这是匀速运动的状态空间模型思想来源，该模型的离散形式可以表示为[44]

$$\boldsymbol{X}_k = \boldsymbol{F}\boldsymbol{X}_{k-1} + \boldsymbol{v}_{k-1} \tag{4-149}$$

式中，$\boldsymbol{X}_k$ 表示 k 时刻平台运动的真实速度，包括了 DVL 基阵坐标系下 x 、y 两个测速轴上的速度标量，$\boldsymbol{X}_k = \left[X_x(k) \quad X_y(k)\right]$；$\boldsymbol{F}$ 指状态转移矩阵，这里是一个 2×2 的单位阵；$\boldsymbol{v}_{k-1}$ 是描述运动随机性的过程噪声矢量。这里，假设过程噪声的统计特性是平稳的，即期望 $E\left(\boldsymbol{v}_{k-1}\right)=0$ 以及协方差 $\operatorname{cov}\left(\boldsymbol{v}_{k-1}\right)=Q$ 。另外，通过测量方程描述测速信息如下：

$$\boldsymbol{Y}_k = \boldsymbol{H}\boldsymbol{X}_k + \boldsymbol{\omega}_k \tag{4-150}$$

式中，$\boldsymbol{Y}_k = \left[Y_x(k) \quad Y_y(k)\right]$ 表示 x 、y 两个测速轴上测量速度；$\boldsymbol{H}$ 表示观测矩阵；$\boldsymbol{\omega}_k = \left[\omega_x(k) \quad \omega_y(k)\right]$ 表示 k 时刻的测量噪声矢量，认为它具有未知非平稳特性，两个维度上的噪声 $\omega_x(k)$ 、$\omega_y(k)$ 相互独立，将 k 时刻 $\boldsymbol{\omega}_k$ 协方差矩阵定义为

$$\boldsymbol{R}_k = \operatorname{diag}\left\{\operatorname{std}^2\left[\omega_x(k)\right];\operatorname{std}^2\left[\omega_y(k)\right]\right\} = \operatorname{diag}\left(\sigma_x^2;\sigma_y^2\right)_k \tag{4-151}$$

为了实现真实速度、测速方差的联合概率分布推断，直接解析计算是不现实的，可以结合共轭先验概率密度函数的思想[45]，通过随机变量之间的关联性，配置各随机变量理论的概率分布模型。考虑到标准的变分贝叶斯方法[52]，能够得到在 KL 散度最小的各已知概型中的未知参数[45]，该思路既符合统计学原理，又能确保测速方差实时在线估计，并且算法具有递归的特点，易于有效实现。

假设测量速度 $\boldsymbol{Y}_k$ 的概率分布是时变高斯分布，影响测量速度概率分布的因素包括真实速度 $\boldsymbol{X}_k$ 和测量噪声方差 $\boldsymbol{R}_k$，记 $\boldsymbol{\Sigma}_k$ 表示 $\boldsymbol{R}_k$ 的估计。使用贝叶斯网络[53]描述测量速度 $\boldsymbol{Y}_k$、真实速度 $\boldsymbol{X}_k$ 和测量噪声之间的具体统计学关系，如图 4-38 所示。

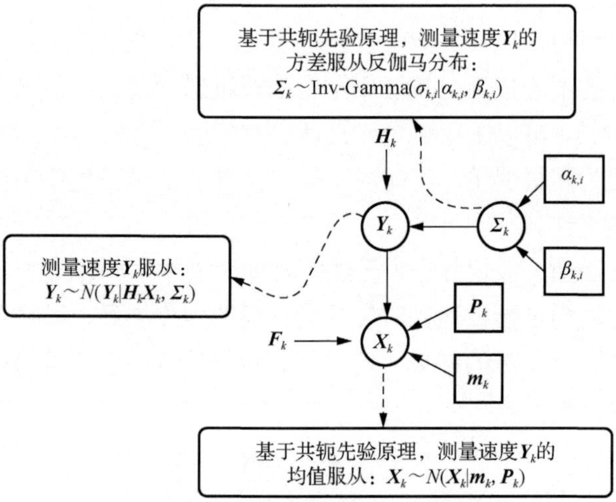

图 4-38　测速信息的贝叶斯网络

综合图 4-38 信息，可明确测速真值 $\boldsymbol{X}_k$ 和方差 $\boldsymbol{\Sigma}_k$ 的概率分布，其中通过共轭先验的思想，引入了真值 $\boldsymbol{X}_k$ 和方差矩阵 $\boldsymbol{\Sigma}_k$ 理论上的概率分布函数[54]。$\boldsymbol{X}_k$ 符合均值为 $\boldsymbol{m}_k$、方差为 $\boldsymbol{P}_k$ 的高斯概率分布，测速方差矩阵 $\boldsymbol{\Sigma}_k$ 是对角阵，其对角线上的分量 $\sigma_{k,i}$ 符合参数为 $\alpha_{k,i}$、$\beta_{k,i}$ 的反伽马概率分布。使用上述确定的随机变量之间的统计学关系，运用变分贝叶斯方法可以对上述模型中的未知参数进行计算，推断出图 4-38 中方框标记的随机变量的概率分布函数，实现了基于变分贝叶斯的瞬时测速方差矩阵 $\boldsymbol{\Sigma}_k$ 的在线统计[55]，具体可分为更新过程（图 4-39）和预测过程（图 4-40）。

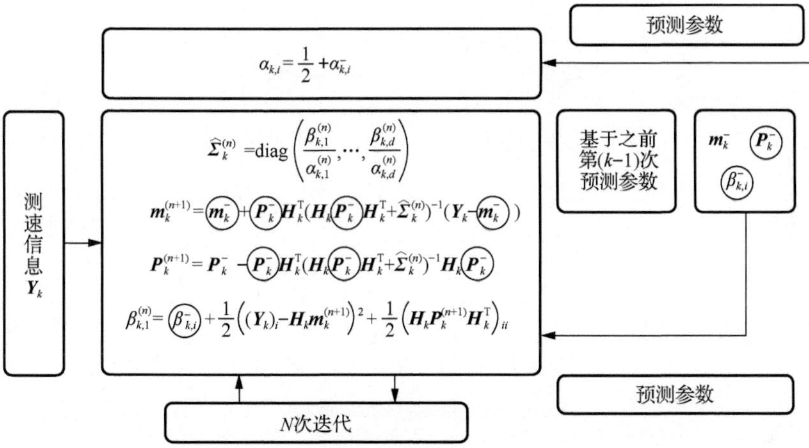

图 4-39　更新过程框图

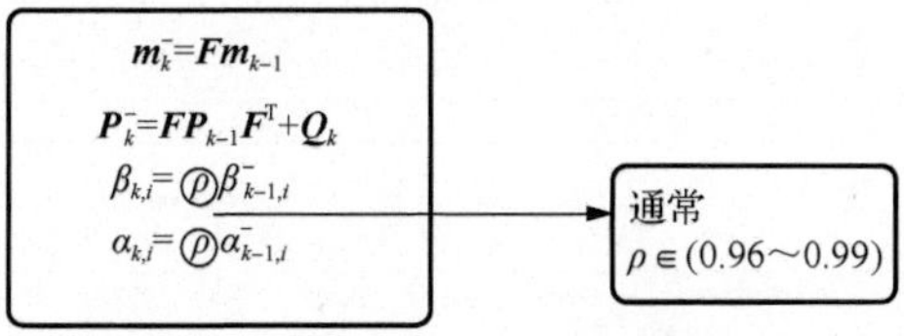

图 4-40　预测过程框图

采取实际可能出现的特定情况进行仿真，验证基于变分贝叶斯的瞬时速度质量描述的具体性能。有时候基于某些导航任务，平台可能主动（如上浮或下潜）或被动（如受到内波或洋流的影响）调整其自身姿态。这一过程中可能导致 DVL 测速精度下降，测速方差变大。当姿态恢复后，速度测量方差水平也会恢复。根据式（4-149）与式（4-150）可以构造 x、y 两个测速轴上的真实速度、测量速度以及测速标准差，如图 4-41（a）所示[56]。

变分贝叶斯瞬时速度质量描述结果如图 4-41（b）所示，可见，在一定时间之后，统计特性趋于稳定，且估计的测速标准差能较好地与真实标准差变化过程吻合。仿真证实了基于变分贝叶斯统计推断能够有效地实时描述测速精度。

采取 2007 年 3 月哈尔滨工程大学在云南省抚仙湖进行的试验数据，针对 DVL 在典型工作环境下，进一步证实基于变分贝叶斯的测速精度描述方法的有效性，结果如图 4-42 所示。在统计特性趋于稳定后，测量速度变化的起伏大小分布在估计的标准差之内，可知基于变分贝叶斯的测速精度描述方法能够合理表征测速方差的实际情况。

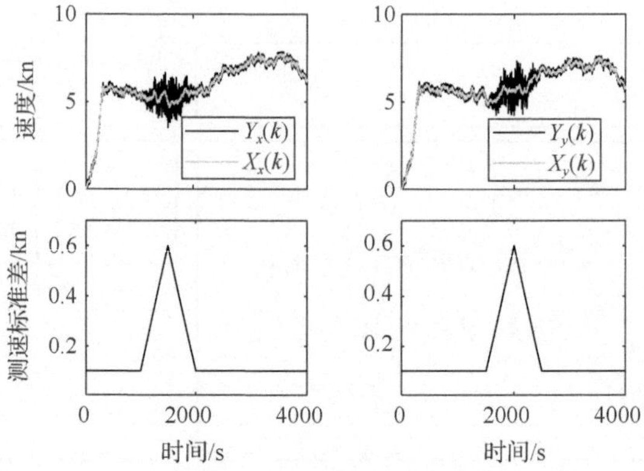

（a）仿真速度和测速噪声标准偏差

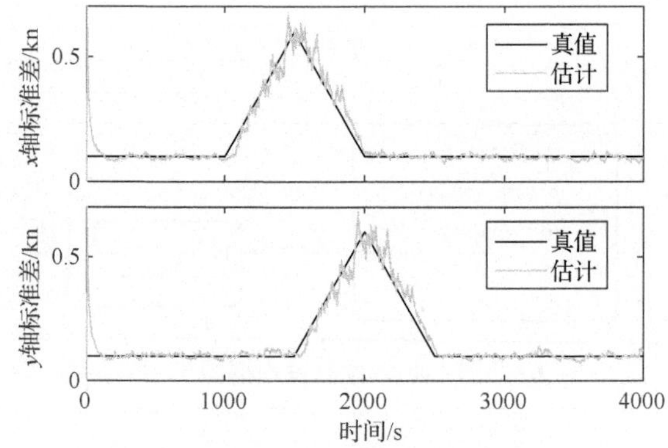

（b）基于变分贝叶斯的测速方差估计结果

图 4-41　基于速度仿真的变分贝叶斯估计结果

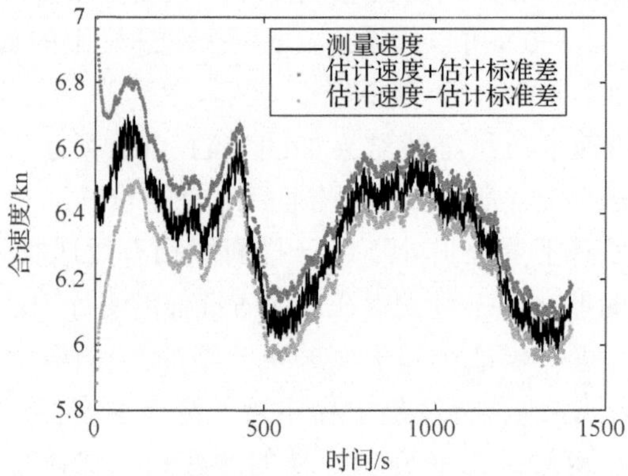

图 4-42　对试验数据基于变分贝叶斯的测速方差描述结果（彩图附书后）

本节讨论了从测速信息处理的角度，实时统计推断测速精度的思路和方法，明确了估计测速方差的基本原理，实现了从测速信息处理的角度实时描述测速精度。通过仿真和典型数据两方面的处理结果，验证了本书提出的基于变分贝叶斯的测速精度描述方法的有效性，该方法具有实时性、递归性的特点，便于工程应用。

4.5.2　波形级测速精度评价

关于测速精度问题，人们提出了多种性能评价方法，但研究成果大多为平稳回波信号假设下的精度预测方法或基于大量回波的统计分析。对于声学多普勒测速声呐，如何分辨波束之间的精度差异、定量描述精度的时变特性，仍是声学导航能力提升亟待解决的问题之一。脉冲对算法作为目前广泛采用的时域谱矩估计方法，利用频谱的一阶矩描述当次回波携带的速度信息、二阶矩谱宽量反映当次测速质量，但更期望能够得到一阶矩的统计特性，进而定量评价瞬时测速性能，也就是人们通常提到的测速精度指标。本节利用正态随机变量的相关统计特性，通过统计处理获取基于当次回波特性的测速分布与方差，实现测速精度的准确估计，为未知复杂环境易发生的组合导航精度降低与不稳定现象提供支撑。

测速精度本质上是速度谱一阶矩的统计特性，以脉冲对算法为例，它是关于相关系数的函数[12]，可以表示为

$$\overline{v} \propto \frac{1}{2\pi T_s}\arg\left(\frac{\hat{R}_1}{\hat{R}_0}\right) \tag{4-152}$$

式中，T_s 为相关时延；$\hat{R}_0$ 与 $\hat{R}_1$ 分别为回波信号离散序列 x_n 在时延 0 与 T_s 处的相关系数估计，表示为

$$\begin{cases} \hat{R}_0 = \dfrac{1}{N}\displaystyle\sum_{n=1}^{N}\left|x_n\right|^2 \\ \hat{R}_1 = \dfrac{1}{N}\displaystyle\sum_{n=1}^{N}x_n x_{n+1}^{*} \end{cases} \tag{4-153}$$

据此，可通过建立海底混响与相关系数之间的关系对测速精度进行度量。

假设海底照射“脚印”内存在 N 个随机散射体，接收信号为各散射体贡献回波信号的线性叠加[4]：

$$X(t) = \sum_{i=1}^{N}A_i s_i = \sum_{i=1}^{N}A_i s_A\left(k_i t - \tau_i\right)\mathrm{e}^{-\mathrm{j}2\pi f_0\left(k_i t - \tau_i\right)} \tag{4-154}$$

式中，A_i 为包含信号声传播损失、海底散射强度、接收指向性等影响的幅度系数；s_A 为发射编码，本节中讨论的均为二相码；k_i 为第 i 个散射体贡献回波受多普勒效应产生的压缩/展宽因子；τ_i 为第 i 个散射体贡献回波被接收时刻与发射时刻的时延差；f_0 为发射载频。

水声环境的复杂时空缓慢变化使两次回波间隔内的信道呈现出明显的非平稳特性。但对于单次回波，可以近似认为信道平稳。因此，用脉冲对估计法估计离散化回波 $X(t)$ 的功率谱谱矩、实现测速是行之有效的。回波 $X(t)$ 的自相关函数 $R(\tau)$ 表现为相关时延的复函数：

$$R(\tau)=A_R(\tau)\exp\left[\mathrm{j}2\pi\varphi(\tau)\right] \tag{4-155}$$

式中，$A_R(\tau)$ 为相关函数 $R(\tau)$ 的幅值，为实偶函数；$\varphi(\tau)$ 为 $R(\tau)$ 的相位，为实奇函数。在小时延 T_L 假设下，脉冲对算法估计功率谱一阶矩 $\overline{f}$ 计算如下：

$$\overline{f}=\frac{\varphi(T_L)}{2\pi T_L} \tag{4-156}$$

因此，测速精度机理分析等价于对影响测速相关时延 T_L 处相关 $\hat{R}(T_L)$ 幅值与相位的因素进行分析。离散化回波 $X(t)$ 在相关时延 T_L 处相关的最大似然无偏估计为

$$\begin{aligned}\hat{R}(T_L)&=\frac{1}{M}\sum_{m=1}^{M}X(m)X^*(m-T_L)\\&=\frac{1}{M}\sum_{i=1}^{N}\sum_{m=1}^{M}A_i^2 s_i(m)s_i^*(m-T_L)\\&\quad+\frac{1}{M}\sum_{\substack{q=1,\\p\neq q}}^{N}\sum_{\substack{p=1,\\p\neq q}}^{N}\sum_{m=1}^{M}A_q A_p s_q(m)s_p^*(m-T_L)\end{aligned} \tag{4-157}$$

令 $\hat{R}_M$ 表示回波自相关项，$\hat{R}_S$ 表示回波互相关项，即

$$\hat{R}_M(T_L)=\frac{1}{M}\sum_{i=1}^{N}\sum_{m=1}^{M}A_i^2 s_i(m)s_i^*(m-T_L) \tag{4-158}$$

$$\hat{R}_S(T_L)=\frac{1}{M}\sum_{\substack{q=1,\\p\neq q}}^{N}\sum_{\substack{p=1,\\p\neq q}}^{N}\sum_{m=1}^{M}A_q A_p s_q(m)s_p^*(m-T_L) \tag{4-159}$$

相关时延 T_L 处相关系数为

$$\rho_{T_L}=\frac{R(T_L)}{R(0)} \tag{4-160}$$

对于相关系数 ρ_{T_L} 的分析，作出三点假设：①声呐系统与水声环境对测速产生的干扰视为服从一定统计特性；②测速回波帧数趋近于无穷；③高信噪比。接收回波相关的估计量 $\hat{R}(T_L)$ 在统计平均下，由自相关项 $\hat{R}_M(T_L)$ 估计的速度趋近于当前条件下的速度真值，此外，宽带编码信号中使用的 m 序列、Barker 码等序列具有良好的自相关特性，尤其是在整编码周期处[41]。不存在载体运动与噪声时，ρ_{T_L} 为相关时延 T_L 处发射编码自相关。考虑载体运动与声呐系统、水声环境噪声，回波自相关项 $\hat{R}_M$ 作为速度估计的主体，回波互相关项 $\hat{R}_S$ 则视为一种干扰。相关系数 ρ_{T_L} 可以写为

$$\rho_{T_L} = \rho_0 \beta_c \mathrm{e}^{-\mathrm{j}\theta_d} \tag{4-161}$$

$$\theta_d = \frac{4\pi v T_L f_0}{c} \tag{4-162}$$

式中，ρ_0 为 T_L 相关时延下编码自相关系数；θ_d 为 T_L 相关时延下由多普勒效应带来的相关相位，且为以 2π 为周期的线性相位；c 为声速；v 为径向速度；系数 β_c 用来描述各项声呐系统、水声环境影响下的去相关效应，称为去相关系数。去相关系数 β_c 定义为平稳干扰 β_{cS} 与非平稳干扰 β_{cN} 乘积的形式[41]：

$$\beta_c = \beta_{cS}\beta_{cN} \tag{4-163}$$

去相关系数 β_c 中的平稳干扰去相关系数 β_{cS} 表现为加性高斯白噪声的特性[57]。加性噪声的来源主要是海洋环境噪声与仪器热噪声，在发射信号带宽内噪声呈现出平稳的特性。非平稳干扰去相关系数 β_{cN} 更为复杂。波束展宽内所有的随机过程都会产生非平稳干扰。结合式（4-154）与式（4-157），以及声传播、散射物理过程，对影响非平稳干扰去相关系数 β_{cN} 的因素进行分析。

以波束照射区域每一散射体贡献多普勒频率加权的方式描述式（4-154）所述多点散射测速模型[6]：

$$\overline{f} = \frac{\sum_{i=1}^{N} \omega_i f_{di}}{\sum_{i=1}^{N} \omega_i} + N_f \tag{4-164}$$

式中，ω_i 为每个散射体贡献多普勒频率加权值，与回波强度有关；f_{di} 为每个散射体贡献回波脉冲对估计的多普勒频率；N_f 为频率噪声项。在这一模型下，描述照射区域水声环境随机性引发的测速不确定度机理等效于对引起 ω_i 和 f_{di} 随机起伏的因素进行分析。非平稳干扰去相关系数 β_{cN} 主要由这一部分测速误差引起，将误差源概括为以下三个方面[58]。

（1）波束宽度引起的去相关效应。波束宽度引起的测速误差主要体现在回波叠加产生的互相关项 $\hat{R}_S(T_L)$，体现在式（4-164）的 N_f 中。实际测速中波束宽度产生的去相关系数 β_{cN1} 主要受到声呐系统的影响，影响因素包括：发射编码的相关性质、信号的采样率、照射深度等。采样率为两倍编码传输速率，即一个码元采两个采样点时，β_{cN1} 能够被写为

$$\beta_{cN1}(k)=\exp\left[-\frac{1}{\ln 4}\left(\frac{\pi \varUpsilon k}{8L\tan(\alpha_J)\dfrac{D_B}{\lambda}}\right)^2\right] \tag{4-165}$$

式中，L 为发射编码的码元长度；D_B 为基阵直径；λ 为波长；$\varUpsilon$ 为归一化水平速度，其定义为水平速度与水平模糊速度的比值；α_J 为波束角。

（2）姿态变化引起的去相关效应。载体运动水平速度保持不变时，照射波束速度重心随姿态摇摆产生起伏，主要体现在式（4-164）的 f_{di} 中。径向速度重心改变，式（4-157）中的 s_i 受多普勒影响压缩/展宽的程度发生变化，去相关效应的大小也随之发生变化。

（3）时、空变水声信道引起的去相关效应。水声信道复杂多变，由此产生的速度观测误差主要体现在式（4-164）权值 ω_i 一项中。深海环境下，海底反向散射强度与声入射掠射角之间的关系可以通过 Lambert 散射定律进行描述。散射方向上的散射强度近似为

$$S_b=10\lg(\mu)+10\lg(\sin\theta_1\sin\theta_2) \tag{4-166}$$

式中，S_b 为海底反向散射强度；μ 为海底垂直散射系数，根据大量试验数据统计，$10\lg(\mu)$ 的平均值约为−29dB；θ_1 为海底声入射掠射角；θ_2 为海底声散射掠射角。因此，在波束展宽这一较小范围内，不考虑水底环境突变情况，散射强度的变化不超过 0.2dB。

声传播损失分为扩展与衰减两部分，扩展损失表现为传播距离的对数关系，衰减损失包括吸收、散射与声能泄漏等效应，但一般认为吸收效应的影响远大于其他两类。实际海底散射环境存在复杂的随机性，散射体的位置、粒径、质地都会对权值产生影响，产生非平稳扰动，展现出的去相关效应具有随机性。即使声呐载体完全静止，海底混响的时频特性仍存在一定变化起伏。

1. 测速精度评价方法

度量测速精度实际为量化测速误差源对相关系数的去相关程度。中心极限定理能够描述散射叠加过程的统计特性。当照射区域内散射体的个数足够多时，可

以认为回波的瞬时值服从复高斯分布，包络服从瑞利分布，相位服从 $[-\pi,\pi]$ 的均匀分布[59]。矢量 $\boldsymbol{x}(n)$ 为来自一个波束中一帧的底混响充分叠加区域，其中包含了 M 个复元素。由于波束具有良好的指向性且一帧回波内存在的相关时延远小于两帧信号的发射间隔，因此，可以假设不同波束间不同帧回波均为独立。矢量 $\boldsymbol{x}(n)$ 服从 $2M$ 变量的复正态分布，其均值为零、协方差矩阵为 $\boldsymbol{C}$ ，其概率密度函数服从形式[60]：

$$f_{\boldsymbol{x}(n)}(x)=\frac{1}{\pi^{M}|\boldsymbol{C}|}\exp\left(-\boldsymbol{x}^{\mathrm{H}}\boldsymbol{C}^{-1}x\right) \tag{4-167}$$

因此，本书使用正态随机变量性质，对相关系数的统计特性进行分析，提出一种基于回波信号协方差矩阵的精度估计方法。回波信号相关函数的均值随样本数量增加，非整编码周期相关系数幅值渐近于发射编码非整编码周期相关系数幅值，整编码周期相关系数幅值较发射编码明显存在衰减。若能够得到当次回波相同统计特性环境与系统参数下协方差矩阵的统计平均，生成服从这一相关特性的大量随机样本，就能够对测速精度进行估计。具体方法步骤如下。

1）构造与当次回波相同环境和系统参数的统计平均协方差矩阵

结合式（4-157）、式（4-161）～式（4-163），将协方差矩阵写为新的形式：

$$\boldsymbol{C}(k)=\begin{cases}1,\ k=0\\ \rho_0(k)\beta_c(k)\mathrm{e}^{\mathrm{j}\pi\theta_d(k)},\ k\neq 0\end{cases} \tag{4-168}$$

$\rho_0(k)$ 由编码循环自相关得到，代表了一定条件下协方差矩阵的期望。声呐发出声线，即不存在波束宽度的情况下，无噪声完全静止状态接收回波的自相关函数等价于发射编码的自相关函数。由于能量归一化，编码线性自相关并不能准确描述回波仅由于速度与复杂水声环境带来的去相关效应，因此，在这种情况下使用循环自相关。在大量编码重复周期下，线性自相关渐近于循环自相关。

取 $k=T_L$ ， $\beta_c(T_L)$ 由式（4-157）、式（4-160）和式（4-161）得到，描述实际回波中测速时延 T_L 处相关系数的去相关程度，气象雷达领域广泛认为去相关系数 β_c 与相关时延平方成指数衰减形式，因此其余相关时延处的去相系数由 0 时延与 T_L 时延相关系数幅值拟合得到。

同样，T_L 时延处的相关相位 $\theta_d(T_L)$ 由式（4-162）得到，描述实际回波中测速时延 T_L 处相关系数的相位，其余相关时延处的相位由 0 时延与 T_L 时延相关系数相位拟合得到。

2）生成满足回波一阶和二阶统计特性的随机矢量

在 $\boldsymbol{x}(n)$ 服从正态分布且协方差矩阵 $\boldsymbol{C}$ 满足正定、共轭对称条件下，通过协方

差矩阵 $\boldsymbol{C}$ 的 Cholesky 分解的方法，使用均值为 0、方差为 1 的独立正态随机变量 u_y 与 v_y 对协方差矩阵 $\boldsymbol{C}$ 进行抽样，构造满足回波信号一阶和二阶统计特性的大量随机样本矢量 $\boldsymbol{y}$[61-62]：

$$\boldsymbol{y}=\frac{1}{\sqrt{2}}\left(\boldsymbol{L}^{\mathrm{T}}u_y+j\boldsymbol{L}^{\mathrm{T}}v_y\right) \tag{4-169}$$

式中，$\boldsymbol{L}$ 为对协方差矩阵 $\boldsymbol{C}$ 做 Cholesky 分解得到的上三角阵，即 $\boldsymbol{C}=\boldsymbol{L}^{\mathrm{T}}\boldsymbol{L}$，它代表了回波的相关特性。样本长度无限时，构造样本的相关特性与协方差矩阵完全一致，时域表现为 0 均值的正态随机矢量，与 $\boldsymbol{x}(n)$ 的统计特性保持一致。

3）基阵坐标系下的测速精度度量

M 维相关正态分布随机变量抽样方法生成大量回波序列 y_i，对其进行脉冲对测频得到频率样本 $\overline{f}_i$，进行径向系测速精度 σ^2 估计。

$$v_{ri}=\frac{c\overline{f}_i}{2f_0} \tag{4-170}$$

$$\sigma^2=\sqrt{\frac{1}{P}\sum_{i=1}^{P}(v_{ri}-\overline{v})^2} \tag{4-171}$$

式中，$\overline{v}$ 为 P 个速度样本的均值；v_{ri} 为第 i 个径向速度样本。

本书中讨论的基阵坐标系为詹纳斯配置，即四波束以 90° 航向角均匀分布，波束角均为 α_{J}。在水平均匀速度场假设下，通过旋转矩阵 $\boldsymbol{A}$ 将径向系速度 v_{jr} 投影到基阵坐标系，j 为波束编号[63]：

$$\boldsymbol{A}=\begin{bmatrix}\sin\alpha_{\mathrm{J}} & 0 & \cos\alpha_{\mathrm{J}}\\ -\sin\alpha_{\mathrm{J}} & 0 & \cos\alpha_{\mathrm{J}}\\ 0 & -\sin\alpha_{\mathrm{J}} & \cos\alpha_{\mathrm{J}}\\ 0 & \sin\alpha_{\mathrm{J}} & \cos\alpha_{\mathrm{J}}\end{bmatrix} \tag{4-172}$$

$$\begin{bmatrix}v_{1r}\\ v_{2r}\\ v_{3r}\\ v_{4r}\end{bmatrix}=\begin{bmatrix}\sin\alpha_{\mathrm{J}} & 0 & \cos\alpha_{\mathrm{J}}\\ -\sin\alpha_{\mathrm{J}} & 0 & \cos\alpha_{\mathrm{J}}\\ 0 & -\sin\alpha_{\mathrm{J}} & \cos\alpha_{\mathrm{J}}\\ 0 & \sin\alpha_{\mathrm{J}} & \cos\alpha_{\mathrm{J}}\end{bmatrix}\begin{bmatrix}v_x\\ v_y\\ v_z\end{bmatrix}+\begin{bmatrix}e_1\\ e_2\\ e_3\\ e_4\end{bmatrix} \tag{4-173}$$

$$\boldsymbol{v}_r=\boldsymbol{A}\boldsymbol{v}_{x,y,z}+\boldsymbol{e} \tag{4-174}$$

式（4-174）的最小二乘为

$$\hat{\boldsymbol{v}}_{x,y,z}=\left(\boldsymbol{A}^{\mathrm{T}}\boldsymbol{A}\right)^{-1}\boldsymbol{A}^{\mathrm{T}}\boldsymbol{v}_r \tag{4-175}$$

$$\begin{bmatrix} v_x \\ v_y \\ v_z \end{bmatrix} = \begin{bmatrix} \dfrac{1}{2\sin\alpha_{\mathrm{J}}} & -\dfrac{1}{2\sin\alpha_{\mathrm{J}}} & 0 & 0 \\ 0 & 0 & -\dfrac{1}{2\sin\alpha_{\mathrm{J}}} & \dfrac{1}{2\sin\alpha_{\mathrm{J}}} \\ \dfrac{1}{4\cos\alpha_{\mathrm{J}}} & \dfrac{1}{4\cos\alpha_{\mathrm{J}}} & \dfrac{1}{4\cos\alpha_{\mathrm{J}}} & \dfrac{1}{4\cos\alpha_{\mathrm{J}}} \end{bmatrix} \begin{bmatrix} v_{1r} \\ v_{2r} \\ v_{3r} \\ v_{4r} \end{bmatrix} \tag{4-176}$$

根据径向速度的误差矩阵

$$\boldsymbol{C}_{ee} = \mathrm{diag}\left[\sigma_1^2 \quad \sigma_2^2 \quad \sigma_3^2 \quad \sigma_4^2\right] \tag{4-177}$$

三维速度估计 $\hat{\boldsymbol{v}}_{x,y,z}$ 的误差方程能够写为

$$\boldsymbol{C}_{\hat{v}_{x,y,z}} = \left(\boldsymbol{A}^{\mathrm{T}}\boldsymbol{A}\right)^{-1}\boldsymbol{A}^{\mathrm{T}}\boldsymbol{C}_{ee}\boldsymbol{A}\left(\boldsymbol{A}^{\mathrm{T}}\boldsymbol{A}\right)^{-1} \tag{4-178}$$

即三维速度精度：

$$\begin{cases} \sigma_x^2 = \dfrac{\sigma_1^2 + \sigma_2^2}{4\sin^2\alpha_{\mathrm{J}}} \\ \sigma_y^2 = \dfrac{\sigma_3^2 + \sigma_4^2}{4\sin^2\alpha_{\mathrm{J}}} \\ \sigma_z^2 = \dfrac{\sigma_1^2 + \sigma_2^2 + \sigma_3^2 + \sigma_4^2}{16\cos^2\alpha_{\mathrm{J}}} \end{cases} \tag{4-179}$$

2. 评价方法有效性验证

为了验证评价方法的有效性，对 150kHz 相控多普勒测速声呐的南海试验数据进行分析，试验场景如图 4-43 所示。参数设置为：航行区域水深为 160～200m，航速为 2.5m/s；截取底回波信号中的充分叠加数据段（约 10ms）；基阵安装方式为“X”形，以 45° 角进行安装。航行过程中，尽量保证船体处于匀速平稳航行状态，以期得到水平速度真值与径向速度投影均为恒定的某一统计特性水声环境下独立的速度观测结果。

图 4-43　载体船只与相控阵安装情况

使用 500 帧测速回波解算垂向速度误差 V_e、水平速度 V_x 的标准差以对精度估计结果进行有效性验证。接收回波信噪比均值为 35dB，采用过门限检波方法，经脉冲对多普勒频率估计，使用最小二乘法进行速度解算。图 4-44 中基阵坐标系三维速度经上述解算过程得到。

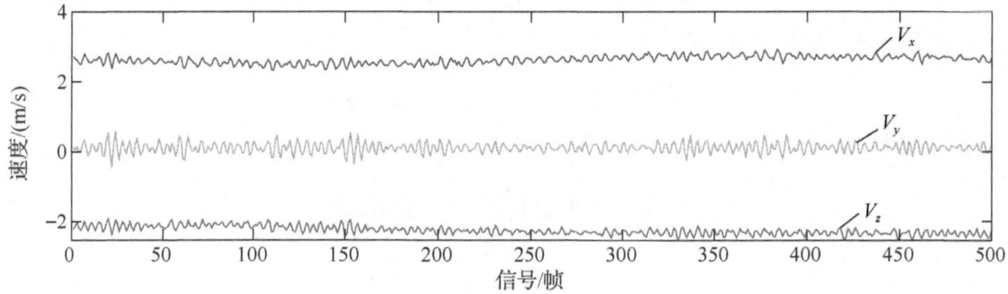

（a）基阵坐标系三维速度

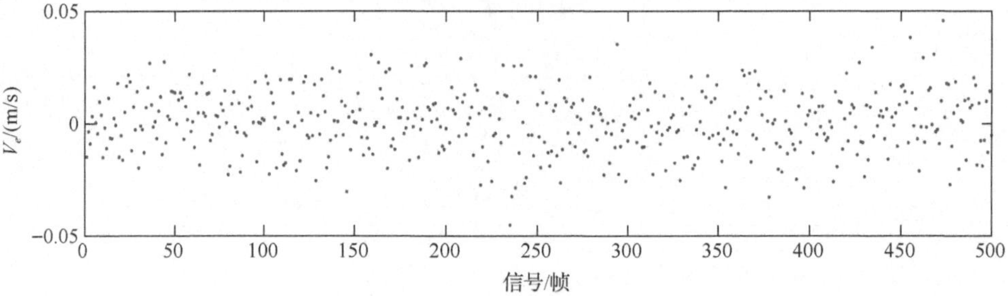

（b）垂向速度误差

图 4-44　500 帧回波速度解算结果

V_e 作为垂向速度误差，一般用于评价速度场均匀假设的有效性，在这里将其作为速度误差方差的一个体现[63]。

$$V_e = \frac{1}{2\cos\alpha_{\mathrm{J}}}\left(v_{1r} + v_{2r} - v_{3r} - v_{4r}\right) \tag{4-180}$$

图 4-45 为通过水平向速度与垂向速度两个角度对测速精度估计方法的结果进行有效性验证。V_y 慢变起伏明显低于 V_x，出于尽量避免姿态影响的考虑，水平向速度角度的有效性验证选择图 4-44 中速度 V_y。同样，为降低姿态起伏的影响，垂向速度角度的有效性验证用垂向速度误差 V_e 代替 V_z。显然，姿态影响很难完全消除，基阵坐标系速度标准差仍略高于速度精度估计结果。但精度估计均值与基阵坐标系速度标准差的差值约为 0.2cm/s，可认为该方法有效性得到验证。

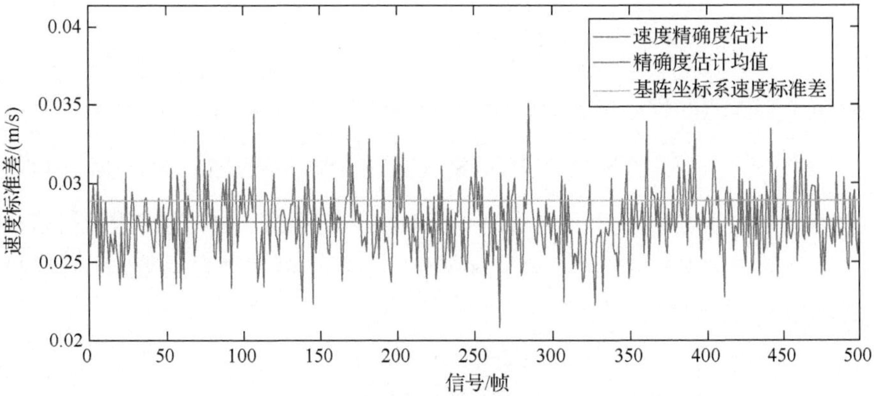

（a）水平速度精确度

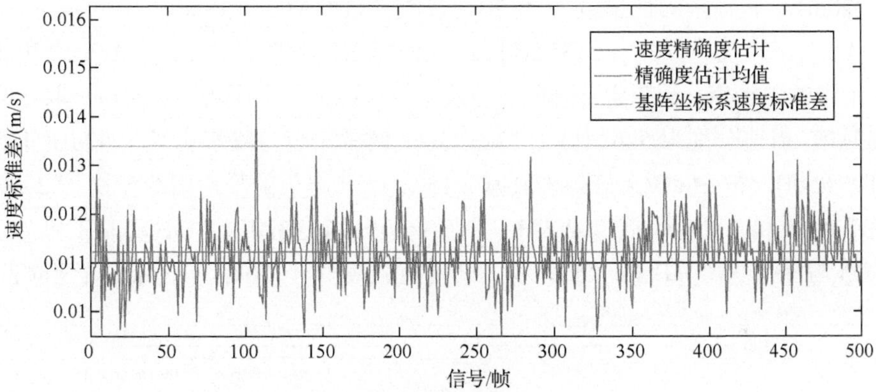

（b）垂向速度精确度

图 4-45　精度估计有效性验证（彩图附书后）

4.6　水声测速系统设计案例

相控阵水声测速系统是现代舰船导航和水文要素监测必不可少的仪器之一，本节以高频相控多普勒测速声呐为例，具体介绍测速声呐的主要指标、硬件设计及批量应用面临的陆上检验难题，以帮助读者理解相关内容。

4.6.1　测速声呐设计案例

1. 主要技术指标

以 150kHz 声学相控多普勒测速声呐为例，本节重点介绍该声呐的具体设计过程，其主要技术指标如下：中心频率 150kHz，基阵直径 225mm，跟踪深度 3～500m，测速精度±0.5%v±2mm/s，测速范围±10m/s。

2. 关键指标分析

根据主动声呐方程，接收基阵前端的回声级可以表示为

$$\mathrm{EL} = \mathrm{SL} - 2\mathrm{TL} + \mathrm{TS} - (\mathrm{NL} + 10\lg W - \mathrm{DI}_r) \tag{4-181}$$

式中，SL 为发射声源级；TL 为传播损失；NL 为噪声谱级；W 为接收机带宽；DI_r 为接收机阵的指向性；TS 为等效目标强度，可以由海底散射系数 S_b 、等效平面波散射面积 A_s 进一步表示为

$$\mathrm{TS} = S_b + 10\lg A_s \tag{4-182}$$

工作频率 150kHz 附近的噪声是以声呐电噪声和平台自噪声为主。设声源级 SL=220dB 、基阵指向性指数为 36dB、接收灵敏度 ML=－185dB 、声呐等效电噪声为 1μV、声吸收系数 $\alpha_{\mathrm{sorb}} \in [35\mathrm{dB/km}, 55\mathrm{dB/km}]$、底散射系数 $S_b \in [-16\mathrm{dB}, -50\mathrm{dB}]$，则：①声呐电噪声——声学基阵前端等效声级为 65dB；②平台自噪声——取 20kHz 工作频率，航速分别为 5kn、10kn、20kn、30kn 时的平台自噪声谱级为 43dB、45dB、64dB、85dB，按 20dB/十倍频程衰减，150kHz 频率处的噪声谱级分别为 28dB、30dB、49dB 和 70dB，取带宽 20kHz，则噪声级分别为 32dB、34dB、53dB 和 74dB。回声级与深度关系如图 4-46 所示。电噪声强度介于 20kn 和 30kn 航速时的航

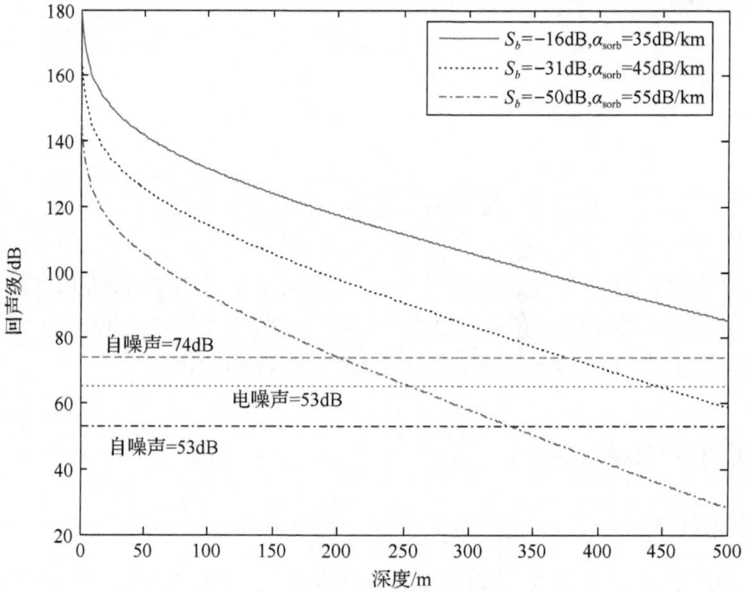

图 4-46　深度与回声级关系

行器噪声之间。由于回波信噪比是由回声级与噪声级之差决定，对于典型海洋参数（S_b=−31dB 和$\alpha_{\text{sorb}} = 45\text{dB/km}$）、航速 20kn 时测速声呐的探底深度超过 400m（仍有 6dB 的信噪比余量），3～400m 的信号动态范围在 71～155dB 变化；随着底质散射强度的降低及海水声吸收的增加，对应的最大探底深度明显降低，在 S_b=−50dB 且$\alpha_{\text{sorb}} = 55\text{dB/km}$时的探底深度不超过 250m。同样随着航速增加，测速声呐由以电噪声为主变为以航行器自噪声为主，相应的最大探底深度也会降低。

3. 系统设计方案

测速声呐由声学相控阵和信号处理器两部分组成。声学相控阵负责电声信号转换，信号处理器负责声信号的预处理、信号分析、速度解算及声信号发射等功能，由信号处理机和接收机、发射机构成，如图 4-47 所示。

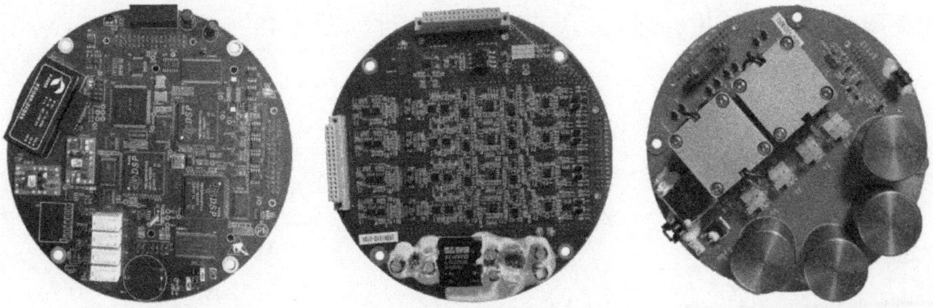

（a）信号处理机　　（b）接收机　　（c）发射机

图 4-47　信号处理机、接收机、发射机实物

（1）接收机。主要负责放大声学相控阵输出的微弱信号，滤除带外干扰，由前级滤波及放大、波束形成、增益控制、带通滤波、后级滤波放大等部分组成。由于声学基阵输出信号动态范围大，采用了固定增益与压控增益相结合的动态调整策略。为解决模拟集成滤波器和利用谐振原理滤波器的不足，在滤波器模块中采用了双峰模式，利用不同中心频率的双二阶带通滤波器级联构成，而将每一级的带通滤波器的品质因数设计成高 Q，因此两级高 Q 滤波器级联后可以获得高矩形系数的滤波器。

（2）发射机。主要负责激励信号产生、发射波束形成、功率控制、功率放大以及声学基阵匹配等。为此，采用 D 类功放电路，利用驱动电路为功率管提供驱动电流，利用数字 I/O 引脚提供控制信号；为解决系统上电期间 I/O 引脚状态的可能不确定逻辑状态对功放管安全存在影响的问题，利用高通滤波器对控制信号进行隔直流处理，并采用高速施密特整形电路对输入信号进行整形，防止信号尖刺及高低电平过渡带对电路产生影响。为提高电声转换效率，对声学基阵进行了阻抗匹配设计。由于发射机发射的是脉冲信号，为减小声信号发射瞬间冲击电流对平台电源的影响，增加了储能电容模块。

（3）信号处理机。主要负责四个独立波束回波信号的信号采集、检测、多普勒估计、速度解算、对外交互、数据存储等，并提供预处理单元增益控制、发射机控制参数等。为此，采用三片数字信号处理（digital signal processing, DSP）芯片和一片现场可编程门阵列（field programmable gate array, FPGA）芯片架构，其中两片 DSP 各负责两个波束信号处理，一片 DSP 负责对声呐系统的控制管理，三片 DSP 在 FPGA 控制下实现同步工作。

声学相控阵由近千个独立压电陶瓷粒子组成，对外输出八组独立通道，基阵外部采用复合聚氨酯进行灌封。实测相控指向性如图 4-48 所示。

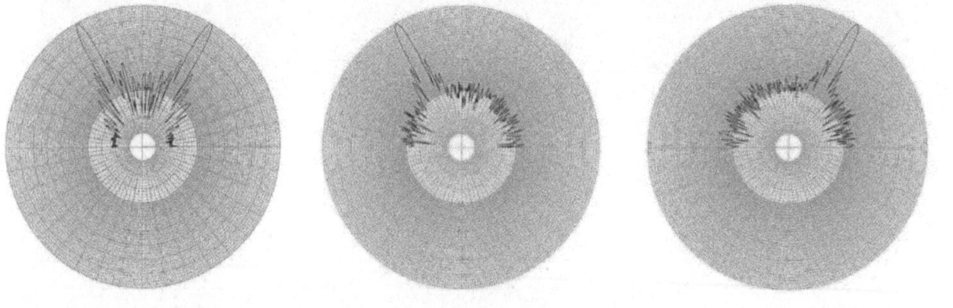

（a）相控发射波束　　（b）相控接收左波束　　（c）相控接收右波束

图 4-48　相控收发指向性图

4. 典型应用

以某型多普勒测速声呐的湖上实测为例，试验地点为吉林省吉林市松花湖，配置其同时工作在底/流跟踪测速模式，船载方式工作，通过与高精度差分 GPS 测速结果对比，验证系统的软-硬件功能、测速精度及复杂环境下的环境适应能力。8 个底跟踪样本、3 个顺逆样本的航迹、底跟踪深度、对底/流瞬时速度、测速精度如图 4-49 所示，典型作业场景下的测速精度均优于 2‰。

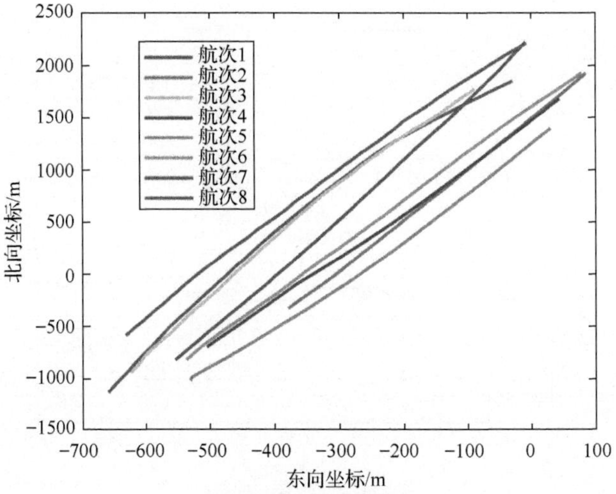

（a）航迹曲线（彩图附书后）
（截取有效航段航迹线）

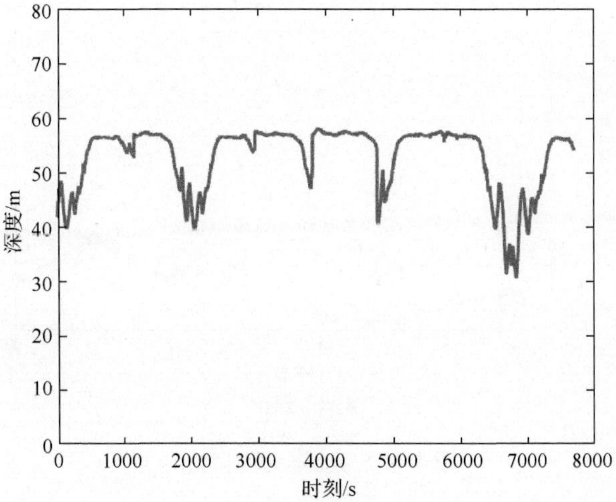

（b）航深曲线

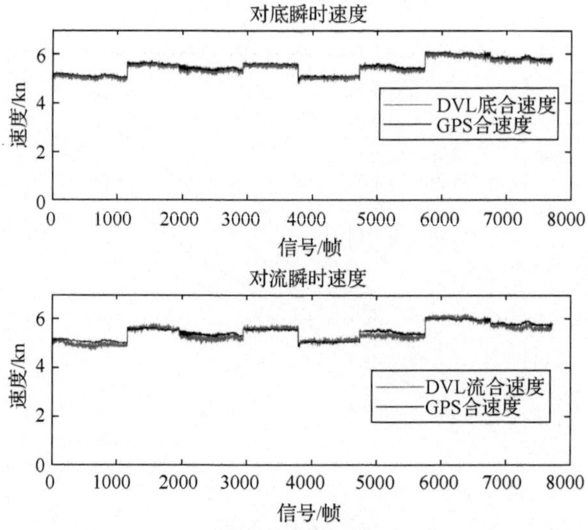

（c）速度曲线（彩图附书后）

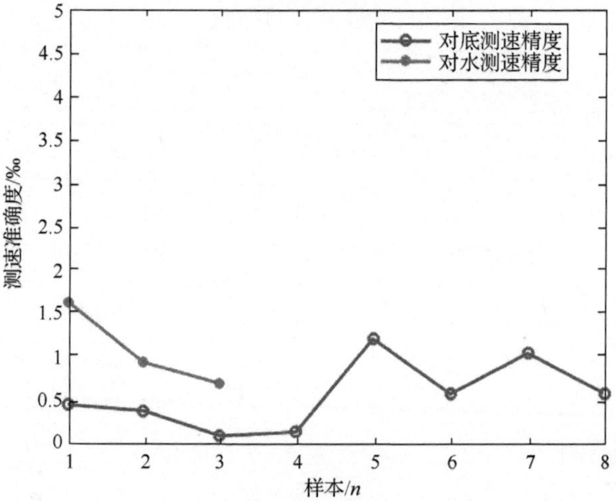

（d）精度曲线

图 4-49　湖上船载测试结果

4.6.2　相控对接检测案例

当在水下航行器中应用时，由于航行器体积和质量限制，不适合经常拆卸测速仪；此外，航行器在进行陆地联调和维护保养时，尤其是在系统总装、气密检测结束后，更是无法确认测速仪状态，导致航次任务存在不可控风险。传统检测手段主要分为水池测试、外场跑船测试和电对接测试三种，前两种方法能够完整说明测速仪的技术状态，但涉及测速仪拆卸且测试周期较长、耗费人物多；第三种方法将模拟电信号直接与测速仪的电子单元连接，由于跳过了声学基阵，降低了测试结果可信度。针对上述问题，本书提出采用相控对接阵检测方法，利用与相控布阵方式相同的声学基阵，按照相控接收相移方式输出模拟回波信号，实现系统级检测[64-65]。

1. 对接检测原理

以一维相控对接阵为例，设平台以速度 v_x 运动，由相控阵输出信号模型，可将相控阵 A 等效为间距 $d=\lambda/2$ 的四元阵，如图 4-50 所示，以 0 号阵元接收信号为参考零相位。设发射信号为 $\tilde{s}(t, f_0)$，则 i 号阵元输出信号为

$$X_i(t)=\begin{bmatrix} A_{if} & A_{ib} \end{bmatrix}\cdot\begin{bmatrix} \tilde{s}\left(t-\tau_{if}, f_{r\_f}\right)\cdot \mathrm{e}^{\mathrm{j}\cdot\left(\phi_{dif}+\varphi_f\right)} \\ \tilde{s}\left(t-\tau_{ib}, f_{r\_b}\right)\cdot \mathrm{e}^{\mathrm{j}\cdot\left(\phi_{dib}+\varphi_b\right)} \end{bmatrix} \tag{4-183}$$

式中，τ_{if} 和 τ_{ib} 分别为阵元 i 前向、后向接收信号的回波时延；A_{if} 和 A_{ib} 分别为经过声信道后的阵元 i 前向、后向接收信号幅度；φ_f 和 φ_b 分别为前向、后向接收信号的随机初相位；f_{r_f} 和 f_{r_b} 为前向、后向回波信号频率；ϕ_{dif} 和 ϕ_{dib} 分别为接收前向、后向（$\alpha_{\mathrm{J}}=\pm 30^\circ$）波束回波信号时阵元 i 的相位，表示为

$$\begin{cases} \phi_{dif}=\dfrac{i\cdot 2\pi d\cdot\sin\alpha_{\mathrm{J}}}{\lambda}=i\cdot\dfrac{\pi}{2} \\ \phi_{dib}=-\dfrac{i\cdot 2\pi d\cdot\sin\alpha_{\mathrm{J}}}{\lambda}=-i\cdot\dfrac{\pi}{2} \end{cases} \tag{4-184}$$

阵元输出信号 $X_i(t)$ 本身是无法区分前向、后向波束的，必须由测速仪信号处理单元进行相位补偿实现，补偿 ϕ_{dif} 时的 $X_i(t)$ 为前向波束回波信号，补偿 ϕ_{dib} 时的 $X_i(t)$ 为后向波束回波信号。对阵元 i 直接激励信号 $X_i(t)$，并通过与另一个相控阵耦合对接，即可模拟阵元 i 的两个回波方向信号。

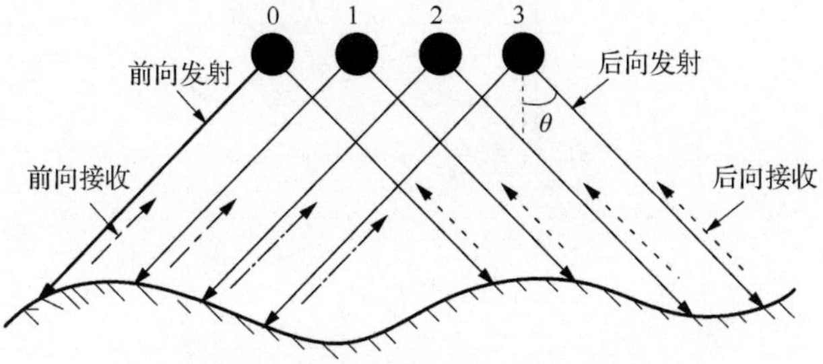

图 4-50 相控阵等效阵元接收信号

上述方法同样适用于二维相控阵，如图 4-51 所示，其中基阵 A 为相控阵多普勒测速仪的相控阵，基阵 B（为对接阵）用来模拟基阵 A 的回波信号，按照相控接收波束形成方式输出含有多普勒频移、深度等信息的四个波束信号，模拟基阵 A 的底/流回波信号。

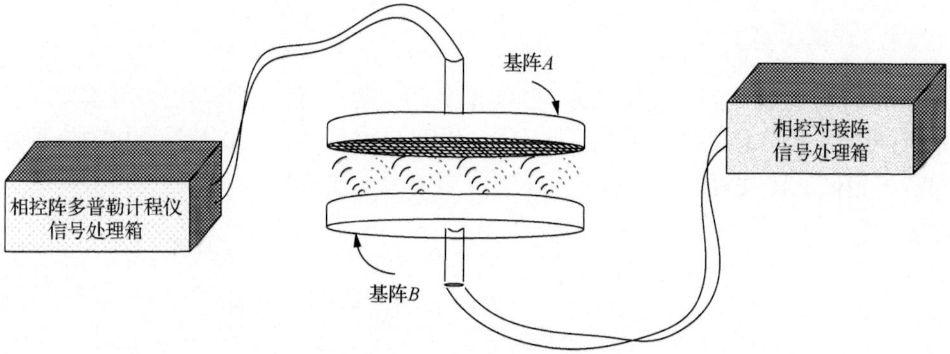

图 4-51　相控对接阵示意图

2. 对接检测性能

1）对接检测模型

相控对接涉及两个坐标系：O_A-$x_A y_A z_A$ 坐标系，以基阵 A（为相控阵）中心为原点建立坐标系，x_A 轴为艏向，y_A 轴为侧向，z_A 轴为垂直于声学辐射面方向；O_B-$x_B y_B z_B$ 坐标系，以基阵 B 中心为原点建立坐标系，x_B 轴为艏向，y_B 轴为侧向，z_B 轴为垂直于声学辐射面方向，如图 4-52 所示。

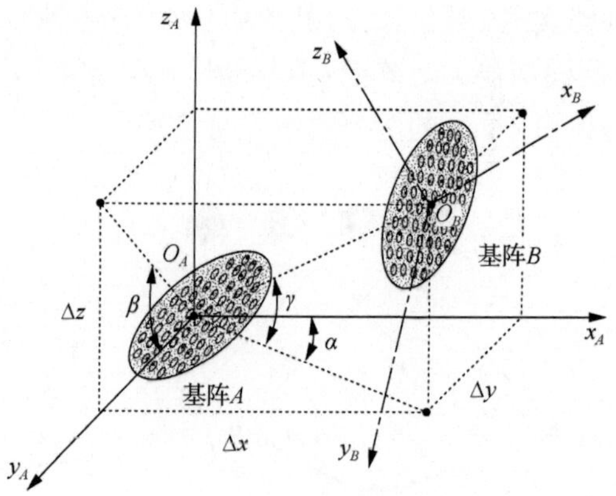

图 4-52　相控对接阵间参考坐标系

图 4-52 中，α、β、γ 为两坐标系之间的对接偏角，其定义与声学基阵安装偏角定义相同；基阵 A 与 B 中心 O_A、O_B 的位置偏差 $\boldsymbol{r}=\begin{bmatrix}\Delta x & \Delta y & \Delta z\end{bmatrix}^{\mathrm{T}}$；基阵 A 中 (n,m) 阵元在 O_A-$x_Ay_Az_A$ 坐标系中的位置为 $\boldsymbol{P}_A(n,m)$，基阵 B 中 (n_1,m_1) 阵元在 O_B-$x_By_Bz_B$ 坐标系中的位置为 $\boldsymbol{P}_B(n_1,m_1)$，分别为

$$\begin{cases}\boldsymbol{P}_A(n,m)=\begin{bmatrix}x_n & y_m & 0\end{bmatrix}^{\mathrm{T}}=\begin{bmatrix}\left(n-\dfrac{N-1}{2}\right)d_x & \left(m-\dfrac{M-1}{2}\right)d_y & 0\end{bmatrix}^{\mathrm{T}}\\ \boldsymbol{P}_B(n_1,m_1)=\begin{bmatrix}x_{n_1} & y_{m_1} & 0\end{bmatrix}^{\mathrm{T}}=\begin{bmatrix}\left(n_1-\dfrac{N-1}{2}\right)d_x & \left(m_1-\dfrac{M-1}{2}\right)d_y & 0\end{bmatrix}^{\mathrm{T}}\end{cases}$$

则基阵 B 中的 (n_1,m_1) 在 O_A-$x_Ay_Az_A$ 坐标系中的位置为

$$\boldsymbol{P}_A(n_1,m_1)=\boldsymbol{R}_o^{\mathrm{T}}\cdot\boldsymbol{P}_B(n_1,m_1)+\boldsymbol{R}_o^{\mathrm{T}}\cdot\boldsymbol{r} \tag{4-185}$$

式中，$\boldsymbol{R}_o$ 为两坐标系的坐标旋转矩阵，表示为

$$\boldsymbol{R}_o=\begin{bmatrix}\cos\beta\cos\alpha & \cos\beta\sin\alpha & \sin\beta\\ -\cos\gamma\sin\alpha-\sin\gamma\sin\beta\cos\alpha & \cos\gamma\cos\alpha-\sin\gamma\sin\beta\sin\alpha & \sin\gamma\cos\beta\\ \sin\gamma\sin\alpha-\cos\gamma\sin\beta\cos\alpha & -\sin\gamma\cos\alpha-\cos\gamma\sin\beta\sin\alpha & \cos\gamma\cos\beta\end{bmatrix} \tag{4-186}$$

基阵 A 的输出信号为

$$\begin{bmatrix}X_{x1}(t)\\ X_{x2}(t)\end{bmatrix}=\mathrm{diag}\left(\begin{bmatrix}s_x^1(f,t) & s_x^2(f,t) & s_x^3(f,t) & s_x^4(f,t)\\ s_x^1(f,t) & s_x^2(f,t) & s_x^3(f,t) & s_x^4(f,t)\end{bmatrix}\cdot\begin{bmatrix}\mathrm{e}^{-\mathrm{j}\varphi_{x1}} & \mathrm{e}^{-\mathrm{j}\varphi_{x4}}\\ \mathrm{e}^{-\mathrm{j}\varphi_{x2}} & \mathrm{e}^{-\mathrm{j}\varphi_{x3}}\\ \mathrm{e}^{-\mathrm{j}\varphi_{x3}} & \mathrm{e}^{-\mathrm{j}\varphi_{x2}}\\ \mathrm{e}^{-\mathrm{j}\varphi_{x4}} & \mathrm{e}^{-\mathrm{j}\varphi_{x1}}\end{bmatrix}\right)\cdot A\cdot\mathrm{e}^{\mathrm{j}\varphi_{n_1,m_1}} \tag{4-187}$$

式中，

$$s_x^i(f,t)=\sum_{n_1=1,m_1=1}^{n_1=N,m_1=M}s_x^i(f,t,n_1,m_1) \tag{4-188}$$

$$\begin{aligned}&s_x^i(f,t,n_1,m_1)\\ &=\mathrm{tr}\left(\begin{bmatrix}\dfrac{A_{1,1}^{x_i}\cdot B_{n_1,m_1}}{r_{1,1,n_1,m_1}^{x_i}} & \cdots & \dfrac{A_{1,N/4}^{x_i}\cdot B_{n_1,m_1}}{r_{1,N/4,n_1,m_1}^{x_i}}\\ \vdots & \ddots & \vdots\\ \dfrac{A_{M/2,1}^{x_i}\cdot B_{n_1,m_1}}{r_{M/2,1,n_1,m_1}^{x_i}} & \cdots & \dfrac{A_{M/2,N/4}^{x_i}\cdot B_{n_1,m_1}}{r_{M/2,N/4,n_1,m_1}^{x_i}}\end{bmatrix}\cdot\begin{bmatrix}\mathrm{e}^{\mathrm{j}2\pi f\cdot\left(t-\tau_{1,1,n_1,m_1}^{x_i}\right)} & \cdots & \mathrm{e}^{\mathrm{j}2\pi f\cdot\left(t-\tau_{M/2,1,n_1,m_1}^{x_i}\right)}\\ \vdots & \ddots & \vdots\\ \mathrm{e}^{\mathrm{j}2\pi f\cdot\left(t-\tau_{1,N/4,n_1,m_1}^{x_i}\right)} & \cdots & \mathrm{e}^{\mathrm{j}2\pi f\cdot\left(t-\tau_{M/2,N/4,n_1,m_1}^{x_i}\right)}\end{bmatrix}\right)\end{aligned} \tag{4-189}$$

其中，B_{n_1,m_1} 为基阵 B 中(n_1,m_1)阵元的激励信号幅度与阵元灵敏度之积（在圆形区域外 $B_{n_1,m_1}=0$）；φ_{n_1,m_1} 为(n_1,m_1)阵元的补偿相移；$\tau^{x_i}_{n,m,n_1,m_1}$ 为基阵 A 中通道 i 阵元(n,m)到基阵 B 中阵元(n_1,m_1)的传播时延。

为实现基阵 A 回波信号的相位关系，基阵 B 各阵元的激励信号要求具有与式(4-184)相反的相位关系。按照基阵 A 分组方式，也将基阵 B 阵元划分为 Group1、Group2 两组，再将每组划分为 4 列，分别对应 x 轴和 y 轴方向的 Channel_x1、Channel_x2、Channel_x3 和 Channel_x4。以 x 轴的阵元为例，其(n_1,m_1)号阵元同时激励两个不同频率、不同时延、不同幅度的模拟信号，对应基阵 A 的前向、后向波束回波信号，表示为

$$X_{n_1,m_1}(t)=\begin{bmatrix}A_{n_1,m_1,f} & A_{n_1,m_1,b}\end{bmatrix}\cdot\begin{bmatrix}\tilde{s}\left(t-\tau_{n_1,m_1,f},f_f\right)\cdot \mathrm{e}^{\mathrm{j}\cdot\left(-\phi_{n_1,m_1,f}+\varphi_f\right)}\\ \tilde{s}\left(t-\tau_{n_1,m_1,b},f_b\right)\cdot \mathrm{e}^{\mathrm{j}\cdot\left(-\phi_{n_1,m_1,b}+\varphi_b\right)}\end{bmatrix} \tag{4-190}$$

式中，$\tau_{n_1,m_1,f}$ 和 $\tau_{n_1,m_1,b}$ 分别为模拟的前向、后向波束回波信号时延；f_f 和 f_b 分别为模拟的前向、后向回波信号具有的频率；$A_{n_1,m_1,f}$ 和 $A_{n_1,m_1,b}$ 分别为模拟的前向、后向波束回波信号幅度，需要按照测速仪的增益控制策略进行自动调整。

2）对接检测仿真

在相控对接阵的实际对接过程中，很难实现相控对接阵轴线方向的完全重合，包括对接偏角误差$[\alpha\quad\beta\quad\gamma]$、对接偏心误差$[\Delta x\quad\Delta y\quad\Delta z]$。

图 4-53 给出了偏角 α 与基阵 A 束控后的信号幅度关系曲线，可以看出：①偏角 α 的存在降低了对旁瓣回波信号的抑制能力，影响基阵 A 接收信号的信噪比(有效频率分量与其他频率分量信号的幅度比)，信噪比随着偏角 α 的增大而减小；②在 $\alpha=0^\circ$ 时，基阵 A 束控后信号的信噪比接近 40dB；③在 $|\alpha|<6^\circ$ 时，基阵 A 控后信号的信噪比仍大于 15dB，对对接性能影响不大，因此，在实际使用时允许对接阵之间有一定的偏角存在；④在 $|\alpha|>80^\circ$ 时，基阵 A 束控后信号中的波束 1 和波束 2 信号比例明显增大，测速仪输出频率由对接偏角 $|\alpha|<6^\circ$ 时以−666Hz 频率分量为主的信号，变为 $|\alpha|>80^\circ$ 时分别以 ± 333Hz 频率分量为主的信号，测速仪输出的 x、y 轴向速度颠倒。

图 4-53 为在不同对接阵间距下偏角 α 对接收信号的影响曲线，可以看出：①在不同对接偏角 α 时，对接阵间距变化对信号的旁瓣抑制能力影响较小，仅改变基阵 A 束控后信号的幅度，在1λ～λ 间距范围内变化对接收信号幅度影响均不超过

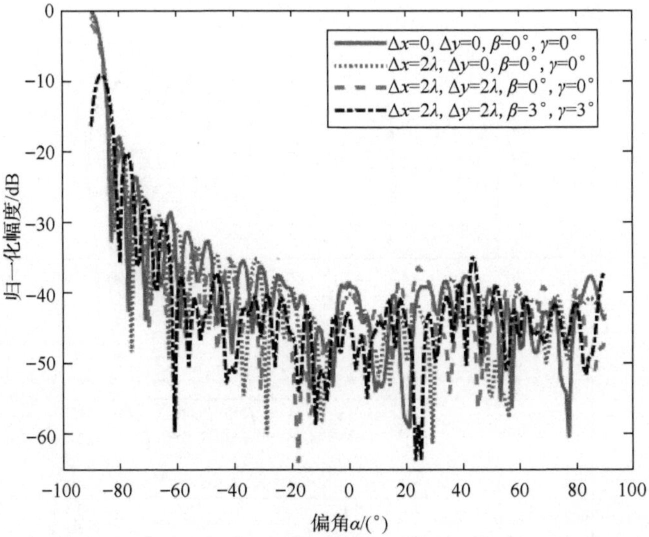

（a）波束1

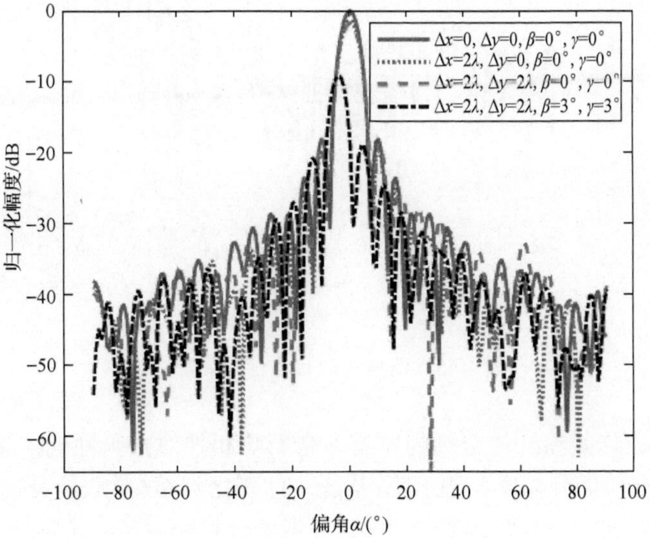

（b）波束2

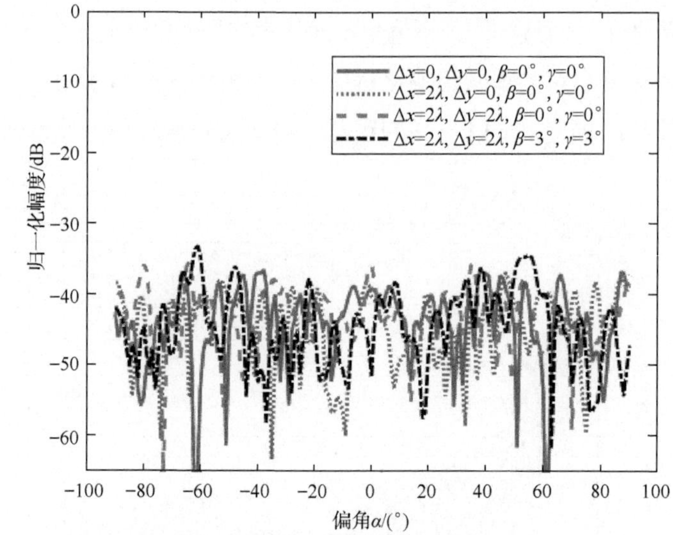

（c）波束3

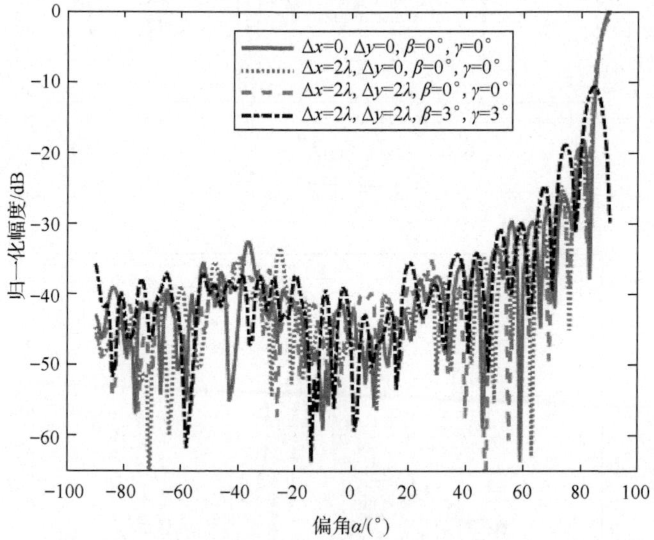

（d）波束4

图 4-53　偏角 α 对接收信号的影响

2dB，因此相控阵间涂抹耦合剂的厚度不会影响相控对接阵性能；②随着对接偏角 α 的增大，有效信号幅度急剧下降，从 $\alpha = 3^\circ$ 变化到 6°，接收信噪比降低了 12dB 以上；③为保证相控对接阵的对接性能，并考虑到相控对接阵实际应用时，偏角 α 最大允许值还受到测速仪输入信号的动态范围限制，在此选取信噪比≥15dB 作为偏角 α 的允许变化范围，则要求对接偏角 $|\alpha| \leqslant 6^\circ$。

图 4-54 给出了偏角 β、γ 与基阵 A 束控后接收信号归一化幅度关系曲线，可以看出：①在偏角 β 变化范围内，其基阵 A 束控后信号的信噪比与偏角 γ 变化时基本相同，这与两个对接相控阵的阵元是对称排列特性相符合；②同样以接收信号信噪比>15dB 为偏角允许变化门限，则要求 $|\beta|<4^\circ$、$|\gamma|<4^\circ$，考虑到相控阵通常是平面阵，对接产生的偏角 β 和 γ 主要是由相控阵表面橡胶不平整造成，通常该偏角小于 1°，因此实际应用中容易满足。

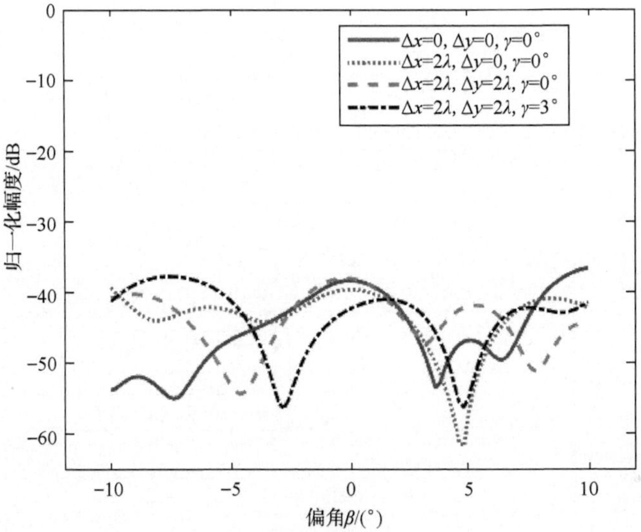

(a) 波束1

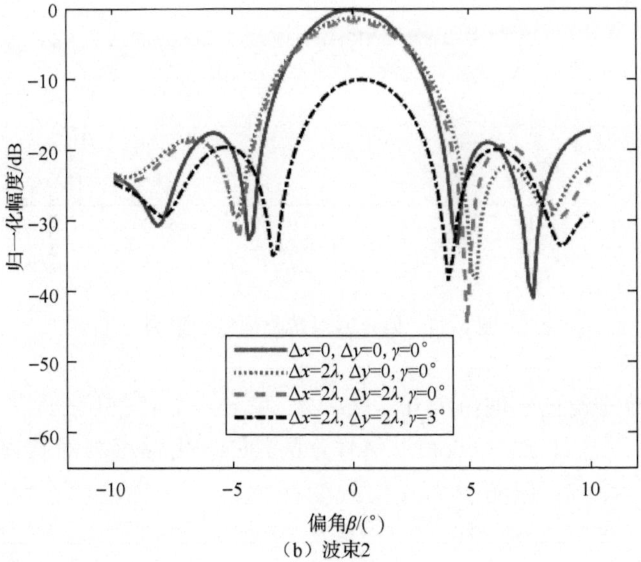

(b) 波束2

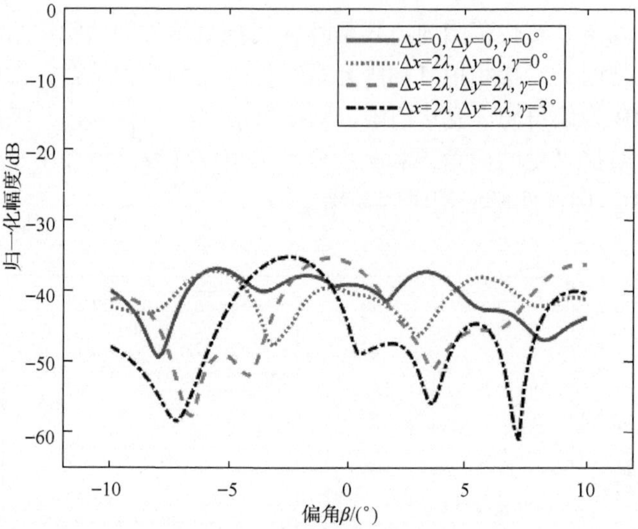

（c）波束3

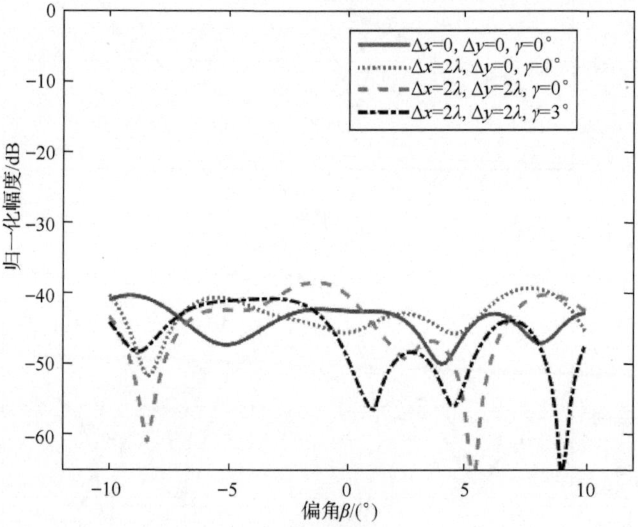

（d）波束4

图 4-54　偏角 β 对接收信号的影响

图 4-55 分别给出了偏角β=0°, 1.5°, 3° 和α=0°, 3°, 6° 条件下的基阵 A 束控后的主瓣信号（即 $f_{d1}=-666\text{Hz}$ 信号分量）归一化幅度与对接阵间距关系曲线，同样可以看出：偏角 β 和 α 仅改变接收信号的幅度，不影响对接性能。

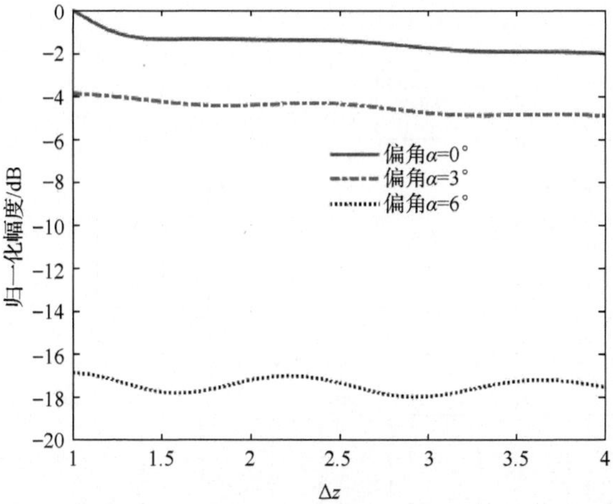

（a）偏角α

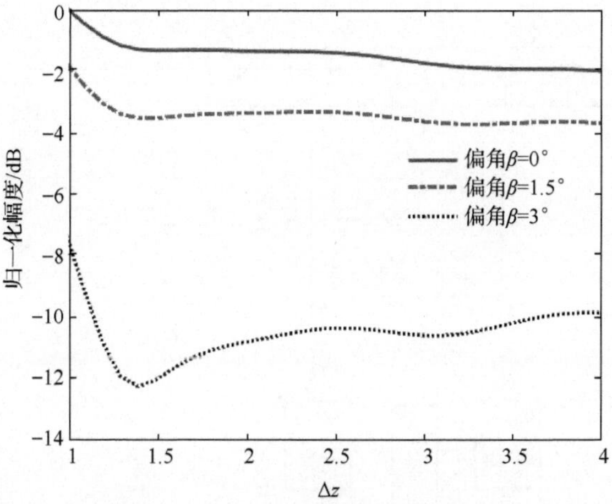

（b）偏角β

图 4-55　声压与相控对接阵间距关系

3. 系统设计方案

对接检测装置组成如图 4-56 所示，在此采用主控单元（DSP）+模拟信号产生模块（DDS 芯片）的回波信号模拟方案，基阵 B 接收到测速仪发射信号后，按照预设参数，在主控单元控制下通过模拟信号产生模块输出模拟回波信号，并通过基阵 B 耦合到基阵 A，通过观察测速仪接收信号，并比对测速仪解算输出与预设参数值，验证相控对接阵性能。

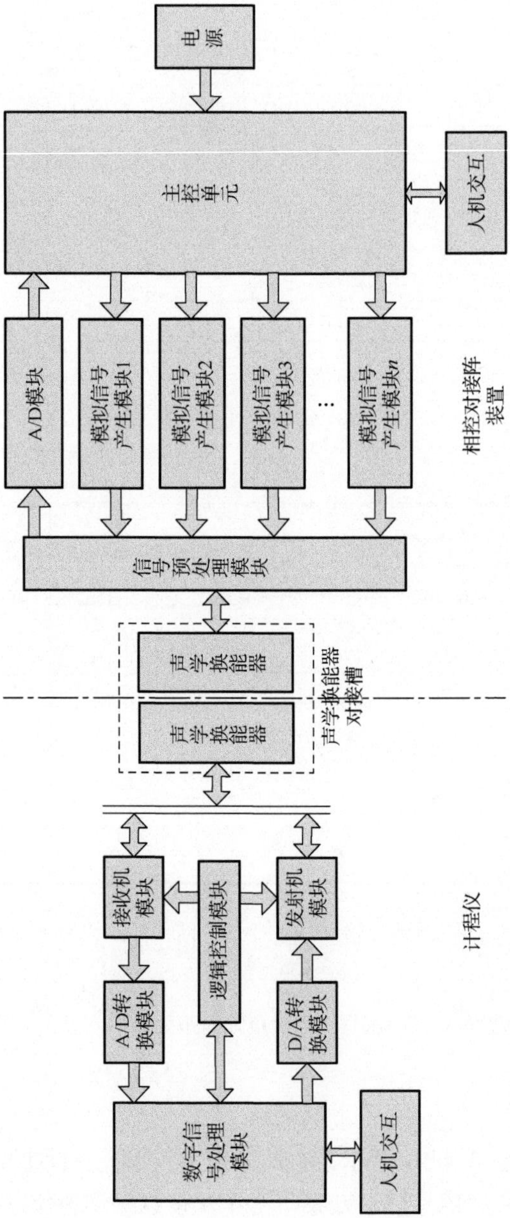

图 4-56　对接检测装置组成框图

4. 典型应用

测试条件：①设置基阵 B 在 O_Bx_B 轴方向输出多普勒频偏 $f_{d\_f}=500\text{Hz}$ 和 $f_{d\_b}=-500\text{Hz}$（分别对应基阵 A 的两个波束方向）信号，O_By_B 轴侧向输出多普勒频偏 $f_{d\_l}=200\text{Hz}$ 和 $f_{d\_r}=-200\text{Hz}$ 信号；②由于相控阵是平面阵，可以不考虑偏角 β、γ 以及 z 的变化情况；③基阵 A 接收基阵 B 输出信号，在不同偏角和不同位置观察测速仪波束形成后的回波信号频谱及测频结果。

测试结果：图4-57是在位置偏差 $\Delta x\approx\Delta y\approx0.00\text{m}$、$z\approx0.02\text{m}$，偏角 $\beta\approx\gamma\approx0°$，偏角 α 分别为 $\alpha\approx0°$、$10°$、$80°$ 和 $170°$ 时单个波束的相控接收信号频域波形。由图中可以看出：①在偏角 $\alpha\approx0°$ 时，测速仪能够得到理想的相控接收信号(-200Hz 信号分量)，测速仪工作稳定；②随着偏角 α 的增大，回波信号信噪比降低，在 $\alpha\approx80°$ 时，基阵 B 输出的 500Hz 多普勒频偏信号更能满足基阵 A 前向波束相控接收条件，输出信号最强；③在 $\alpha\approx170°$ 时，等效于基阵 A 反向安装，输出的 200Hz 信号分量最强。区间内基阵 A 反向安装没有对测速仪的正常工作产生影响。在此期间测速仪输出的速度、深度等信息按照相控对接阵预设参数值变化，试验结果与相控对接阵模型仿真分析结果相符。

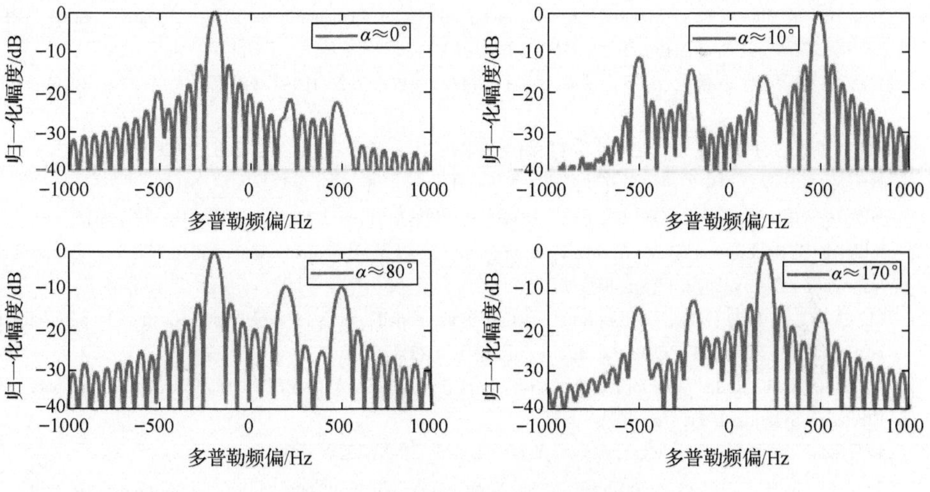

图4-57　实测相控接收信号频域波形

基阵 B 设定在艏向和横向速度为-5～10m/s、深度 h 为 30.1～200.1m 范围内模拟测试仪回波信号，得到测速仪输出，如表4-10所示，与预设值基本相符，验证了相控对接阵检测方法的有效性。

表 4-10　测试结果

设定速度/（m/s）	v_x /（m/s）	v_y /（m/s）	设定深度/m	h/m
−5	−5.001	−5.002	30	30.1
−3	−2.999	−3.000	60	60.1
−1	−0.998	−1.001	90	89.8
2	2.002	2.001	120	120.2
5	5.004	5.002	150	150.1
7	7.001	7.001	180	179.8
10	10.002	9.998	200	200.1

参 考 文 献

[1] 金受琪. 多普勒声纳导航[M]. 北京：人民交通出版社, 1982.

[2] 田坦. 水下定位与导航技术[M]. 北京：国防工业出版社, 2007.

[3] 邹明达, 徐继渝. 船用测速声纳原理及其应用[M]. 北京：人民交通出版社, 1992.

[4] Urick R J. Principles of Underwater Sound[M]. 2nd ed. New York: McGraw-Hill, 1975.

[5] 李延. 大深度多普勒测速技术研究[D]. 哈尔滨：哈尔滨工程大学, 2003.

[6] Taudien J Y, Bilén S G. Quantifying long-term accuracy of sonar Doppler velocity logs[J]. IEEE Journal of Oceanic Engineering, 2018, 43(3): 764-776.

[7] Taudien J Y, Bilén S G. Correlation detection of boundaries in sonar applications with repeated codes[J]. IEEE Journal of Oceanic Engineering, 2020, 45(3): 1078-1090.

[8] 曹忠义, 郑翠娥, 张殿伦. 声学多普勒速度仪安装误差校准方法[J]. 哈尔滨工程大学学报, 2013, 34(4): 434-439.

[9] 田坦, 张殿伦, 卢逢春, 等. 相控阵多普勒测速技术研究[J]. 哈尔滨工程大学学报, 2002, 23(1): 80-85.

[10] 曹忠义. 水下航行器中的声学多普勒测速技术研究[D]. 哈尔滨：哈尔滨工程大学, 2014.

[11] 朱埜. 主动声呐检测信息原理(上册)：主动声呐信号和系统分析基础[M]. 北京：科学出版社, 2015.

[12] Miller K S, Rochwarger M M. A covariance approach to spectral moment estimation[J]. IEEE Transactions on Information Theory, 1972, 18(5): 588-596.

[13] Chi C, Li Z H, Li Q H. Design of optimal multiple phase-coded signals for broadband acoustical Doppler current profiler[J]. IEEE Journal of Oceanic Engineering, 2016, 41(2): 302-317.

[14] Rihaczek A W. Radar waveform selection-a simplified approach[J]. IEEE Transactions on Aerospace and Electronic Systems, 1971, 7(6): 1078-1086.

[15] 赵新伟.多普勒测速声纳波形设计理论研究[D]. 哈尔滨：哈尔滨工程大学, 2021.

[16] Stoica P, He H, Li J. New algorithms for designing unimodular sequences with good correlation properties[J]. IEEE Transactions on Signal Processing, 2009, 57(4): 1415-1425.

[17] Behn J, Kraus I D, Wolter I S. Broadband signal processing for Doppler log applications[D]. Bremen: University of Applied Sciences, 2010.

[18] 李笑尘, 刘锋, 宦爱奇. LFM-Frank 复合调制雷达信号性能分析[J]. 现代电子技术, 2015, 38(1): 15-17, 21.

[19] 邓海, 林茂庸, 阮龙泉. 线性步进频率编码信号特性的研究[J]. 北京理工大学学报, 1990, (2): 83-88.

[20] Costas J P. A study of a class of detection waveforms having nearly ideal range—Doppler ambiguity properties[J]. Proceedings of the IEEE, 1984, 72(8): 996-1009.

[21] Pinkel R. On estimating the quality of Doppler sonar data[C]//IEEE Second Working Conference on Current Measurement, 1982.
[22] Zedel L, Hay A E. A three-component bistatic coherent Doppler velocity profiler: Error sensitivity and system accuracy[J]. IEEE Journal of Oceanic Engineering, 2002, 27(3): 717-725.
[23] Mo L Y L, Cobbold R S C. A unified approach to modeling the backscattered Doppler ultrasound from blood[J]. IEEE Transactions on Biomedical Engineering, 1992, 39(5): 450-461.
[24] Zedel L. Modeling pulse-to-pulse coherent Doppler sonar[J]. Journal of Atmospheric and Oceanic Technology, 2008, 25(10): 1834-1844.
[25] Zedel L. Modelling Doppler sonar backscatter[C]//IEEE/OES Eleveth Current, Waves and Turbulence Measurement(CWTM), 2015.
[26] Bello P. Characterization of randomly time-variant linear channels[J]. IEEE Transactions on Communications Systems, 1963, 11(4): 360-393.
[27] Kay S M, Doyle S B. Rapid estimation of the range-Doppler scattering function[C]//MTS/IEEE Oceans, 2001.
[28] Nguyen L T, Senadji B, Boashash B. Scattering function and time-frequency signal processing[C]//IEEE International Conference on Acoustics, Speech, and Signal Processing, 2001.
[29] Boashash B. Time-frequency Signal Analysis and Processing: A Comprehensive Reference[M]. Amsterdam: Elsevier, 2016.
[30] Bringi V N, Chandrasekar V. Polarimetric Doppler Weather Radar[M]. Cambridge: Cambridge University Press, 2001.
[31] Abraham D A. Introduction to underwater acoustic signal processing[M]//Underwater Acoustic Signal Processing. Cham: Springer, 2019: 3-32.
[32] Cooke C D.Scattering function approach for modeling time-varying sea clutter returns[C]//IEEE Radar Conference, 2018.
[33] Ostashev V E, Wilson D K.Acoustics in Moving Inhomogeneous Media[M]. 2nd ed. Boca Raton: CRC Press, 2016.
[34] 张永生. 构成正交矩阵的基本旋转方式及旋转角解算的若干奇异情况[J]. 解放军测绘学院学报, 1987, 4(1): 72-77.
[35] Joyce T M. On in situ "calibration" of shipboard ADCPs[J]. Journal of Atmospheric and Oceanic Technology, 1989, 6(1): 169-172.
[36] Cao Z Y, Li H L, Liu P L, et al. Navigating error analysis for acoustic Doppler velocity log[J]. Applied Mechanics and Materials, 2013, 303/304/305/306: 453-458.
[37] Horn B K P. Closed-form solution of absolute orientation using unit quaternions[J]. Journal of the Optical Society of America A, 1987, 4(4): 629-642.
[38] Wang G, Cui X M, Yuan D B, et al. Application of lodrigues matrix in coordinate transformation of similar material simulation experiment[J]. Advanced Materials Research, 2012, 455/456: 204-210.
[39] Kong X W, Guo M F, Dong J X. An improved PWCS approach on observability analysis of linear time-varying system[C]//Chinese Control and Decision Conference, 2009: 761-765.
[40] Farrell J A.Aided Navigation: GPS with High Rate Sensors[M]. New York: McGraw-Hill, 2008.
[41] Brumley B H, Cabrera R G, Deines K L, et al. Performance of a broad-band acoustic Doppler current profiler[J]. IEEE Journal of Oceanic Engineering, 1991, 16(4): 402-407.
[42] Zrnic D S. Spectral moment estimates from correlated pulse pairs[J]. IEEE Transactions on Aerospace and Electronic Systems, 1977, AES-13(4): 344-354.

[43] Lu Y Y, Lueck R G. Using a broadband ADCP in a tidal channel. Part I: Mean flow and shear[J]. Journal of Atmospheric and Oceanic Technology, 1999, 16(11): 1556-1567.

[44] Li X R, Jilkov V P. Survey of maneuvering target tracking. Part I: Dynamic models[J]. IEEE Transactions on Aerospace and Electronic Systems, 2003, 39(4): 1333-1364.

[45] Gelman A, Carlin J B, Stern H S, et al. Bayesian Data Analysis[M]. 3rd ed. London: Chapman and Hall, 2013.

[46] Goring D G, Nikora V I. Despiking acoustic Doppler velocimeter data[J]. Journal of Hydraulic Engineering, 2002, 128(1): 117-126.

[47] Fan Z, Sun Q, Du L, et al. Application of adaptive Kalman filter in vehicle laser Doppler velocimetry[J]. Optical Fiber Technology, 2018, 41: 163-167.

[48] Romagnoli M, Garcia C M, Lopardo R A. Signal postprocessing technique and uncertainty analysis of ADV turbulence measurements on free hydraulic jumps[J]. Journal of Hydraulic Engineering, 2012, 138(4): 353-357.

[49] Wahl T L. Discussion of "despiking acoustic Doppler velocimeter data" by Derek. G. Goring and Vladimir I. Nikora[J]. Journal of Hydraulic Engineering, 2003, 129(6): 484-487.

[50] Elgar S, Raubenheimer B, Guza R T. Quality control of acoustic Doppler velocimeter data in the surfzone[J]. Measurement Science and Technology, 2005, 16(10): 1889-1893.

[51] Kalman R E. A new approach to linear filtering and prediction problems[J]. Journal of Basic Engineering, 1960, 82(1): 35-45.

[52] Smidl V, Quinn A. The Variational Bayes Method in Signal Processing[M]. New York: Springer, 2006.

[53] Barber D.Bayesian Reasoning and Machine Learning[M]. Cambridge: Cambridge University Press, 2012.

[54] Raiffa H, Schlaifer R. Applied Statistical Decision Theory[M]. Boston: Harvard University Press, 1961.

[55] Särkkä S, Nummenmaa A. Recursive noise adaptive Kalman filtering by variational Bayesian approximations[J]. IEEE Transactions on Automatic Control, 2009, 54(3): 596-600.

[56] Sun D J, Li X S, Cao Z Y, et al. Acoustic robust velocity measurement algorithm based on variational Bayes adaptive Kalman filter[J]. IEEE Journal of Oceanic Engineering, 2021, 46(1): 183-194.

[57] Proakis J G. Digital Communications[M]. New York: McGraw-Hill, 2001.

[58] Wanis P, Brumley B, Gast J, et al. Sources of measurement variance in broadband acoustic Doppler current profilers[C]//Oceans, 2010: 1-5.

[59] Lyons A P, Abraham D A. Statistical characterization of high-frequency shallow-water seafloor backscatter[J]. The Journal of the Acoustical Society of America, 1999, 106(3): 1307-1315.

[60] Goodman N R. Statistical analysis based on a certain multivariate complex Gaussian distribution(an introduction)[J]. The Annals of Mathematical Statistics, 1963, 34(1): 152-177.

[61] Kay S M. Fundamentals of Statistical Signal Processing: Estimation Theory[M]. Englewood Cliffs: Prentice-Hall, 1993.

[62] Dillon J, Zedel L, Hay A E. On the distribution of velocity measurements from pulse-to-pulse coherent Doppler sonar[J]. IEEE Journal of Oceanic Engineering, 2012, 37(4): 613-625.

[63] Gilcoto M, Jones E, Fariña-busto L. Robust estimations of current velocities with four-beam broadband ADCPs[J]. Journal of Atmospheric and Oceanic Technology, 2009, 26(12): 2642-2654.

[64] Cao Z Y, Zhang D L, Sun D J, et al. A method for testing phased array acoustic Doppler velocity log on land[J]. Applied Acoustics, 2016, 103: 102-109.

[65] Cao Z Y, Zhang D L, Yong J. Study on the testing method for dual-frequency phased array acoustic Doppler current profiler[C]// UACE, Greece. 2015.

第 5 章　声学/惯性组合导航技术

5.1　概　　述

导航是规划、记录和控制运载器从一个地方运动到另一个地方的过程。因此，针对不同的应用场景，需采用不同的导航方法，如陆地导航、航海导航、航空导航和航天导航。惯性导航是利用惯性原理和其他科学原理，通过惯性仪表自主测量和控制运载器角运动、线运动参数，实现导航、制导、控制、测量等功能的一类自主导航系统，广泛应用于航空、航天、航海、陆地导航及大地测量等领域。以安装方式分类，惯性导航系统分为平台式与捷联式[1]。

平台式惯性导航系统[2]是指惯性传感器（inertial measurement unit, IMU，包括陀螺仪与加速度计）被固定安装在一个稳定平台上，该平台是一个可以在三维空间内旋转的万向节支撑结构，如图 5-1（a）所示。陀螺仪读数被反馈到扭矩电机上并带动平衡环转动，这样任何外部旋转运动都可以被抵消，平台姿态不会改变。对于需要高精度导航且不考虑系统质量和体积成本的情况，例如在潜艇中，这种实现方式仍在普遍使用。然而，平台式系统复杂机械和电气结构导致系统体积庞大且价格昂贵。

与平台式结构不同，捷联式惯性导航系统[3]（简称捷联惯导）由惯性传感器与导航计算机构成，如图 5-1（b）所示。其中，惯性传感器直接刚性固定于被测运载器上，实时测量运载器运动角速度与加速度，测量信息经过导航解算后得到被测运载器的速度、姿态与位置。然而，惯性导航解算实质上沿用的是航位推算基本思想，因此，在惯性导航算法中，不仅加速度和角速度被积分，所有的测量噪声也被积分并累积而产生发散式累积误差。另外，由于惯性解算中姿态误差角、有害加速度补偿不完全，解算误差与地球自转角速度、重力加速度等物理参量耦合，使导航误差呈周期性振荡（舒勒周期、傅科周期、地球周期）规律。可见，振荡性与发散性导航误差严重影响了捷联惯导的长航时可用性。

为了解决捷联惯导定位误差发散增大的问题，引入外测参考基准量来校正随时间发散式定位误差，如全球卫星导航系统、重力导航系统、地磁导航系统、视觉导航系统、声学导航系统等[4]。特别地，对于水下导航而言，常采用声学导航与捷联惯性导航的组合模式得到优化导航结果。在此基础上，利用卡尔曼滤波等最优估计手段，形成声学/惯性组合导航技术。

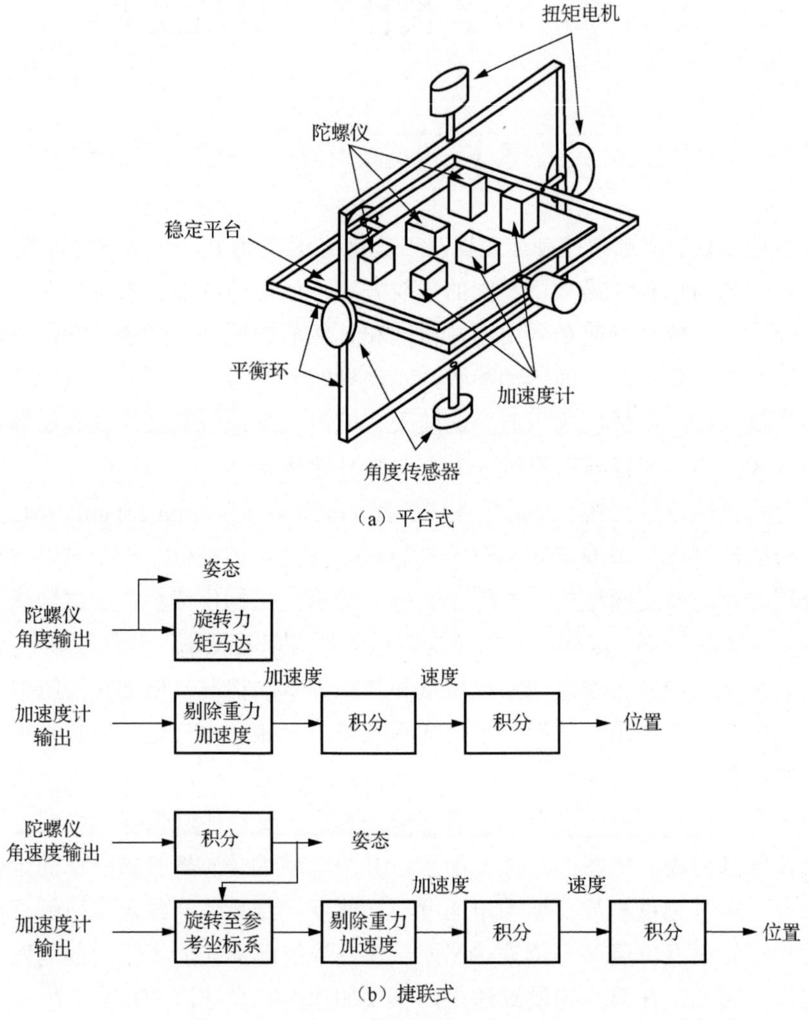

图 5-1　惯性导航系统

首先，本章介绍惯性导航系统与惯性传感器的发展历史；其次，介绍捷联惯导基本原理与惯性导航误差方程，阐述导航误差产生的原因、规律以及物理意义；再次，介绍卡尔曼滤波基本原理，为声学/惯性组合导航中的最优估计算法奠定基础；最后，结合捷联惯导误差特性与卡尔曼滤波器，简述引入速度基准与位置基准的组合导航技术。

5.2　捷联惯导及其组合导航技术

5.2.1　捷联惯导

1. 惯性导航系统发展历史

惯性技术从最初的原理探究到如今的大量产品研发和应用，经历了漫长的发展历程，取得了跨越式的发展。17 世纪，牛顿力学定律和万有引力定律成为惯性技术基本原理。1852 年，法国物理学家傅科发现了陀螺效应。1905 年，爱因斯坦提出狭义相对论。1907 年，德国科学家安修茨制造了第一个实用陀螺。1913 年，法国科学家萨格奈克发现了 Sagnac 效应。20 世纪 80 年代，激光陀螺、光纤陀螺相继实用化，随后各种新型惯性仪表陆续问世。惯性系统以自主、隐蔽、全天候、抗干扰的突出优点，在航空、航天、航海等领域普遍被采用[5]。

时至今日，惯性技术已前进了一百多年，经历过许多激动人心的发展。从早期德国 V2 火箭制导采用的原始电子机械装置发展到现代交通工具采用的全固态导航装置，惯性技术和产品早已褪去神秘的面纱，在人们的生产和生活中得到普遍应用。仅以陀螺为例，从传统的浮子式陀螺发展到挠性陀螺、静电陀螺、激光陀螺、光纤陀螺、微机电陀螺等多个类型，在军、民两类市场的引导下，向着缩减成本、减小体积、满足需求的方向不断发展，作为研发领域非常活跃的两类产品，光纤陀螺和微机电陀螺以其低廉的价格和广泛的应用成为未来技术发展的主要方向。利用卫星、星光、景象、地形、重力、地磁等外部信息，实现多传感器的智能信息融合，进一步提高了导航系统的精度和自主性，也使得惯性技术和产品在更多的领域得到应用和推广。惯性技术发展足迹简略总结见图 5-2。

我国的惯性技术经历了从无到有、从弱到强、从落后到先进的发展历程，经历了创业、发展、创新三个阶段，取得了长足的进步，创造了一系列辉煌的成绩。我国自行研制的各类惯性产品已经广泛应用于国防建设和国民经济的各个领域。改革开放以来，惯性技术产品的需求快速增长，伴随着我国计算机技术、信息技术、微电子技术、新材料、新工艺等高新技术的不断进步，惯性技术产业迅猛发展，已成为较具活力的现代工程技术学科之一。

2. 惯性传感器发展历史

陀螺仪是用高速回转体的动量矩敏感壳体相对惯性空间绕正交于自转轴的一个或两个轴的角运动检测装置。利用其他原理制成的角运动检测装置起同样功能的也称陀螺仪。陀螺仪根据物理原理可分为转子陀螺仪、光学陀螺仪、振动式陀螺仪、新型陀螺仪等[5]。不同精度的陀螺仪应用范围不同，如图 5-3 所示。

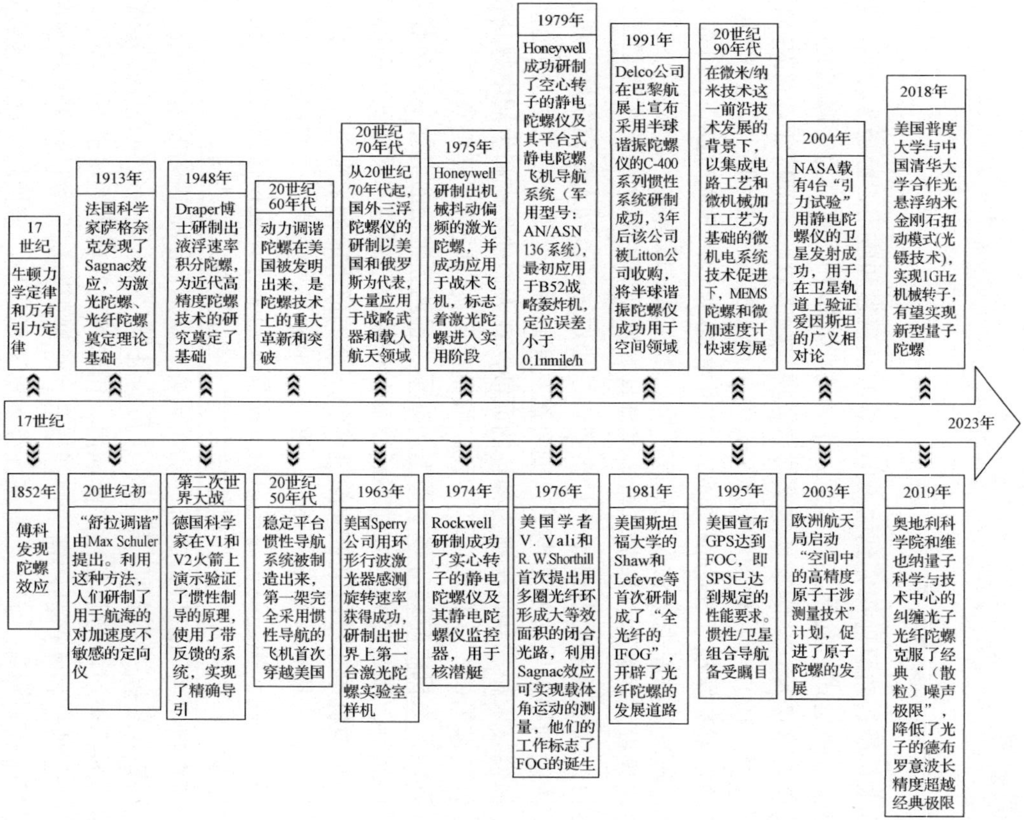

图 5-2　惯性技术发展足迹

MEMS（microelectromechanical system）-微机电系统；NASA（National Aeronautics and Space Administration）-美国国家航空航天局；
FOG（fiber optic gyroscope）-光纤陀螺仪；IFOG（interferometric FOG）-干涉式光纤陀螺仪；
FOC（full operation capability）-完全运行能力；SPS（standard positioning service）-标准定位服务

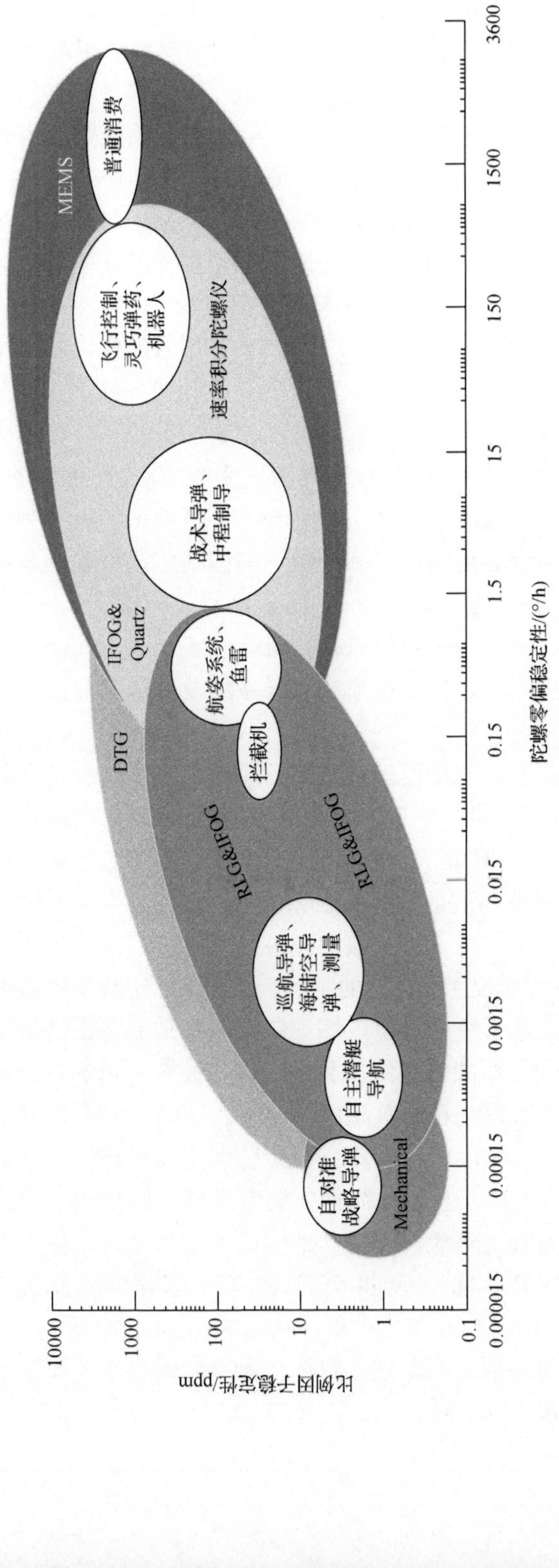

图 5-3　北大西洋公约组织 2008 年陀螺应用分析

ppm 为 10^{-6}；RLG 为环式激光陀螺；DTG 为动力调谐陀螺；IFOG 为干涉型光纤陀螺；Mechanical 为机械类；Quartz 为石英类；MEMS 为微机电系统

（1）液浮陀螺技术可以追溯到 20 世纪 20 年代初期。美国、英国、法国、苏联等国研制的单轴液浮陀螺精度已达 0.001° /h，采用铍材料浮子可达 0.0005° /h，技术上也非常成熟。高精度液浮陀螺主要用于飞机、舰船和潜艇导航系统中，其他精度液浮陀螺在平台罗经、导弹、飞船及卫星姿态控制系统中应用也较广泛。

（2）三浮陀螺在单自由度液浮积分陀螺的基础上发展起来。三浮陀螺的研制、应用以美国和苏联为代表：20 世纪 70 年代中期，美国 MX 导弹浮球平台采用的 TGG 型三浮陀螺精度达到了 1.5×10^{-5}° /h，保证了 MX 导弹的命中精度达到百米以内，80 年代末，其同系列第四代三浮陀螺精度达到 1.55×10^{-7}° /h；20 世纪 80 年代，苏联战略导弹 SS-18、SS-19、SS-24、SS-251 等型号的惯性制导平台均采用三浮陀螺，其精度达到 1×10^{-4}° /h。当前，浮子式陀螺处于萎缩期，部分高精度应用领域正在被新型陀螺替代。

（3）动力调谐陀螺是 20 世纪 60 年代初美国发明的，诞生之初就有结构简单、体积小、质量轻、功耗少、精度高、结实、适合于批量生产等一系列突出优点，它的发明被称为陀螺技术上的重大革新和突破。美国基尔福特制导与导航公司的 MOD II 型陀螺连续工作稳定性为 0.001° /h，逐日漂移＜0.004° /h，在航天飞行器中累计工作超过 10 年，在实验室中寿命试验累计达 25 年以上。因为本身设计比较坚固，因此适用于恶劣环境，先后在航空航天系统及其他工业部门得到了广泛应用。

（4）静电陀螺是目前公认的精度等级最高的陀螺，基本概念是在美国大力发展战略核潜艇时代，由伊利诺伊大学诺尔德西克教授于 1954 年向海军研究办公室提出来的。Rockwell 公司于 1974 年成功研制出实心转子静电陀螺监控器样机。1979 年以后静电陀螺监控器与舰船惯性导航系统配套，陆续装备了美国“三叉戟”弹道导弹核潜艇。同时，又对拉菲特级核潜艇进行了改装，增加了静电陀螺监控器。1978 年完成静电陀螺导航仪工程样机的制造，1985 年开始装备攻击型核潜艇和水面舰艇。静电陀螺监控器系统和静电陀螺导航仪一直是美国核潜艇水下导航的关键装备。2005 年，美国海军战略系统项目办公室与波音公司签订合同，改进导弹核潜艇的静电陀螺监控器系统和静电陀螺导航仪。

（5）激光陀螺诞生于 1963 年，美国 Sperry 公司用环形行波激光器感测旋转速率获得成功，这是世界上第一台激光陀螺实验室样机。1975 年，Honeywell 公司研制出机械抖动偏频的激光陀螺，并成功地应用于战术飞机，标志着激光陀螺从此进入实用阶段。1989 年，Honeywell 公司成功研制了精度优于 0.00015° /h 的 GG-1389 型激光陀螺。20 世纪 90 年代中期，法国 Sextant 公司研制了 PIXYZ 22 和 PIXYZ 14 两种型号的三轴激光陀螺。目前，激光陀螺已进入大批量生产与拓展应用阶段，应用范围涵盖海、陆、空、天各领域。

（6）光纤陀螺诞生于 1976 年，美国学者 V. Vali 和 R. W. Shorthill 首次提出用多圈光纤环形成大等效面积的闭合光路，利用 Sagnac 效应实现运载器角运动的测量。经历了方案探索期（1976～1986 年）、技术发展与成熟期（1986～1996 年）、产品开发与应用期（1996 年至今）三个阶段的发展。目前，光纤陀螺技术已趋于成熟，性能已能覆盖高、中、低精度范围，在几乎所有的惯性技术领域都找到了它的位置。

（7）半球谐振陀螺于 20 世纪 80 年代由 Delco 公司（目前已属于 Northrop Grumman 公司）研发成功。自 20 世纪 90 年代中期在太空中初试锋芒后，就被应用于许多航天器中，包括近地小行星探访宇宙飞船、卡西尼号土星探测任务等。由于半球谐振陀螺具有质量轻、紧凑、工作在真空条件下、寿命高、对辐射和电磁扰动有一定抵抗能力等独特优点，在航天器应用领域保持着一席之地。

凭借着雄厚的技术优势，原子陀螺技术、微光电机系统（micro optical electro-mechanical-system, MOEMS）陀螺技术、光子晶体陀螺技术均获得了一定的发展，部分技术日趋成熟，在新型陀螺方面，仍旧保持着技术领先优势。原子陀螺方面，美国国防高级研究计划局（Defense Advanced Research Projects Agency, DARPA）提出精确惯性导航系统（precision inertial navigation system, PINS）计划，把以冷原子干涉技术为核心的原子惯性传感技术视为下一代主导惯性技术，追求实现定位精度达到 5m/h 的高精度军用惯性导航系统；谐振式 MOEMS 陀螺方面，国际上多个研究机构对不同材料上的无源环形波导谐振腔进行了研究，在有机聚合物、玻璃、铌酸锂和硅基片上的环形波导谐振腔已研制成功；干涉式 MOEMS 陀螺方面，空间型微机电干涉陀螺仪（MEMS interferometric gyroscope, MIG）是新的发展方向之一，2000 年，美国空军研究所开发了 AFIT-MIG 陀螺，该陀螺利用空间微反射镜替代光纤环以缩小尺寸，减少损耗。

加速度计是测量运载器线加速度的仪表。由检测质量（也称敏感质量）、支承、电位器、弹簧、阻尼器和壳体组成。当仪表壳体随着运载器沿敏感轴方向做加速运动时，根据牛顿定律，具有一定惯性的检测质量力图保持其原来的运动状态不变。检测质量与壳体之间将产生相对运动，使弹簧变形，于是它在弹簧力的作用下加速运动。如果弹簧力与检测质量加速运动时产生的惯性力相平衡，检测质量与壳体之间便不再有相对运动，这时弹簧的变形反映被测加速度的大小。电位器作为位移传感元件把加速度信号转换为电信号以供输出。按照加速度计的工作原理，可以将其分为摆式加速度计、振动式加速度计、压电式加速度计、微机电加速度计、原子（量子）加速度计等几大类。北大西洋公约组织 2008 年加速度计应用分析如图 5-4 所示。

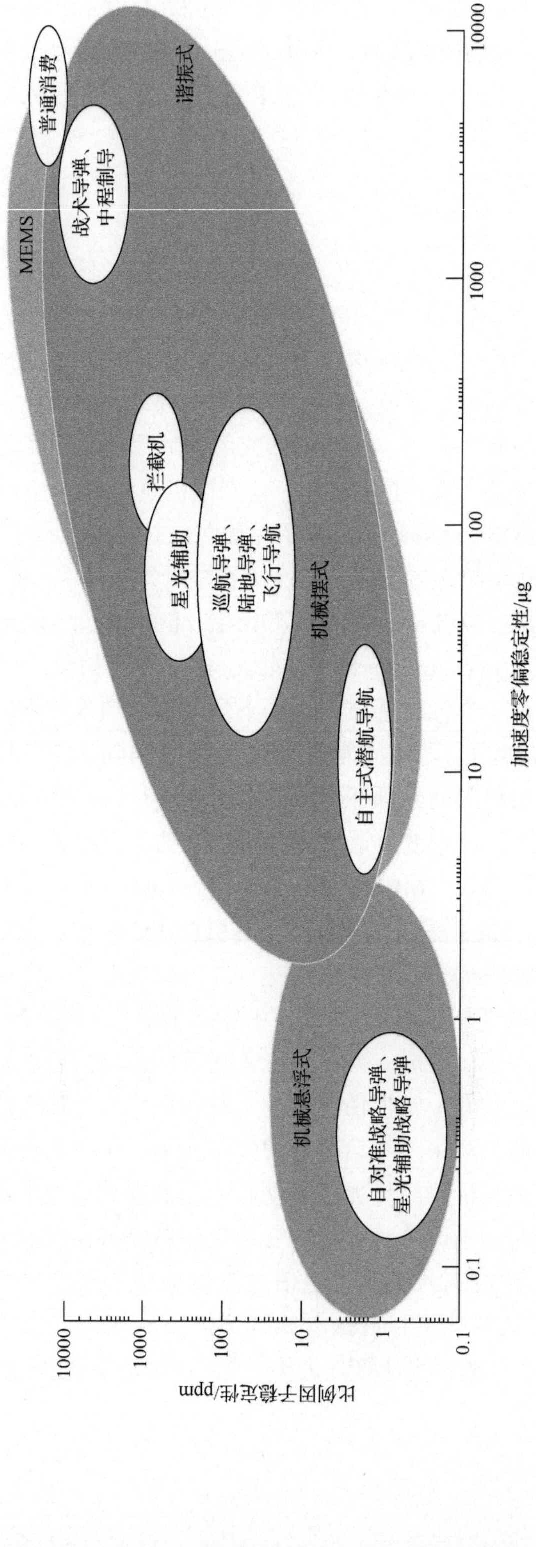

图 5-4　北大西洋公约组织 2008 年加速度计应用分析

（1）力平衡加速度计由 Kearfott 公司于 1950 年研制，是导航级加速度计的先驱。其中，MOD VII 单轴挠性摆式加速度计既用于平台惯导系统又用于无温控的捷联系统，该加速度计的大量程特性使其可用于战术导弹，而低噪声、高分辨率的特性则使其可用于卫星导航、轨道控制。

（2）石英挠性加速度计是机械摆式加速度计的主流产品，目前技术已成熟并取得了成功的应用。美国 Honeywell 公司生产的 Q-FLEX 加速度计产品系列中，QA2000 和 QA3000 型加速度计面向高精度应用设计，QA2000 型加速度计和激光陀螺一起在商用和军用飞机的惯性导航系统中建立了新的可靠性标准，QA3000 是 Q-FLEX 系列巅峰之作。生产摆式加速度计的厂家还有美国的 Systron Donner、Bell、Litton、Rockwell 和 Northrop 等。

（3）陀螺加速度计从 20 世纪 50 年代末开始广泛应用。美国、苏联等国家的陀螺加速度计技术趋于完善，已应用于大力神洲际导弹，北极星 A1、A2、A3，以及海神 C3 潜地导弹等型号的战略武器。16PIGA、SFIR-J 型三浮、四浮陀螺加速度计精度分别达到 10^{-7}g 和 10^{-8}g，至今仍保持加速度计的最高精度水平，应用于三叉戟 II 远程潜地导弹及 MX 陆基洲际导弹的惯性平台系统。

（4）石英振梁加速度计以 Honeywell 公司产品为代表，该公司研制的中精度石英振梁加速度计偏值稳定性（1 年）小于 4mg，标度因子稳定性（1 年）小于 450ppm，广泛应用于低成本战术级惯导系统。高精度石英振梁加速度计偏值稳定性达到 1μg，标度因数稳定性 1ppm，作为传统高精度陀螺加速度计的替代方案，应用于战略武器领域。硅振梁加速度计采用无引脚式运载器封装陶瓷管壳真空封装，真空度控制在 1mTorr（$1\text{Torr}=1.33322\times10^{2}\text{Pa}$），温控精度控制在 0.05℃。在实验室条件下测试偏值稳定性 1μg，标度因数稳定性 1ppm，产品应用目标主要是导弹制导和潜艇导航。

（5）微型加速度计已成为 MEMS 技术中具有代表性的突出成果，在军事和民用领域得到越来越多的应用。其中硅微机电加速度计发展最为成功，目前已开始进入军用领域，大量应用于战术武器。其他更高性能的硅微机电加速度计目前还处于原理样机水平。微光机电加速度计、精密谐振式微机电加速度计、隧道电流型加速度计、静电悬浮加速度计等多种微型加速度计均处于不同的发展阶段。

3. 导航解算基本原理

对惯性导航系统而言，无论采用哪种类型的惯性传感器，都是以测量被测运载器的角运动和线运动作为导航计算机的输入来完成后续解算，得到导航信息。因此，本书后续讨论中，不以某一类惯性传感器为例，而是以惯性组件测量运载器的角速度和加速度为信息源，对惯性导航解算、组合导航解算展开讨论。下面首先介绍惯性及其组合导航中的常用坐标系与坐标系间转换关系；然后详细介绍以惯性传感器测量值为输入，如何经过导航解算获得最终导航结果；任何测量系统都会存在测量误差，最后介绍惯性导航系统误差特性。

1）坐标系定义与坐标系转换

（1）地心惯性坐标系（O_i-$x_iy_iz_i$）。坐标原点设在地球质心，z_i 轴沿地轴方向，x_i、y_i 轴在地球赤道平面内，构成右手直角坐标系，如图 5-5 所示。

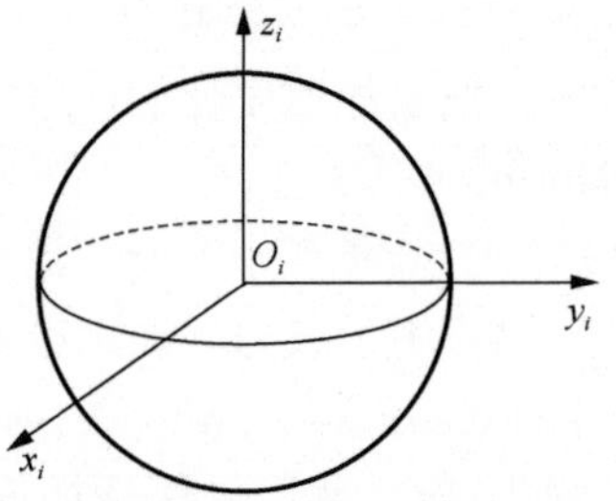

图 5-5　地心惯性坐标系

（2）地球坐标系（O_e-$x_ey_ez_e$）。坐标原点位于地球中心，z_e 轴沿着地球自转轴方向，x_e 轴沿赤道平面与本初子午线的交线，y_e 位于赤道平面且与 x_e、z_e 构成右手直角坐标系。该坐标系与地球相固连，随着地球的自转而转动，如图 5-6（a）所示。

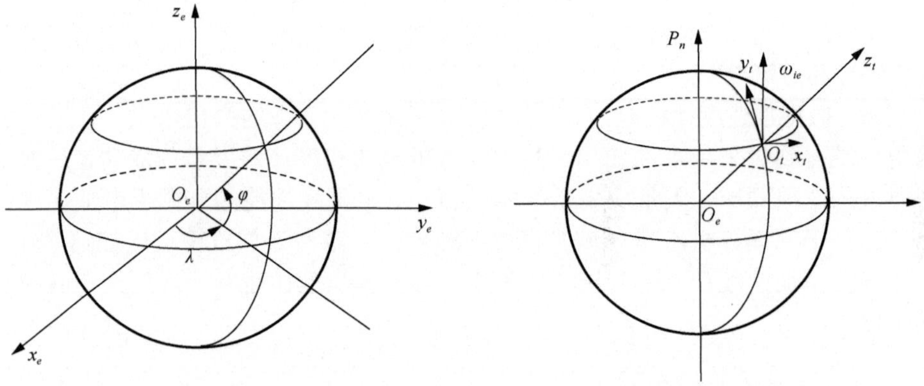

（a）地球坐标系　　（b）地理坐标系

图 5-6　地球坐标系与地理坐标系

（3）地理坐标系（O_t-$x_ty_tz_t$）。坐标原点位于在地球上运动的运载器质心，以“东北天”定义方式为例，x_t 轴指东，y_t 轴指北，z_t 轴垂直向上且与 x_t、y_t 构成右手直角坐标系。该坐标系随着地球自转和运载器的运动而旋转，如图 5-6（b）所示。

（4）导航坐标系（O_n-$x_n y_n z_n$）。导航坐标系是在导航时根据系统工作需求而选取的导航基准坐标系，可选择地理坐标系为导航坐标系。

（5）载体坐标系（O_b-$x_b y_b z_b$）。坐标系固联在运动的运载器上。坐标原点位于运载器质心，通常定义 x_b 轴沿运载器横轴指向右侧，y_b 轴沿运载器纵轴指向前进方向，z_b 轴沿运载器立轴指向上方，如图 5-7 所示。后文中的运载器即载体。

坐标系 O-xyz 可以看成是由坐标系 O-$x_0 y_0 z_0$ 经过连续三次旋转得到的，旋转过程为：O-$x_0 y_0 z_0$ 绕 x_0 轴旋转 θ 角度，得到中间坐标系 1 O-$x_0 y_1 z_1$；中间坐标系 1 绕 y_0 旋转 γ 角度，得到中间坐标系 2 O-$x_1 y_1 z$；中间坐标系 2 绕 z_0 旋转 ψ 角度，得到坐标系 O-xyz。示意图如图 5-8 所示。

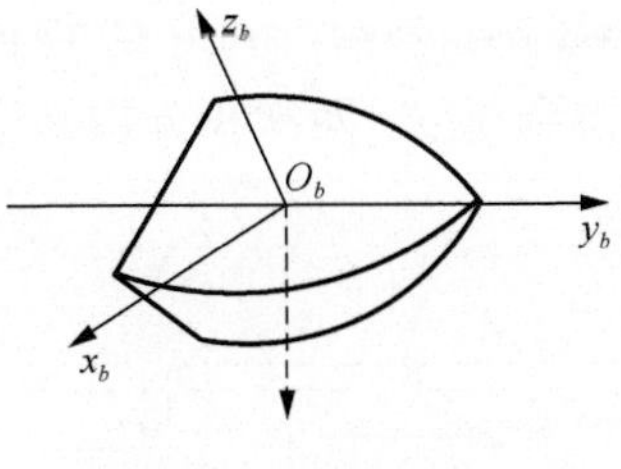

图 5-7　载体坐标系

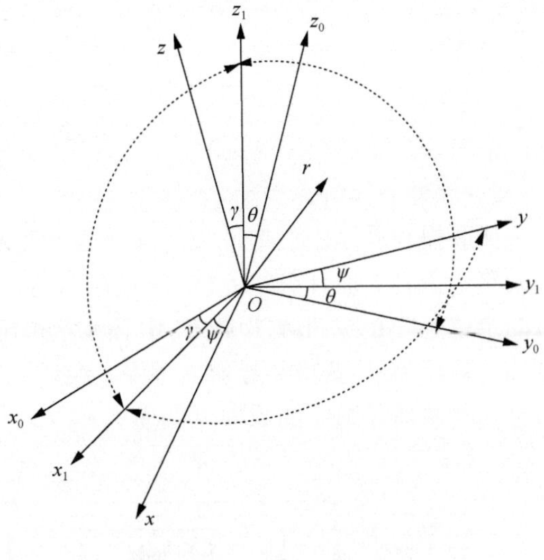

图 5-8　坐标系转换示意图

假设空间中有一个矢量 $\boldsymbol{r}$，在坐标系 O-$x_0 y_0 z_0$ 中可表示为

$$\boldsymbol{r} = \begin{bmatrix} r_{x_0} & r_{y_0} & r_{z_0} \end{bmatrix}^{\mathrm{T}} \tag{5-1}$$

矢量 $\boldsymbol{r}$ 在坐标系 O-xyz 中表示为

$$\boldsymbol{r} = \begin{bmatrix} r_x & r_y & r_z \end{bmatrix}^{\mathrm{T}} \tag{5-2}$$

则经过三次旋转后得到的坐标系 $O\text{-}xyz$ 与原坐标系 $O\text{-}x_0y_0z_0$ 之间的姿态矩阵可表示为

$$\boldsymbol{C}_{x_0y_0z_0}^{xyz}=\begin{bmatrix} r_x \\ r_y \\ r_z \end{bmatrix}=\begin{bmatrix} 1 & 0 & 0 \\ 0 & \cos\theta & \sin\theta \\ 0 & -\sin\theta & \cos\theta \end{bmatrix}\begin{bmatrix} \cos\gamma & 0 & -\sin\gamma \\ 0 & 1 & 0 \\ \sin\gamma & 0 & \cos\gamma \end{bmatrix}\begin{bmatrix} \cos\psi & \sin\psi & 0 \\ -\sin\psi & \cos\psi & 0 \\ 0 & 0 & 1 \end{bmatrix}\begin{bmatrix} r_{x_0} \\ r_{y_0} \\ r_{z_0} \end{bmatrix} \tag{5-3}$$

式中，$\boldsymbol{C}_{x_0y_0z_0}^{xyz}$ 为坐标系 $O\text{-}x_0y_0z_0$ 到 $O\text{-}xyz$ 的姿态矩阵；$\begin{bmatrix} 1 & 0 & 0 \\ 0 & \cos\theta & \sin\theta \\ 0 & -\sin\theta & \cos\theta \end{bmatrix}$、$\begin{bmatrix} \cos\gamma & 0 & -\sin\gamma \\ 0 & 1 & 0 \\ \sin\gamma & 0 & \cos\gamma \end{bmatrix}$、$\begin{bmatrix} \cos\psi & \sin\psi & 0 \\ -\sin\psi & \cos\psi & 0 \\ 0 & 0 & 1 \end{bmatrix}$分别为绕 x_0 轴、y_0 轴、z_0 轴旋转的矩阵。

当 θ、γ、ψ 都是小角度时，略去二阶小量 $\boldsymbol{C}_{x_0y_0z_0}^{xyz}$ 可表示为

$$\boldsymbol{C}_{x_0y_0z_0}^{xyz}=\begin{bmatrix} 1 & \psi & -\gamma \\ -\psi & 1 & \theta \\ \gamma & -\theta & 1 \end{bmatrix} \tag{5-4}$$

2）惯性导航解算原理

捷联惯导系统中的惯性传感器（包括陀螺仪和加速度计）测量信号以数字形式采集输入到导航计算机完成导航解算：首先，由陀螺仪测得的角速度计算得到方向余弦矩阵 $\boldsymbol{C}_b^n$，根据矩阵 $\boldsymbol{C}_b^n$ 中各元素得出运载器姿态；然后，利用 $\boldsymbol{C}_b^n$ 将加速度计测量比力 $\boldsymbol{f}^b$ 变换到导航坐标系，经过一次积分得到速度，两次积分得到位置信息。捷联惯导系统的原理见图 5-9。

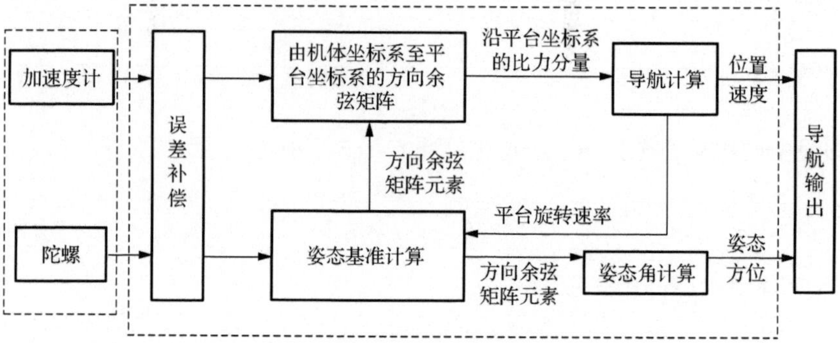

图 5-9　捷联惯导系统的原理方块图

（1）姿态更新。载体坐标系 $O_b\text{-}x_b y_b z_b$ 到捷联惯导系统导航坐标系 $O_n\text{-}x_n y_n z_n$ 的坐标变换矩阵 $\boldsymbol{C}_b^n$ 为姿态矩阵（也称捷联矩阵）。姿态更新是指根据惯性器件输出实时计算 $\boldsymbol{C}_b^n$ 矩阵，再根据矩阵 $\boldsymbol{C}_b^n$ 计算运载器姿态。常用姿态更新有四元数法、欧拉角法和方向余弦法三种方法。四元数法只需求解四个未知量线性微分方程组，计算量小、算法简单、易于操作，是工程实用方法；欧拉角算法通过求解欧拉角微分方程直接计算航向角、俯仰角和横滚角，关系简单明了、概念直观、容易理解；方向余弦法直接对姿态矩阵微分方程求解，避免了欧拉角法中方程的退化问题，可全姿态工作。

四元数法：四元数由四个元素构成，即

$$\boldsymbol{Q} = q_0 + q_1\boldsymbol{i}_1 + q_2\boldsymbol{i}_2 + q_3\boldsymbol{i}_3 = \cos\frac{\vartheta}{2} + \boldsymbol{u}\sin\frac{\vartheta}{2} = q_0 + q\boldsymbol{i} \tag{5-5}$$

式中，q_0、q_1、q_2、q_3 为四个实数；$\boldsymbol{i}_1$、$\boldsymbol{i}_2$、$\boldsymbol{i}_3$ 为三个互相正交的单位矢量；q_0 是四元数标量部分；q 是四元数的矢量部分；ϑ 为实数；$\boldsymbol{u}$ 为单位矢量。

由罗德里格旋转公式 $\boldsymbol{C} = \boldsymbol{I} + \sin\vartheta(\boldsymbol{u}\times) + (1-\cos\vartheta)(\boldsymbol{u}\times)^2$ 可知，四元数可唯一表示两个坐标系之间转换关系，则四元数微分方程可表示为

$$\begin{bmatrix} \dot{q}_0 \\ \dot{q}_1 \\ \dot{q}_2 \\ \dot{q}_3 \end{bmatrix} = \frac{1}{2}\begin{bmatrix} 0 & -\omega_{nbx} & -\omega_{nby} & -\omega_{nbz} \\ \omega_{nbx} & 0 & \omega_{nbz} & -\omega_{nby} \\ \omega_{nby} & -\omega_{nby} & 0 & \omega_{nbx} \\ \omega_{nbz} & \omega_{nbz} & -\omega_{nbx} & 0 \end{bmatrix}\begin{bmatrix} q_0 \\ q_1 \\ q_2 \\ q_3 \end{bmatrix} \tag{5-6}$$

式中，$\boldsymbol{\omega}_{nb}^b = [\omega_{nbx}\ \ \omega_{nby}\ \ \omega_{nbz}]^{\mathrm{T}} = \boldsymbol{\omega}_{ib}^b - \boldsymbol{C}_n^b(\boldsymbol{\omega}_{ie}^n + \boldsymbol{\omega}_{en}^n)$，$\boldsymbol{\omega}_{ib}^b$ 为陀螺仪角速度，$\boldsymbol{\omega}_{ie}^n$、$\boldsymbol{\omega}_{en}^n$ 分别为地球自转角速度、运载器运动使地理坐标系绕地心惯性坐标系旋转角速度。

欧拉角法：力学中常用欧拉角确定动坐标系相对参考坐标的角位置关系。可以采用运载器的航向角 A、俯仰角 θ 及横滚角 φ 表示载体坐标系相对地理坐标系的角位置关系。姿态速率为 ω_{nb}［载体坐标系（b 系）相对导航坐标系（n 系）角速度］，在载体坐标系内的分量为

$$\begin{bmatrix} \omega_{nbx}^b \\ \omega_{nby}^b \\ \omega_{nbz}^b \end{bmatrix} = \boldsymbol{C}_n^b\begin{bmatrix} \dot{\theta} \\ 0 \\ -\dot{A} \end{bmatrix} + \begin{bmatrix} 0 \\ \dot{\varphi} \\ 0 \end{bmatrix} = \begin{bmatrix} \cos\varphi & \sin\theta\sin\varphi & -\cos\theta\sin\varphi \\ 0 & \cos\theta & \sin\theta \\ \sin\varphi & -\sin\theta\cos\varphi & \cos\theta\cos\varphi \end{bmatrix}\begin{bmatrix} \dot{\theta} \\ 0 \\ -\dot{A} \end{bmatrix} + \begin{bmatrix} 0 \\ \dot{\varphi} \\ 0 \end{bmatrix} \tag{5-7}$$

由此得欧拉角微分方程

$$\begin{aligned} \dot{A} &= (\sin\varphi / \cos\theta)\omega_{nbx}^b - (\cos\varphi / \cos\theta)\omega_{nbz}^b \\ \dot{\theta} &= \omega_{nbx}^b\cos\varphi + \omega_{nbz}^b\sin\varphi \\ \dot{\varphi} &= \omega_{nbx}^b\sin\varphi\tan\theta + \omega_{nby}^b - \omega_{nbz}^b\cos\varphi\tan\theta \end{aligned} \tag{5-8}$$

方向余弦法：姿态更新的方向余弦法实际上是直接求解姿态矩阵微分方程。设 $\boldsymbol{r}$ 为某一空间矢量，导航坐标系取地理坐标系，则根据科里奥利定理，有

$$\left.\frac{\mathrm{d}\boldsymbol{r}}{\mathrm{d}t}\right|_n = \left.\frac{\mathrm{d}\boldsymbol{r}}{\mathrm{d}t}\right|_b + \boldsymbol{\omega}_{nb} \times \boldsymbol{r} \tag{5-9}$$

式（5-9）两边矢量沿 b 系投影，两边对时间求导得

$$\dot{\boldsymbol{r}}^b = \dot{\boldsymbol{C}}_n^b \boldsymbol{r}^n + \boldsymbol{C}_n^b \left.\frac{\mathrm{d}\boldsymbol{r}}{\mathrm{d}t}\right|_n^n = \dot{\boldsymbol{C}}_n^b \boldsymbol{r}^n + \left.\frac{\mathrm{d}\boldsymbol{r}}{\mathrm{d}t}\right|_n^b \tag{5-10}$$

$$\dot{\boldsymbol{C}}_n^b = -\left(\boldsymbol{\omega}_{nb}^b \times\right) \boldsymbol{C}_n^b \tag{5-11}$$

式中，$\boldsymbol{\omega}_{nb}^b \times$ 为 $\boldsymbol{\omega}_{nb}^b = \begin{bmatrix} \omega_{nbx}^b & \omega_{nby}^b & \omega_{nbz}^b \end{bmatrix}^{\mathrm{T}}$ 的反对称矩阵。

根据矩阵 $\boldsymbol{C}_b^n$ 与欧拉角关系计算运载器姿态。

三种更新算法关系如图 5-10 所示。其中，四元数和方向余弦之间的关系如式（5-12e）；欧拉角和方向余弦之间的关系如式（5-12a）、式（5-12b）；四元数和欧拉角之间的关系如式（5-12c）、式（5-12d）。

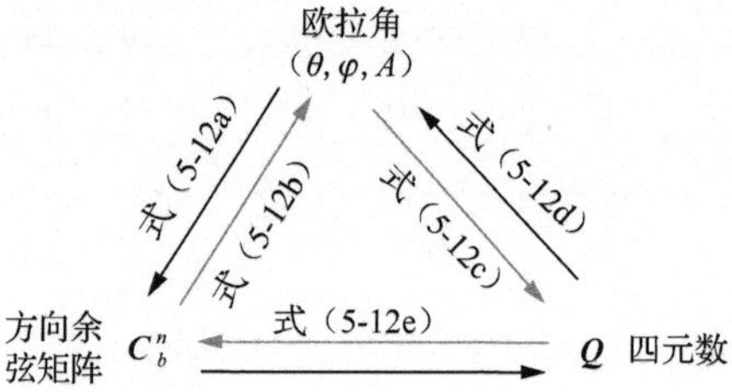

图 5-10　三种更新算法的关系

$$\boldsymbol{C}_b^n = \begin{bmatrix} \cos A\cos\varphi - \sin A\sin\theta\sin\varphi & -\sin A\cos\theta & \cos A\sin\varphi + \sin A\sin\theta\cos\varphi \\ \sin A\cos\varphi + \cos A\sin\theta\sin\varphi & \cos A\cos\theta & \sin A\sin\varphi - \cos A\sin\theta\cos\varphi \\ -\cos\theta\sin\varphi & \sin\theta & \cos\theta\cos\varphi \end{bmatrix} \tag{5-12a}$$

$$\begin{cases} \theta = \arcsin(C_{32}) \\ \varphi = -\arctan 2(C_{31}, C_{33}) \\ A = -\arctan 2(C_{12}, C_{22}) \end{cases} \tag{5-12b}$$

$$\boldsymbol{Q} = \begin{bmatrix} \cos(A/2)\cos(\theta/2)\cos(\varphi/2) - \sin(A/2)\sin(\theta/2)\sin(\varphi/2) \\ \cos(A/2)\sin(\theta/2)\cos(\varphi/2) - \sin(A/2)\cos(\theta/2)\sin(\varphi/2) \\ \sin(A/2)\sin(\theta/2)\cos(\varphi/2) + \cos(A/2)\cos(\theta/2)\sin(\varphi/2) \\ \sin(A/2)\cos(\theta/2)\cos(\varphi/2) + \cos(A/2)\sin(\theta/2)\sin(\varphi/2) \end{bmatrix} \tag{5-12c}$$

$$\begin{cases}\theta = \arcsin(2(q_2q_3 + q_0q_1)) \\ \varphi = -\arctan 2(2(q_1q_3 - q_0q_2), {q_0}^2 - {q_1}^2 - {q_2}^2 + {q_3}^2) \\ A = -\arctan 2(2(q_1q_2 - q_0q_3), {q_0}^2 - {q_1}^2 + {q_2}^2 - {q_3}^2)\end{cases} \tag{5-12d}$$

$$\boldsymbol{C}_b^n = \begin{bmatrix} {q_0}^2 + {q_1}^2 - {q_2}^2 - {q_3}^2 & 2(q_1q_2 - q_0q_3) & 2(q_1q_3 + q_0q_2) \\ 2(q_1q_2 + q_0q_3) & {q_0}^2 - {q_1}^2 + {q_2}^2 - {q_3}^2 & 2(q_2q_3 - q_0q_1) \\ 2(q_1q_3 - q_0q_2) & 2(q_2q_3 + q_0q_1) & {q_0}^2 - {q_1}^2 - {q_2}^2 + {q_3}^2 \end{bmatrix} \tag{5-12e}$$

实际上，四元数法是旋转矢量法中的单子样算法，对有限转动引起的不可交换误差的补偿程度不够，所以只适用于低动态运载器的姿态解算。而对高动态运载器，姿态解算中算法漂移会十分严重。欧拉角算法中的微分方程无须进行正交化处理，但方程中包含有三角运算，当俯仰角接近 90° 时，方程出现退化现象，这相当于平台惯导中惯性平台的锁定，所以这种方法只适用于水平姿态变化不大的情况，而不适用于全姿态运载器的姿态确定。虽然方向余弦法可全姿态工作，但姿态矩阵微分方程实质上是包含九个未知量的线性微分方程组，与四元数法相比，计算量大，实时计算困难，工程上并不实用。

（2）速度更新。比力方程是在地球表面附近进行惯性定位解算的基本方程，地球坐标系为动坐标系，地心惯性坐标系为定坐标系，取空间中一个矢量 $\boldsymbol{r}$，其相对惯性空间的绝对变化率为

$$\left.\frac{\mathrm{d}\boldsymbol{r}}{\mathrm{d}t}\right|_i = \left.\frac{\mathrm{d}\boldsymbol{r}}{\mathrm{d}t}\right|_e + \boldsymbol{\omega}_{ie} \times \boldsymbol{r} \tag{5-13}$$

式中，$\left.\frac{\mathrm{d}\boldsymbol{r}}{\mathrm{d}t}\right|_e$ 表示导航坐标系原点相对地球坐标系的速度矢量，记为 $\boldsymbol{V}_{en}$；$\boldsymbol{\omega}_{ie}$ 表示地球坐标系相对惯性空间的角速率，即地球自转角速度，可以看成是常量。式（5-13）对地心惯性坐标系求绝对变化率为

$$\left.\frac{\mathrm{d}^2\boldsymbol{r}}{\mathrm{d}t^2}\right|_i = \left.\frac{\mathrm{d}\boldsymbol{V}_{en}}{\mathrm{d}t}\right|_i + \boldsymbol{\omega}_{ie} \times \left.\frac{\mathrm{d}\boldsymbol{r}}{\mathrm{d}t}\right|_i = \left.\frac{\mathrm{d}\boldsymbol{V}_{en}}{\mathrm{d}t}\right|_i + \boldsymbol{\omega}_{ie} \times (\boldsymbol{V}_{en} + \boldsymbol{\omega}_{ie} \times \boldsymbol{r}) \tag{5-14}$$

式中，$\boldsymbol{V}_{en}$ 为导航坐标系原点相对地球坐标系的速度矢量，速度分量沿导航坐标系，因此，在求解 $\left.\frac{\mathrm{d}\boldsymbol{V}_{en}}{\mathrm{d}t}\right|_i$ 时，要选取导航坐标系作为动坐标系，则

$$\left.\frac{\mathrm{d}^2\boldsymbol{r}}{\mathrm{d}t^2}\right|_i = \left.\frac{\mathrm{d}\boldsymbol{V}_{en}}{\mathrm{d}t}\right|_n + \boldsymbol{\omega}_{in} \times \boldsymbol{V}_{en} + \boldsymbol{\omega}_{ie} \times (\boldsymbol{V}_{en} + \boldsymbol{\omega}_{ie} \times \boldsymbol{r}) \tag{5-15}$$

根据牛顿第二定律，当物体受到作用力 $\boldsymbol{F}$ 后，会产生加速度 $\mathrm{d}^2\boldsymbol{r} / \mathrm{d}t^2$，称为

惯性力。对于惯导系统中的加速度计，存在敏感质量，则单位敏感质量上的力可表示为$\mathrm{d}^2\boldsymbol{r}/\mathrm{d}t^2$，大小等于地球引力$\boldsymbol{J}$和非引力$\boldsymbol{f}^n$之和。定义单位敏感质量上的力与地球引力之差为比力，经过整理得到比力方程：

$$\dot{\boldsymbol{V}}_{en} = \boldsymbol{f}^n - (2\boldsymbol{\omega}_{ie} + \boldsymbol{\omega}_{en}) \times \boldsymbol{V}_{en} + \boldsymbol{g}^n \tag{5-16}$$

式中，$\dot{\boldsymbol{V}}_{en}$是运载器相对地球运动加速度矢量；$\boldsymbol{f}^n$为加速度计输出的比力信息转换到导航坐标系下的加速度值；$-(2\boldsymbol{\omega}_{ie} + \boldsymbol{\omega}_{en}) \times \boldsymbol{V}_{en}$是由于地球自转和运载器运动产生的有害加速度，称为科里奥利加速度，在进行导航计算时，须将有害加速度消除；$\boldsymbol{g}^n$为重力加速度分量，方向为运载器所在位置垂线方向；$\boldsymbol{\omega}_{ie} = \begin{bmatrix} 0 & \omega_{ie}\cos\varphi & \omega_{ie}\sin\varphi \end{bmatrix}^{\mathrm{T}}$为地球自转角速度；$\boldsymbol{\omega}_{en} = \begin{bmatrix} -V_y/R_M & V_x/R_N & V_x\tan\varphi/R_N \end{bmatrix}$为运载器运动引起的旋转角度，$R_M$、$R_N$分别为地球子午面内的曲率半径和地球卯酉面内的曲率半径，V_x和V_y表示导航坐标系下东向速度和北向速度。

可见，在加速度计输出值消除了有害加速度并修正哥氏加速度和重力加速度后，可以得到运载器相对于地理坐标系的加速度，通过积分便可以得到运载器在导航坐标系下的速度。

（3）位置更新。运动使运载器所在的地理经纬度发生变化，位置变化率为运动速度，即纬度（φ）变化率与运载器北向速度V_y有关，经度（λ）变化率与东向速度V_x、纬度有关。位置更新基本方程可表示为

$$\begin{cases} \dot{\varphi} = \dfrac{V_y}{R_M} \\ \dot{\lambda} = \dfrac{V_x}{R_N\cos\varphi} \end{cases} \tag{5-17}$$

根据惯性导航解算原理可知，导航计算机以惯性器件采样值为输入，经过姿态解算、速度解算、位置解算得到运载器姿态、速度、位置三类导航结果。整个解算流程输入误差就是导航输出误差的主要来源，如惯性器件常值偏差、初始姿态误差、初始速度误差与初始位置误差。因此，详细分析误差源对导航误差的影响是十分必要的。

3）误差方程与误差分析

误差分析的目的是掌握各误差源对导航参数的影响，了解捷联惯导的误差传播规律，从而对惯性器件提出精度指标要求。本部分主要通过推导捷联惯导的误差方程，分析各误差源对导航结果的影响。此外，为了便于后续分析，下文的误差方程忽略了高度通道。

（1）姿态误差方程。理想条件下，假设从导航坐标系到载体坐标系的姿态矩阵为 $\boldsymbol{C}_b^n$，导航解算得到姿态矩阵为 $\tilde{\boldsymbol{C}}_b^n$，两者之间存在偏差。一般认为 $\boldsymbol{C}_b^n$ 和 $\tilde{\boldsymbol{C}}_b^n$ 的载体坐标系重合，$\tilde{\boldsymbol{C}}_b^n$ 对应导航坐标系称为计算导航坐标系，也常将计算姿态矩阵记为 $\boldsymbol{C}_b^{n'}$。因此，$\boldsymbol{C}_b^{n'}$ 与 $\boldsymbol{C}_b^n$ 之间的偏差就是计算导航坐标系与导航坐标系之间的偏差。根据矩阵链乘法则有 $\boldsymbol{C}_b^{n'}=\boldsymbol{C}_n^{n'}\boldsymbol{C}_b^n$，以导航坐标系作为参考坐标系，记从参考坐标系到计算导航坐标系的等效旋转矢量为 $\boldsymbol{\phi}_{nn'}$（简记为 $\boldsymbol{\phi}$），假设 $\boldsymbol{\phi}$ 为小量，根据等效旋转矢量与方向余弦的关系有 $\boldsymbol{C}_{n'}^n\approx\boldsymbol{I}+(\boldsymbol{\phi}\times)$。可得

$$\boldsymbol{C}_b^{n'}=[\boldsymbol{I}-(\boldsymbol{\phi}\times)]\boldsymbol{C}_b^n \tag{5-18}$$

求解理想姿态矩阵的公式为 $\dot{\boldsymbol{C}}_b^n=\boldsymbol{C}_b^n(\boldsymbol{\omega}_{ib}^b\times)-(\boldsymbol{\omega}_{in}^n\times)\boldsymbol{C}_b^n$，在实际计算时，含有误差参量，可表示为

$$\dot{\boldsymbol{C}}_b^{n'}=\boldsymbol{C}_b^{n'}(\tilde{\boldsymbol{\omega}}_{ib}^b\times)-(\tilde{\boldsymbol{\omega}}_{in}^n\times)\boldsymbol{C}_b^{n'} \tag{5-19}$$

式中，$\tilde{\boldsymbol{\omega}}_{ib}^b=\boldsymbol{\omega}_{ib}^b+\delta\boldsymbol{\omega}_{ib}^b$；$\tilde{\boldsymbol{\omega}}_{in}^n=\boldsymbol{\omega}_{in}^n+\delta\boldsymbol{\omega}_{in}^n$。

将 $\boldsymbol{C}_b^{n'}=(\boldsymbol{I}-(\boldsymbol{\phi}\times))\boldsymbol{C}_b^n$ 两边同时微分并代入上述公式，略去关于误差量的二阶小量，利用反对阵相似变换，化简得到姿态误差方程

$$\dot{\boldsymbol{\phi}}=\boldsymbol{\phi}\times\boldsymbol{\omega}_{in}^n+\delta\boldsymbol{\omega}_{in}^n-\delta\boldsymbol{\omega}_{ib}^b \tag{5-20}$$

（2）速度误差方程。速度误差定义为

$$\delta\boldsymbol{V}_{en}=\tilde{\boldsymbol{V}}_{en}-\boldsymbol{V}_{en} \tag{5-21}$$

式中，$\boldsymbol{V}_{en}$ 表示运载器的理想速度，并且有 $\dot{\boldsymbol{V}}_{en}=\boldsymbol{C}_b^n\boldsymbol{f}^b-(2\boldsymbol{\omega}_{ie}+\boldsymbol{\omega}_{en})\times\boldsymbol{V}_{en}+\boldsymbol{g}^n$；$\tilde{\boldsymbol{V}}_{en}$ 表示运载器真实速度。$\boldsymbol{f}^n$ 为加速度计在导航坐标系下输出的加速度，可以通过变换 $\boldsymbol{f}^n=\boldsymbol{C}_b^n\boldsymbol{f}^b$ 表示，$\boldsymbol{C}_b^n$ 表示两坐标系之间的姿态矩阵。展开式（5-21），忽略垂直方向影响，速度误差方程整理为

$$\delta\dot{\boldsymbol{V}}_{en}=-\boldsymbol{\phi}\times\boldsymbol{f}^n+\delta\boldsymbol{V}^n\times(2\boldsymbol{\omega}_{ie}+\boldsymbol{\omega}_{en})+\dot{\boldsymbol{V}}^n\times(2\boldsymbol{\omega}_{ie}+\boldsymbol{\omega}_{en})+\boldsymbol{\varDelta} \tag{5-22}$$

式中，$\boldsymbol{\varDelta}$ 为加速度计零偏。

（3）位置误差方程。分别对式（5-17）求偏差，考虑到式中 R_M、R_N 在短时间内变化很小，视为常值，可得位置误差方程

$$\begin{cases}\delta\dot{\varphi}=\dfrac{1}{R_M}\delta V_y\\[2ex]\delta\dot{\lambda}=\dfrac{V_x}{R_N}\tan\varphi\sec\varphi\delta\varphi+\dfrac{\delta V_x}{R_N}\sec\varphi\end{cases} \tag{5-23}$$

将姿态误差方程、速度误差方程、位置误差方程联立，经拉普拉斯变换得误

差方程行列式，求解特征方程行列式，并按高阶行列式展开法则，得到特征方程式为

$$\Delta(s)=\left[s^4+\left(2\frac{g}{R}+4\omega_{ie}{}^2\sin^2\varphi\right)s^2+\left(\frac{g}{R}\right)^2\right]\left(s^2+\omega_{ie}^2\right)=0 \tag{5-24}$$

式中，g 代表重力加速度；R 代表将地球近似看成球体的地球半径。

系统特征根有 6 个，三对共轭虚根，说明系统误差呈现正余弦函数，且在外激励作用下产生舒勒周期（$T_s=2\pi/\omega_s=2\pi\sqrt{R/g}\;=84.4\text{min}$）、地球周期（$T_e=2\pi/\omega_{ie}=24\text{h}$）和傅科周期（$T_c=2\pi/(\omega_{ie}\sin\varphi)$）三种周期振荡。

在得到系统特征方程基础上，结合联立导航误差方程，经拉普拉斯反变换，得到各误差源（惯性器件常值偏差、初始姿态误差、初始速度误差、初始位置误差）对导航误差影响的时域形式。下面分别给出了陀螺常值漂移、加速度计零位偏置与导航误差之间的时域关系表达式，由于傅科周期与舒勒周期同时存在，公式中忽略了傅科周期的影响。此外，初始速度误差、初始位置误差与导航误差之间的关系与惯性器件常值偏差相似，这里不再赘述。

陀螺常值漂移引起三种周期振荡误差、常值偏差，以及随时间增长而增加的经度累积误差。东向陀螺漂移对经度及方位产生常值分量，它不引起随时间积累的误差，而对所有输出导航定位参数均产生三种周期振荡的误差。北向陀螺漂移及方位陀螺漂移引起的系统误差相似，会产生纬度常值误差，还会产生东向速度常值误差。除产生常值误差外，北向陀螺漂移和方位陀螺漂移还会产生随时间积累的经度误差，这说明惯导系统定位误差是随时间而积累。北向陀螺漂移和方位陀螺漂移也同样对七个导航定位参数产生三种周期振荡的误差。加速度计零位误差引起的七个导航误差中均包含舒勒周期振荡项，由于傅科周期振荡调制舒勒周期振荡，所以当不忽略傅科周期时，也包含有傅科周期振荡，而不包含地球周期振荡项。加速度计零位误差还会引起位置误差及平台误差角的常值分量，而不引起速度误差的常值分量，所以惯性平台水平精度是由加速度计的零位误差所决定，即由加速度计精度所决定。

此外，由于初始速度误差与加速度计零位误差的位置相当，初始平台运动误差与陀螺漂移位置相当，且均是降一阶的关系，因此，初始误差引起的系统误差可表示为惯性器件测量误差引起的系统误差对时间的一阶导数。由于降一阶原因，由初始误差产生的系统误差大部分都是振荡性的，只有初始北向平台运动误差、初始天向平台运动误差可产生经度误差的常值分量。从加速度计零位误差引起的系统误差分析推理可知，初始东向、北向速度误差引起的系统误差为舒勒周期振荡分量。如果考虑傅科周期振荡项，那么还有傅科分量在内。初始纬度误差和初始平台运动误差引起的系统误差都有舒勒分量与地球分量，这从陀螺常值漂移引

起系统误差的分析可以得到。显然，不忽略傅科项将有傅科分量在内，即系统误差按三种来传播。

综上，惯性导航系统的导航误差呈现为振荡性误差与随时间累积发散式误差并存的形式：周期振荡误差是惯性解算中姿态误差角、有害加速度补偿不完全，导致解算误差与地球自转角速度、重力加速度等物理参量耦合，使导航误差呈周期性振荡（舒勒周期、傅科周期、地球周期）规律；累积发散误差是因为在惯性导航算法中，不仅加速度和角速度被积分，所有的测量噪声也被积分并累积。因此，导航精度会随着导航时间的增加而变差。这里提到的噪声源包括单个惯性传感器的制造缺陷、整套惯性传感器装配误差、电子噪声、与环境有关的误差（温度、冲击和振动等）以及数值计算误差。因此，对惯性导航系统长时间的导航能力与误差水平提出了挑战。

事实证明，如果没有误差抑制算法，惯性导航系统的位置误差会无限制累积增大，其增大速度约与时间的立方成正比。例如，对于导航级惯性传感器，单轴传感器成本约为近百万元，其导航误差约为 1n mile/h，等价于 1min 导航误差优于 0.01m。然而，对于成本只有十几元的消费级惯性传感器，几秒钟内的导航误差就会超过 1m。因此，导航过程中需要采用必要的辅助手段来抑制惯性导航累积误差。特别是对于水下导航，可以通过多普勒计程仪提供速度校正信息、USBL 提供位置校正信息，同时借助卡尔曼滤波在减小系统噪声与测量噪声的基础上对多源数据进行信息融合，估算惯性导航误差并补偿，达到提高水下定位精度的目的。

5.2.2　卡尔曼滤波

贝叶斯估计理论是数学概率论的一个重要分支，基本思想是通过随机变量先验信息和新的观测样本的结合求取后验信息。先验分布反映了随机变量试验前关于样本的知识，有了新的样本观测信息后，这个知识发生了改变，其结果必然反映在后验分布中，即后验分布综合了先验分布和样本的信息。如果将前一时刻的后验分布作为求解后一时刻先验分布依据，并依次迭代递推，便构成了递推贝叶斯估计。实际上各种形式的卡尔曼滤波器和粒子滤波均为贝叶斯估计的一些特殊形式，贝叶斯估计是上述估计方法的基本形式和内在本质的统一。它为解决状态最优估计问题提供了更为普遍意义的理解方式。

最早的优化方法是高斯提出的最小二乘法。1795 年，高斯为测定行星运动轨道而提出最小二乘法。维纳于 1942 年提出了维纳滤波，是在最小均方误差准则下构建的最佳线性滤波方法，该方法是许多自适应方法的基础。1960 年，R. E. 卡尔曼[6]提出了卡尔曼滤波（Kalman filter, KF）。卡尔曼滤波实质上是一种线性状态的最优估计，即为一种线性、无偏、最小方差估计的递推算法。它采用了状态空间和递推计算等方法，能对非平稳过程信息进行最小方差估计，并且具有数据存储量小、易于计算机实现的特点，因此，卡尔曼滤波器的发明被视为现代控制理论的重要里程碑。该方法自提出之后很快得到了迅速推广与应用。

1. 卡尔曼滤波基本原理

实际应用中的随机系统建模多数是时间连续型的，为了进行计算机仿真和卡尔曼滤波估计，需要对连续时间系统进行离散化。针对噪声的等效离散化处理，随机系统与确定性系统有着显著的区别。

R. E. 卡尔曼在 1960 年提出离散时间形式卡尔曼滤波后，在 1961 年与数学家 R. 布西合作，推导出了连续卡尔曼滤波算法，所以卡尔曼滤波有时也称为卡尔曼-布西滤波[7]。连续卡尔曼滤波虽然实际应用较少，但它具有比较重要的理论意义和教学参考价值。

连续卡尔曼滤波方程根据连续时间过程中的测量值，采用求解矩阵微分方程的方法估计系统状态变量的时间连续值，因此算法失去了递推性。然而，连续卡尔曼滤波算法是最优估计理论的一部分，研究该算法可加深对卡尔曼滤波理论的理解。此外，在进行定性分析时，连续卡尔曼滤波算法也可以判断滤波过程的变化趋势。因此，本节首先介绍连续卡尔曼滤波算法。

给定如下连续时间随机系统：

$$\begin{cases}\dot{\boldsymbol{X}}(t)=\boldsymbol{F}(t)\boldsymbol{X}(t)+\boldsymbol{G}(t)\boldsymbol{w}(t)\\ \boldsymbol{Z}(t)=\boldsymbol{H}(t)\boldsymbol{X}(t)+\boldsymbol{v}(t)\end{cases}\tag{5-25}$$

式中，$\boldsymbol{F}(t)$ 和 $\boldsymbol{G}(t)$ 为时间参数 t 的确定性时变矩阵；$\boldsymbol{X}(t)$ 为被估计状态；$\boldsymbol{w}(t)$ 为系统噪声；$\boldsymbol{H}(t)$ 为测量阵；$\boldsymbol{v}(t)$ 为测量噪声。

$$\begin{cases}E\left[\boldsymbol{w}(t)\right]=0,E\left[\boldsymbol{w}(t)\boldsymbol{w}^{\mathrm{T}}(\tau)\right]=\boldsymbol{q}(t)\delta(t-\tau)\\ E\left[\boldsymbol{v}(t)\right]=0,E\left[\boldsymbol{v}(t)\boldsymbol{v}^{\mathrm{T}}(\tau)\right]=\boldsymbol{r}(t)\delta(t-\tau)\\ E\left[\boldsymbol{w}(t)\boldsymbol{v}^{\mathrm{T}}(\tau)\right]=0\end{cases}\tag{5-26}$$

则连续时间系统的卡尔曼滤波公式如下：

$$\boldsymbol{K}(t)=\boldsymbol{P}(t)\boldsymbol{H}^{\mathrm{T}}(t)\boldsymbol{r}^{-1}(t)\tag{5-27}$$

$$\dot{\hat{\boldsymbol{X}}}(t)=\boldsymbol{F}(t)\hat{\boldsymbol{X}}(t)+\boldsymbol{K}(t)\left[\boldsymbol{Z}(t)-\boldsymbol{H}(t)\hat{\boldsymbol{X}}(t)\right]\tag{5-28}$$

$$\dot{\boldsymbol{P}}(t)=\boldsymbol{F}(t)\boldsymbol{P}(t)+\boldsymbol{P}(t)\boldsymbol{F}^{\mathrm{T}}(t)-\boldsymbol{K}(t)\boldsymbol{r}(t)\boldsymbol{K}^{\mathrm{T}}(t)+\boldsymbol{G}(t)\boldsymbol{q}(t)\boldsymbol{G}^{\mathrm{T}}(t)\tag{5-29}$$

理论上，滤波初值选取为 $\hat{\boldsymbol{X}}(t_0)=E\left[\boldsymbol{X}(t_0)\right]$ 和 $\boldsymbol{P}(t_0)=\mathrm{Var}\left[\boldsymbol{X}(t_0)\right]$。图 5-11 给出了状态估计（滤波回路）的框图。状态估计的均方误差阵 $\boldsymbol{P}(t)$ 与观测值 $\boldsymbol{Z}(t)$ 无关，而仅与已知的系统结构和噪声参数有关。

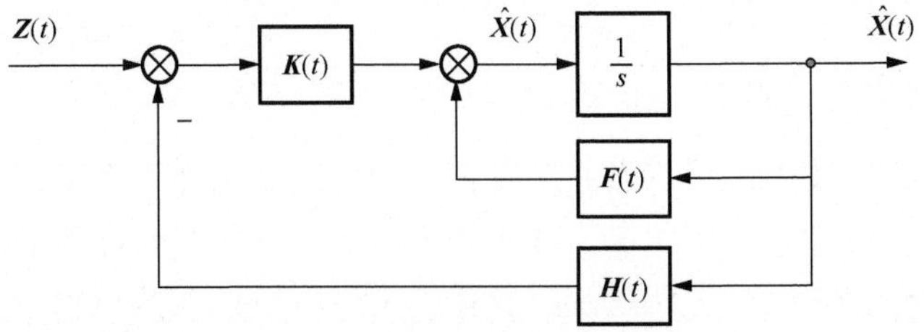

图 5-11　连续卡尔曼滤波状态估计框图

离散型卡尔曼滤波的最大优点是递推算法，算法可由计算机执行，不必存储时间过程中通过的大量数据。因此，离散型卡尔曼滤波在工程上得到了广泛应用。

设 t_k 时间被估计状态 $\boldsymbol{X}_k$ 受系统噪声序列 $\boldsymbol{W}_{k-1}$ 驱动，驱动机理由式（5-30）描述：

$$\boldsymbol{X}_k=\boldsymbol{\Phi}_{k|k-1}\boldsymbol{X}_{k-1}+\boldsymbol{\Gamma}_{k-1}\boldsymbol{W}_{k-1} \tag{5-30}$$

对 $\boldsymbol{X}_k$ 的测量值满足线性关系，测量方程为

$$\boldsymbol{Z}_k=\boldsymbol{H}_k\boldsymbol{X}_k+\boldsymbol{V}_k \tag{5-31}$$

式中，$\boldsymbol{\Phi}_{k|k-1}$ 为 t_{k-1} 时刻到 t_k 时刻的一步转移矩阵；$\boldsymbol{\Gamma}_{k-1}$ 为系统噪声驱动矩阵；$\boldsymbol{H}_k$ 为测量阵；$\boldsymbol{V}_k$ 为测量噪声序列。

同时，$\boldsymbol{W}_k$ 和 $\boldsymbol{V}_k$ 满足：

$$\begin{aligned}&E[\boldsymbol{W}_k]=0,\mathrm{Cov}[\boldsymbol{W}_k,\boldsymbol{W}_j]=E[\boldsymbol{W}_k\boldsymbol{W}_j^{\mathrm{T}}]=\boldsymbol{Q}_k\boldsymbol{\delta}_{kj}\\&E[\boldsymbol{V}_k]=0,\ \mathrm{Cov}[\boldsymbol{V}_k,\boldsymbol{V}_j]=E[\boldsymbol{V}_k\boldsymbol{V}_j^{\mathrm{T}}]=\boldsymbol{R}_k\boldsymbol{\delta}_{kj}\\&\mathrm{Cov}[\boldsymbol{W}_k,\boldsymbol{V}_j]=E[\boldsymbol{W}_k\boldsymbol{W}_j^{\mathrm{T}}]=0\end{aligned} \tag{5-32}$$

式中，$\boldsymbol{Q}_k$ 为系统噪声序列的方差阵，假设为非负定阵；$\boldsymbol{R}_k$ 为测量噪声序列的方差阵，假设为正定阵。

如果被估计状态 $\boldsymbol{X}_k$ 满足式（5-30），对 $\boldsymbol{X}_k$ 的测量噪声 $\boldsymbol{Z}_k$ 满足式（5-31），系统噪声 $\boldsymbol{W}_k$ 和测量噪声 $\boldsymbol{V}_k$ 满足式（5-32），系统噪声方差阵 $\boldsymbol{Q}_k$ 非负定，测量噪声方差阵正定，k 时刻的测量值为 $\boldsymbol{Z}_k$，则 $\boldsymbol{X}_k$ 的估计 $\hat{\boldsymbol{X}}_k$ 按下述方程求解。

状态一步预测：$\hat{\boldsymbol{X}}_{k|k-1}=\boldsymbol{\Phi}_{k|k-1}\hat{\boldsymbol{X}}_{k-1}$。

状态估计：$\boldsymbol{X}_k=\boldsymbol{X}_{k|k-1}+\boldsymbol{K}_k(\boldsymbol{Z}_k-\boldsymbol{H}_k\boldsymbol{X}_{k|k-1})$。

滤波增益：$\boldsymbol{K}_k=\boldsymbol{P}_{k|k-1}\boldsymbol{H}_k^{\mathrm{T}}(\boldsymbol{H}_k\boldsymbol{P}_{k|k-1}\boldsymbol{H}_k^{\mathrm{T}}+\boldsymbol{R}_k)^{-1}$。

一步预测均方误差：$\boldsymbol{P}_{k|k-1}=\boldsymbol{\Phi}_{k|k-1}\boldsymbol{P}_{k-1}\boldsymbol{\Phi}_{k|k-1}{}^{\mathrm{T}}+\boldsymbol{\Gamma}_{k-1}\boldsymbol{Q}_{k-1}\boldsymbol{\Gamma}_{k-1}{}^{\mathrm{T}}$。

估计均方误差：$\boldsymbol{P}_k=(\boldsymbol{I}-\boldsymbol{K}_k\boldsymbol{H}_k)\boldsymbol{P}_{k|k-1}(\boldsymbol{I}-\boldsymbol{K}_k\boldsymbol{H}_k)^{\mathrm{T}}+\boldsymbol{K}_k\boldsymbol{R}_k\boldsymbol{K}_k{}^{\mathrm{T}}$。

可见只要给定初值 $\hat{\boldsymbol{X}}$ 和 $\boldsymbol{P}_0$，根据 k 时刻测量值 $\boldsymbol{Z}_k$，就可以递推计算得到 k 时刻的状态估值 $\hat{\boldsymbol{X}}_k$（$k=1,2,\cdots,n$）。

2. 非线性卡尔曼滤波

传统卡尔曼滤波中，只有当系统符合线性、高斯分布两个前提条件时，卡尔曼滤波才是最优估计。然而，在工程实践中，实际系统总是存在不同程度的非线性。例如，飞机和舰船的导航系统、导弹的制导系统以及其他很多工业控制系统一般都是非线性系统。针对工程实践中的实际系统，如何有效甚至最优地对系统状态进行估计是关键问题，即非线性滤波问题。常见的非线性滤波算法有扩展卡尔曼滤波、无迹卡尔曼滤波、容积卡尔曼滤波、粒子滤波等，下面将分别介绍。

1）扩展卡尔曼滤波

在现有的非线性滤波算法中，20 世纪 60 年代被提出的扩展卡尔曼滤波（extend Kalman filter, EKF）应用最广泛[8]。EKF 的基本思想是对系统状态方程和测量方程的一阶泰勒展开式做最小均方误差估计，实际上是用系统预测状态的局部线性化来近似系统状态方程。但是，EKF 存在两个问题：一是 EKF 通过对非线性函数的泰勒展开式进行一阶线性化截断，同时忽略高阶项而实现非线性算法，当系统具有较高的非线性程度时，忽略的高阶项会造成较大的截断误差，降低滤波精度甚至使得滤波发散；二是 EKF 必须计算系统的雅可比矩阵，对于高维系统，雅可比矩阵的计算过程复杂且计算量大。

考虑下列离散时间的非线性动态系统：

$$\boldsymbol{x}_{k+1}=f(\boldsymbol{x}_k,\boldsymbol{u}_k)+\boldsymbol{w}_k \tag{5-33}$$

$$\boldsymbol{y}_k=h(\boldsymbol{x}_k)+\boldsymbol{v}_k \tag{5-34}$$

式中，$\boldsymbol{x}_k\in\boldsymbol{R}^n$ 是状态矢量；$\boldsymbol{u}_k\in\boldsymbol{R}^n$ 是输入矢量；$\boldsymbol{y}_k\in\boldsymbol{R}^n$ 是输出矢量；f 和 h 分别是二阶连续可微的非线性函数；$\boldsymbol{w}_k(k\geqslant 0)$ 和 $\boldsymbol{v}_k(k\geqslant 1)$ 是具有零均值的高斯白噪声。将上式分别展开为

$$\begin{cases}f(\boldsymbol{x}_k,\boldsymbol{u}_k)=f(\hat{\boldsymbol{x}}_{k|k},\boldsymbol{u}_k)+\boldsymbol{A}_k(\boldsymbol{x}_k-\hat{\boldsymbol{x}}_{k|k})+o(\boldsymbol{x}_k-\hat{\boldsymbol{x}}_{k|k})\\ h(\boldsymbol{x}_k)=h(\hat{\boldsymbol{x}}_{k|k-1})+\boldsymbol{C}_k(\boldsymbol{x}_k-\hat{\boldsymbol{x}}_{k|k-1})+o(\boldsymbol{x}_k-\hat{\boldsymbol{x}}_{k|k-1})\end{cases} \tag{5-35}$$

式中，雅可比矩阵为

$$\boldsymbol{A}_k=\frac{\partial f}{\partial x}(\hat{\boldsymbol{x}}_{k|k},\boldsymbol{u}_k),\boldsymbol{C}_k=\frac{\partial h}{\partial x}(\hat{\boldsymbol{x}}_{k|k-1}) \tag{5-36}$$

利用式（5-35），可将非线性系统方程（5-33）、方程（5-34）线性化为

$$\boldsymbol{x}_{k+1} = \boldsymbol{A}_k(\boldsymbol{x}_k - \hat{\boldsymbol{x}}_{k|k}) + f(\hat{\boldsymbol{x}}_{k|k}, \boldsymbol{u}_k) + \boldsymbol{w}_k \tag{5-37}$$

$$\boldsymbol{y}_k = \boldsymbol{C}_k(\boldsymbol{x}_k - \hat{\boldsymbol{x}}_{k|k-1}) + h(\hat{\boldsymbol{x}}_{k|k-1}) + \boldsymbol{v}_k \tag{5-38}$$

至此，可得 EKF 的基本方程如下。

状态估计：$\hat{\boldsymbol{x}}_{k+1|k} = f(\hat{\boldsymbol{x}}_{k|k}, \boldsymbol{u}_k)$，$\hat{\boldsymbol{x}}_{k+1|k+1} = \hat{\boldsymbol{x}}_{k+1|k} + \boldsymbol{K}_{k+1}(\boldsymbol{y}_{k+1} - h(\hat{\boldsymbol{x}}_{k+1|k}))$。

均方误差估计：$\boldsymbol{P}_{k+1|k} = \boldsymbol{A}_k \boldsymbol{P}_{k|k} \boldsymbol{A}_k^{\mathrm{T}} + \boldsymbol{Q}_k$，$\boldsymbol{P}_{k+1|k+1} = \boldsymbol{P}_{k+1|k} - \boldsymbol{K}_{k+1} \boldsymbol{C}_{k+1} \boldsymbol{P}_{k+1|k}$。

滤波增益：$\boldsymbol{K}_{k+1} = \boldsymbol{P}_{k+1} \boldsymbol{C}^{\mathrm{T}}{}_{k+1}(\boldsymbol{C}_{k+1} \boldsymbol{P}_{k+1|k} \boldsymbol{C}^{\mathrm{T}}{}_{k+1} + \boldsymbol{R}_k)^{-1}$。

2）无迹卡尔曼滤波

为改善对非线性问题进行滤波的效果，Julier 等[9]提出了基于无迹变换的无迹卡尔曼滤波（unscented Kalman filter, UKF），摒弃了对非线性模型进行近似线性化的传统方法，使用无迹变换（unscented transform, UT）技术，以一组离散采样点逼近高斯状态分布的均值和方差。UKF 不要求系统是近似线性的，精度可以逼近非线性系统二阶泰勒展开的结果，在某些情况下逼近精度可达三阶。在计算量方面 UKF 与 EKF 相当，在算法实现方面，由于 UKF 不需要计算雅可比矩阵，因此在线计算方面优于 EKF。但 UKF 在高维时数值稳定性较差，无迹变换参数的不当选取会导致滤波出现非正定的情况。

假设离散非线性系统可表示为

$$\begin{cases} \boldsymbol{x}_{k+1} = F(\boldsymbol{x}_k, \boldsymbol{v}_k) \\ \boldsymbol{y}_k = H(\boldsymbol{x}_k, \boldsymbol{n}_k) \end{cases} \tag{5-39}$$

式中，$\boldsymbol{x}_k$ 表示系统状态矢量；$\boldsymbol{y}_k$ 为测量矢量；$\boldsymbol{v}_k$、$\boldsymbol{n}_k$ 分别为高斯零均值过程噪声和测量噪声，两者独立且不相关。

$$\forall i, j, E[\boldsymbol{v}_i \boldsymbol{v}_j^{\mathrm{T}}] = \delta_{ij} \boldsymbol{Q}, E[\boldsymbol{n}_i \boldsymbol{n}_j^{\mathrm{T}}] = \delta_{ij} \boldsymbol{R}, E[\boldsymbol{v}_i \boldsymbol{n}_j^{\mathrm{T}}] = 0 \tag{5-40}$$

（1）$k=1$，滤波初始化，将系统状态和过程噪声、测量噪声组成增广状态矢量 $\boldsymbol{x}^a$，维数为 L，方差为 $\boldsymbol{P}^a$，则有

$$\boldsymbol{x}^a = [\boldsymbol{x}^{\mathrm{T}} \quad \boldsymbol{v}^{\mathrm{T}} \quad \boldsymbol{n}^{\mathrm{T}}]^{\mathrm{T}}$$

$$\hat{\boldsymbol{x}}_0 = E[\boldsymbol{x}_0]$$

$$\boldsymbol{P}_0 = E[(\boldsymbol{x}_0 - \hat{\boldsymbol{x}}_0)(\boldsymbol{x}_0 - \hat{\boldsymbol{x}}_0)^{\mathrm{T}}]$$

$$\hat{\boldsymbol{x}}_0^a = [\hat{\boldsymbol{x}}_0^{\mathrm{T}} \quad 0 \quad 0]^{\mathrm{T}}$$

$$\boldsymbol{P}_0^a = \begin{bmatrix} \boldsymbol{P}_0 & 0 & 0 \\ 0 & \boldsymbol{Q} & 0 \\ 0 & 0 & \boldsymbol{R} \end{bmatrix} = \mathrm{diag}[\boldsymbol{P}_0 \ \boldsymbol{Q} \ \boldsymbol{R}]$$

（2）选择采样策略，计算采样 Sigma 点集：

$$\boldsymbol{\chi}_{k-1}^{a}=\left[\hat{\boldsymbol{x}}_{k-1}^{a} \quad \hat{\boldsymbol{x}}_{k-1}^{a} \pm \sqrt{(L+\lambda)\boldsymbol{P}_{k-1}^{a}}\right] \tag{5-41}$$

式中，$\boldsymbol{\chi}_{k-1}^{a}=[(\boldsymbol{\chi}^{x})^{\mathrm{T}} \quad (\boldsymbol{\chi}^{v})^{\mathrm{T}} \quad (\boldsymbol{\chi}^{n})^{\mathrm{T}}]^{\mathrm{T}}$。

（3）时间更新。

计算采样点的非线性一步预测：$\boldsymbol{\chi}_{k|k-1}^{x}=F(\boldsymbol{\chi}_{k-1}^{x},\boldsymbol{\chi}_{k-1}^{v})$。

计算采样点加权一步预测：$\hat{\boldsymbol{x}}_{k|k-1}=\sum_{i=0}^{2L}W_{i}^{(m)}\boldsymbol{\chi}_{i,k|k-1}^{x}$。

计算预测方差矩阵：$\boldsymbol{P}_{k|k-1}=\sum_{i=0}^{2L}W_{i}^{(c)}(\boldsymbol{\chi}_{i,k|k-1}-\hat{\boldsymbol{x}}_{k|k-1})(\boldsymbol{\chi}_{i,k|k-1}-\hat{\boldsymbol{x}}_{k|k-1})^{\mathrm{T}}$。

计算采样点的一步预测：$\boldsymbol{\gamma}_{k|k-1}=H(\boldsymbol{\chi}_{k|k-1}^{x},\hat{\boldsymbol{x}}_{k-1}^{n})$。

（4）测量更新。

$$\boldsymbol{P}_{\hat{z}_k\hat{z}_k}=\sum_{i=0}^{2L}W_{i}^{(c)}(\boldsymbol{\gamma}_{i,k|k-1}-\hat{\boldsymbol{z}}_{k|k-1})(\boldsymbol{\gamma}_{i,k|k-1}-\hat{\boldsymbol{z}}_{k|k-1})^{\mathrm{T}}$$

$$\boldsymbol{P}_{\hat{x}_k\hat{z}_k}=\sum_{i=0}^{2L}W_{i}^{(c)}(\boldsymbol{\chi}_{i,k|k-1}-\hat{\boldsymbol{x}}_{k|k-1})(\boldsymbol{\chi}_{i,k|k-1}-\hat{\boldsymbol{x}}_{k|k-1})^{\mathrm{T}}$$

计算滤波增益：$\boldsymbol{K}=\boldsymbol{P}_{\hat{x}_k\hat{z}_k}\boldsymbol{P}_{\hat{z}_k\hat{z}_k}^{-1}$。

计算状态估计：$\hat{\boldsymbol{x}}_{k}=\hat{\boldsymbol{x}}_{k|k-1}+\boldsymbol{K}(\boldsymbol{z}_{k}-\hat{\boldsymbol{z}}_{k|k-1})$。

计算状态协方差估计：$\boldsymbol{P}_{k}=\boldsymbol{P}_{k|k-1}-\boldsymbol{K}\boldsymbol{P}_{\hat{z}_k\hat{z}_k}\boldsymbol{K}^{\mathrm{T}}$。

（5）$k=k+1$，进入循环计算。

经过以上 5 个步骤，即完成 UKF。

3）容积卡尔曼滤波

2009 年，Arasaratnam 等[10]提出的容积卡尔曼滤波（cubature Kalman filter, CKF）是基于三阶球面-相径容积规则，选取容积点来逼近非线性系统的均值和协方差。与 UKF 相比，CKF 具有严密的数学基础，且更加适合处理高维系统问题。基于三阶球面-相径容积规则的 CKF 的实现步骤如下。

（1）时间更新。

假设已知 $k-1$ 时刻的后验概率密度函数 $p(\boldsymbol{x}_{k-1})=N(\hat{\boldsymbol{x}}_{k-1|k-1},\boldsymbol{P}_{k-1|k-1})$，通过 Cholesky 分解误差协方差 $\boldsymbol{P}_{k-1|k-1}=\boldsymbol{S}_{k-1|k-1}\boldsymbol{S}_{k-1|k-1}^{\mathrm{T}}$

计算容积点：$\boldsymbol{X}_{i,k-1|k-1}=\boldsymbol{S}_{k-1|k-1}\xi_{i}+\hat{\boldsymbol{x}}_{k-1|k-1}$。

通过状态方程传播容积点：$\boldsymbol{X}^{*}{}_{i,k-1|k-1}=f(\boldsymbol{X}_{i,k-1|k-1})$。

估计 k 时刻的状态预测值：$\hat{\boldsymbol{x}}_{k|k-1}=\dfrac{1}{m}\sum_{i=1}^{m}\boldsymbol{X}^{*}{}_{i,k|k-1}$。

估计 k 时刻的状态误差协方差预测值：$\boldsymbol{P}_{k|k-1}=\dfrac{1}{m}\sum_{i=1}^{m}\boldsymbol{X}_{i,k|k-1}^{*}\boldsymbol{X}_{i,k|k-1}^{*\mathrm{T}}-\hat{\boldsymbol{x}}_{k|k-1}\hat{\boldsymbol{x}}_{k|k-1}^{\mathrm{T}}+\boldsymbol{Q}_{k-1}$。

（2）测量更新。

通过 Cholesky 分解 $\boldsymbol{P}_{k|k-1}$：$\boldsymbol{P}_{k|k-1}=\boldsymbol{S}_{k|k-1}\boldsymbol{S}_{k|k-1}^{\mathrm{T}}$。

计算容积点：$\boldsymbol{X}_{i,k|k-1}=\boldsymbol{S}_{k|k-1}\xi_i+\hat{\boldsymbol{x}}_{k|k-1}$。

通过观测方程传播容积点：$\boldsymbol{Z}_{i,k|k-1}=h(\boldsymbol{X}_{i,k|k-1})$。

估计 k 时刻的观测预测值：$\hat{\boldsymbol{z}}_{k|k-1}=\dfrac{1}{m}\sum_{i=1}^{m}\boldsymbol{Z}_{i,k|k-1}$。

估计自相关协方差阵：$\boldsymbol{P}_{zz,k|k-1}=\dfrac{1}{m}\sum_{i=1}^{m}\boldsymbol{Z}_{i,k|k-1}\boldsymbol{Z}_{i,k|k-1}^{\mathrm{T}}-\hat{\boldsymbol{z}}_{k|k-1}\hat{\boldsymbol{z}}_{k|k-1}^{\mathrm{T}}+\boldsymbol{R}_k$。

估计互相关协方差阵：$\boldsymbol{P}_{xz,k|k-1}=\dfrac{1}{m}\sum_{i=1}^{m}\boldsymbol{X}_{i,k|k-1}\boldsymbol{Z}_{i,k|k-1}^{\mathrm{T}}-\hat{\boldsymbol{x}}_{k|k-1}\hat{\boldsymbol{z}}_{k|k-1}^{\mathrm{T}}$。

估计卡尔曼增益：$\boldsymbol{W}_k=\boldsymbol{P}_{xz,k|k-1}\boldsymbol{P}_{zz,k|k-1}^{-1}$。

k 时刻状态估值：$\hat{\boldsymbol{x}}_{k|k}=\hat{\boldsymbol{x}}_{k|k-1}+\boldsymbol{W}_k(\boldsymbol{z}_k-\hat{\boldsymbol{z}}_{k|k-1})$。

k 时刻状态误差协方差估值：$\boldsymbol{P}_{k|k}=\boldsymbol{P}_{k|k-1}-\boldsymbol{W}_k\boldsymbol{P}_{zz,k|k-1}\boldsymbol{W}_k^{\mathrm{T}}$。

从 CKF 的流程可以看出，CKF 就是基于非线性高斯滤波的三阶球面-相径容积规则的具体实现，其核心就是这一容积规则。

4）粒子滤波

Arulampalam 等[11]为粒子滤波（particle filter, PF）做出了巨大贡献。PF 基于蒙特卡罗法，通过寻找一组在状态空间中传播的随机样本来近似表示概率密度函数，用样本均值代替积分运算，进而获得系统状态的最小方差估计。由于能解决非线性非高斯系统的状态估计问题，且从理论上可以证明，只要粒子的数量足够多，PF 的方差渐近收敛于 0，故 PF 具有较大的理论和应用价值。但其存在滤波过程中样本数量大和粒子退化的难题。

一般形式 PF 执行步骤如下。

（1）确定初值。根据初始状态 $\boldsymbol{X}_0$ 的先验概率密度 $p(\boldsymbol{X}_0)$ 生成粒子初始值 $\boldsymbol{\chi}_0^{(i)}(i=1,2,\cdots,N)$。

（2）选定推荐概率密度 $q[\boldsymbol{X}_k/(\boldsymbol{X}_0^{k}(i),\boldsymbol{Z}_0^{k})]$，并根据此推荐密度生成 k 时刻的粒子 $\boldsymbol{\chi}_k^{(i)}(i=1,2,\cdots,N)$ 作为二次采样的原始粒子。计算权重系数：

$$w_k^{(i)}=w_{k-1}^{(i)}\frac{p[\boldsymbol{Z}_k/\boldsymbol{\chi}_k^{(i)}]p[\boldsymbol{\chi}_k^{(i)}/\boldsymbol{\chi}_{k-1}^{(i)}]}{q[\boldsymbol{\chi}_k^{(i)}/(\boldsymbol{\chi}_0^{k}(i),\boldsymbol{Z}_0^{k})]},\ w_0^{(i)}=p(\boldsymbol{\chi}_0^{(i)})$$

$$\tilde{w}_k^{(i)} = w_k^{(i)}\left[\sum_{j=1}^{N} w_k^{(j)}\right]^{-1}, \quad i = 1, 2, \cdots, N$$

（3）用采样重要性采样（sampling importance resampling, SIR）法或残差二次采样法对原始粒子 $\chi_k^{(i)}(i=1,2,\cdots,N)$ 进行二次采样，生成二次采样更新粒子 $\chi_k^{+(j)}(j=1,2,\cdots,N)$，每个粒子的权重系数为$1/N$。

（4）根据二次采样粒子计算滤波值，有 $\hat{\boldsymbol{X}}_k = \dfrac{1}{N}\sum_{j=1}^{N}\chi_k^{+(j)}$ 。

表 5-1 所示是四种非线性滤波的特点和优缺点对比。

表 5-1　非线性滤波对比

滤波算法	特点	优点	缺点
EKF	非线性系统函数以泰勒级数展开	结构简单，实时性强	忽略高阶项造成较大截断误差；对于高维系统，计算过程复杂且计算量大
UKF	利用无迹变换获取 Sigma 点集，将非线性函数线性化问题转换成非线性系统概率密度分布的近似	精度可以逼近非线性系统二阶泰勒展开的结果	高维时数值稳定性较差
CKF	基于三阶球面径向容积规则，选取容积点来逼近非线性系统的均值和协方差	数学基础严密，适合处理高维系统	对非线性系统估计时舍去部分近似化误差，造成滤波不满足拟一致性，无法对状态真值进行准确估计
PF	基于蒙特卡罗法，通过寻找一组在状态空间中传播的随机样本来近似表示概率密度函数，用样本均值代替积分运算，进而获得系统状态的最小方差估计	适用于非线性、非高斯分布的情况	计算量大，存在粒子退化和贫化问题

3. 连续方程离散化

虽然物理系统大多都是连续的，但在实际工程应用中的计算机是离散的。因此，考虑采用如下一阶微分方程建模的线性连续系统：

$$\frac{\mathrm{d}\boldsymbol{x}(t)}{\mathrm{d}t} = \boldsymbol{F}\boldsymbol{x}(t) + \boldsymbol{L}\boldsymbol{w}(t) \tag{5-42}$$

式中，$\boldsymbol{F}$ 和 $\boldsymbol{L}$ 均为常系数矩阵；$\boldsymbol{w}(t)$ 为一个功率谱密度为 $\boldsymbol{Q}$ 的高斯白噪声。方程的初始条件 $\boldsymbol{x}(0)$ 满足正态分布。

为了采用离散时间的状态空间模型，需将式（5-42）离散化为差分方程：

$$\boldsymbol{x}_{k+1} = \boldsymbol{A}_k \boldsymbol{x}_k + \boldsymbol{q}_k \tag{5-43}$$

卡尔曼滤波器中包括以下 3 种常用的离散方法。

方法 1：欧几里得法。将微分算子离散化为

$$\frac{\mathrm{d}\boldsymbol{x}(t)}{\mathrm{d}t}=\frac{\boldsymbol{x}_{k+1}-\boldsymbol{x}_k}{h} \tag{5-44}$$

式中，h 为离散时间步长。将上式代入式（5-42）可得如下差分方程：

$$\boldsymbol{x}_{k+1}=\boldsymbol{x}_k+h\boldsymbol{F}\boldsymbol{x}_k+h\boldsymbol{L}\boldsymbol{w}_k \tag{5-45}$$

噪声的协方差矩阵则为 $\boldsymbol{Q}_k=h^2\boldsymbol{L}\boldsymbol{Q}_c\boldsymbol{L}^{\mathrm{T}}$。

方法 2：矩阵分式分解法。$\boldsymbol{A}_k$ 和 $\boldsymbol{q}_k$ 的协方差矩阵 $\boldsymbol{Q}_k$ 可以采用以下两式计算：

$$\boldsymbol{A}_k=\exp(\boldsymbol{F}\Delta t_k) \tag{5-46}$$

$$\boldsymbol{Q}_k=\int_0^h \exp\left[\boldsymbol{F}(\Delta t_k-\tau)\right]\boldsymbol{L}\boldsymbol{Q}_c\boldsymbol{L}^{\mathrm{T}}\exp\left[\boldsymbol{F}(h-\tau)\right]^{\mathrm{T}}\mathrm{d}\tau \tag{5-47}$$

当不能获得式(5-47)的解析式时，可采用如下矩阵分式分解(matrix fractional decomposition）方法计算：

$$\begin{bmatrix}\boldsymbol{C}_k\\ \boldsymbol{D}_k\end{bmatrix}=\exp\left(\begin{bmatrix}\boldsymbol{F} & \boldsymbol{L}\boldsymbol{Q}_c\boldsymbol{L}^{\mathrm{T}}\\ 0 & -\boldsymbol{F}^{\mathrm{T}}\end{bmatrix}h\right)\begin{bmatrix}0\\ 1\end{bmatrix} \tag{5-48}$$

最终协方差矩阵为 $\boldsymbol{Q}_k=\boldsymbol{C}_k\boldsymbol{D}_k^{-1}$。

方法 3：龙格-库塔法（Runge-Kutta method）。以四阶龙格-库塔公式为例，其表达式如下：

$$\begin{cases}\boldsymbol{K}_1=\boldsymbol{F}\boldsymbol{x}_k+\boldsymbol{L}\boldsymbol{w}_k\\ \boldsymbol{K}_2=\boldsymbol{F}\left(\boldsymbol{x}_k+\dfrac{1}{2}h\boldsymbol{K}_1\right)+\boldsymbol{L}\boldsymbol{w}_k\\ \boldsymbol{K}_3=\boldsymbol{F}\left(\boldsymbol{x}_k+\dfrac{1}{2}h\boldsymbol{K}_2\right)+\boldsymbol{L}\boldsymbol{w}_k\\ \boldsymbol{K}_4=\boldsymbol{F}(\boldsymbol{x}_k+h\boldsymbol{K}_3)+\boldsymbol{L}\boldsymbol{w}_k\\ \boldsymbol{x}_{k+1}=\boldsymbol{x}_k+\dfrac{h}{6}(\boldsymbol{K}_1+2\boldsymbol{K}_2+2\boldsymbol{K}_3+\boldsymbol{K}_4)\end{cases} \tag{5-49}$$

总之，针对不同的连续系统，在满足采样定理的条件下，采用适当的方法均能够将连续时间系统离散化，且不会丢失原始信息。同时，由于数字计算机和数字信号处理器的飞速发展，离散（时间）线性滤波器得到了广泛而深入的应用。因此，在后续章节中，仅分析离散时间系统下的卡尔曼滤波器系列。

在基于速度/位置基准的卡尔曼滤波组合导航系统中，卡尔曼滤波是以系统状态方程为基础，在观测方程建立的基础上，通过递推的方式对系统各状态量完成

最优估计。对于以惯性系统为基础的组合导航系统，通常情况下，以惯性导航系统的导航误差方程为系统状态方程，以外测信息为基准获得惯性导航系统解算的位置误差或速度误差为观测量，通过卡尔曼滤波对惯性导航各导航误差最优估计并补偿，提高导航精度。

5.2.3 基于速度/位置基准的组合导航技术

为了抑制惯性导航系统的振荡性累积发散导航误差，需要采用必要的辅助手段。与陆地或空中搭载导航系统不同，受水介质对无线电波强烈吸收效应的影响，以卫星导航为代表的无线电导航系统无法在水下使用。因此，合理配备水下导航设备及灵活应用各类水下导航技术是实现水下运载器高精度自主导航的关键。表 5-2 为常见水下导航方式总结与性能对比。

表 5-2 水下导航方式总结与性能对比

导航方式		优点	缺点
捷联惯性导航		不需要对外接收/发送信号，全自主	误差随时间增大
声学导航	多普勒计程仪	声波多普勒频移测速，精度高，误差不积累	频率低，受海洋环境影响
	水声定位	声波多基元共同定位，精度高，误差不积累	频率低，必须布放校准回收基元
地球物理场导航（地形/地磁/重力）		利用地球物理特征（地形/地磁/重力）匹配导航，自主性强、隐蔽性好	需提前勘测地形/地磁/重力特征地图，深远海难实现
水下协同导航		相互通信共享信息进行协同导航	受传输延迟、水下干扰等影响

对于水下导航，采用多普勒计程仪测量速度、USBL 位置，同时借助卡尔曼滤波在减小系统噪声与测量的基础上对多源数据进行信息融合，估算惯性导航误差并补偿，这是目前最常用的导航方式。

1. 速度/惯性组合导航技术

多普勒计程仪是比较常用的水下测速传感器，基于多普勒频移原理，通过超声换能器发射超声波，利用反射回来的波束频移测得运载器速度。但是，由于实际测试环境中海洋深度、多普勒计程仪有效射程等因素的影响，多普勒计程仪输出的速度分两种：当多普勒计程仪的波束在测速有效射程范围内时，采用底跟踪模式，测量运载器对底绝对速度；当多普勒计程仪波束超出测速有效射程范围时，采用对水跟踪模式，测量运载器对水相对速度。因此，下面讨论对流阻尼和对底组合两种情况：当多普勒计程仪测量对水相对速度时，采用捷联惯导外阻尼方式；当测量运载器对底绝对速度时，采用对底最优估计组合方式。

1）基于相对测速的外阻尼技术

对捷联惯导系统进行误差分析时发现，系统误差除了存在随时间累积的误差外，还存在周期振荡性误差。对于精度要求高且需要长时间导航的导航任务，周期振荡的存在会使导航精度不满足要求。阻尼技术就是针对振荡性误差问题而提出的。图 5-12 为外全阻尼系统信息流图。其中，舒勒周期振荡产生的原因是水平误差角，所以通过引入水平阻尼网络可以将舒勒周期振荡阻尼掉；傅科周期振荡调制舒勒周期振荡，所以傅科周期振荡可以随着舒勒周期同时被阻尼掉；地球周期振荡产生的原因是方位误差角的存在，所以通过引入方位阻尼网络，采用方位阻尼技术将地球周期振荡阻尼掉。外全阻尼捷联惯性算法中，系统新加入了水平阻尼网络 $H_x(S)$、$H_y(S)$，方位阻尼网络 Y_t，同时还引入了外部速度信息 V_{rx}、V_{ry}，由此得到外全阻尼捷联惯导基本方程。

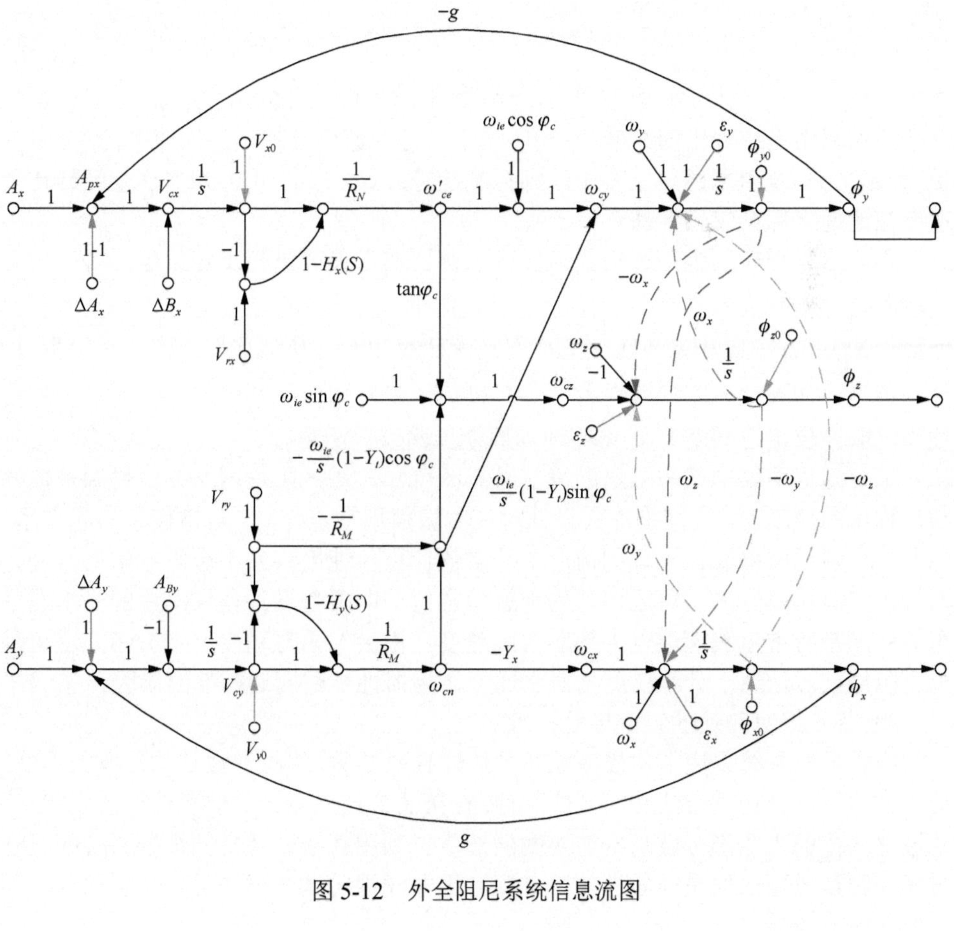

图 5-12　外全阻尼系统信息流图

$$\begin{cases}\dot{V}_{cx} = f_x + (2\omega_{ie}\sin\varphi_c + V_{cx}\tan\varphi_c / R_N)V_{cy} - \phi_y g + \Delta A_x \\ \dot{V}_{cy} = f_y - (2\omega_{ie}\sin\varphi_c + V_{cx}\tan\varphi_c / R_N)V_{cx} + \phi_x g + \Delta A_y \\ \omega_{cx} = -[(V_{cy} - V_{ry})H_y + V_{ry}] / R_M \\ \omega_{cy} = \omega_{ie}\cos\varphi_c + \left[\left(V_{cx} - V_{rx}\right)H_x + V_{rx}\right] / R_N + \dfrac{\omega_{ie}}{s}(1-Y)\sin\varphi_c\left(V_{cy} - V_{ry}\right)H_y / R_M \\ \omega_{cz} = \omega_{ie}\sin\varphi_c + \left[\left(V_{cx} - V_{rx}\right)H_x + V_{rx}\right]\tan\varphi_c / R_N - \omega_{ie}(1-Y)\cos\varphi_c\left(V_{cy} - V_{ry}\right)H_y / \left(sR_M\right) \\ \dot{\phi}_x = \omega_{cx} - \omega_x - \phi_z\omega_y + \phi_y\omega_z + \varepsilon_x \\ \dot{\phi}_y = \omega_{cy} - \omega_y - \phi_x\omega_z + \phi_z\omega_x + \varepsilon_y \\ \dot{\phi}_z = \omega_{cz} - \omega_z - \phi_y\omega_x + \phi_x\omega_y + \varepsilon_z \\ \dot{\varphi}_c = [(V_{cy} - V_{ry})H_y + V_{ry}] / R_M \\ \dot{\lambda}_c = \left[\left(V_{cx} - V_{rx}\right)H_x + V_{rx}\right]\sec\varphi_c / R_N \end{cases} \tag{5-50}$$

式中，V_{cx}、V_{cy} 分别为外全阻尼网络系统输出的东向和北向速度；φ_c、λ_c 分别为外全阻尼网络系统输出的纬度和经度；f_x、f_y 为加速度计输出的加速度信息；ω_{cx}、ω_{cy} 和 ω_{cz} 为外全阻尼网络系统中陀螺控制信息；ω_x、ω_y 和 ω_z 为惯性空间旋转角速度在地理坐标系三轴上的分量。

将上述方程改写为矩阵形式，经过拉普拉斯变换并进一步转化后，可以得到系统的特征方程式为

$$\Delta(s) = \left(s^2 + Y'\omega_{ie}^2\right)\left(s^2 + H_x\omega_s^2\right)\left(s^2 + H_y\omega_s^2\right) \tag{5-51}$$

可见，加入水平阻尼网络 H_x、H_y 以后，舒勒周期振荡误差被阻尼了。如果适当选取方位阻尼网络 Y'，可将地球周期振荡误差阻尼掉。

结合阻尼网络形式与阻尼网络信号流图可知，进入阻尼网络的信息源是惯性与计程仪的速度差，当网络形式只针对三种振荡周期设计时，对常值量不起作用。因此，在阻尼网络设计合理的情况下，常值计程仪速度误差不会影响阻尼精度。即在一定海域范围内，可近似认为水速为常值，即多普勒计程仪测量的对水速度可等效为带有常值测速误差的绝对对底速度，不会对阻尼精度产生影响。这也是外全阻尼技术适用于计程仪测量对水速度作为惯性导航测速基准的原因。

2）基于绝对测速的组合导航技术

组合导航系统采用卡尔曼滤波技术估计导航参数，根据滤波状态选取的不同，估计方法可以分为直接法和间接法两种。直接法直接以各种导航参数为主要状态，滤波器估值的主要部分就是导航参数的估值。利用直接法建立的惯导系统的状态方程和测量方程一般是非线性的，必须利用非线性的滤波方法进行状态估计。间

接法以组合导航系统中的导航参数误差为滤波器主要状态量，滤波器估值的主要部分就是导航参数误差估值。利用间接法进行估计时，系统方程中的主要部分是导航参数误差方程，通常可忽略二阶小量，所以间接法的系统状态方程和测量方程一般都是线性的，可使用最优线性卡尔曼滤波技术。本节主要介绍组合系统间接法导航算法，见图 5-13。

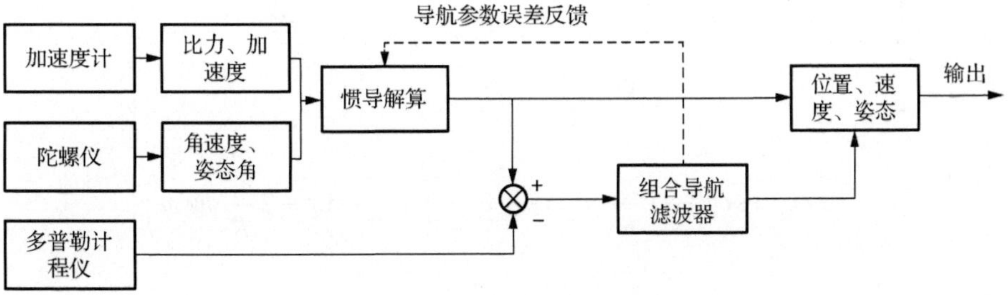

图 5-13　对底速度组合流程

组合系统误差模型由惯性导航系统误差模型和多普勒计程仪误差模型两部分组成，根据捷联惯导系统长期工作时的特点，选择位置误差、速度误差、失准角、陀螺漂移作为状态量。陀螺漂移模型用一阶马尔可夫过程描述。多普勒计程仪测量运载器相对海底的速度和偏流角，测量误差主要有速度偏移误差、偏流角误差、刻度系数误差。速度偏移误差和偏流角误差用一阶马尔可夫过程描述，刻度系数误差为随机常数。

根据组合系统的误差模型可建立系统的状态方程如下：

$$\dot{\boldsymbol{X}} = \boldsymbol{A}\boldsymbol{X} + \boldsymbol{B}\boldsymbol{W} \tag{5-52}$$

式中，状态矢量和系统噪声分别为

$$\begin{aligned}\boldsymbol{X} &= [\delta\varphi \quad \delta\lambda \quad \delta V_{\mathrm{E}} \quad \delta V_{\mathrm{N}} \quad \alpha \quad \beta \quad \gamma \quad \varepsilon_{\mathrm{E}} \quad \varepsilon_{\mathrm{N}} \quad \varepsilon_{\mathrm{U}} \quad \delta V_{\mathrm{d}} \quad \delta\varDelta \quad \delta C] \\ \boldsymbol{W} &= [0 \quad 0 \quad a_{\mathrm{E}} \quad a_{\mathrm{N}} \quad 0 \quad 0 \quad 0 \quad w_{\mathrm{E}} \quad w_{\mathrm{N}} \quad w_{\mathrm{U}} \quad w_{\mathrm{d}} \quad w_{\Delta} \quad 0]\end{aligned} \tag{5-53}$$

系统状态转移矩阵 $\boldsymbol{A}$ 和系统噪声矩阵 $\boldsymbol{B}$ 形式为

$$\boldsymbol{A} = \begin{bmatrix} \boldsymbol{A}_{\mathrm{SINS}_{7\times7}} & \vdots & \begin{matrix}\boldsymbol{0}_{4\times3} \\ \boldsymbol{I}_{3\times3}\end{matrix} & \vdots & \boldsymbol{0}_{7\times3} \\ \cdots & \vdots & \cdots & \vdots & \cdots \\ \boldsymbol{0}_{3\times7} & \vdots & \boldsymbol{A}_{\mathrm{GYRO}_{3\times3}} & \vdots & \boldsymbol{0}_{3\times3} \\ \cdots & \vdots & \cdots & \vdots & \cdots \\ \boldsymbol{0}_{3\times7} & \vdots & \boldsymbol{0}_{3\times3} & \vdots & \boldsymbol{A}_{\mathrm{DVL}_{3\times3}} \end{bmatrix}, \boldsymbol{B} = \boldsymbol{I}_{13\times13} \tag{5-54}$$

式中，$\boldsymbol{A}_{\mathrm{SINS}_{7\times7}}$ 为惯导系统状态转移矩阵，可以根据惯性导航系统误差方程列出，具体如下：

$$\boldsymbol{A}_{\text{SINS}_{7\times7}}=\begin{bmatrix}\boldsymbol{A}_{\text{SINS}_{4\times3}} & \boldsymbol{A}_{\text{SINS}_{4\times4}}\\ \boldsymbol{A}_{\text{SINS}_{3\times3}} & \boldsymbol{A}_{\text{SINS}_{3\times4}}\end{bmatrix} \tag{5-55}$$

其中，

$$\boldsymbol{A}_{\text{SINS}_{4\times3}}=\begin{bmatrix}0 & 0 & 0\\ \dfrac{V_x\sec\varphi\tan\varphi}{R} & 0 & \dfrac{\sec\varphi}{R}\\ 2\omega_{ie}\cos\varphi V_y+\dfrac{V_xV_y}{R}\sec^2\varphi & 0 & \dfrac{V_y}{R}\tan\varphi\\ -2\omega_{ie}\cos\varphi V_x+\dfrac{V_xV_x}{R}\sec^2\varphi & 0 & -\left(2\omega_{ie}\sin\varphi+2\dfrac{V_x}{R}\tan\varphi\right)\end{bmatrix}$$

$$\boldsymbol{A}_{\text{SINS}_{3\times3}}=\begin{bmatrix}0 & 0 & 0\\ -\omega_{ie}\sin\varphi & 0 & \dfrac{1}{R}\\ \omega_{ie}\cos\varphi+\dfrac{V_x}{R}\sec^2\varphi & 0 & \dfrac{\tan\varphi_x}{R}\end{bmatrix}$$

$$\boldsymbol{A}_{\text{SINS}_{4\times4}}=\begin{bmatrix}\dfrac{1}{R} & 0 & 0 & 0\\ 0 & 0 & 0 & 0\\ 2\omega_{ie}\sin\varphi+\dfrac{V_x}{R}\tan\varphi & 0 & -f_z & f_y\\ 0 & f_z & 0 & -f_x\end{bmatrix}$$

$$\boldsymbol{A}_{\text{SINS}_{3\times4}}\begin{bmatrix}-\dfrac{1}{R} & 0 & \omega_{ie}\sin\varphi+\dfrac{V_y}{R}\tan\varphi & -\left(\omega_{ie}\cos\varphi+\dfrac{V_x}{R}\right)\\ 0 & -\left(\omega_{ie}\sin\varphi+\dfrac{V_x}{R}\tan\varphi\right) & 0 & -\dfrac{V_y}{R}\\ 0 & \omega_{ie}\cos\varphi+\dfrac{V_x}{R} & \dfrac{V_y}{R} & 0\end{bmatrix}$$

$\boldsymbol{A}_{\text{GYRO}_{3\times3}}$ 为陀螺漂移反相关时间矩阵，$\boldsymbol{A}_{\text{GYRO}_{3\times3}}=\text{diag}\left[-\alpha_x \quad -\alpha_y \quad -\alpha_z\right]$；$\boldsymbol{A}_{\text{DVL}_{3\times3}}$ 为多普勒计程仪误差反相关矩阵，$\boldsymbol{A}_{\text{DVL}_{3\times3}}=\text{diag}\left[-\beta_{\text{d}} \quad -\beta_{\Delta} \quad 0\right]$。

取惯性解算速度和多普勒计程仪测量速度之差作为观测量，得系统测量方程：

$$\boldsymbol{Z}=\begin{bmatrix}V_{\text{cE}}-V'_{\text{dE}}\\ V_{\text{cN}}-V'_{\text{dN}}\end{bmatrix}=\boldsymbol{HX}+\boldsymbol{v} \tag{5-56}$$

式中，

$$
\boldsymbol{H}=\begin{bmatrix} 0 & 0 & 1 & 0 & 0 & 0 & -V_{\mathrm{N}} & 0 & 0 & 0 & -\sin K_{\mathrm{d}} & -V_{\mathrm{N}} & -V_{\mathrm{E}} \\ 0 & 0 & 0 & 1 & 0 & 0 & V_{\mathrm{E}} & 0 & 0 & 0 & -\cos K_{\mathrm{d}} & V_{\mathrm{E}} & -V_{\mathrm{N}} \end{bmatrix} \tag{5-57}
$$

$$
\boldsymbol{v}=\begin{bmatrix} v_{\mathrm{E}} & v_{\mathrm{N}} \end{bmatrix}^{\mathrm{T}} \tag{5-58}
$$

其中，K_{d} 表示考虑偏流角的航迹向。

对状态方程与测量方程离散化，构成组合导航系统的卡尔曼滤波器：

$$
\begin{aligned} \boldsymbol{X}_k &= \boldsymbol{\Phi}_{k,k-1}\boldsymbol{X}_{k-1}+\boldsymbol{\Gamma}_{k,k-1}\boldsymbol{W}_{k-1} \\ \boldsymbol{Z}_k &= \boldsymbol{H}_k\boldsymbol{X}_k+\boldsymbol{v}_k \end{aligned} \tag{5-59}
$$

对速度/惯性组合导航技术的仿真结果曲线见图 5-14。

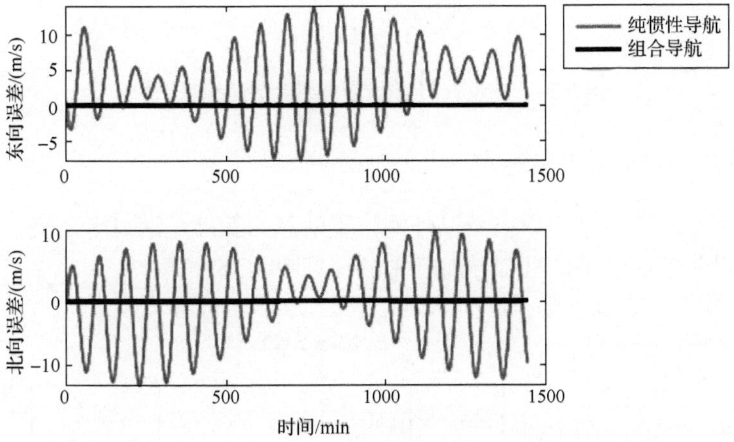

（a）速度误差

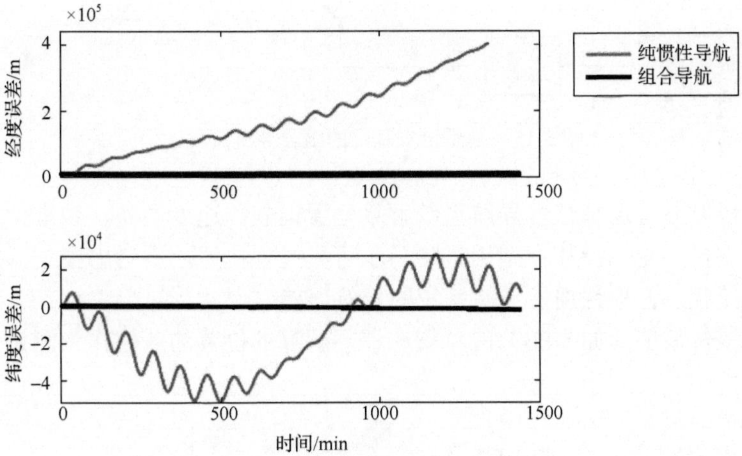

（b）位置误差

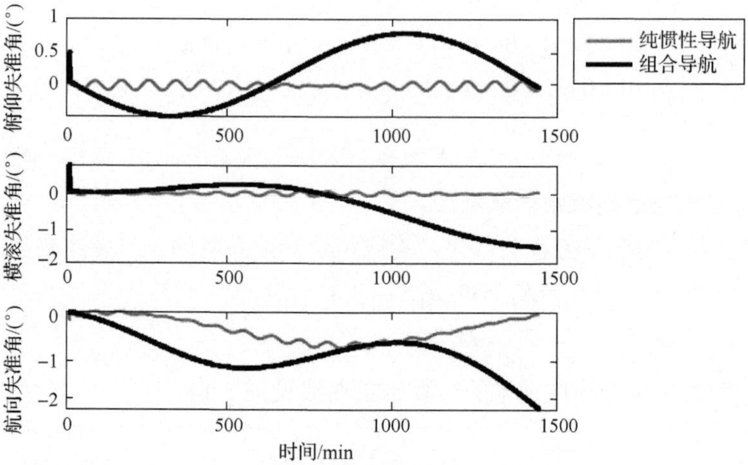

（c）姿态误差

图 5-14　纯惯性与速度/惯性组合导航结果比较

2. 位置/惯性组合导航技术

基于位置基准的组合导航是以外测位置信息为基准，通过卡尔曼滤波对捷联惯导系统误差进行校正，组合导航基本流程见图 5-15。

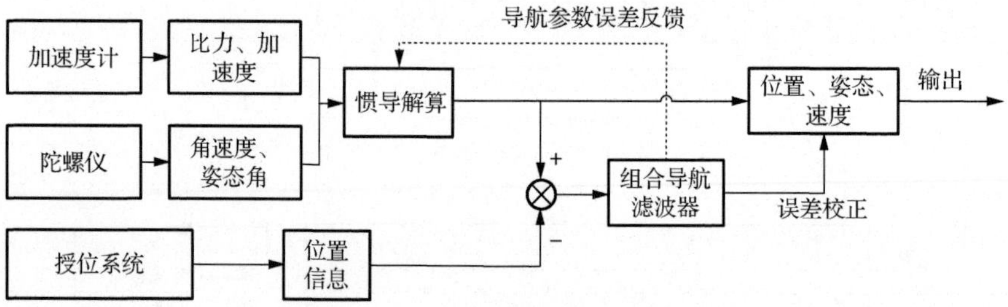

图 5-15　基于位置基准的组合导航流程图

组合导航系统选择惯性导航系统解算位置误差、速度误差、失准角、陀螺漂移作为状态量，陀螺漂移模型用一阶马尔可夫过程描述，不考虑授位系统测量误差。则系统状态方程为惯性导航系统的导航误差方程。

选取授位系统（如 GPS）的位置和惯导解算的位置的差值作为测量量，建立测量方程为

$$\boldsymbol{Z} = \boldsymbol{HX} + \boldsymbol{V} = \begin{bmatrix} \tilde{\varphi}_{\text{INS}} - \varphi_0 \\ \tilde{\lambda}_{\text{INS}} - \lambda_0 \end{bmatrix} = \begin{bmatrix} \delta\varphi \\ \delta\lambda \end{bmatrix} \tag{5-60}$$

式中，φ_0、λ_0表示授位系统的纬度、经度信息；$\boldsymbol{V}$表示测量噪声；系统状态转移矩阵为

$$\boldsymbol{H}=\begin{bmatrix}1&0&0&0&0&0&0&0&0&0&0\\0&1&0&0&0&0&0&0&0&0&0\end{bmatrix} \tag{5-61}$$

对状态方程与测量方程离散化，构成位置/惯性组合导航系统的卡尔曼滤波器。

对位置/惯性组合导航技术仿真结果曲线见图 5-16。

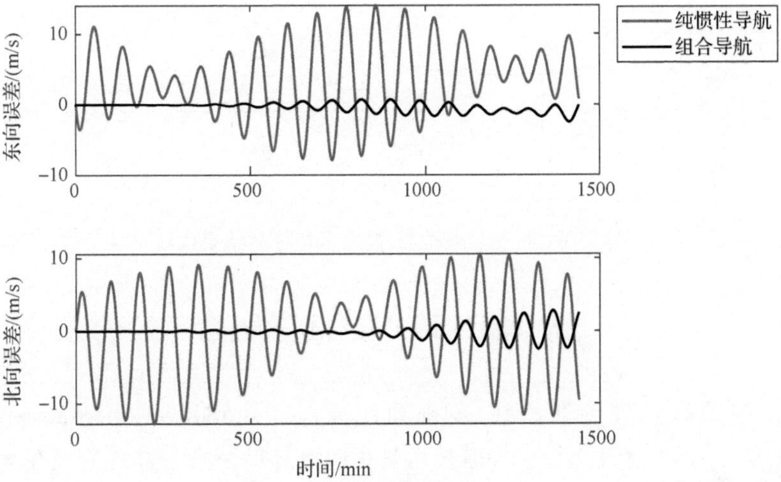

（a）速度误差

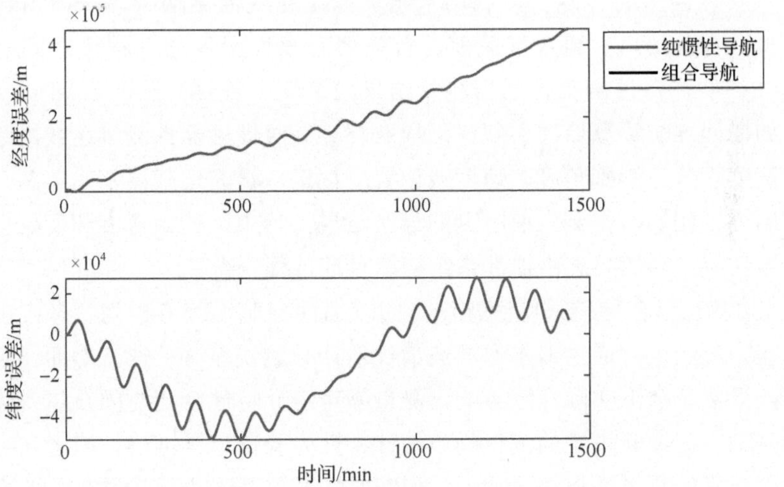

（b）位置误差

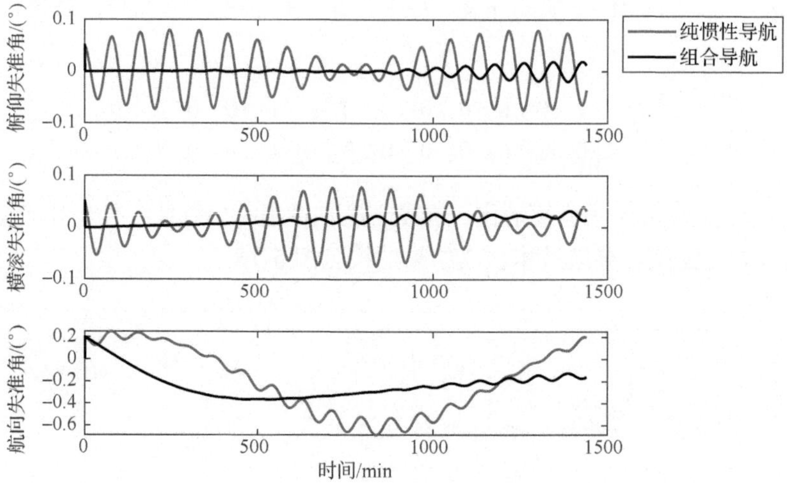

（c）姿态误差

图 5-16　纯惯性与位置/惯性组合导航结果比较

5.3　SINS/DVL 信息融合

常用的捷联惯性导航系统/多普勒计程仪（strapdown inertial navigation system/DVL, SINS/DVL）组合导航技术是指两类导航系统分体式安装在运载器的不同位置（惯性导航安装在运载器质心，计程仪安装在运载器底部），在补偿两系统杆臂、安装偏角的基础上，利用卡尔曼滤波完成数据融合，获得组合导航结果。因此，SINS/DVL 组合导航前，首先要对惯性组件与计程仪之间的安装偏角标定并补偿，保证两类传感器测量结果的空间一致性。

正如惯性导航解算原理中叙述，导航解算是对惯性器件测量运载器运动角速度和加速度积分，得到角度、速度或位置变化量，再与运载器初始姿态、初始速度或初始位置相加，得到当前时刻的导航结果。其中，初始速度和初始位置由外测传感器获得，初始姿态由惯性系统初始对准过程获得。

SINS/DVL 组合导航采用间接法，即以惯性导航误差方程为状态方程，以两速度之差为观测量，通过卡尔曼滤波最优估计导航误差并补偿。然而在组合导航过程中，受复杂水下实际环境影响，测量噪声统计特性会随时间发生变化。在滤波初始时刻根据经验设定的测量噪声统计特性先验信息不准确，或者在初始时刻已经确定准确的测量噪声统计特性，但随时间变化其噪声统计发生了改变，因此在组合导航过程中测量噪声统计特性时变或者不准确是常见问题。

5.3.1　安装偏差标校技术

SINS/DVL 组合导航过程中，两系统安装在运载器不同部位，导致多普勒计程仪坐标系与惯导坐标系不重合，会产生如图 5-17 所示的安装偏角，使两传感器测量结果不沿同一坐标系，这会影响组合导航定位精度。

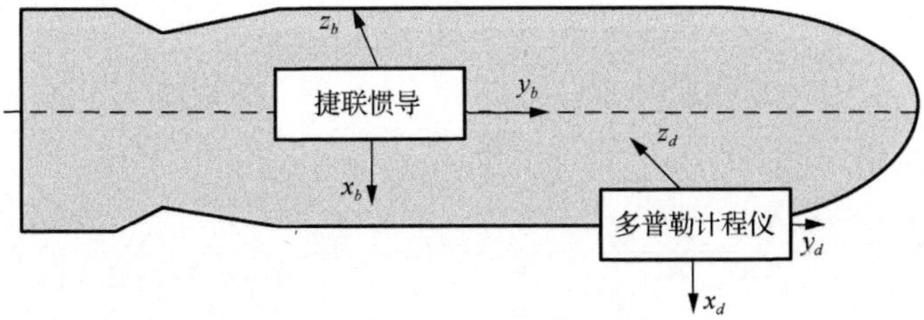

图 5-17　安装偏角示意图

安装偏角导致的惯导坐标系和多普勒计程仪的空间角度关系可用下面公式表示：

$$\boldsymbol{V}^b = \boldsymbol{C}_d^b \boldsymbol{V}^d \tag{5-62}$$

式中，$\boldsymbol{V}^b$ 表示惯导在载体坐标系下的速度，为保证其精度尽可能接近真值，用全球定位系统和惯导系统组合导航速度；$\boldsymbol{V}^d$ 表示多普勒计程仪测量速度；$\boldsymbol{C}_d^b$ 表示多普勒坐标系到惯导坐标系姿态矩阵，即安装偏角矩阵。假设用 ψ、γ、α 分别表示多普勒计程仪相对于载体坐标系的俯仰偏角、横滚偏角和航向偏角，那么 $\boldsymbol{C}_d^b$ 可以用欧拉角三次旋转公式表示：

$$\boldsymbol{C}_d^b = \begin{bmatrix} \cos\gamma\cos\alpha - \sin\psi\sin\gamma\sin\alpha & \cos\gamma\cos\alpha + \sin\psi\sin\gamma\sin\alpha & -\sin\gamma\cos\psi \\ -\cos\psi\sin\alpha & \cos\psi\sin\alpha & \sin\psi \\ \sin\gamma\cos\alpha + \cos\gamma\sin\psi\sin\alpha & \sin\gamma\sin\alpha - \sin\psi\cos\gamma\cos\alpha & \cos\gamma\cos\psi \end{bmatrix} \tag{5-63}$$

通常情况下，多普勒计程仪与惯导系统之间的安装偏角较小，小角度近似后可将 $\boldsymbol{C}_d^b$ 简化为

$$\boldsymbol{C}_d^b = \begin{bmatrix} 1 & \alpha & -\gamma \\ -\alpha & 1 & \psi \\ \gamma & -\psi & 1 \end{bmatrix} \tag{5-64}$$

1. 基于航位推算的航向偏角标定

对航位推算方法来说，航向偏角和多普勒计程仪刻度系数误差是影响航位推

算精度的主要误差源，可通过航位推算得到的位置与全球定位系统的位置之差来估计惯导与多普勒计程仪之间的航向偏角和多普勒计程仪刻度系数误差。基于航位推算的标定方法原理图如图 5-18 所示。

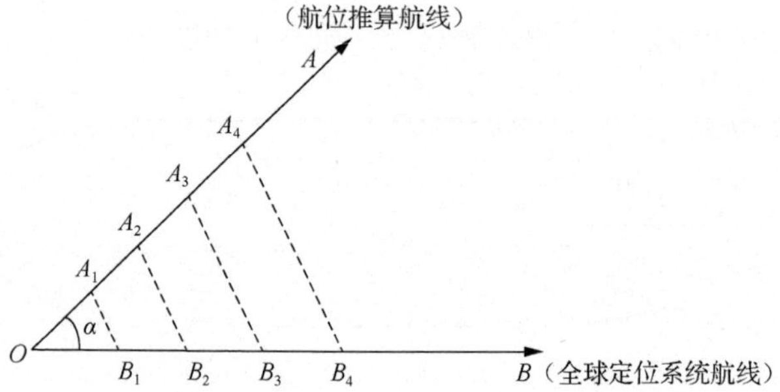

图 5-18　基于航位推算的标定方法原理图

记录全球定位系统的轨迹，采用航位推算的方式进行标定，即完全信任多普勒计程仪的速度输出，且不修正安装偏角，这样含有刻度系数、安装偏角的航位推算轨迹就被记录下来，航位推算的路程和全球定位系统的路程之比就包含了刻度系数信息，航位推算的位置和全球定位系统的位置之差就包含了安装偏角信息。

图 5-19 是基于航位推算的标定方法的基本流程。首先，采集惯导系统的姿态、多普勒计程仪速度和全球定位系统位置；其次，通过航位推算得到存在安装偏角和刻度系数误差的航位推算的位置信息；再次，拟合航位推算航线和全球定位系统航线；最后，通过标定方法计算航位推算的航线与全球定位系统航线之间的夹角来标定出航向偏角。

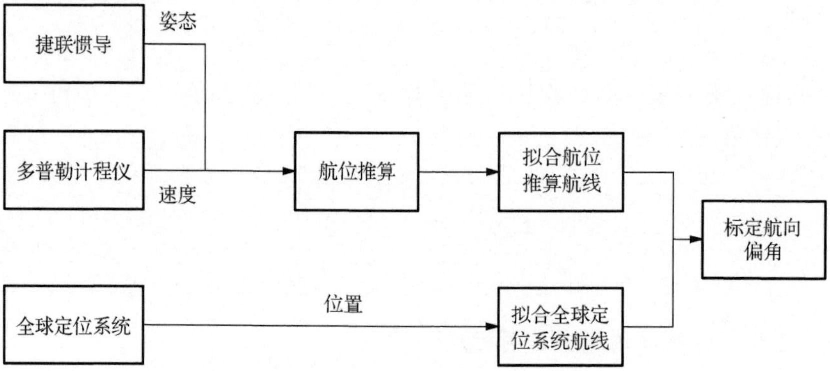

图 5-19　基于航位推算的标定方法流程图

如图 5-18 所示，OA、OB 分别表示航位推算航线和全球定位系统航线，设这两条航线与北向之间的夹角分别为ψ_1、ψ_2，两条航线之间的夹角为α，$\alpha=\psi_1-\psi_2$，计算公式为

$$\tan\psi_1=\frac{OA_x}{OA_y},\quad \tan\psi_2=\frac{OB_x}{OB_y} \tag{5-65}$$

若忽略捷联惯导与多普勒计程仪之间的安装偏角，经简化后可得全球定位系统的真实终点相对起始点的位移：

$$\begin{aligned} OB_x &= \int\cos(\psi_2)v_x^d\,\mathrm{d}t+\int\sin(\psi_2)v_y^d\,\mathrm{d}t \\ OB_y &= -\int\sin(\psi_2)v_x^d\,\mathrm{d}t+\int\cos(\psi_2)v_y^d\,\mathrm{d}t \end{aligned} \tag{5-66}$$

真实终点和起始点连线与北向轴夹角的正切值为

$$\tan\psi_2=\frac{OB_x}{OB_y}=\frac{\int\cos(\psi_2)v_x^d\,\mathrm{d}t+\int\sin(\psi_2)v_y^d\,\mathrm{d}t}{-\int\sin(\psi_2)v_x^d\,\mathrm{d}t+\int\cos(\psi_2)v_y^d\,\mathrm{d}t} \tag{5-67}$$

当多普勒计程仪存在安装误差和刻度系数误差δk时，有

$$\begin{bmatrix} \dot{OA_x} \\ \dot{OA_y} \end{bmatrix}=(1+\delta k)\begin{bmatrix} \cos\psi_2 & \sin\psi_2 \\ -\sin\psi_2 & \cos\psi_2 \end{bmatrix}\begin{bmatrix} 1 & \alpha \\ -\alpha & 1 \end{bmatrix}\begin{bmatrix} v_x^d \\ v_y^d \end{bmatrix} \tag{5-68}$$

由上述内容可得，航位推算得到的水平位移为

$$\begin{aligned} OA_x &= (1+\delta k)(OB_x+\alpha OB_y) \\ OA_y &= (1+\delta k)(-\varphi OB_x+OB_y) \end{aligned} \tag{5-69}$$

当α为小角度时，$\tan\alpha\approx\alpha$。因此，捷联惯导与多普勒计程仪之间的航向偏角为

$$\psi_2-\psi_1=\alpha \tag{5-70}$$

也就是说，可以通过航位推算得到航行器的位置坐标，然后求解航位推算航线与全球定位系统航线之间的夹角来标定安装偏角。如图 5-18 所示，A_1、A_2、A_3、A_4 和 B_1、B_2、B_3、B_4 是每个时刻航行器位置。航位推算的位置A_i、全球定位系统的位置B_i和起始点O，三个点连线围成一个三角形。分别计算三角形三边边长OA_i、OB_i、A_iB_i。全球定位系统航线与航位推算航线之间的夹角计算公式如下：

$$\alpha=\arccos\frac{OA_i^2+OB_i^2-A_iB_i^2}{2OA_iOB_i} \tag{5-71}$$

由多普勒计程仪的测速原理可知，多普勒计程仪的测速结果与水下的声速有关。但是由于声在水下传播受到温度、盐度和环境噪声的影响，声速值是变化的。

受此方面的影响，在多普勒计程仪测速的测量值与真实值之间存在差异，其在测速方程中称为刻度系数误差 δk，其计算公式如下：

$$\delta k = \frac{\boldsymbol{V}^b}{\boldsymbol{V}^d} - 1 \tag{5-72}$$

式中，$\boldsymbol{V}^b$、$\boldsymbol{V}^d$ 分别为多普勒测量速度和真实载体坐标系下速度。对速度进行积分，得到刻度系数误差计算公式：

$$\delta k = \frac{OB}{OA} - 1 \tag{5-73}$$

基于航位推算的标定方法仿真结果见表 5-3。

表 5-3　基于航位推算的标定方法仿真结果

航向角设定值/（°）	航向角标定结果/（°）	标定结果均值/（°）	相对误差/%	标定结果标准差/（°）
0.5	0.49651	0.4956	0.6981	0.014491
1.0	0.99910	0.9984	0.0903	0.019724
1.5	1.50033	1.5002	0.0222	0.023772
2.0	2.00125	2.0011	0.0673	0.027195
2.5	2.50205	2.5021	0.0826	0.030218
3.0	3.00279	3.0022	0.0938	0.032913
3.5	3.50351	3.5034	0.1009	0.035357
4.0	4.00421	4.0041	0.1057	0.037651
4.5	4.50491	4.5049	0.1094	0.039795
5.0	5.00561	5.0055	0.1128	0.041749

由仿真结果可知，基于航位推算原理的安装偏角标定方法可实现对航向偏角的标定。并且，将均值与真实值相比较，可发现仿真标定结果主要集中的位置与真实值相接近。从相对误差可以看出，航向偏角标定结果的相对误差在 0.0222% 与 0.6981%之间，而且当航向偏角设定值在 1° 到 5° 的范围内时，相对误差会随着安装偏角的增大而增大。从标准差也可以看出，标定结果波动程度在 0.014491° 到 0.041749° 之间，由标准差变化趋势可得标定结果的离散性随着航向偏角的增大而增大。虽然基于航位推算的标定方法思路简单且容易实现，但其存在着只能标定航向偏角的缺点，难以满足更高的导航精度的需求。

2. 基于双矢量定姿原理的安装偏角标定

在实际空间中，存在多普勒计程仪坐标系（d 系）和载体坐标系（b 系）。对于空间中要求尽量不共线的两个速度矢量 $\boldsymbol{V}_1$ 和 $\boldsymbol{V}_2$，投影分解到 b 系为 $\boldsymbol{V}_1^b$ 和 $\boldsymbol{V}_2^b$，

投影分解到 d 系为 $\boldsymbol{V}_1^d$ 和 $\boldsymbol{V}_2^d$。通过这两个不共线矢量分解到两个坐标系得到的四个速度矢量确定 b 系和 d 系的空间姿态关系的方法称为双矢量定姿原理。图 5-20 是基于双矢量定姿原理的标定方法流程图。

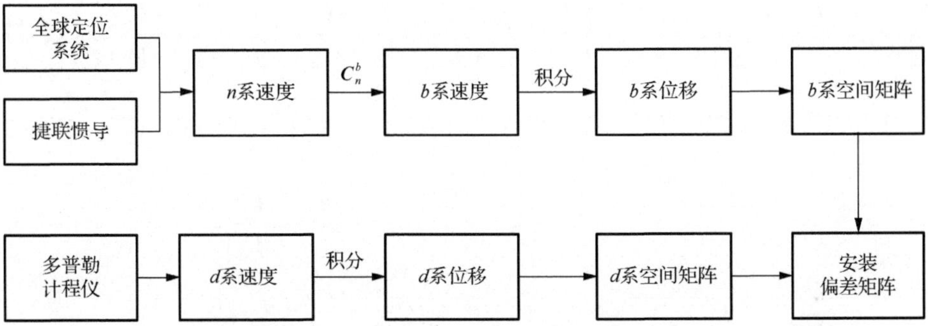

图 5-20　基于双矢量定姿原理的标定方法流程图

图 5-20 中，$\boldsymbol{C}_n^b$ 为 n 系到 b 系的姿态矩阵。将安装偏角姿态矩阵记为 $\boldsymbol{C}_d^b$，即从 d 系转到 b 系的姿态矩阵。结合上面的内容，可以得到四个速度矢量和安装偏角姿态矩阵之间的关系：

$$\begin{aligned} \boldsymbol{V}_1^b &= \boldsymbol{C}_d^b \boldsymbol{V}_1^d \\ \boldsymbol{V}_2^b &= \boldsymbol{C}_d^b \boldsymbol{V}_2^d \end{aligned} \tag{5-74}$$

双矢量定姿原理是用同一个矢量在不同坐标系下人为构建一个三维正交坐标系。通过原理可知，人为构建的两个正交坐标之间的姿态和 b 系与 d 系之间的姿态关系相同。因此，构建正交坐标系是重要的一步。

构建第二个正交矢量：

$$\boldsymbol{V}_1^b \times \boldsymbol{V}_2^b = \left(\boldsymbol{C}_d^b \boldsymbol{V}_1^d\right) \times \left(\boldsymbol{C}_d^b \boldsymbol{V}_2^d\right) = \boldsymbol{C}_d^b \left(\boldsymbol{V}_1^d \times \boldsymbol{V}_2^d\right) \tag{5-75}$$

构建第三个正交矢量：

$$\boldsymbol{V}_1^b \times \boldsymbol{V}_2^b \times \boldsymbol{V}_1^b = \left(\boldsymbol{C}_d^b \boldsymbol{V}_1^d\right) \times \left(\boldsymbol{C}_d^b \boldsymbol{V}_2^d\right) \times \left(\boldsymbol{C}_d^b \boldsymbol{V}_1^d\right) = \boldsymbol{C}_d^b \left(\boldsymbol{V}_1^d \times \boldsymbol{V}_2^d \times \boldsymbol{V}_1^d\right) \tag{5-76}$$

至此，构建了速度矢量在 b 系下的三维正交坐标系，其三个正交矢量分别为 $\boldsymbol{V}_1^b$、$\boldsymbol{V}_1^b \times \boldsymbol{V}_2^b$、$\boldsymbol{V}_1^b \times \boldsymbol{V}_2^b \times \boldsymbol{V}_1^b$。同理，构建速度矢量在 d 系下的三维正交坐标系，其三个正交矢量分别为 $\boldsymbol{V}_1^d$、$\boldsymbol{V}_1^d \times \boldsymbol{V}_2^d$、$\boldsymbol{V}_1^d \times \boldsymbol{V}_2^d \times \boldsymbol{V}_1^d$。虽然构造两个三维正交坐标系，满足正交化，但不满足单位化，因此需要将矢量单位化处理，即

$$\frac{\boldsymbol{V}_1^b}{\left|\boldsymbol{V}_1^b\right|},\quad \frac{\boldsymbol{V}_1^b \times \boldsymbol{V}_2^b}{\left|\boldsymbol{V}_1^b \times \boldsymbol{V}_2^b\right|},\quad \frac{\boldsymbol{V}_1^b \times \boldsymbol{V}_2^b \times \boldsymbol{V}_1^b}{\left|\boldsymbol{V}_1^b \times \boldsymbol{V}_2^b \times \boldsymbol{V}_1^b\right|}$$

$$\frac{V_1^d}{\left|V_1^d\right|}, \quad \frac{V_1^d \times V_2^d}{\left|V_1^d \times V_2^d\right|}, \quad \frac{V_1^d \times V_2^d \times V_1^d}{\left|V_1^d \times V_2^d \times V_1^d\right|}$$

到此，可以根据上面内容整理出如下公式：

$$\begin{bmatrix} \frac{V_1^b}{\left|V_1^b\right|} & \frac{V_1^b \times V_2^b}{\left|V_1^b \times V_2^b\right|} & \frac{V_1^b \times V_2^b \times V_1^b}{\left|V_1^b \times V_2^b \times V_1^b\right|} \end{bmatrix} = C_d^b \begin{bmatrix} \frac{V_1^d}{\left|V_1^d\right|} & \frac{V_1^d \times V_2^d}{\left|V_1^d \times V_2^d\right|} & \frac{V_1^d \times V_2^d \times V_1^d}{\left|V_1^d \times V_2^d \times V_1^d\right|} \end{bmatrix} \tag{5-77}$$

因为 C_d^b 是单位化的正交姿态矩阵，有 $\left(C_d^b\right)^{\mathrm{T}} = \left(C_d^b\right)^{-1}$，于是有

$$\begin{aligned} C_d^b &= \begin{bmatrix} \frac{V_1^b}{\left|V_1^b\right|} & \frac{V_1^b \times V_2^b}{\left|V_1^b \times V_2^b\right|} & \frac{V_1^b \times V_2^b \times V_1^b}{\left|V_1^b \times V_2^b \times V_1^b\right|} \end{bmatrix}^{-1} \begin{bmatrix} \left(\frac{V_1^d}{\left|V_1^d\right|}\right)^{\mathrm{T}} \\ \left(\frac{V_1^d \times V_2^d}{\left|V_1^d \times V_2^d\right|}\right)^{\mathrm{T}} \\ \left(\frac{V_1^d \times V_2^d \times V_1^d}{\left|V_1^d \times V_2^d \times V_1^d\right|}\right)^{\mathrm{T}} \end{bmatrix} \\ &= \begin{bmatrix} \left(\frac{V_1^b}{\left|V_1^b\right|}\right)^{\mathrm{T}} \\ \left(\frac{V_1^b \times V_2^b}{\left|V_1^b \times V_2^b\right|}\right)^{\mathrm{T}} \\ \left(\frac{V_1^b \times V_2^b \times V_1^b}{\left|V_1^b \times V_2^b \times V_1^b\right|}\right)^{\mathrm{T}} \end{bmatrix}^{-1} \begin{bmatrix} \left(\frac{V_1^d}{\left|V_1^d\right|}\right)^{\mathrm{T}} \\ \left(\frac{V_1^d \times V_2^d}{\left|V_1^d \times V_2^d\right|}\right)^{\mathrm{T}} \\ \left(\frac{V_1^d \times V_2^d \times V_1^d}{\left|V_1^d \times V_2^d \times V_1^d\right|}\right)^{\mathrm{T}} \end{bmatrix} \end{aligned} \tag{5-78}$$

在实际应用中，V^b 由捷联惯导和全球定位系统组合导航得到，V^d 由多普勒计程仪直接得到。通过双矢量定姿的原理可知，要确定两个坐标系的相对姿态关系，至少需要空间中两个非共线的矢量。要求前向有速度和右向有速度，目的是构建相对捷联惯导和多普勒计程仪系统的非共线速度矢量，这样才能准确标定出三个安装偏角，否则单一的速度必有一个角度不可观测。此外，双矢量定姿要求两个速度矢量不共线，但对实际的应用情况来说，一旦捷联惯导、多普勒计程仪和船体固连，由于船的速度基本都在轴线上，只有转弯大机动时才能偏离轴线，不共线的要求很难满足，所以一般基于双矢量定姿原理的标定方法最多可标定两个方向上的安装偏角。

基于双矢量定姿的标定方法仿真结果见表 5-4。

表 5-4　基于双矢量定姿的标定方法仿真结果

	设定值/（°）	标定结果/（°）	标定结果均值/（°）	相对误差/%	标定结果标准差/（°）
航向角	0.5	0.49997	0.4999	0.0052	0.001178
	1.0	0.99979	0.9998	0.0201	0.002357
	1.5	1.49931	1.4993	0.0460	0.003534
	2.0	1.99837	1.9980	0.0815	0.004710
	2.5	2.49683	2.4970	0.1268	0.005885
	3.0	2.99452	2.9945	0.1827	0.007058
	3.5	3.49130	3.4913	0.2486	0.008229
	4.0	3.98701	3.9870	0.3248	0.009398
	4.5	4.48152	4.4815	0.4107	0.010560
	5.0	4.97465	4.9747	0.5080	0.011730
俯仰角	0.5	0.49999	0.4999	0.0016	0.001179
	1.0	0.99992	0.9999	0.0100	0.002357
	1.5	1.49983	1.4998	0.0113	0.003535
	2.0	1.99959	1.9996	0.0205	0.004713
	2.5	2.49920	2.4990	0.0320	0.005891
	3.0	2.99863	2.9986	0.0457	0.007068
	3.5	3.49782	3.4978	0.0623	0.008245
	4.0	3.99675	3.9968	0.0813	0.009421
	4.5	4.49537	4.4954	0.1029	0.010600
	5.0	4.99366	4.9937	0.1268	0.011770

上面介绍的两种标定安装偏角的方法各有优缺点，下面就需求、特点、运载器运动适应性等方面进行比较，比较结果如表 5-5 所示。

表 5-5　不同标定方法的比较

标定方法	需求	优点	缺点	运载器运动适应性
航位推算	需全球定位系统提供运载器的真实位置	对运载器机动要求低，匀速直线运动即可标定。工程实现简单，无须全球定位系统连续提供位置信息	只能离线标定，实时性差。只能标出航向偏角	运载器处于微机动状态，惯导工作状态应该选取阻尼系数较高的阻尼状态
双矢量定姿	需全球定位系统与捷联惯导组合导航得到准确的导航系速度	运载器只有前向速度时可标出航向偏角、俯仰偏角。计算简单，易于实现	只能离线标定，实时性差	

综上所述，当运载器机动性较低，不能满足加速、减速、转弯等运动时，优先考虑基于航位推算原理或者基于双矢量定姿原理的标定方法，当全球定位系统不可连续提供位置且对导航精度要求不高时，可采用基于航位推算原理的标定方法。

5.3.2 初始对准技术

捷联惯导导航之前必须进行初始对准，即在开始导航前获得姿态矩阵的初始值。初始对准精度对系统的导航精度有重要影响。按不同的划分标准可以把捷联惯导初始对准方式作如下分类：按对外部信息的依赖程度，可分为主动式对准和非主动式对准；按是否需要更高精度主惯导提供匹配参数，可分为传递对准和自对准；按运载器的运动状态，可分为静基座对准和动基座对准；按对准的阶段，可分为粗对准和精对准。本节以粗对准、精对准的方式进行描述，粗对准的目的是获取粗略的初始姿态矩阵，精对准的目的是获取更加精确的初始姿态矩阵，减小失准角的影响。

1. 凝固系粗对准

粗对准的方法有很多，如传统的解析粗对准、惯性系粗对准、凝固系粗对准等。本部分主要针对凝固系粗对准进行介绍。实际工作环境中，由于外界环境干扰引起的干扰角速度远远大于地球自转角速度，陀螺仪输出信号的信噪比较低，干扰信号频带较宽，难以从捷联惯导陀螺仪输出中提取出地球自转角速度。针对上述问题，凝固系粗对准可利用地球自转角速度精确计算，引入惯性凝固思想，在时间精确测准的基础上，计算重力加速度矢量在惯性空间中旋转的角度，提取重力加速度矢量在惯性空间方向改变中所包含的真实信息，实现捷联惯导的粗对准。

在介绍凝固系粗对准的流程之前，补充介绍运载器惯性坐标系、地心地球坐标系的概念，即在进行粗对准的开始时刻，运载器惯性坐标系和载体坐标系是重合的，且在粗对准过程中，运载器惯性坐标系在惯性空间中保持不变。地心地球坐标系 $O_{e'}\text{-}x_{e'}y_{e'}z_{e'}$ 的原点是地心，$z_{e'}$ 轴与地球自转方向一致，$x_{e'}$ 轴位于赤道平面内，从原点指向运载器所在的子午线，$y_{e'}$ 轴与 $x_{e'}$ 轴、$z_{e'}$ 轴构成右手直角坐标系。

下面介绍凝固系对准的基本流程。

对捷联惯导初始姿态矩阵 $\boldsymbol{C}_b^n$ 进行如下分解：

$$\boldsymbol{C}_b^n = \boldsymbol{C}_{e'}^n \boldsymbol{C}_i^{e'} \boldsymbol{C}_{i_{b0}}^i \boldsymbol{C}_b^{i_{b0}} \tag{5-79}$$

由相关坐标系定义，$\boldsymbol{C}_{e'}^{n}$、$\boldsymbol{C}_{i}^{e'}$ 可以按下式计算：

$$\boldsymbol{C}_{e'}^{n}=\begin{bmatrix}0 & 1 & 0\\ -\sin\varphi & 0 & \cos\varphi\\ \cos\varphi & 0 & \sin\varphi\end{bmatrix},\quad \boldsymbol{C}_{i}^{e'}=\begin{bmatrix}\cos\omega_{ie}(t-t_0) & \sin\omega_{ie}(t-t_0) & 0\\ -\sin\omega_{ie}(t-t_0) & \cos\omega_{ie}(t-t_0) & 0\\ 0 & 0 & 1\end{bmatrix} \tag{5-80}$$

式中，t 为对准时刻；t_0 为对准起始时刻。

运载器惯性坐标系和载体坐标系之间的姿态矩阵 $\boldsymbol{C}_{b}^{i_{b0}}$ 实时更新。因此，捷联惯导的初始对准问题就转换为求取运载器惯性坐标系和惯性坐标系之间的姿态矩阵 $\boldsymbol{C}_{i_{b0}}^{i}$ 。

捷联惯导加速度计的输出 $\boldsymbol{f}^b$ 可以看成由三部分组成，即重力加速度矢量 $\boldsymbol{g}^b$ 、加速度计偏置 Δ^b 和外界干扰加速度 $\boldsymbol{a}^b$ ，$\tilde{\boldsymbol{f}}^b=-\boldsymbol{g}^b+\Delta^b+\boldsymbol{a}^b$ ，则 $\tilde{\boldsymbol{f}}^b$ 在运载器惯性坐标系中的投影可按下式计算：

$$\boldsymbol{f}^{i_{b0}}=\boldsymbol{C}_{b}^{i_{b0}}\tilde{\boldsymbol{f}}^b=\boldsymbol{C}_{b}^{i_{b0}}(-\boldsymbol{g}^b+\Delta^b+\boldsymbol{a}^b)=-\boldsymbol{C}_{i}^{i_{b0}}\boldsymbol{g}^i+\boldsymbol{C}_{b}^{i_{b0}}(\Delta^b+\boldsymbol{a}^b) \tag{5-81}$$

为了抑制干扰加速度的影响，将上式两端进行积分得

$$\int_{t_0}^{t}\boldsymbol{f}^{i_{b0}}\mathrm{d}t=-\boldsymbol{C}_{i}^{i_{b0}}\int_{t_0}^{t}\boldsymbol{g}^i\mathrm{d}t+\int_{t_0}^{t}\boldsymbol{C}_{b}^{i_{b0}}(\Delta^b+\boldsymbol{a}^b)\mathrm{d}t \tag{5-82}$$

记 $\boldsymbol{V}^{i_{b0}}(t)=\int_{t_0}^{t}\boldsymbol{f}^{i_{b0}}\mathrm{d}t$、$\boldsymbol{V}^{i}(t)=-\int_{t_0}^{t}\boldsymbol{g}^i\mathrm{d}t$ ，忽略上式等号右边第二项积分，则存在下列近似关系：

$$\boldsymbol{V}^{i_{b0}}(t)\approx\boldsymbol{C}_{i}^{i_{b0}}\boldsymbol{V}^{i}(t) \tag{5-83}$$

式中，

$$\boldsymbol{g}^i=\begin{bmatrix}-g\cos\varphi\cos\omega_{ie}(t-t_0)\\ -g\cos\varphi\sin\omega_{ie}(t-t_0)\\ -g\sin\varphi\end{bmatrix},\quad \boldsymbol{V}^i(t)=\begin{bmatrix}-g\cos\varphi\sin\omega_{ie}(t-t_0)/\omega_{ie}\\ -g\cos\varphi[1-\cos\omega_{ie}(t-t_0)]/\omega_{ie}\\ -g\sin\varphi(t-t_0)\end{bmatrix} \tag{5-84}$$

在粗对准阶段，选取中间时刻 t_{k1}、t_{k2}，利用双矢量定姿原理可得下式，感兴趣的读者可参考文献[3]：

$$\boldsymbol{C}_{i_{b0}}^{i}=\begin{bmatrix}[\boldsymbol{V}^i(t_{k_1})]^{\mathrm{T}}\\ [\boldsymbol{V}^i(t_{k_1})\times\boldsymbol{V}^i(t_{k_2})]^{\mathrm{T}}\\ [\boldsymbol{V}^i(t_{k_1})\times\boldsymbol{V}^i(t_{k_2})\times\boldsymbol{V}^i(t_{k_1})]^{\mathrm{T}}\end{bmatrix}^{-1}\begin{bmatrix}[\boldsymbol{V}^{i_{b0}}(t_{k_1})]^{\mathrm{T}}\\ [\boldsymbol{V}^{i_{b0}}(t_{k_1})\times\boldsymbol{V}^{i_{b0}}(t_{k_2})]^{\mathrm{T}}\\ [\boldsymbol{V}^{i_{b0}}(t_{k_1})\times\boldsymbol{V}^{i_{b0}}(t_{k_2})\times\boldsymbol{V}^{i_{b0}}(t_{k_1})]^{\mathrm{T}}\end{bmatrix} \tag{5-85}$$

至此，完成捷联惯导的初始姿态矩阵计算。

由凝固系基本对准流程可知，凝固系粗对准的核心是确定运载器惯性坐标系和惯性坐标系之间的姿态矩阵，由于运载器惯性坐标系和载体坐标系之间的姿态

矩阵是实时更新的，根据姿态矩阵的分解 $C_b^n = C_{e'}^n C_i^{e'} C_{i_{b0}}^i C_b^{i_{b0}}$，便可以得到姿态矩阵。该方法最大的优点是只利用了地球自转角速度和重力加速度矢量在惯性空间的运动，因此该方法既适用于静基座粗对准又适用于摇摆基座粗对准。

为了验证粗对准精度分析的正确性，共进行 100 次对准仿真试验。以粗对准结束时刻的姿态误差角作为衡量粗对准精度的指标，每次仿真时间为 480s，其中 $t_{k_1} = 200\text{s}$、$t_{k_2} = 480\text{s}$。仿真结果见图 5-21、表 5-6。

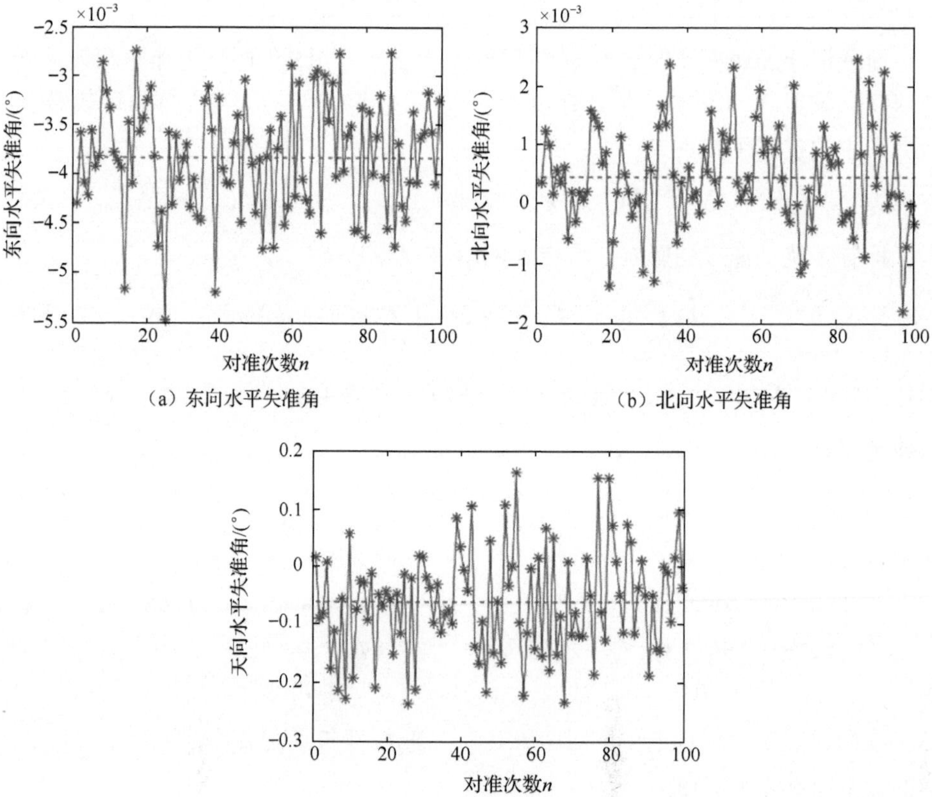

（a）东向水平失准角　　（b）北向水平失准角

（c）天向方位失准角

图 5-21　安装偏角标定结果

图 5-21 中虚线表示 100 次粗对准试验各失准角估算均值。依据仿真假设的条件，可以计算出各失准角的理论值，水平失准角和方位失准角的理论值如表 5-6 所示。从表 5-6 可知，三个失准角的误差很小，与理论分析吻合。

表 5-6　粗对准的对准效果

	东向失准角/（°）	北向失准角/（°）	天向方位失准角/（°）
实际值	−0.0038	0.0005	−0.0589
理论值	−0.0039	0.0010	−0.0200
误差值	0.0001	−0.0005	−0.0389

2. 动基座精对准

精对准的目的是获取更精确的初始姿态矩阵，尽量减小失准角误差的影响。本节介绍基于卡尔曼滤波的捷联惯导精对准方法。核心思路为通过建立状态方程和测量方程，结合卡尔曼滤波进行数据融合，得到捷联惯导姿态失准角的估值，利用此估值，对捷联惯导解算的姿态信息进行补偿，得到初始姿态矩阵，完成精对准。精对准具体流程见图 5-22。

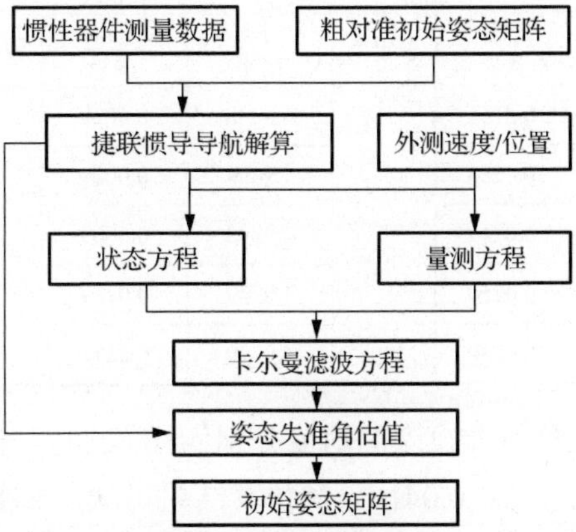

图 5-22　精对准流程图

精对准步骤为：①利用粗对准提供的初始姿态矩阵以及惯性器件测量数据进行捷联惯导导航解算并实时获得导航参数；②用捷联惯导导航解算参数给一步转移矩阵赋值，同时将捷联惯导导航解算参数与外部设备提供的速度或位置信息相减得到速度或位置误差，作为卡尔曼滤波的观测量；③完成卡尔曼滤波各参数赋值后，进行滤波解算得到捷联惯导姿态失准角的估值，利用失准角的估值计算 $\boldsymbol{C}_n^{n'}$［式（5-89）］，其中，因为 $\boldsymbol{C}_n^{n'}(\boldsymbol{C}_n^{n'})^{\mathrm{T}}=\boldsymbol{I}_{3\times3}$，所以有 $\boldsymbol{C}_{n'}^{n}=(\boldsymbol{C}_n^{n'})^{-1}=(\boldsymbol{C}_n^{n'})^{\mathrm{T}}$；④利用姿态失准角的估值，对捷联惯导解算的姿态信息 $\boldsymbol{C}_b^{n'}$ 进行补偿，得到 $\boldsymbol{C}_b^{n}$，所利用的公式为 $\boldsymbol{C}_b^{n}=\boldsymbol{C}_{n'}^{n}\boldsymbol{C}_b^{n'}$，至此，利用卡尔曼滤波完成捷联惯导的精对准，得到初始姿态矩阵 $\boldsymbol{C}_b^{n}$。其中，

$$\boldsymbol{C}_n^{n'} = \begin{bmatrix} 1 & \phi_z & -\phi_y \\ -\phi_z & 1 & \phi_x \\ \phi_y & -\phi_x & 1 \end{bmatrix} \tag{5-86}$$

卡尔曼滤波法对准是一种基于最优估计思想的初始对准方法，该估计方法以状态估计均方差最小为准则来对状态变量进行估计，需要准确知道系统的状态模型、系统状态和测量值的误差统计特性。因此，卡尔曼滤波对准在使用范围上受到一定的限制。但使用该方法可以在特定的条件下对器件误差进行估计，能够有效提高初始对准的极限精度以及对准后的导航精度。

表 5-7 为动基座 5 次精对准的对准结果，其中初始姿态角设定值为：航向角 30°、俯仰角 4°、横滚角 5°。

表 5-7 精对准的对准结果 单位：(°)

次数	俯仰角			横滚角			航向角		
	设定值	对准结果	对准误差	设定值	对准结果	对准误差	设定值	对准结果	对准误差
1	4	4.0296	−0.0144	5	4.9830	0.0023	30	30.0239	0.0050
2		4.0428	−0.0288		4.9894	0.0009		30.1246	0.1060
3		4.0373	−0.0214		4.9843	0.0009		29.3535	0.3367
4		4.0483	−0.0250		4.9749	0.0139		30.2878	0.2713
5		4.0490	−0.0239		4.9720	0.0172		30.5437	0.5290

5 次仿真三个失准角对准误差的均值分别为−0.0227°、0.0070°、0.2496°，方差分别为 2.86e−5、6.20e−5、0.0416。从仿真结果可知，5 次仿真的姿态角均接近设定值，且 5 次失准角误差的均值较小，说明此方法可有效完成对准。同时，5 次仿真失准角误差的方差值均较小，说明此方法在有效对准的基础上比较稳定。

5.3.3 组合导航技术

在 SINS/DVL 组合导航实际应用中，DVL 速度测量值不仅受异常噪声干扰，还容易受复杂水文工况及不稳定参数测量的影响，导致其噪声统计特性无法准确估计，降低了组合导航的精度与稳定性。

理论上，只有在随机动态系统的结构参数和噪声统计特性参数都准确已知的条件下，标准卡尔曼滤波才能获得状态的最优估计。然而，实际应用中，以上两类参数的获取都或多或少存在一些误差，致使卡尔曼滤波的精度降低，严重时还可能会引起滤波发散。自适应滤波算法是指在进行状态估计的同时还可以通过测量输出实时地估计系统的噪声参数，但要对所有的噪声参数（系统误差方差阵、系统噪声方差阵、测量噪声方差阵）进行估计往往是不可能的，这里仅介绍实际中最常用也是比较有效的测量噪声方差阵自适应算法。系统状态空间模型重写如下：

$$\begin{cases} \boldsymbol{X}_k = \boldsymbol{\Phi}_{k|k-1}\boldsymbol{X}_{k-1} + \boldsymbol{\Gamma}_{k-1}\boldsymbol{W}_{k-1} \\ \boldsymbol{Z}_k = \boldsymbol{H}_k\boldsymbol{X}_k + \boldsymbol{V}_k \end{cases} \tag{5-87}$$

式中，

$$\begin{cases} E\left[\boldsymbol{W}_k\right] = \boldsymbol{0}, & E\left[\boldsymbol{W}_k\boldsymbol{W}^{\mathrm{T}}\right] = \boldsymbol{Q}_k\boldsymbol{\delta}_{kj} \\ E\left[\boldsymbol{V}_k\right] = \boldsymbol{0}, & E\left[\boldsymbol{V}_k\boldsymbol{V}^{\mathrm{T}}\right] = \boldsymbol{R}_k\boldsymbol{\delta}_{kj} \\ E\left[\boldsymbol{W}_k\boldsymbol{V}^{\mathrm{T}}\right] = \boldsymbol{0} \end{cases} \tag{5-88}$$

区别在于，这里假设测量噪声方差阵 $\boldsymbol{R}_k$ 是未知的。

$\boldsymbol{R}_k$ 的自适应过程如下：在卡尔曼滤波中，测量预测误差公式为

$$\tilde{\boldsymbol{Z}}_{k|k-1} = \boldsymbol{Z}_k - \hat{\boldsymbol{Z}}_{k|k-1} = \boldsymbol{H}_k\boldsymbol{X}_k + \boldsymbol{V}_k - \boldsymbol{H}_k\hat{\boldsymbol{X}}_{k|k-1} = \boldsymbol{H}_k\tilde{\boldsymbol{X}}_{k|k-1} + \boldsymbol{V}_k \tag{5-89}$$

初始状态无偏的情况下状态一步预测误差 $\tilde{X}_{k|k-1}$ 同样无偏，根据测量噪声 $\boldsymbol{V}_k$ 均值为零可知预测误差 $\hat{\boldsymbol{Z}}_{k|k-1}$ 的均值也为零，对式（5-89）两端求方差可得

$$E\left[\tilde{\boldsymbol{Z}}_{k|k-1}\tilde{\boldsymbol{Z}}_{k|k-1}^{\mathrm{T}}\right] = \boldsymbol{H}_k\boldsymbol{P}_{k|k-1}\boldsymbol{H}_k^{\mathrm{T}} + \boldsymbol{R}_k \tag{5-90}$$

测量噪声方差阵 $\boldsymbol{R}_k$ 为

$$\boldsymbol{R}_k = E\left[\tilde{\boldsymbol{Z}}_{k|k-1}\tilde{\boldsymbol{Z}}_{k|k-1}^{\mathrm{T}}\right] - \boldsymbol{H}_k\boldsymbol{P}_{k|k-1}\boldsymbol{H}_k^{\mathrm{T}} \tag{5-91}$$

式中，$E\left[\tilde{\boldsymbol{Z}}_{k|k-1}\tilde{\boldsymbol{Z}}_{k|k-1}^{\mathrm{T}}\right]$表示随机序列的集总平均，在实际应用中应该以时间平均作为替代，$\boldsymbol{R}_k$ 等加权递推估计方法如下：

$$\hat{\boldsymbol{R}}_k = \frac{1}{k}\sum_{i=1}^{k}(\tilde{\boldsymbol{Z}}_{i|i-1}\tilde{\boldsymbol{Z}}_{i|i-1}^{\mathrm{T}} - \boldsymbol{H}_i\boldsymbol{P}_{i|i-1}\boldsymbol{H}_i^{\mathrm{T}}) = (1-\frac{1}{k})\hat{\boldsymbol{R}}_{k-1} + \frac{1}{k}(\tilde{\boldsymbol{Z}}_{k|k-1}\tilde{\boldsymbol{Z}}_{k|k-1}^{\mathrm{T}} - \boldsymbol{H}_k\boldsymbol{P}_{k|k-1}\boldsymbol{H}_k^{\mathrm{T}}) \tag{5-92}$$

随着 k 的增大，即当 $k \to \infty$ 时存在 $1/k \to 0$，长时间进行自适应滤波后自适应能力将逐渐减弱，直至算法失去自适应能力。为了保持自适应能力，将式（5-92）改成指数渐消记忆加权平均：

$$\hat{\boldsymbol{R}}_k = (1-\beta_k)\hat{\boldsymbol{R}}_{k-1} + \beta_k(\tilde{\boldsymbol{Z}}_{k|k-1}\tilde{\boldsymbol{Z}}_{k|k-1}^{\mathrm{T}} - \boldsymbol{H}_k\boldsymbol{P}_{k|k-1}\boldsymbol{H}_k^{\mathrm{T}}) \tag{5-93}$$

$$\beta_k = \frac{\beta_{k-1}}{\beta_{k-1} + b} \tag{5-94}$$

式中，初始值 $\beta_0 = 1$，而 $0 < b < 1$ 为渐消因子，当 $k \to \infty$ 时，有 $\beta_k \approx 1 - b$，通常取 $b = 0.9 \sim 0.999$。

但是，与常规卡尔曼滤波算法不同，在自适应滤波过程中滤波计算回路对增益计算回路产生了影响，且各项参数彼此之间产生了耦合，其计算回路不再是一个简单线性计算的过程，本质上变成了一个异常复杂的非线性系统，如果某处参数出现了干扰，就可能使得整个系统产生发散。

为了解决常规自适应滤波中参数之间耦合导致滤波发散的问题，将 Allan 方差估计法与自适应滤波结合，提出一种基于 Allan 方差估计的滤波方法，并将其运用于 SINS/DVL 组合导航过程中，实时在线估计测量噪声的方差。

Allan 方差法是 1966 年 David Allan 提出的一种基于时域的方差分析方法，其核心思想是通过观测不同时间段上的样本方差来辨识不同的随机误差项。采用数据集（data cluster）的概念，将长度为 N 的数据 ω 按照不同的时间间隔划分出一段段数据子集 ω_j（j=1,2,⋯,M，M<N/2，至少为 2 段），求出每段数据子集的均值 $E(\omega_j)$ 和相邻子集的方差。

现以光纤陀螺的角速率输出为采样数据，简单阐述 Allan 方差的定义与计算过程。首先以采样间隔 τ_0 对光纤陀螺的输出角速率进行采样，采样长度为 N。将采集的 N 个数据分成 K 组（$K = N / M$），每组包含 M 个采样点。

每一组数据的时间长度为 $\tau_M = M\tau_0$，称为相关时间。按下式对各组求均值：

$$\bar{\omega}_k(M) = \frac{1}{M}\sum_{i=1}^{M}\omega_{(k-1)M+i}, \quad k = 1,2,\cdots,K \tag{5-95}$$

$$\begin{aligned}\sigma^2(\tau_M) &= \left\langle \bar{\omega}_{k+1}(M) - (\bar{\omega}_{k+1}(M))^2 \right\rangle / 2 \\ &= \frac{1}{2(K-1)}\sum_{k=1}^{K-1}\left[\bar{\omega}_{k+1}(M) - (\bar{\omega}_{k+1}(M)\right]^2\end{aligned} \tag{5-96}$$

式中，$\sigma^2(\tau_M)$ 为平均时间上的 Allan 方差。

对于线性系统的宽带白噪声，其 Allan 方差恰好等于白噪声的方差，因此这里采用 Allan 方差估计测量噪声方差。在实际应用中，通常认为测量噪声矢量的各个分量之间是不相关的。对测量噪声矢量进行 Allan 方差分析，一般只需计算取样间隔为最短采样时间 τ_0 时的 Allan 方差，则有下列递推形式：

$$\begin{aligned}\sigma_k^2(\tau_0) &= \frac{1}{2(k-1)}\sum_{i=2}^{k}(y_i - y_{i-1})^2 \\ &= \frac{1}{2(k-1)}\sum_{i=2}^{k-1}\left[(y_i - y_{i-1})^2 + (y_k - y_{k-1})^2\right] \\ &= (1 - \frac{1}{k-1})\frac{1}{2(k-1)}\sum_{i=2}^{k-1}(y_i - y_{i-1})^2 + \frac{1}{2(k-1)}(y_k - y_{k-1})^2\end{aligned} \tag{5-97}$$

测量噪声 $\hat{\boldsymbol{R}}_k$ 可以表示为

$$\hat{\boldsymbol{R}}_k = (1-\frac{1}{k-1})\hat{\boldsymbol{R}}_{k-1} + \frac{1}{2(k-1)}(y_k - y_{k-1})^2 \tag{5-98}$$

其中，当 $k=1$ 时，R_0 可取任意初始值；y_k 为 k 时刻测量值。

改进的 Allan 方差自适应滤波器代入到基于卡尔曼滤波的组合导航算法中，可得基于 Allan 方差自适应卡尔曼滤波的组合导航算法，算法流程如下。

状态一步预测：

$$\hat{\boldsymbol{X}}_{k|k-1} = \boldsymbol{F}_{k|k-1}\hat{\boldsymbol{X}}_{k-1}$$

状态一步预测均方误差阵：

$$\boldsymbol{P}_{k|k-1} = \boldsymbol{F}_{k|k-1}\boldsymbol{P}_{k-1}\boldsymbol{F}_{k|k-1}^{\mathrm{T}} + \boldsymbol{G}_{k|k-1}\boldsymbol{Q}_{k-1}\boldsymbol{G}_{k|k-1}^{\mathrm{T}}$$

滤波增益：

$$\boldsymbol{K}_k = \boldsymbol{P}_{k|k-1}\boldsymbol{H}_k^{\mathrm{T}}(\boldsymbol{H}_k\boldsymbol{P}_{k|k-1} + \boldsymbol{R}_k)^{-1}$$

状态估计：

$$\hat{\boldsymbol{X}}_k = \hat{\boldsymbol{X}}_{k|k-1} + \boldsymbol{K}_k(\boldsymbol{Z}_k - \boldsymbol{H}_k\hat{\boldsymbol{X}}_{k|k-1})$$

状态估计均方误差阵：

$$\boldsymbol{X}_k = (\boldsymbol{I} - \boldsymbol{K}_k\boldsymbol{H}_k)\boldsymbol{P}_{k|k-1}$$

根据测量信息自适应计算测量噪声方差阵：

$$\hat{\boldsymbol{R}}_k = (1-\frac{1}{k-1})\hat{\boldsymbol{R}}_{k-1} + \frac{1}{2(k-1)}(\boldsymbol{Z}_k - \boldsymbol{Z}_{k-1})^2$$

为了提高当前信息的权重，采用指数渐消记忆加权平均：

$$\hat{\boldsymbol{R}}_k = (1-\beta_k)\hat{\boldsymbol{R}}_{k-1} + \frac{1}{2}(\boldsymbol{Z}_k - \boldsymbol{Z}_{k-1})^2$$

式中，$\beta_k = \dfrac{\beta_k}{\beta_k + b}$，$\beta_0 = 1$。

1. 测量噪声统计特性不准确情况下的仿真及分析

仿真试验参数设定与前序试验参数设定一致，仅测量噪声方差阵有所区别。将三组滤波进行对比：一组为标准卡尔曼滤波，在理想情况下准确设定测量噪声方差阵 $\boldsymbol{R}_1 = \mathrm{diag}([0.01\mathrm{m/s} \quad 0.01\mathrm{m/s} \quad 0.01\mathrm{m/s}]^2)$，用 KF1 表示；二组为标准卡尔曼滤波，在非理想情况下，测量噪声方差阵设定与实际噪声方差偏差较大，测量噪声方差阵 $\boldsymbol{R}_2 = \text{diag}([0.1\text{m/s} \quad 0.1\text{m/s} \quad 0.1\text{m/s}]^2)$，用 KF2 表示；三组为 Allan 方差自适应滤波，测量噪声方差阵 $\boldsymbol{R}_3 = \text{diag}([0.1\text{m/s} \quad 0.1\text{m/s} \quad 0.1\text{m/s}]^2)$，用 AKF3 表示。仿真结果如图 5-23～图 5-26 所示。

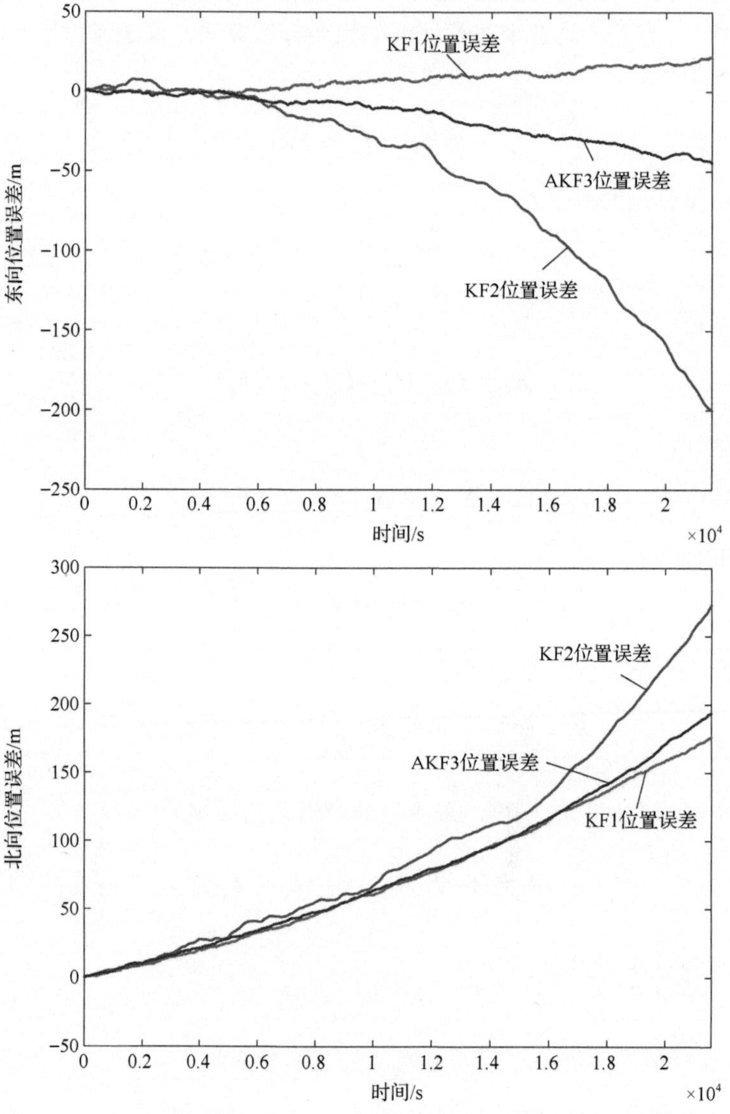

图 5-23　位置误差对比图

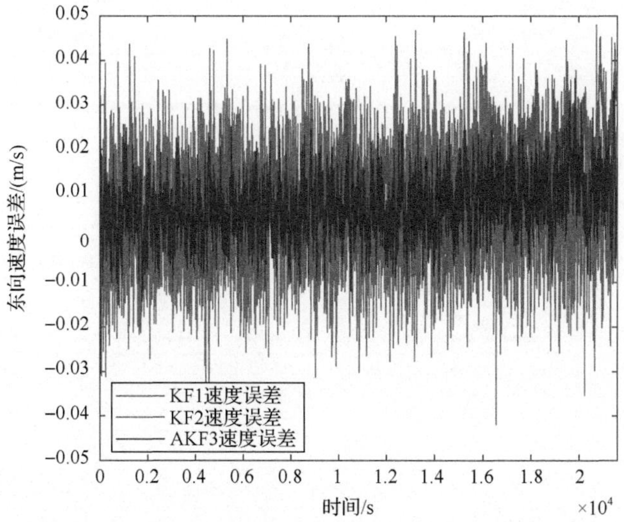

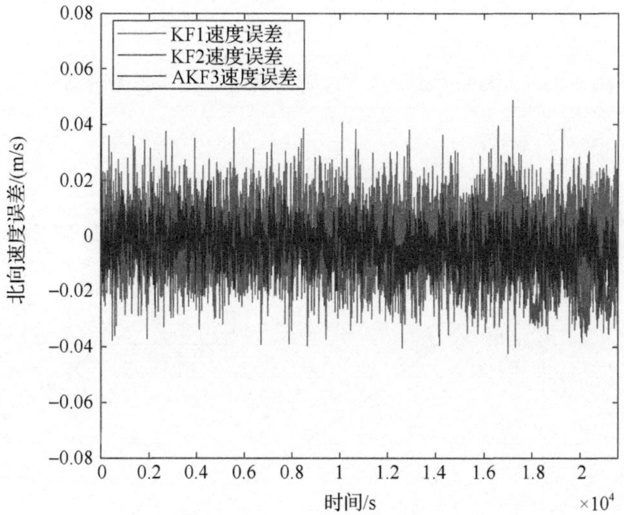

图 5-24 速度误差对比图（彩图附书后）

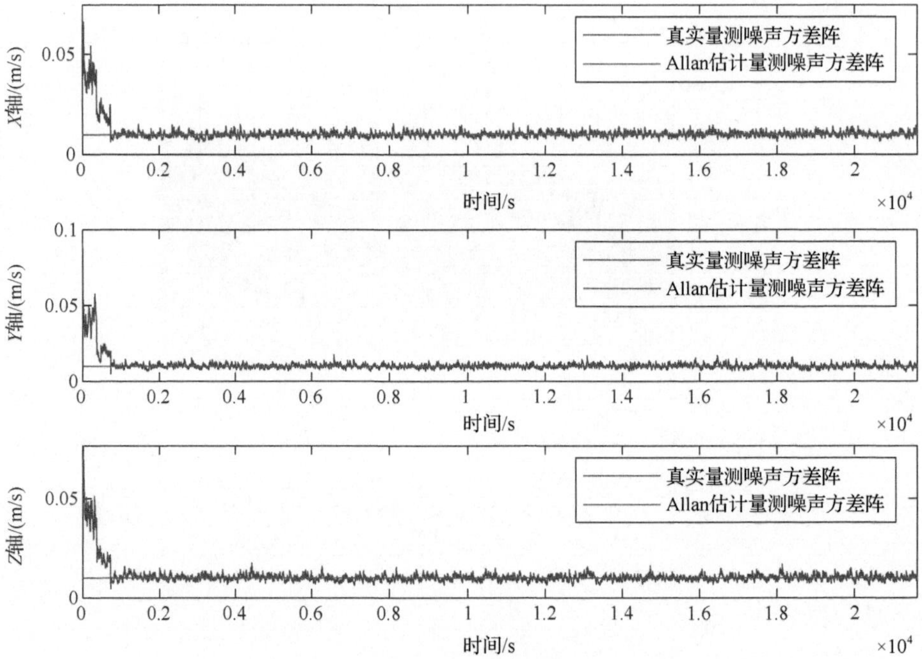

图 5-25　Allan 估计噪声方差阵与真值对比（彩图附书后）

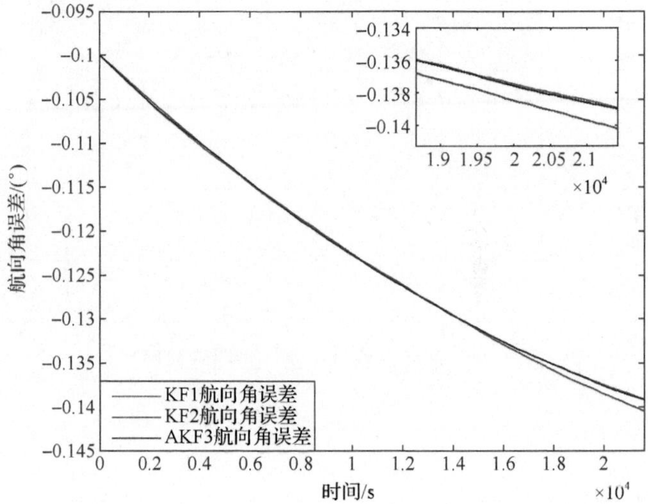

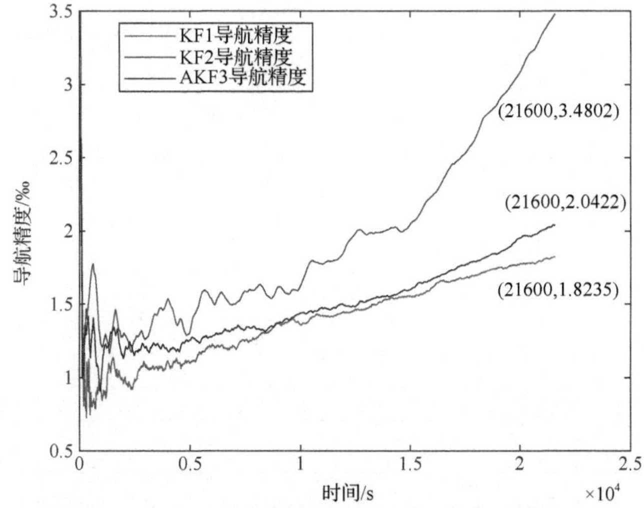

图 5-26　航向角误差与导航精度对比图（彩图附书后）

基于 Allan 方差自适应估计的 AKF3 与噪声统计特性准确设定的 KF1 误差曲线几乎一致，姿态误差、位置误差均小于噪声统计特性设定不准确的 KF2。Allan 估计噪声方差阵与真值对比，在初始噪声测量方差阵设定不准确的情况下，仅经过约 100s 时间，方差阵就收敛接近真值，导航精度对比图中 AKF3 最终导航精度为 2.04‰，优于 KF2 的 3.48‰，证明基于 Allan 方差估计的自适应滤波算法可以有效追踪测量噪声统计特性，实现在测量噪声统计特性未知时的组合导航。

2. 测量噪声统计时变时的仿真及分析

设定仿真时间小于 2h 时实际测量噪声标准差为 0.01m/s，仿真时间大于 2h 时实际测量噪声标准差为 0.1m/s。将三组滤波进行对比：一组为标准 KF，能准确跟踪观测噪声统计特性变化，滤波中的测量噪声方差阵设定与实际噪声始终保持一致，用 KF1 表示；二组为标准 KF，无法跟踪测量噪声变化，其测量噪声方差阵为 $\boldsymbol{R}_1 = \mathrm{diag}([0.01\mathrm{m/s} \quad 0.01\mathrm{m/s} \quad 0.01\mathrm{m/s}]^2)$，用 KF2 表示；三组为 Allan 方差自适应滤波，测量噪声方差阵 $\boldsymbol{R}_2 = \mathrm{diag}([0.01\mathrm{m/s} \quad 0.01\mathrm{m/s} \quad 0.01\mathrm{m/s}]^2)$，用 AKF3 表示。仿真结果如图 5-27～图 5-30 所示。

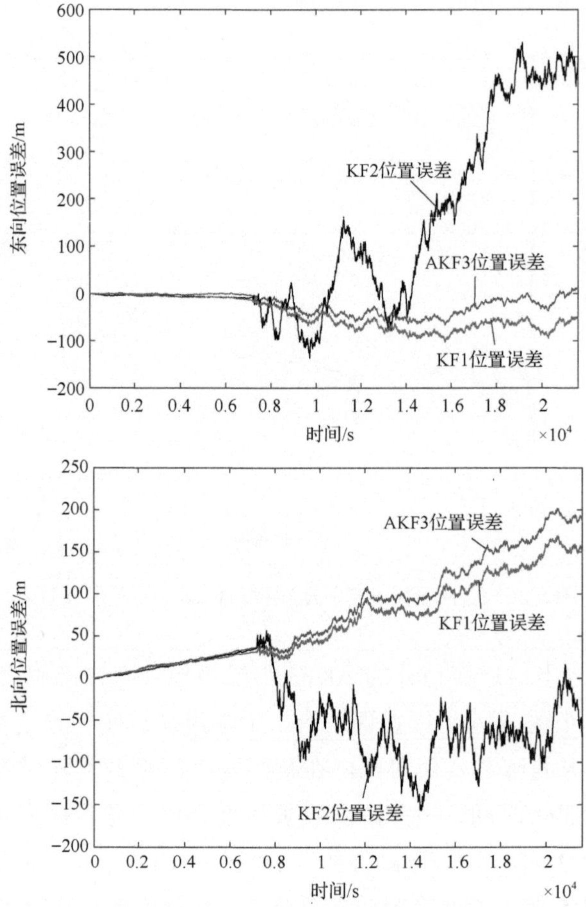

图 5-27　位置误差对比图

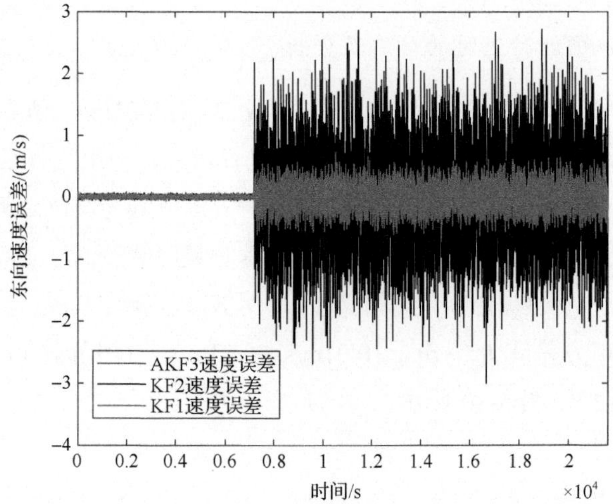

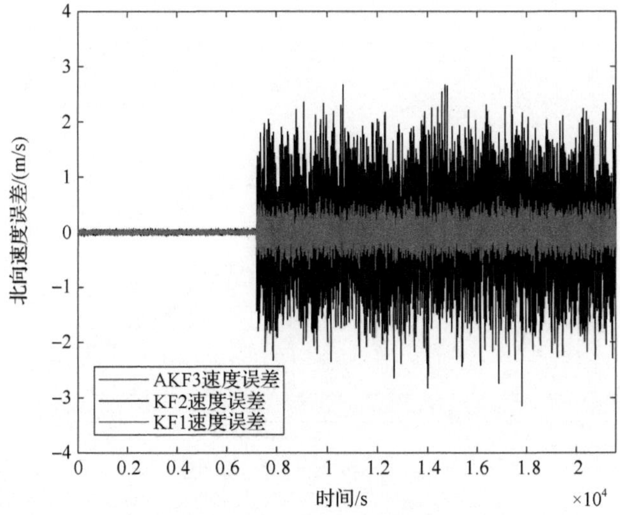

图 5-28　速度误差对比图（彩图附书后）

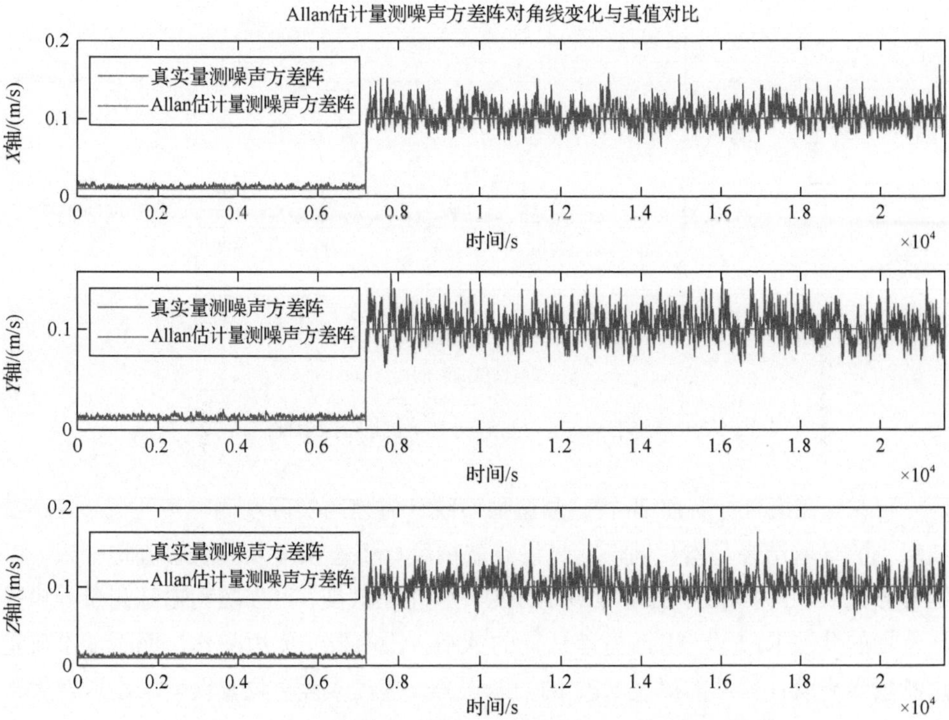

图 5-29　Allan 估计噪声方差阵与真值对比（彩图附书后）

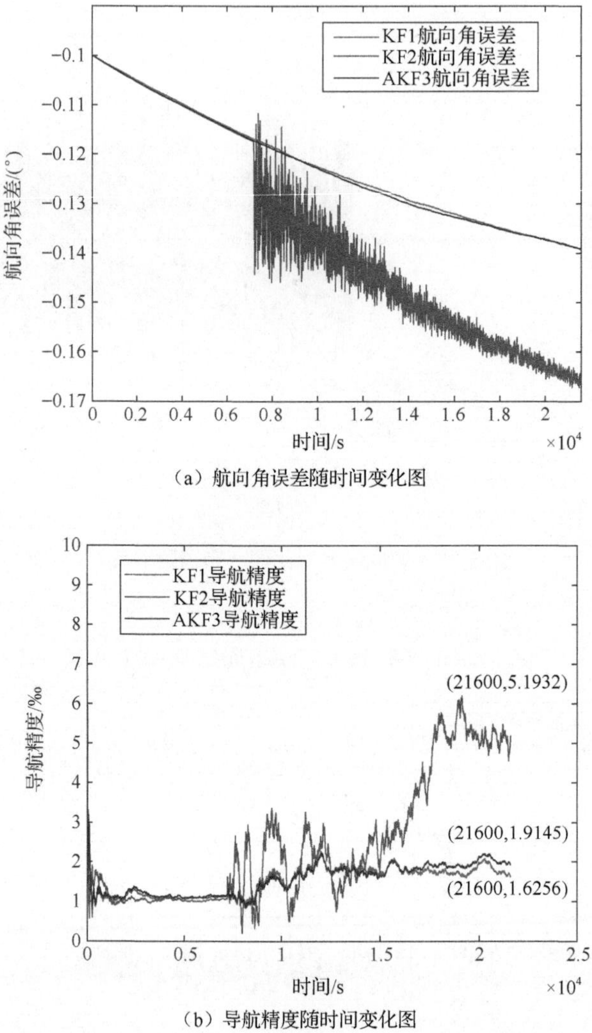

（a）航向角误差随时间变化图

（b）导航精度随时间变化图

图 5-30　航向角误差与导航精度对比图（彩图附书后）

可见，在组合导航前 2h 内，测量噪声统计方差与实际观测噪声匹配，三组滤波得到的导航结果基本相同，其最终导航精度、姿态误差及导航轨迹均一致。在组合导航后 4h 内，由于测量噪声统计特性发生了改变，可以顺利追踪测量噪声统计特性的滤波 KF1 及 Allan 方差估计的 AKF3 没有发生太大变化，而不能准确追踪测量噪声统计特性的滤波 KF2 的姿态误差、速度误差、位置误差均出现发散的情况。图 5-29 中，在 2h 测量噪声统计特性发生变化后，方差阵迅速收敛接近真值。AKF3 最终导航精度为 1.91‰，优于 KF2 的 5.19‰，证明基于 Allan 方差估计的自适应滤波算法可以有效追踪测量噪声统计特性，实现在测量噪声统计特性变化时的组合导航。

3. 实测数据验证

为进一步验证基于 Allan 方差估计自适应卡尔曼滤波组合导航算法的有效性，进行 SINS/DVL 组合导航湖试试验。选取共八组数据进行试验，验证算法普适性。

每组设定两种情况进行组合导航：一组滤波设定的测量噪声方差阵较大，$\boldsymbol{R}_1 = \text{diag}([0.1\text{m/s} \quad 0.1\text{m/s} \quad 0.1\text{m/s}]^2)$，用 KF1 表示；二组滤波设定的测量噪声方差阵较大，$\boldsymbol{R}_2 = \text{diag}([0.1\text{m/s} \quad 0.1\text{m/s} \quad 0.1\text{m/s}]^2)$，采用基于 Allan 方差的自适应卡尔曼滤波，用 AKF3 表示。验证在无法通过不断尝试得到合理的初始测量噪声统计特性的情况下 Allan 方差估计自适应卡尔曼滤波组合导航算法的效果，结果见表 5-8。

表 5-8　滤波导航精度对比　　单位：‰

航次	KF1 导航精度	AKF3 导航精度
1	15.7	2.22
2	31.0	5.33
3	7.22	3.97
4	7.12	1.54
5	6.59	1.65
6	5.32	4.32
7	14.5	3.26
8	5.01	0.62
平均导航精度	11.5	2.86

5.4　SINS/USBL 组合导航技术

SINS/USBL 组合导航系统是由 SINS、USBL 以及信息融合系统三部分组成。信息融合系统由卡尔曼滤波器构成，以 SINS 独立解算导航参数和 USBL 测量或定位结果为输入，核心是数学模型的建立，根据不同的组合工作方式，推导状态估计量和滤波观测量之间的数学关系。SINS/USBL 组合导航常见的组合方式有松组合、紧组合、深组合，各种工作方式各有优缺点。其中，紧组合和深组合的组合方式有利于减小导航误差、提升导航稳健性。松组合的优点是无须各传感器之间相互修正、易于实现；缺点是组合系统各传感器的导航精度随导航子系统本身的规律发生变化，组合导航系统的最终导航精度受到一定的制约。

5.4.1 SINS/USBL 组合导航基本实现方法

SINS/USBL 组合导航基本原理见图 5-31。图中，O_b-$x_b y_b z_b$ 为载体坐标系，O_a-$x_a y_a z_a$ 为基阵坐标系。SINS 的陀螺组件和加速度计组件固联在运载器上，USBL 声学基阵倒置安装在运载器上，水面布放一个位置已知的同步信标，USBL 由 SINS 提供运载器姿态信息，实现坐标转换。

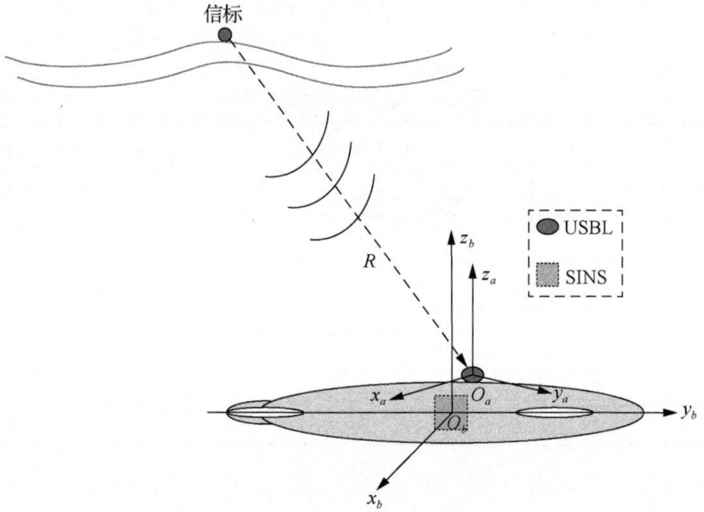

图 5-31 SINS/USBL 组合导航基本原理

1. 组合导航滤波系统

SINS/USBL 松组合工作方式是以 SINS 和 USBL 位置输出作为滤波观测量，而紧组合则是深入系统内部，以辅助导航系统的直接测量信息作为组合导航滤波器的输入。USBL 直接观测信息为时延、时延差、径向速度信息等，紧组合直接将这些信息与 SINS 转换的同类信息进行融合，输出稳定、高精度导航误差估值并补偿。SINS/USBL 松组合和紧组合实施方案如图 5-32 所示。

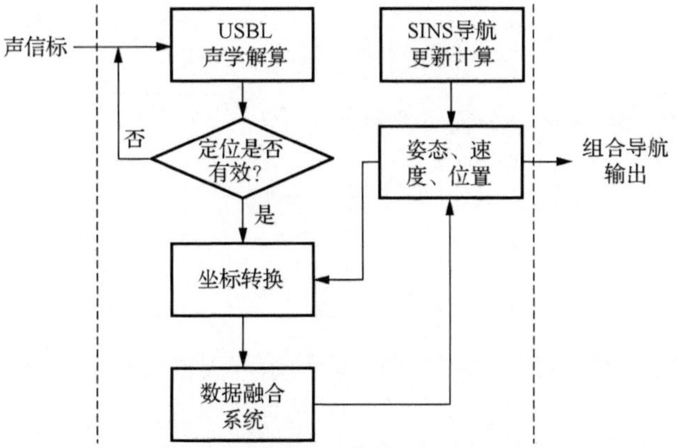

（a）松组合

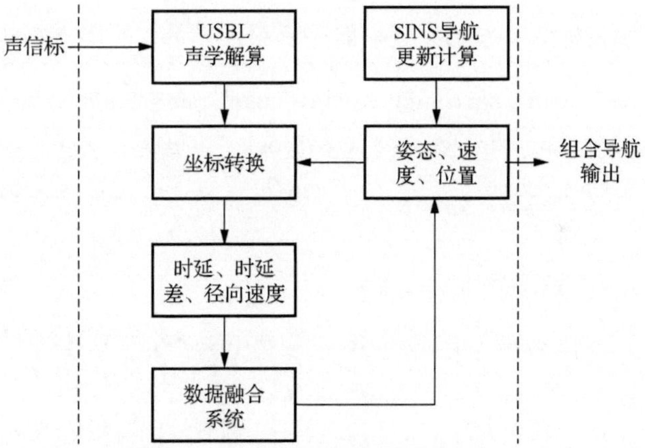

（b）紧组合

图 5-32　SINS/USBL 组合实施方案

1）组合系统状态方程

SINS/USBL 松、紧组合导航滤波系统将 SINS 的姿态误差 $\boldsymbol{\phi}=[\phi_E \quad \phi_N \quad \phi_U]^{\mathrm{T}}$、速度误差 $\delta\boldsymbol{v}=[\delta v_E \quad \delta v_N \quad \delta v_U]^{\mathrm{T}}$，位置误差 $\delta\boldsymbol{p}=[\delta\lambda \quad \delta L \quad \delta h]^{\mathrm{T}}$、陀螺漂移 $\boldsymbol{\varepsilon}=[\varepsilon_x \quad \varepsilon_y \quad \varepsilon_z]^{\mathrm{T}}$ 和加速度计偏置 $\boldsymbol{\nabla}=[\boldsymbol{\nabla}_x \quad \boldsymbol{\nabla}_y \quad \boldsymbol{\nabla}_z]^{\mathrm{T}}$ 组成 15 维状态变量，即

$$\boldsymbol{X}=\begin{bmatrix}\phi_E & \phi_N & \phi_U & \delta v_E & \delta v_N & \delta v_U & \delta\lambda & \delta L & \delta h & \varepsilon_x & \varepsilon_y & \varepsilon_z & \boldsymbol{\nabla}_x & \boldsymbol{\nabla}_y & \boldsymbol{\nabla}_z\end{bmatrix}^{\mathrm{T}} \tag{5-99}$$

零输入系统组合导航系统的状态方程为

$$\dot{\boldsymbol{X}}(t)=\boldsymbol{F}(t)\boldsymbol{X}(t)+\boldsymbol{w}(t) \tag{5-100}$$

陀螺仪和加速度计的随机误差微分方程为

$$\begin{cases}\dot{\boldsymbol{\varepsilon}}=-\dfrac{1}{T_{\omega}}\boldsymbol{\varepsilon}_r+\boldsymbol{n}_{\omega r}\\ \dot{\boldsymbol{\nabla}}=-\dfrac{1}{T_a}\boldsymbol{\nabla}_r+\boldsymbol{n}_{ar}\end{cases} \tag{5-101}$$

式中，T_{ω} 和 T_a 为陀螺仪和加速度计的一阶马尔可夫过程相关时间常数；$\boldsymbol{n}_{\omega r}$ 和 $\boldsymbol{n}_{ar}$ 为零均值高斯白噪声矢量。

式（5-100）中，系统过程噪声矢量 $\boldsymbol{w}(t)$ 为

$$\boldsymbol{w}(t)=\left[\left(\boldsymbol{C}_b^n\boldsymbol{n}_{\omega r}\right)^{\mathrm{T}}\quad\left(\boldsymbol{C}_b^n\boldsymbol{n}_{ar}\right)^{\mathrm{T}}\quad\boldsymbol{0}_{9\times1}\right]^{\mathrm{T}} \tag{5-102}$$

式中，$\boldsymbol{C}_b^n$ 是载体坐标系（b 系）到导航坐标系（n 系）的姿态矩阵，

$$\boldsymbol{C}_b^n=\begin{bmatrix}\cos\psi\cos\gamma-\sin\psi\sin\theta\sin\gamma & -\sin\psi\cos\theta & \sin\gamma\cos\psi+\sin\psi\sin\theta\cos\gamma\\ \sin\psi\cos\gamma+\sin\gamma\sin\theta\cos\psi & \cos\theta\cos\psi & \sin\psi\sin\gamma-\sin\theta\cos\psi\cos\gamma\\ -\sin\gamma\cos\theta & \sin\theta & \cos\theta\cos\gamma\end{bmatrix} \tag{5-103}$$

式（5-100）中的系统矩阵 $\boldsymbol{F}(t)$ 为

$$\boldsymbol{F}(t)=\begin{bmatrix}\boldsymbol{F}_{aa} & \boldsymbol{F}_{av} & \boldsymbol{F}_{ap} & -\boldsymbol{C}_b^n & \boldsymbol{0}_{3\times3}\\ \boldsymbol{F}_{va} & \boldsymbol{F}_{vv} & \boldsymbol{F}_{vp} & \boldsymbol{0}_{3\times3} & \boldsymbol{C}_b^n\\ \boldsymbol{0}_{3\times3} & \boldsymbol{F}_{pv} & \boldsymbol{F}_{pp} & \boldsymbol{0}_{3\times3} & \boldsymbol{0}_{3\times3}\\ & \boldsymbol{0}_{6\times9} & & \boldsymbol{F}_{ga} & \end{bmatrix} \tag{5-104}$$

2）松组合系统观测方程

由于 SINS 输出的运载器位置信息是由地球坐标系中的纬度 L、经度 λ 和高度 h 表示，而 USBL 直接输出的位置信息是导航坐标系下的直角坐标形式，组合导航时需要先将运载器在地球坐标系中的直角坐标与纬度、精度和高度进行转换，二者关系如下：

$$\begin{cases}x_e=\left(R_N+h\right)\cos L\cos\lambda\\ y_e=\left(R_N+h\right)\cos L\sin\lambda\\ z_e=\left(R_N\left(1-e^2\right)+h\right)\sin L\end{cases} \tag{5-105}$$

式中，e 是地球偏心率。

对于式（5-105），结合 SINS 的位置误差 $\delta\boldsymbol{p}=\begin{bmatrix}\delta\lambda & \delta L & \delta h\end{bmatrix}^{\mathrm{T}}$，则 USBL 解算运载器位置 $\boldsymbol{X}_{\mathrm{USBL}}^{n}$ 的数学模型为

$$\boldsymbol{X}_{\mathrm{USBL}}^{n}=\boldsymbol{X}_{\text{信标}}^{n}-\boldsymbol{C}_{b}^{n}\left(\boldsymbol{C}_{a}^{b}\cdot\boldsymbol{X}_{\text{信标}}^{a}+\Delta\boldsymbol{X}^{b}\right) \tag{5-106}$$

忽略声速测量误差、声学基阵坐标系（a 系）和载体坐标系（b 系）之间的安装偏差，即 $\Delta\boldsymbol{X}^{b}=0_{3\times1}$ 且 $\boldsymbol{C}_{a}^{b}=I_{3\times3}$，则除声学解算外，姿态矩阵 $\boldsymbol{C}_{b}^{n}$ 的误差是 USBL 的主要误差来源。

SINS 的计算导航坐标系（n' 系）是对真实导航坐标系（n 系）的复现，二者之间的角度偏差即失准角误差 $\boldsymbol{\phi}=[\phi_{E} \quad \phi_{N} \quad \phi_{U}]^{\mathrm{T}}$，在小角度误差内，$n'$ 系到 n 系的姿态矩阵由罗德里格旋转公式[3]得到，即

$$\boldsymbol{C}_{n'}^{n}=\boldsymbol{I}+\boldsymbol{\phi}\times \tag{5-107}$$

USBL 实际计算的运载器位置为

$$\boldsymbol{X}_{\mathrm{USBL}}^{n'}=\boldsymbol{X}_{\text{信标}}^{n}-\boldsymbol{C}_{b}^{n'}\left(\boldsymbol{C}_{a}^{b}\cdot\boldsymbol{X}_{\text{信标}}^{a}+\Delta\boldsymbol{X}^{b}\right) \tag{5-108}$$

将式（5-108）与式（5-106）相减，则 USBL 的定位误差 $\Delta\boldsymbol{X}_{\mathrm{USBL}}$ 可表示为

$$\Delta\boldsymbol{X}_{\mathrm{USBL}}=\boldsymbol{C}_{b}^{n'}\boldsymbol{X}_{\text{信标}}^{a(b)}\times\boldsymbol{\phi}-\boldsymbol{n} \tag{5-109}$$

式中，$\boldsymbol{n}$ 是 USBL 定位误差的白噪声矢量。

SINS/USBL 松组合的滤波观测量 $\boldsymbol{Z}$ 为对应时刻 $\boldsymbol{X}_{\mathrm{SINS}}^{n'}$ 和 $\boldsymbol{X}_{\mathrm{USBL}}^{n'}$ 之差，则

$$\boldsymbol{Z}=\boldsymbol{X}_{\mathrm{SINS}}^{n'}-\boldsymbol{X}_{\mathrm{USBL}}^{n'}=\Delta\boldsymbol{X}_{\mathrm{SINS}}-\Delta\boldsymbol{X}_{\mathrm{USBL}}=\boldsymbol{C}_{e}^{n'}\boldsymbol{A}\delta\boldsymbol{p}-\boldsymbol{C}_{b}^{n'}\boldsymbol{X}_{\text{信标}}^{a(b)}\times\boldsymbol{\phi}+\boldsymbol{n} \tag{5-110}$$

式中，$\Delta\boldsymbol{X}_{\mathrm{SINS}}$ 是 SINS 位置解算误差；$\boldsymbol{C}_{e}^{n'}$ 是地球坐标系（e 系）到计算导航坐标系（n' 系）的姿态矩阵，由 SINS 解算的运载器所处位置的经度、纬度计算得到，则

$$\boldsymbol{C}_{e}^{n'}=\begin{bmatrix}-\sin\lambda & \cos\lambda & 0\\ -\sin L\cos\lambda & -\sin L\sin\lambda & \cos L\\ \cos L\cos\lambda & \cos L\sin\lambda & \sin L\end{bmatrix} \tag{5-111}$$

SINS/USBL 松组合导航系统的离散时间扩展卡尔曼滤波观测方程为

$$\boldsymbol{Z}_{k+1}=\boldsymbol{H}_{k+1}\boldsymbol{X}_{k+1}+\boldsymbol{v}_{k+1} \tag{5-112}$$

式中，$\boldsymbol{H}_{k+1}=[-(\boldsymbol{C}_{b}^{n'}\boldsymbol{X}_{\text{信标}}^{a(b)})\times \quad \boldsymbol{0}_{3\times3} \quad \boldsymbol{C}_{e}^{n'}\boldsymbol{A} \quad \boldsymbol{0}_{3\times6}]$；$\boldsymbol{v}_{k+1}$ 为系统观测噪声矢量。

3）紧组合系统观测方程

USBL 定位系统作为辅助导航设备，需要为组合导航系统的数据融合滤波器提供高质量的观测信息，以保证滤波的精度和稳定性。当运载器与参考信标之间存在相对运动时，USBL 的绝对定位误差呈现出不平稳的特性。而时延、时延差测量数据变化相对平稳。在 SINS/USBL 紧组合导航工作方式下，选用 USBL 五元阵的时延估计均值和 4 组独立时延差与 SINS 对应的物理量之差作为滤波观测量，观测方程的详细推导过程如下。五元阵的基阵坐标系建立如图 5-33 所示。

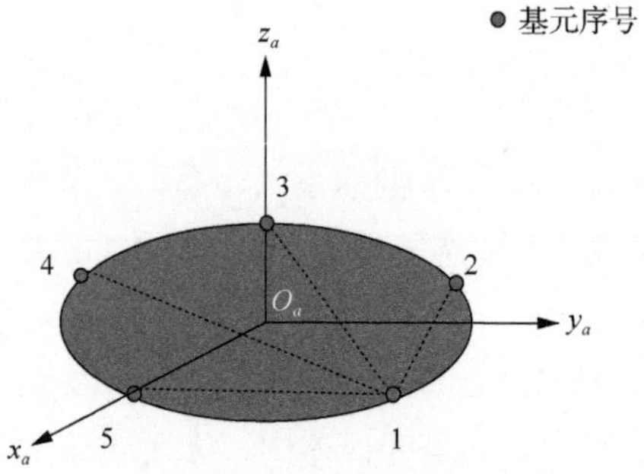

图 5-33　USBL 基阵简图

五个接收基元在声学基阵坐标系下的坐标 $\boldsymbol{e}_i^a=[x_i^a \quad y_i^a \quad z_i^a]^{\mathrm{T}}$，声信号单程传播时延 τ^u 和时延差 $\tau_{1j}^u\left(j=2,3,4,5\right)$ 测量值分别为

$$\begin{cases}\tau^u=\tau-n\\ \tau_{1j}^u=\tau_{1j}-n_d\end{cases} \tag{5-113}$$

式中，τ 是声信号的单程传播时延真值；τ_{1j} 是基元 j 与基元1的传播时延差真值；n 和 n_d 分别是 USBL 的时延测量噪声和时延差测量噪声，一般认为是高斯白噪声序列。

基元 i 在导航坐标系下的位置为 $\boldsymbol{X}_i^n$，则

$$\boldsymbol{X}_i^n=\boldsymbol{X}^n+\boldsymbol{C}_b^n\left(\boldsymbol{C}_a^b\boldsymbol{e}_i^a+\Delta\boldsymbol{X}^b\right) \tag{5-114}$$

式中，$\boldsymbol{X}^n$ 是运载器的位置真值。

基元 i 在计算导航坐标系下的位置为

$$\boldsymbol{X}_i^{n'}=\boldsymbol{X}_{\mathrm{SINS}}^{n'}+\boldsymbol{C}_b^{n'}\left(\boldsymbol{C}_a^b\boldsymbol{e}_i^a+\Delta\boldsymbol{X}^b\right) \tag{5-115}$$

考虑 SINS 的计算导航坐标系（n' 系）与真实导航坐标系（n 系）之间的失准角误差，SINS 计算的声信号在信标和接收基元 i 间传播的单程时延为

$$\tau_i^s=\left\|\boldsymbol{X}_{\text{信标}}^n-\boldsymbol{X}_i^n\right\|/c=\left\|\boldsymbol{X}_{\text{信标}}^n-\boldsymbol{X}_i^{n'}+\Delta\boldsymbol{X}_{\mathrm{SINS}}-\boldsymbol{\phi}\times\boldsymbol{e}_i^{n'}\right\|/c \tag{5-116}$$

式中，

$$\boldsymbol{\phi}\times\boldsymbol{e}_i^{n'}=\begin{bmatrix}0 & -\phi_U & \phi_N\\ \phi_U & 0 & -\phi_E\\ -\phi_N & \phi_E & 0\end{bmatrix}\begin{bmatrix}x_i\\ y_i\\ z_i\end{bmatrix}=\begin{bmatrix}\phi_N z_i-\phi_U y_i\\ \phi_U x_i-\phi_E z_i\\ \phi_E y_i-\phi_N x_i\end{bmatrix} \tag{5-117}$$

τ_i^s 可进一步写为

$$\tau_i^s = \frac{\sqrt{\text{eq1} + \text{eq2} + \text{eq3}}}{c} \tag{5-118}$$

式中，

$$\text{eq1} = \left(x_{\text{信标}} - x_i + \Delta x - \phi_N z_i + \phi_U y_i\right)^2 \tag{5-119}$$

$$\text{eq2} = \left(y_{\text{信标}} - y_i + \Delta y - \phi_U x_i + \phi_E z_i\right)^2 \tag{5-120}$$

$$\text{eq3} = \left(z_{\text{信标}} - z_i + \Delta z - \phi_E y_i + \phi_N x_i\right)^2 \tag{5-121}$$

式（5-119）～式（5-121）中，Δx、Δy 和 Δz 为 SINS 位置误差 $\Delta \boldsymbol{X}_{\text{SINS}}$ 的分量。

对式（5-116）两边同时微分，则

$$\mathrm{d}\tau_i^s = \boldsymbol{C}_{ip}\mathrm{d}\boldsymbol{p} + \boldsymbol{C}_{i\phi}\mathrm{d}\boldsymbol{\phi} \tag{5-122}$$

式中，

$$\boldsymbol{C}_{ip} = \frac{1}{c}\begin{bmatrix} \dfrac{x_{\text{信标}} - x_i}{\left\|\boldsymbol{X}_{\text{信标}}^n - \boldsymbol{X}_i^{n'}\right\|} & \dfrac{y_{\text{信标}} - y_i}{\left\|\boldsymbol{X}_{\text{信标}}^n - \boldsymbol{X}_i^{n'}\right\|} & \dfrac{z_{\text{信标}} - z_i}{\left\|\boldsymbol{X}_{\text{信标}}^n - \boldsymbol{X}_i^{n'}\right\|} \end{bmatrix} \tag{5-123}$$

$$\boldsymbol{C}_{i\phi} = \frac{1}{c}\begin{bmatrix} z_i - y_i & x_i - z_i & y_i - x_i \end{bmatrix} \tag{5-124}$$

则对应的 SINS 的时延差微分方程和平均时延微分方程分别为

$$\mathrm{d}\tau_{1j}^s = \left(\boldsymbol{C}_{jp} - \boldsymbol{C}_{1p}\right)\mathrm{d}\boldsymbol{p} + \left(\boldsymbol{C}_{j\phi} - \boldsymbol{C}_{1\phi}\right)\mathrm{d}\boldsymbol{\phi} \tag{5-125}$$

$$\mathrm{d}\tau^s = \frac{1}{c}\begin{bmatrix} \dfrac{x_{\text{信标}} - x_{\text{SINS}}}{\left\|\boldsymbol{X}_{\text{信标}}^n - \boldsymbol{X}_{\text{SINS}}^n\right\|} & \dfrac{y_{\text{信标}} - y_{\text{SINS}}}{\left\|\boldsymbol{X}_{\text{信标}}^n - \boldsymbol{X}_{\text{SINS}}^n\right\|} & \dfrac{z_{\text{信标}} - z_{\text{SINS}}}{\left\|\boldsymbol{X}_{\text{信标}}^n - \boldsymbol{X}_{\text{SINS}}^n\right\|} \end{bmatrix}\begin{bmatrix} \mathrm{d}x \\ \mathrm{d}y \\ \mathrm{d}z \end{bmatrix} \tag{5-126}$$

记

$$\boldsymbol{B} = \frac{1}{c}\begin{bmatrix} \dfrac{x_{\text{信标}} - x_{\text{SINS}}}{\left\|\boldsymbol{X}_{\text{信标}}^n - \boldsymbol{X}_{\text{SINS}}^n\right\|} & \dfrac{y_{\text{信标}} - y_{\text{SINS}}}{\left\|\boldsymbol{X}_{\text{信标}}^n - \boldsymbol{X}_{\text{SINS}}^n\right\|} & \dfrac{z_{\text{信标}} - z_{\text{SINS}}}{\left\|\boldsymbol{X}_{\text{信标}}^n - \boldsymbol{X}_{\text{SINS}}^n\right\|} \end{bmatrix} \tag{5-127}$$

滤波观测量分别为

$$Z_1 = \tau^s - \tau^u \tag{5-128}$$

$$\boldsymbol{Z}_2 = \begin{bmatrix} \tau_{12}^s - \tau_{12}^u & \tau_{13}^s - \tau_{13}^u & \tau_{14}^s - \tau_{14}^u & \tau_{15}^s - \tau_{15}^u \end{bmatrix}^{\mathrm{T}} \tag{5-129}$$

因此$k+1$时刻，SINS/USBL 紧组合导航系统离散时间卡尔曼滤波观测方程为

$$\boldsymbol{Z}_{k+1} = \boldsymbol{H}_{k+1}\boldsymbol{X}_{k+1} + \boldsymbol{v}_{k+1} \tag{5-130}$$

式中，$\boldsymbol{v}_{k+1}$是紧组合导航滤波系统测量噪声矢量，且

$$\boldsymbol{Z}_{k+1} = \begin{bmatrix} Z_{1,k+1} \\ Z_{2,k+1} \end{bmatrix} \tag{5-131}$$

$$\boldsymbol{H}_{k+1} = \begin{bmatrix} \boldsymbol{0}_{3\times3} & & \boldsymbol{B}\boldsymbol{C}_e^{n'}\boldsymbol{A} & \\ (\boldsymbol{C}_{2\phi} - \boldsymbol{C}_{1\phi}) & & (\boldsymbol{C}_{2p} - \boldsymbol{C}_{1p})\boldsymbol{C}_e^{n'}\boldsymbol{A} & \\ (\boldsymbol{C}_{3\phi} - \boldsymbol{C}_{1\phi}) & \boldsymbol{0}_{15\times3} & (\boldsymbol{C}_{3p} - \boldsymbol{C}_{1p})\boldsymbol{C}_e^{n'}\boldsymbol{A} & \boldsymbol{0}_{15\times6} \\ (\boldsymbol{C}_{4\phi} - \boldsymbol{C}_{1\phi}) & & (\boldsymbol{C}_{4p} - \boldsymbol{C}_{1p})\boldsymbol{C}_e^{n'}\boldsymbol{A} & \\ (\boldsymbol{C}_{5\phi} - \boldsymbol{C}_{1\phi}) & & (\boldsymbol{C}_{5p} - \boldsymbol{C}_{1p})\boldsymbol{C}_e^{n'}\boldsymbol{A} & \end{bmatrix} \tag{5-132}$$

2. USBL 定位误差分析

在 USBL 定位系统中，声信号在信标与基阵中心之间的传播距离称为斜距R，由各基元测量的信号单程传播时延均值τ和有效声速c计算得到。各基元接收信号的单程传播时延为τ_i；斜距R与基阵坐标系x_a轴正向夹角为θ_x；斜距R与基阵坐标系y_a轴正向夹角为θ_y，取值范围$(-180°, 180°]$。定义斜距R与基阵坐标系z_a轴正向夹角θ_z为基阵的开角，θ_z取值范围$[-90°, 90°]$，θ_x、θ_y和θ_z满足：

$$\cos^2\theta_x + \cos^2\theta_y + \cos^2\theta_z = 1 \tag{5-133}$$

式中，

$$\begin{cases} \cos\theta_x = c\tau_x / d_x \\ \cos\theta_y = c\tau_y / d_y \end{cases} \tag{5-134}$$

其中，τ_x和τ_y分别是时延差沿基阵坐标系x_a轴和y_a轴的分量，d_x和d_y是对应的基元在x_a轴和y_a轴方向上的位置差。信标在基阵坐标系下的位置为

$$\begin{cases} x^a = R\cos\theta_x \\ y^a = R\cos\theta_y \\ z^a = R\cos\theta_z \end{cases} \tag{5-135}$$

综合式（5-133）～式（5-135），对时延误差和时延差误差求微分，则

$$
\begin{cases}
\mathrm{d}x^a = c\cos\theta_x \mathrm{d}\tau + \dfrac{c^2\tau}{d_x}\mathrm{d}\tau_x \\
\mathrm{d}y^a = c\cos\theta_y \mathrm{d}\tau + \dfrac{c^2\tau}{d_y}\mathrm{d}\tau_y \\
\mathrm{d}z^a = c\cos\theta_z \mathrm{d}\tau + c^2\tau \dfrac{\left(\cos\theta_x / d_x\right)\mathrm{d}\tau_x + \left(\cos\theta_y / d_y\right)\mathrm{d}\tau_y}{\cos\theta_z}
\end{cases}
\tag{5-136}
$$

式（5-136）表明，USBL 定位误差随时延误差和时延差误差线性变化，方位解算误差与时延差误差线性相关。存在时延误码差和时延差误差的情况下：若信标和声学基阵的相对深度不变，水平距离增大使开角增大时，水平方向和深度方向的定位误差同时受斜距增大的影响；若信标和声学基阵的距离不变，深度逐渐减小致开角变化，基阵开角的大小成为影响 USBL 深度方向定位精度的主要因素，水平方向的定位结果相对稳定，主要受时延误差和时延差误差的影响。该类大基阵开角的情况主要存在于以下几个应用环境中：若单个信标固定，USBL 的作用范围有限，当开角增大，USBL 的定位精度受限；若信标可以移动，在需要保持 AUV 的编队队形时，也会出现开角大的奇异角度；海洋工程中，动力船对水下作业的 ROV 进行定位时，大开角也是影响定位精度的重要因素。

USBL 是否有效定位的判据为基阵坐标系下的声学相对位置解算是否有实数解，若有实数解，则认为定位有效，否则定位无效。

3. 仿真与结果分析

系统参数设置：SINS 的陀螺漂移和加速度计偏置的一阶马尔可夫相关时间为 3600s，陀螺漂移为 0.1°/h，角度随机游走为 $0.01°/\mathrm{h}^{\frac{1}{2}}$；加速度计的固定偏置为 100μg，速度随机游走为 $5\mu\mathrm{g}/\mathrm{Hz}^{\frac{1}{2}}$；陀螺仪和加速度计的数据输出频率为 100Hz，SINS 的数据输出率为 25Hz。

设运载器的初始姿态和初始速度均为零，初始位置为(108.91°E, 34.25°N, −30m)，信标在运载器初始位置的正上方，坐标为(108.91°E, 34.25°N, 0m)。为了模拟运载器实际运动过程，运载器以 $0.2\mathrm{m/s}^2$ 的加速度沿经度朝正北方向运动 10s，停止加速后以 1°/s 的角速度在 30m 水深处匀速运动 1050s，伴随 20s 横摇过程。SINS 的初始导航误差如表 5-9 所示。运载器在导航坐标系下的水平运动轨迹如图 5-34 所示。

表 5-9　初始导航误差

方向	姿态/（°）	速度/（m/s）	位置/m
东（E）	0.1	0.1	1
北（N）	0.1	0.1	1
天（U）	0.5	0.1	3

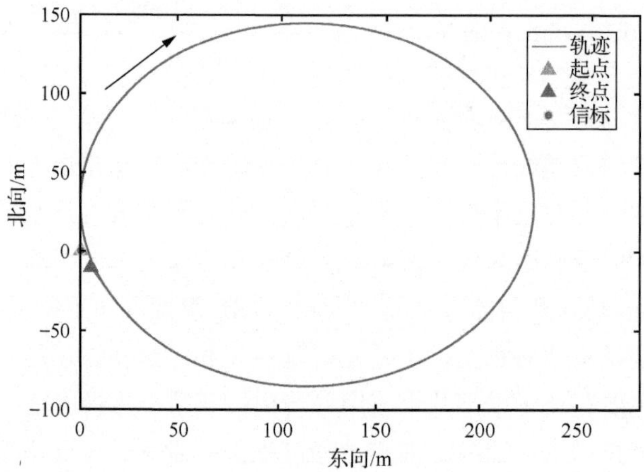

图 5-34　运载器运动轨迹

由于在 SINS/USBL 组合导航中，USBL 的声学基阵倒置安装在小型的运载器上，各基元的位置在声信号发射时刻和接收时刻发生了较大的变化，导致 USBL 测量的时延和时延差误差大，本节在声信号的单程传播时延真值上附加误差标准差为 1ms 的零均值高斯白噪声，在时延差真值上附加误差标准差为 1 μs 的零均值高斯白噪声，USBL 数据输出频率为 1Hz。在上述参数设置下，仿真分析 SINS/USBL 松、紧组合导航滤波系统总的可观测性，并仿真验证 SINS/USBL 松、紧组合工作方式的有效性，比较分析两种组合导航性能特点。

在运载器运动过程中，单一 SINS 导航的运载器姿态误差、速度误差和位置误差变化如图 5-35 所示。可见，SINS 速度和位置误差发散，由于东向、北向机动比天向大，水平东向、北向的速度和位置误差发散速度较快且数值大。因此，SINS 有必要在其他定位导航设备的辅助下，通过抑制自身导航误差的发散来提高导航的精度和稳定性。

USBL 计算的基阵开角和实际基阵开角的对比结果见图 5-36。

运载器总的运动时长为 1090s，USBL 的有效定位次数为 1070 次，当 USBL 定位无效时，导航结果由 SINS 单独提供。运载器运动过程中，在基阵开角小于

80° 时，USBL 均能计算出信标在基阵坐标系下的三维位置坐标的实数解；在基阵开角大于 80° 后，USBL 定位失效点增多。USBL 定位算法对附加的时延差干扰的敏感程度随基阵开角增大而逐渐提高，导致在大基阵开角下，USBL 测向误差增大。运载器的姿态误差和基阵开角大小对 USBL 的定位精度产生影响，在上述参数设置下 SINS 为 USBL 提供姿态时，USBL 定位误差如图 5-37 所示。

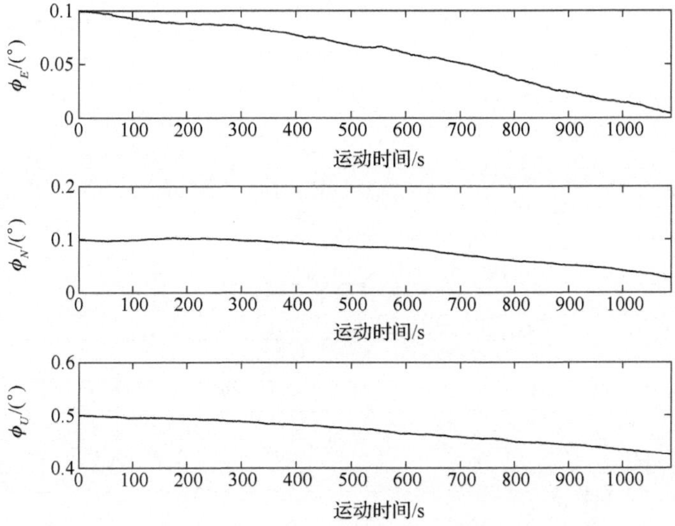

（a）姿态误差

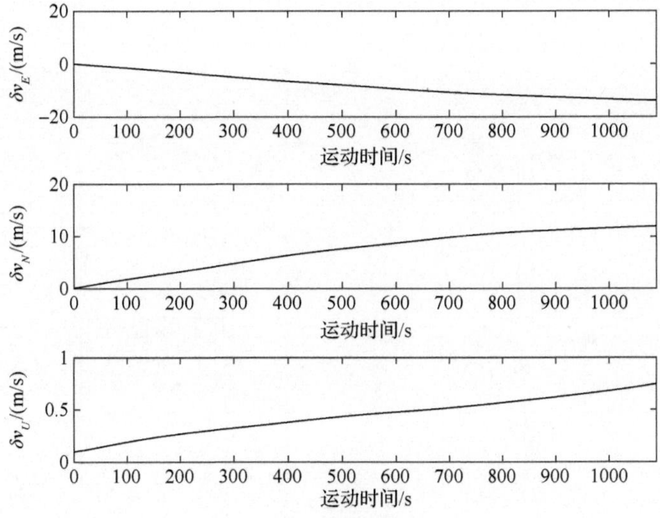

（b）速度误差

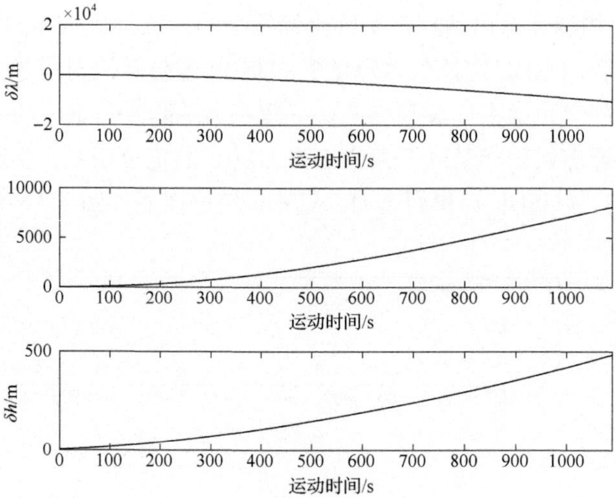

（c）位置误差

图 5-35 SINS 导航误差

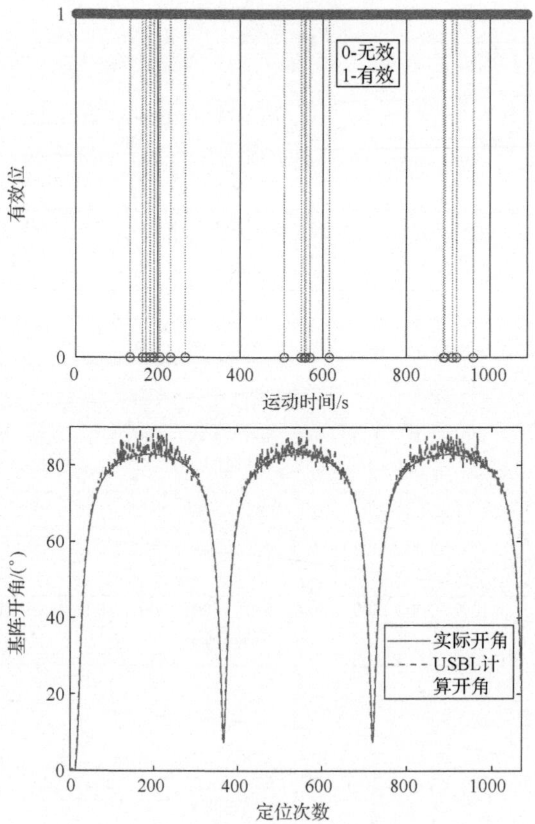

图 5-36 USBL 有效位判别与基阵开角变化

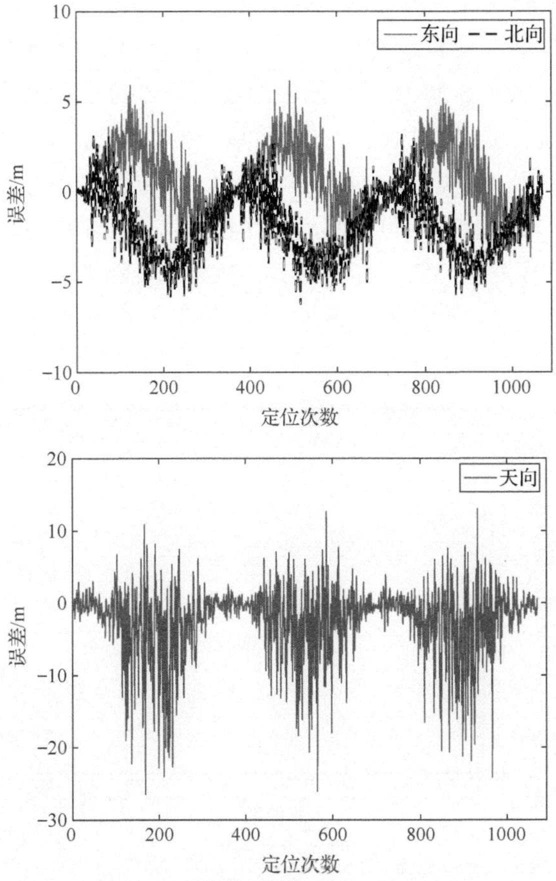

图 5-37　USBL 水平与天向位置误差

可见，USBL 东向和北向绝对位置误差与斜距大小成正比，位置误差变化趋势随运载器的运动轨迹变化，东向和北向定位误差受航向角余弦的调制。结合曲线结果，在运载器所处位置与信标形成的基阵开角大于 80° 后，USBL 在天向方向（深度）的定位误差急剧增大，误差绝对值最大可达 27m，将严重影响 SINS/USBL 松组合导航精度。

组合导航仿真分析：SINS/USBL 在松、紧两种组合工作方式下系统总的可观测性随线性化段数的变化情况如图 5-38 所示。第 1 段时间 Δt_1 为 1～10s，第 2 段时间 Δt_2 为 11～20s，而后每段划分的时间长度均为 10s，松组合总段数为 107，紧组合总段数为 109。随着线性化段数的增加，松组合可观测变量的数量逐渐增加，当存在两个连续的线性化段时，松组合中所有变量变为可观测的。紧组合总的可观测性矩阵秩随线性化段数的变化情况如图 5-38 所示，当存在连续三个以上的线性化段时，状态变量都变为可观测。进一步计算得到松、紧组合导航系统总的可观测度，如图 5-38 所示。图中曲线表明，初始阶段航行器静止，可观测度较小，随着航行器进入加速状态后，系统的可观测度变大，当航行器开始进入右转弯状态并附加横摇状态时，松、紧组合导航系统的可观测度继续增大，至航行器在持续右转弯状态后可观测度变化稳定，滤波系统将进入稳定状态。对比两系统的可观测度变化趋势可知，具有直接外部观测量的松组合进入稳定滤波阶段更快。

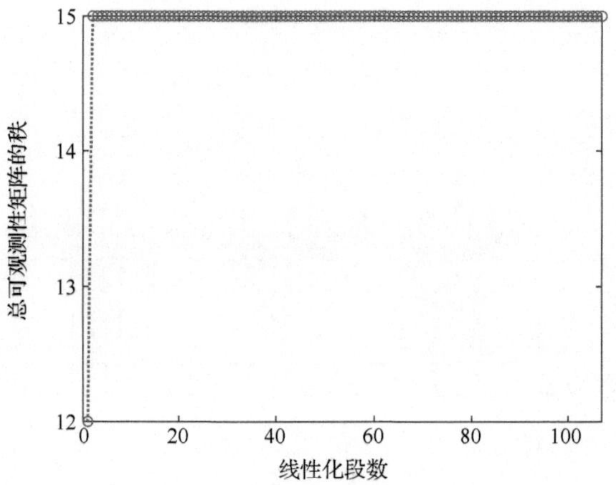

（a）松组合可观测维数

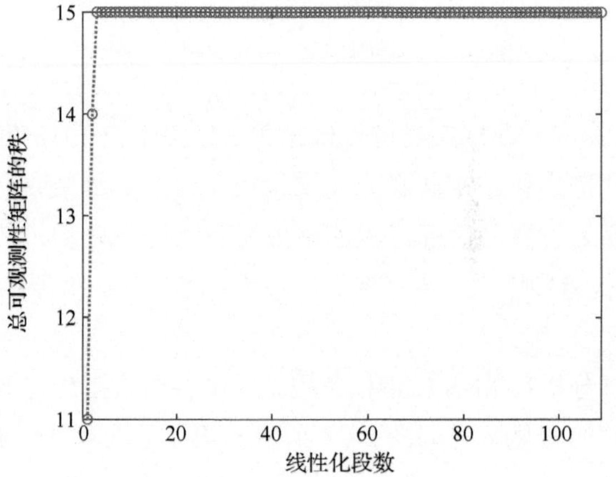

（b）紧组合可观测维数

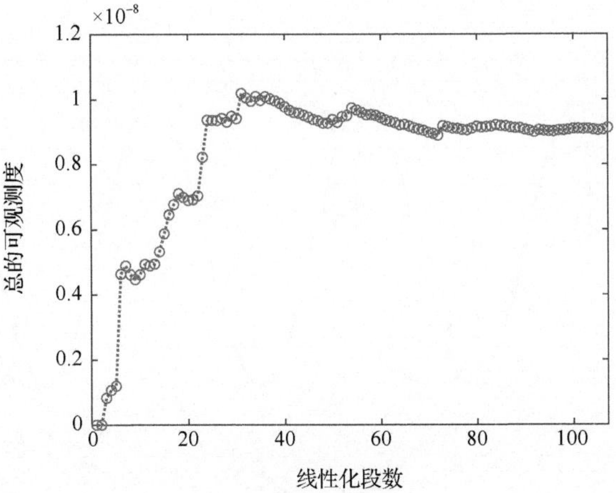

（c）紧组合可观测度

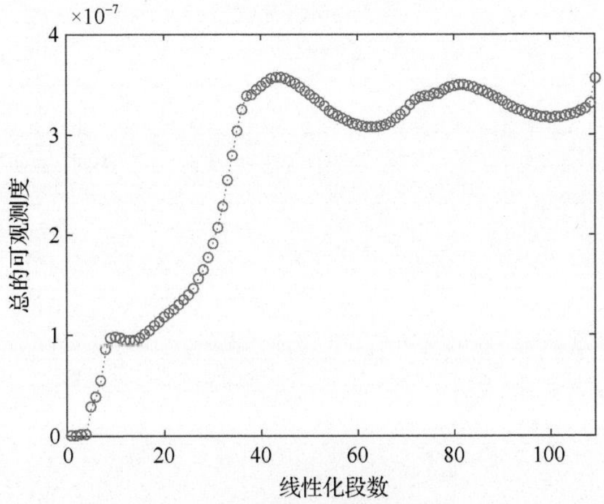

（d）松组合可观测度

图 5-38　不同组合状态下的可观测性

图 5-39～图 5-41 是 SINS/USBL 在松、紧两种组合工作方式下的速度、位置与运载器速度真值、位置真值的比较，以及松、紧组合的姿态误差、速度误差和位置误差的比较。

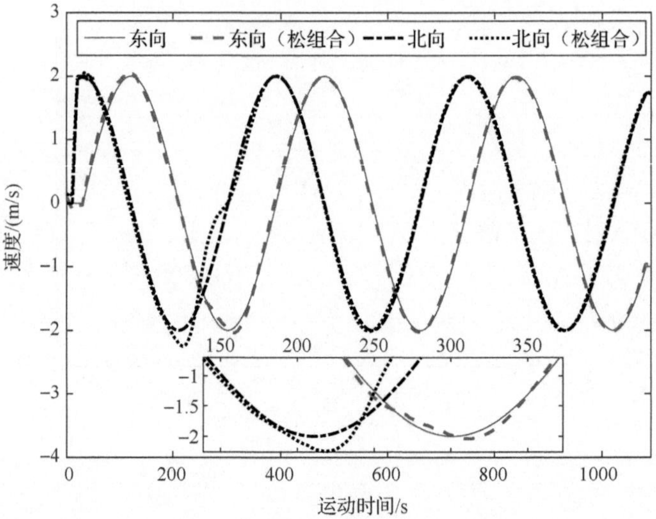

（a）水平速度

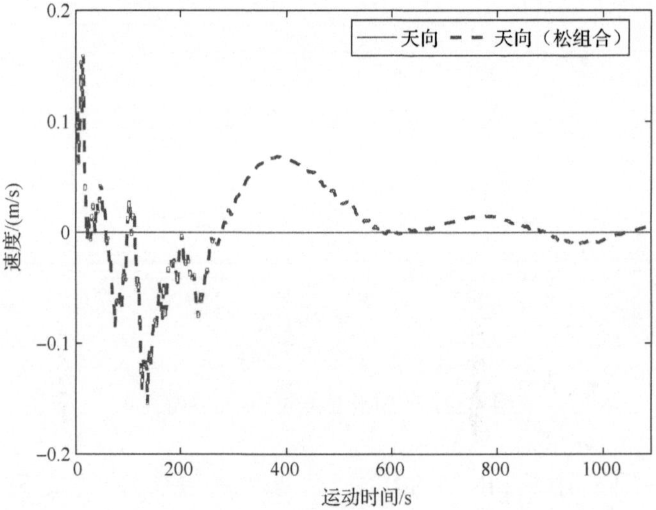

（b）天向速度

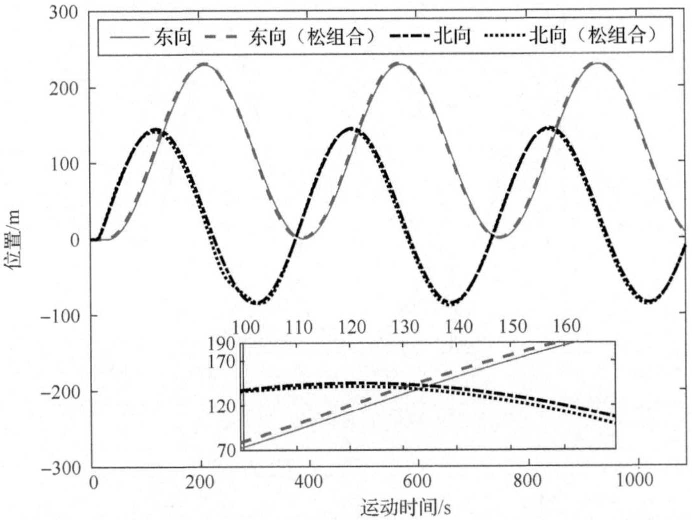

（c）水平位置

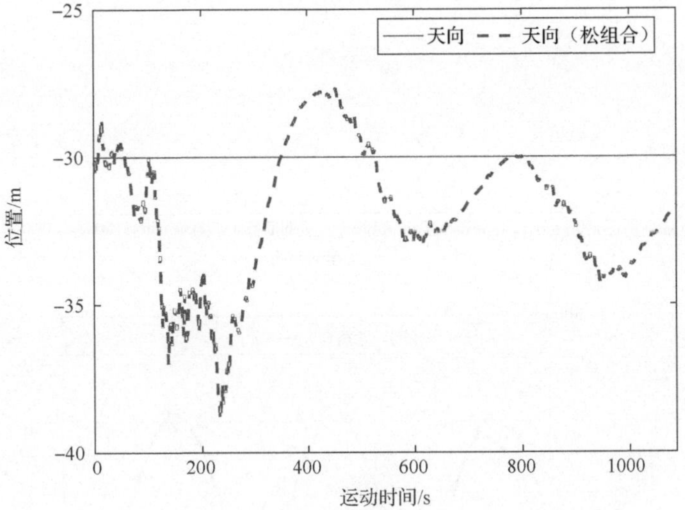

（d）天向位置

图 5-39　松组合导航结果

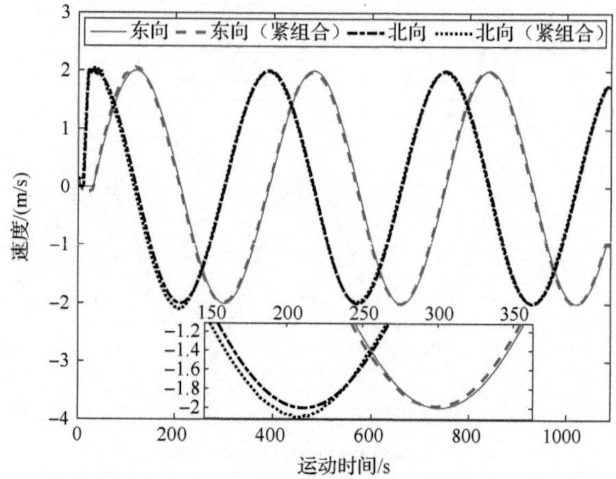

（a）水平速度

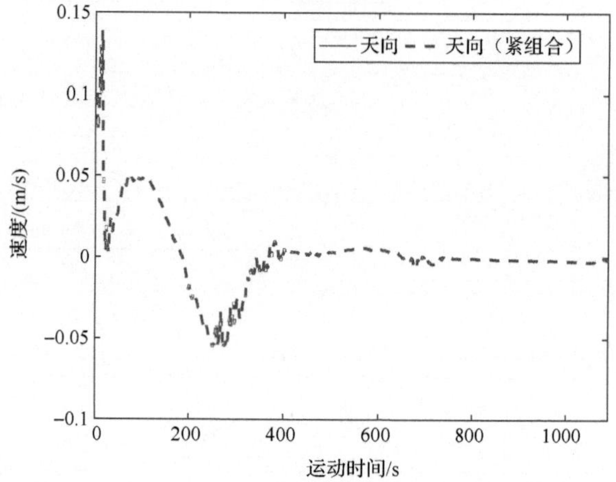

（b）天向速度

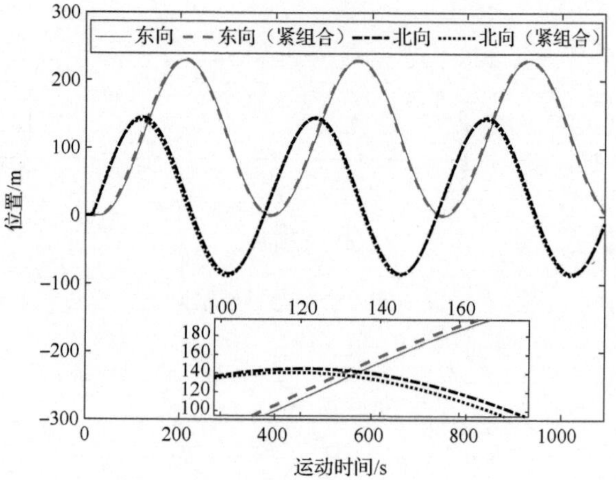

（c）水平位置

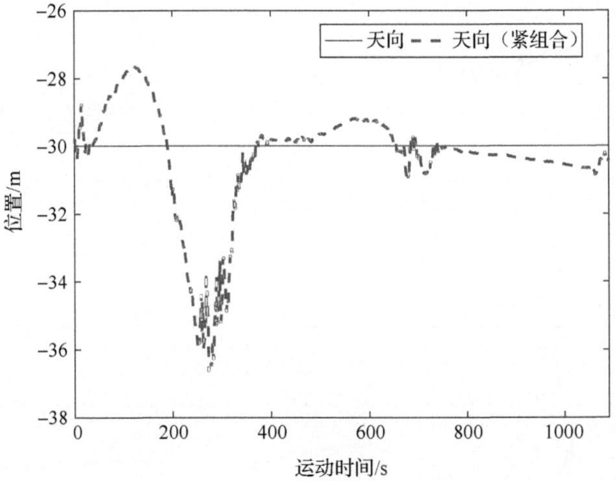

（d）天向位置

图 5-40　紧组合导航结果

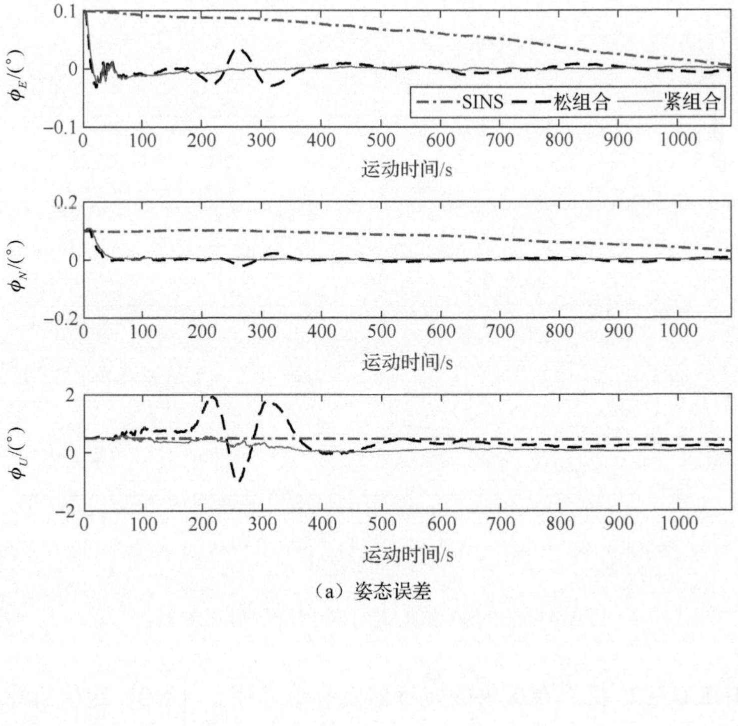

（a）姿态误差

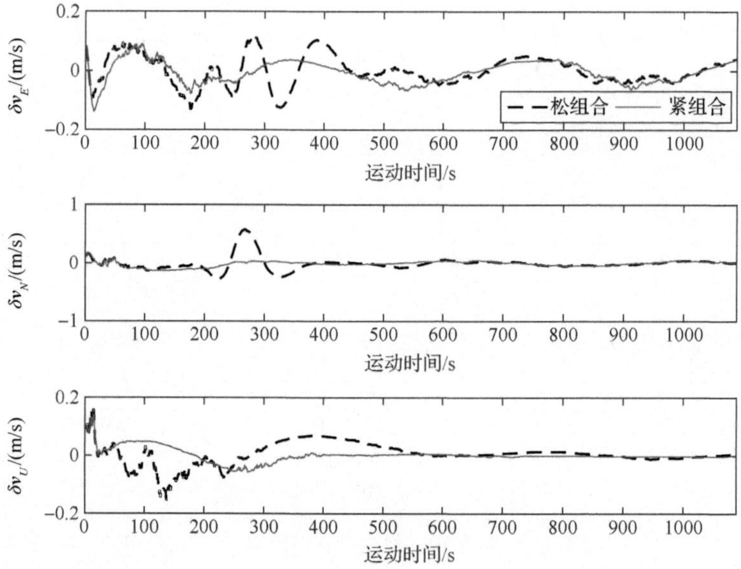

（b）速度误差

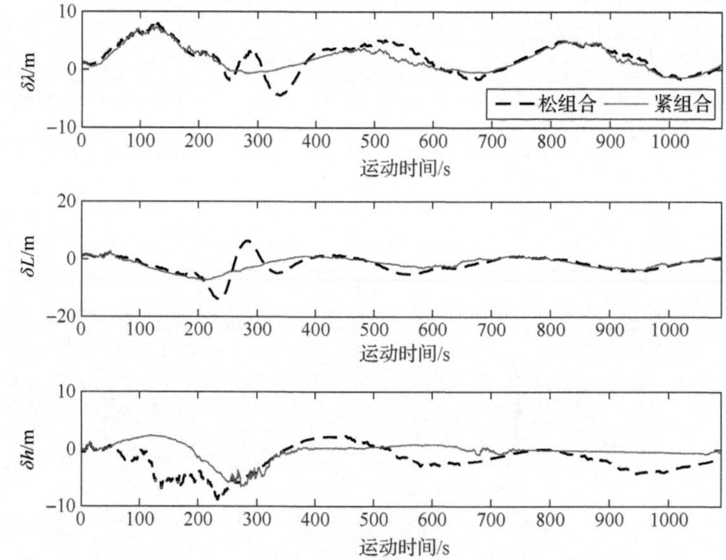

（c）位置误差

图 5-41　SINS/USBL 松、紧组合导航误差对比

将 SINS/USBL 松组合提供的航行器姿态信息用于 USBL 定位解算，得到的 USBL 定位误差与 USBL 定位误差对比结果在图 5-42 中。

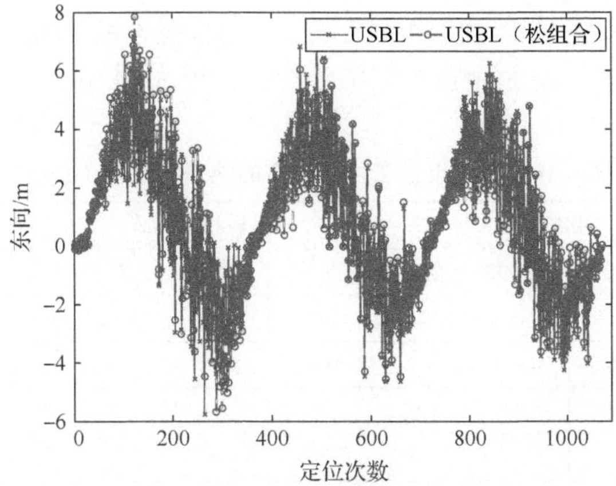

（a）东向位置误差

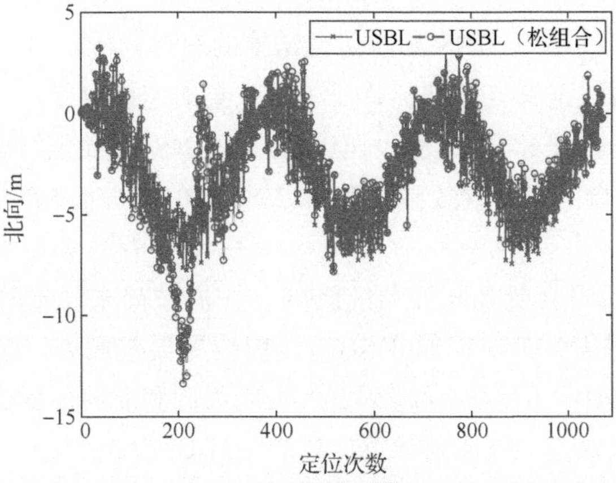

（b）北向位置误差

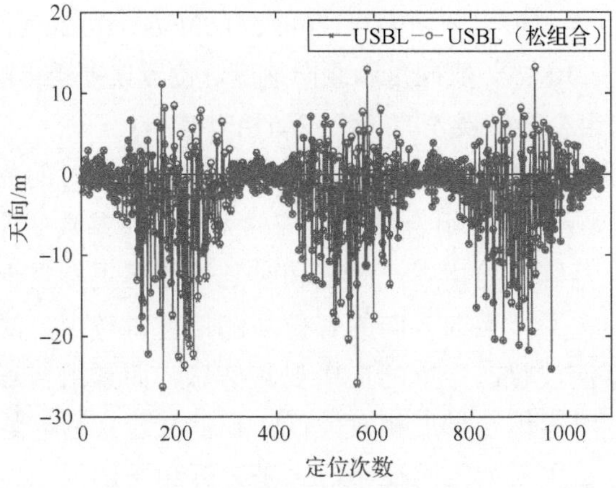

（c）天向位置误差（深度）

图 5-42　USBL 定位误差对比

将 SINS/USBL 两种松、紧组合工作方式的误差标准差与上文中分析的 SINS 姿态误差标准差、USBL 定位误差标准差统计在表 5-10 中。

表 5-10　两种组合工作方式下的误差标准差（1σ）

	姿态误差/（°）			速度误差/（m/s）			位置误差/m		
	俯仰角	横滚角	航向角	东向	北向	天向	东向	北向	天向
松组合	0.013	0.014	0.44	0.049	0.11′	0.038	2.61	3.12	2.31
紧组合	0.0095	0.012	0.17	0.037	0.051	0.023	2.11	2.16	1.63
SINS	0.029	0.022	0.022	—	—	—	—	—	—
USBL	—	—	—	—	—	—	2.41	2.41	5.12
USBL（松组合）	—	—	—	—	—	—	2.41	2.74	5.09

组合导航仿真结果与 SINS 导航仿真结果的对比分析表明：SINS/USBL 松、紧组合导航工作方式能够有效抑制单一 SINS 导航速度误差、位置误差的发散；组合导航的航向角误差标准差较大，但提高了 SINS 航向角的误差收敛速度和收敛精度，松、紧组合的最终收敛精度为 0.22° 和 0.064°，而 SINS 最终的航向角精度为 0.43°。

SINS/USBL 松组合受基阵开角的影响，在滤波尚未稳定时导航误差波动较大。在基阵开角最大时，对应的 USBL 北向位置误差最大，航行器的北向运动速度最大。由于 SINS 的导航误差耦合，大的天向和北向位置误差引起其他导航参数误差，含有大误差的姿态角导致计算的 USBL 定位误差大，低质量的观测信息进而又影响滤波结果。松组合的东向、北向和天向位置误差最大分别为 5.4m、14.4m、8.5m，速度误差最大分别为 0.12m/s、0.53m/s、0.12m/s，姿态误差最大分别为 0.03°、0.03°、1.85°。航向角和北向速度、位置误差受影响较大，随着滤波系统渐近稳定，松组合导航误差的起伏波动相对减小。

SINS/USBL 紧组合的天向位置误差在滤波尚未稳定时的变化较大，最大可达 6.5m，究其原因是此时紧组合滤波系统的天向导航参数估计尚未稳定，当航行器远离信标时，基阵开角增大，时延和时延差信息更侧重于反映基阵与信标的水平位置和方位关系，天向方向的有效观测信息量较少，滤波估计精度低。又因为松组合具有滤波状态变量的直接观测信息，而紧组合是间接观测信息，因此滤波尚未稳定时紧组合精度相对较低。在滤波稳定后，紧组合导航精度受基阵和信标相对位置关系的影响变小，大基阵开角下的天向速度误差和天向位置误差与松组合相比，变化趋势更加平稳。结合 SINS/USBL 松、紧组合导航误差标准差统计结果可得，在整段仿真时间内，紧组合的航向角、俯仰角和横滚角精度分别比松组合高 61%、27%和 14%，东向、北向和天向的速度精度分别比松组合高 24%、54%和 39%，东向、北向和天向的位置精度分别比松组合高 19%、31%和 29%。

5.4.2 SINS/USBL 组合导航自适应滤波算法

前一部分对 SINS/USBL 松、紧组合导航两种工作方式的可行性进行仿真验证，分析了松、紧组合的导航误差变化特点。USBL 的定位误差与航行器运动状态和所处位置有关，具有时变特性，大的基阵开角限制了 SINS/USBL 松组合导航精度。在观测噪声的统计特性变化较大时，固定噪声方差将降低卡尔曼滤波的状态估计精度，甚至会使滤波发散。下面针对上述问题，从自适应滤波算法的角度出发，推导 Sage-Husa 算法的具体实现过程，并提出针对 SINS/USBL 松组合导航的滤波增益控制方法，分别对上述两种方法进行仿真分析。

1. Saga-Husa 自适应滤波算法

自适应滤波算法的核心是使滤波模型或估计的噪声特性符合实际运动状态和测量环境，提高滤波的估计精度，可分为函数模型补偿和随机模型补偿两类。1969 年，学者 A. P. Sage 和 G. W. Husa 提出的 Sage-Husa 算法是目前应用较多的随机模型自适应滤波算法，该算法根据新息和过去的观测噪声统计特性来确定当前噪声统计特性。序贯滤波（sequential filter）最初用于多源传感器的观测信息融合中，用以解决异步测量问题，在目标跟踪和目标识别领域应用广泛。序贯滤波算法的优点在于其解决了复杂矩阵求逆的过程，提高了计算效率[12-13]。本节对基于序贯滤波原理的 Sage-Husa 自适应滤波算法的具体实现过程进行简要推导。

1）序贯滤波算法

假设有如下形式的卡尔曼滤波状态方程和观测方程：

$$\begin{cases}\boldsymbol{X}_{k+1}=\boldsymbol{F}_{k+1|k}\boldsymbol{X}_k+\boldsymbol{w}_{k+1}\\ \boldsymbol{Z}_{k+1}=\boldsymbol{H}_{k+1}\boldsymbol{X}_{k+1}+\boldsymbol{v}_{k+1}\end{cases}\tag{5-137}$$

式中，$\boldsymbol{X}_{k+1}$ 和 $\boldsymbol{Z}_{k+1}$ 分别是 $k+1$ 时刻的滤波状态变量和观测量；$\boldsymbol{F}_{k+1|k}$ 和 $\boldsymbol{H}_{k+1}$ 分别是 $k+1$ 时刻的状态转移矩阵和观测矩阵；$\boldsymbol{w}_{k+1}$ 和 $\boldsymbol{v}_{k+1}$ 分别是 $k+1$ 时刻的系统过程噪声矢量和观测噪声矢量，二者一阶矩和二阶矩统计特性分别为

$$E\left(\boldsymbol{w}_{k+1}\right)=E\left(\boldsymbol{v}_{k+1}\right)=0\tag{5-138}$$

$$E\left(\boldsymbol{w}_i\boldsymbol{w}_j\right)=\delta_{ij}\boldsymbol{Q}_i \tag{5-139}$$

$$E\left(\boldsymbol{v}_i\boldsymbol{v}_j\right)=\delta_{ij}\boldsymbol{R}_i \tag{5-140}$$

$$E\left(\boldsymbol{w}_{k+1}\boldsymbol{v}_{k+1}\right)=0_{3\times 3} \tag{5-141}$$

其中，i 和 j 是任一采样时刻，若 $i\neq j$，则 $\delta_{ij}=0$，若 $i=j$，则 $\delta_{ij}=1$，$\boldsymbol{Q}_{k+1}$ 和 $\boldsymbol{R}_{k+1}$ 分别为 $i=j=k+1$ 时刻的过程噪声协方差矩阵和观测噪声协方差矩阵。

将 $k+1$ 时刻卡尔曼滤波观测方程分解成如下 N 组：

$$\begin{bmatrix}\boldsymbol{Z}_{k+1}^{(1)}\\ \boldsymbol{Z}_{k+1}^{(2)}\\ \vdots\\ \boldsymbol{Z}_{k+1}^{(N)}\end{bmatrix}=\begin{bmatrix}\boldsymbol{H}_{k+1}^{(1)}\\ \boldsymbol{H}_{k+1}^{(2)}\\ \vdots\\ \boldsymbol{H}_{k+1}^{(N)}\end{bmatrix}\boldsymbol{X}_{k+1}+\begin{bmatrix}\boldsymbol{v}_{k+1}^{(1)}\\ \boldsymbol{v}_{k+1}^{(2)}\\ \vdots\\ \boldsymbol{v}_{k+1}^{(N)}\end{bmatrix} \tag{5-142}$$

若噪声 $\boldsymbol{v}_{k+1}^{(p)}$ 与 $\boldsymbol{v}_{k+1}^{(q)}$（$p\neq q$）互不相关，则可直接将观测噪声协方差矩阵写为分块对角阵形式；若噪声 $\boldsymbol{v}_{k+1}^{(p)}$ 与 $\boldsymbol{v}_{k+1}^{(q)}$（$p\neq q$）相关，观测噪声协方差矩阵是非对角矩阵，则在使用序贯滤波算法前对观测噪声进行去相关处理和对矩阵进行三角分解，将其化为对角矩阵的形式[13]。

$\boldsymbol{R}_{k+1}$ 的分块对角阵形式为

$$\boldsymbol{R}_{k+1}=\operatorname{diag}\left(\boldsymbol{R}_{k+1}^{(1)},\quad \boldsymbol{R}_{k+1}^{(2)},\quad \cdots,\quad \boldsymbol{R}_{k+1}^{(N)}\right) \tag{5-143}$$

式中，$\boldsymbol{R}_{k+1}^{(p)}$ 为 $\boldsymbol{v}_{k+1}^{(p)}$ 对应的噪声方差。

序贯滤波的状态更新过程如图 5-43 所示，具体实现步骤如下：①设置滤波初始值，进行时间更新 $\hat{\boldsymbol{X}}_{k+1|k}=\boldsymbol{F}_{k+1|k}\hat{\boldsymbol{X}}_k$，$\boldsymbol{P}_{k+1|k}=\boldsymbol{F}_{k+1|k}\boldsymbol{P}_k\boldsymbol{F}^{\mathrm{T}}{}_{k+1|k}+\boldsymbol{Q}_k$。②若时刻的测量无效，则 $\hat{\boldsymbol{X}}_{k+1}=\hat{\boldsymbol{X}}_{k+1|k}$，$\boldsymbol{P}_{k+1}=\hat{\boldsymbol{P}}_{k+1|k}$；若 $k+1$ 时刻的测量有效，则以 $\hat{\boldsymbol{X}}_{k+1|k}$ 和 $\hat{\boldsymbol{P}}_{k+1|k}$ 为递推初值，依次进行测量更新，且第 M（$1<M\leqslant N$）次的递推初值是第 $M-1$ 次的测量更新结果。③滤波器输出状态估计结果，等待下一采样时刻。

序贯滤波算法与常规卡尔曼滤波算法的主要不同之处在于其测量更新过程，将总测量更新分解成 N 个子测量更新过程，能够将复杂的矩阵逆运算转换为简单的标量运算形式，大大提高计算效率，则 $k+1$ 时刻的所有子测量更新等效于在状态初值 $\hat{\boldsymbol{X}}_{k+1}^{(0)}=\hat{\boldsymbol{X}}_{k+1|k}$ 和误差协方差矩阵 $\boldsymbol{P}_{k+1}^{(0)}=\boldsymbol{P}_{k+1|k}$ 条件下进行了 N 次递推最小二乘估计，第 N 次的估计结果作为卡尔曼滤波输出。

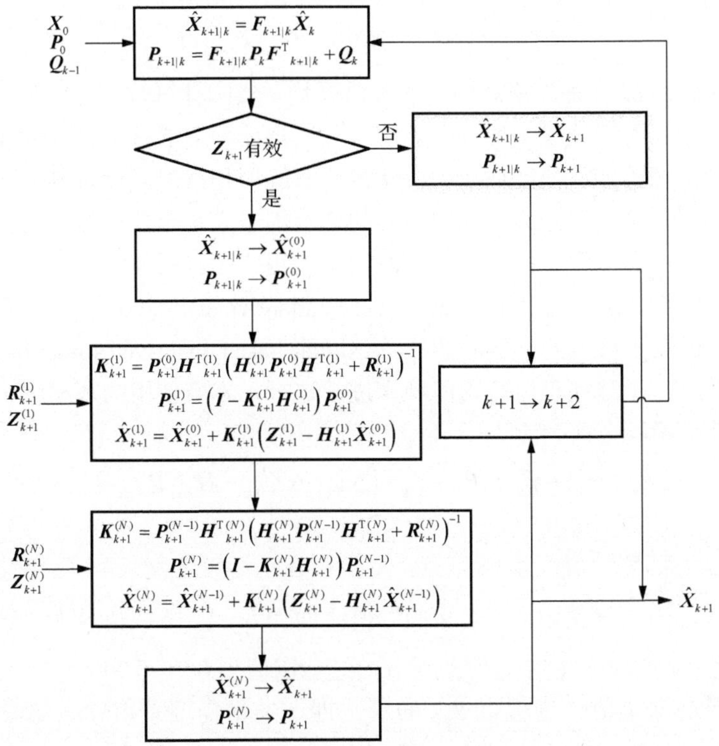

图 5-43　序贯滤波状态更新过程

2）递推估计算法

卡尔曼滤波 k+1 时刻的新息 $\Delta\boldsymbol{Z}_{k+1}$ 定义为

$$\Delta\boldsymbol{Z}_{k+1}=\boldsymbol{Z}_{k+1}-\boldsymbol{H}_{k+1}\hat{\boldsymbol{X}}_{k+1|k} \tag{5-144}$$

式中，$\boldsymbol{H}_{k+1}\hat{\boldsymbol{X}}_{k+1|k}$ 为测量预测。将式（5-137）中的观测方程代入式（5-144）中，则

$$\Delta\boldsymbol{Z}_{k+1}=\boldsymbol{H}_{k+1}\left(\boldsymbol{X}_{k+1}-\hat{\boldsymbol{X}}_{k+1|k}\right)+\boldsymbol{v}_{k+1} \tag{5-145}$$

记

$$\Delta\hat{\boldsymbol{X}}_{k+1}=\left(\boldsymbol{X}_{k+1}-\hat{\boldsymbol{X}}_{k+1|k}\right) \tag{5-146}$$

式中，$\Delta\hat{\boldsymbol{X}}_{k+1}$ 为状态变量预测误差。由于预测误差 $\Delta\hat{\boldsymbol{X}}_{k+1}$ 和观测噪声 $\boldsymbol{v}_{k+1}$ 均值为零，且 $\Delta\hat{\boldsymbol{X}}_{k+1}$ 和 $\boldsymbol{v}_{k+1}$ 互不相关，故新息 $\Delta\boldsymbol{Z}_{k+1}$ 均值也为零，左右两边求协方差，则

$$E\left(\Delta\boldsymbol{Z}_{k+1}\Delta\boldsymbol{Z}_{k+1}^{\mathrm{T}}\right)=\boldsymbol{H}_{k+1}\boldsymbol{P}_{k+1|k}\boldsymbol{H}_{k+1}^{\mathrm{T}}+\boldsymbol{R}_{k+1} \tag{5-147}$$

式（5-147）移项后得到观测噪声协方差矩阵 $\boldsymbol{R}_{k+1}$ 的表达式：

$$\boldsymbol{R}_{k+1}=E\left(\Delta\boldsymbol{Z}_{k+1}\Delta\boldsymbol{Z}_{k+1}^{\mathrm{T}}\right)-\boldsymbol{H}_{k+1}\boldsymbol{P}_{k+1|k}\boldsymbol{H}_{k+1}^{\mathrm{T}} \tag{5-148}$$

式中，$E(\Delta\boldsymbol{Z}_{k+1}\Delta\boldsymbol{Z}_{k+1}^{\mathrm{T}})$ 称为新息序列的集总平均。实际计算时，可用时间平均代替集总平均。常用的观测噪声协方差矩阵 $\boldsymbol{R}_{k+1}$ 递推计算方法有等加权估计和渐消记忆加权估计。在等加权递推估计中，认为所有陈旧噪声对当前时刻的观测噪声影响程度相同。渐消记忆法通过选取不同的渐消因子来决定陈旧噪声对当前噪声协方差矩阵估计的影响程度，在卡尔曼滤波中应用广泛。类似的方法还有针对新息的基于创新的自适应估计（innovation-based adaptive estimation, IAE）开窗法和针对预测误差的基于残差的自适应估计（residual-based adaptive estimation, RAE）开窗法，二者以一个移动窗口对陈旧噪声进行选择。本节使用的是渐消记忆加权平均递推估计，经验公式为

$$\begin{cases}\hat{\boldsymbol{R}}_{k+1}=\left(1-\beta_{k+1}\right)\hat{\boldsymbol{R}}_{k}+\beta_{k+1}\left(\Delta\boldsymbol{Z}_{k+1}\Delta\boldsymbol{Z}_{k+1}^{\mathrm{T}}-\boldsymbol{H}_{k+1}\boldsymbol{P}_{k+1|\mathrm{k}}\boldsymbol{H}_{k+1}^{\mathrm{T}}\right)\\ \beta_{k+1}=\dfrac{\beta_{k}}{\beta_{k}+b}\end{cases} \tag{5-149}$$

式中，初值 β_0=1；渐消因子 b 实际的取值区间为 0～1，b 取值越大，表明当前估计对陈旧噪声的依赖性越小，使用时 b 的经验取值为 0.9～0.999。

为了保证递推估计过程中 $\hat{\boldsymbol{R}}_{k+1}$ 的正定性，通常需要采用序贯滤波的方法对 $\hat{\boldsymbol{R}}_{k+1}$ 中每个元素的大小进行限制。设 $\hat{\boldsymbol{R}}_{k+1}$ 为 N 维方阵，对角线元素记为 r_i（$i\leqslant N$），则 $k+1$ 时刻，序贯滤波下的观测噪声协方差矩阵估计步骤如下。

（1）确定标量观测方程 $Z_{k+1}^{(i)}=\boldsymbol{H}_{k+1}^{(i)}\boldsymbol{X}_{k+1}+\boldsymbol{v}_{k+1}^{(i)}$。

（2）计算 $\hat{r}_i=\Delta\boldsymbol{Z}_{k+1}^{(i)}(\Delta\boldsymbol{Z}_{k+1}^{(i)})^{\mathrm{T}}-\boldsymbol{H}_{k+1}^{(i)}\boldsymbol{P}_{k+1/k}^{(i)}(\boldsymbol{H}_{k+1}^{(i)})^{\mathrm{T}}$。

（3）设定 r_i 的极大值 $\max(r_i)$ 和极小值 $\min(r_i)$，一般情况下：

$$\begin{cases}\min\left(r_i\right)=ar_i\\ \max\left(r_i\right)=cr_i\end{cases} \tag{5-150}$$

通常取 $a=0.01$，$c=100$。

（4）若 $\hat{r}_i\leqslant\min\left(r_i\right)$，则 $r_i=\min\left(r_i\right)$；若 $\hat{r}_i\geqslant\max\left(r_i\right)$，则 $\hat{r}_i=\max\left(r_i\right)$；若 $\hat{r}_i>\min\left(r_i\right)$，且$\hat{r}<\max\left(r_i\right)$，则$r_i=\left(1-\beta_{k+1}\right)r_{i(k)}+\beta_{k+1}(\Delta\boldsymbol{Z}_{k+1}^{(i)}\Delta\boldsymbol{Z}_{k+1}^{(i)\,\mathrm{T}}-\boldsymbol{H}_{k+1}^{(i)}\boldsymbol{P}_{k+1/k}^{(i)}\boldsymbol{H}_{k+1}^{(i)\,\mathrm{T}})$；$i=i+1$。

（5）重复步骤（2）～（4），直至 $i=N$，得到 $\hat{\boldsymbol{R}}_{k+1}$。

2. 基于开角变化的增益控制算法

根据 SINS/USBL 松组合导航误差变化特性可知，在当前轨迹设计下，基阵开

角变化是组合导航滤波精度和稳定性的主要影响因素。本节基于 USBL 的误差变化特性，提出以基阵开角为依据的卡尔曼滤波增益角度控制（angle control Kalman filter gain, ACK）算法。该方法通过一个自适应权值因子 α 控制开角大于 80° 时松组合的位置观测信息参与卡尔曼滤波状态更新的比重，即

$$\hat{\boldsymbol{X}}_{k+1} = \hat{\boldsymbol{X}}_{k+1|k} + \alpha \cdot \boldsymbol{K}_{k+1}\left(\boldsymbol{Z}_{k+1} - \boldsymbol{H}_{k+1}\hat{\boldsymbol{X}}_{k+1|k}\right) \tag{5-151}$$

自适应权值因子 α 由开角大小决定，则

$$\alpha = \left|\cos\theta_z\right| \tag{5-152}$$

USBL 基阵开角越接近 90°，观测信息误差越大，$\cos\theta_z$ 通过调整滤波增益，可以在一定程度上减小错误观测信息对滤波估计的影响。

引入 ACK 算法后卡尔曼滤波更新过程为

$$\begin{cases} \hat{\boldsymbol{X}}_{k+1|k} = \boldsymbol{F}_{k+1|k}\hat{\boldsymbol{X}}_k \\ \boldsymbol{P}_{k+1|k} = \boldsymbol{F}_{k+1|k}\boldsymbol{P}_k\boldsymbol{F}_{k+1|k}^{\mathrm{T}} + \boldsymbol{Q}_k \\ \boldsymbol{K}_{k+1} = \boldsymbol{P}_k\boldsymbol{H}_{k+1}^{\mathrm{T}}\left(\boldsymbol{H}_{k+1}\boldsymbol{P}_k\boldsymbol{H}_{k+1}^{\mathrm{T}} + \boldsymbol{R}_{k+1}\right)^{-1} \\ \boldsymbol{P}_{k+1} = \left(\boldsymbol{I} - \boldsymbol{K}_{k+1}\boldsymbol{H}_{k+1}\right)\boldsymbol{P}_k \\ \hat{\boldsymbol{X}}_{k+1} = \hat{\boldsymbol{X}}_{k+1|k} + \alpha \cdot \boldsymbol{K}_{k+1}(\boldsymbol{Z}_{k+1} - \boldsymbol{H}_{k+1}\hat{\boldsymbol{X}}_{k+1|k}) \end{cases} \tag{5-153}$$

ACK 算法引入后的 SINS/USBL 松组合实施方案如图 5-44 所示。

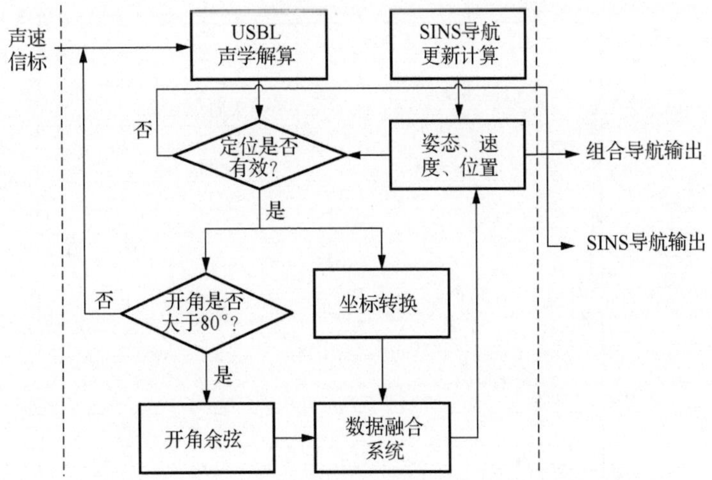

图 5-44　引入 ACK 算法的 SINS/USBL 松组合实施方案

3. 仿真与结果分析

图 5-45 是引入 Sage-Husa 自适应滤波算法和 ACK 算法后的 SINS/USBL 松组合在水平东向、北向速度和天向速度，以及水平东向、北向位置和天向位置上的仿真结果与运载器的实际运动参数对比。图 5-46 是引入 Sage-Husa 自适应算法和 ACK 算法前后的 SINS/USBL 松组合导航姿态误差、速度误差和位置误差对比结果。表 5-11 是引入 Sage-Husa 自适应滤波算法和 ACK 算法前后的 SINS/USBL 松组合导航误差与 USBL 定位误差标准差的统计结果。

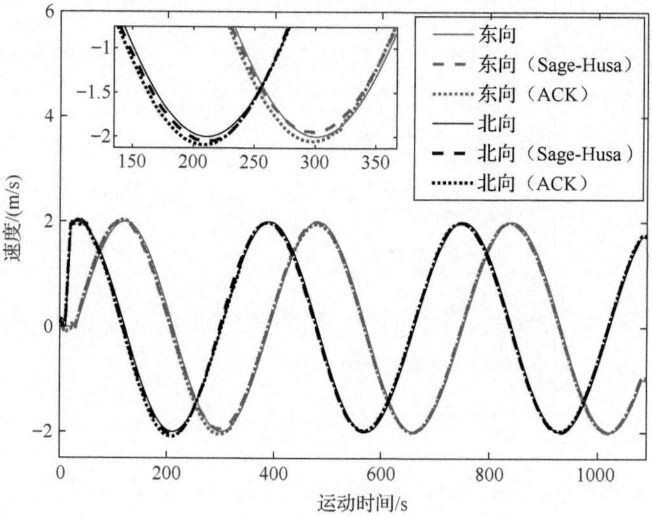

（a）水平速度

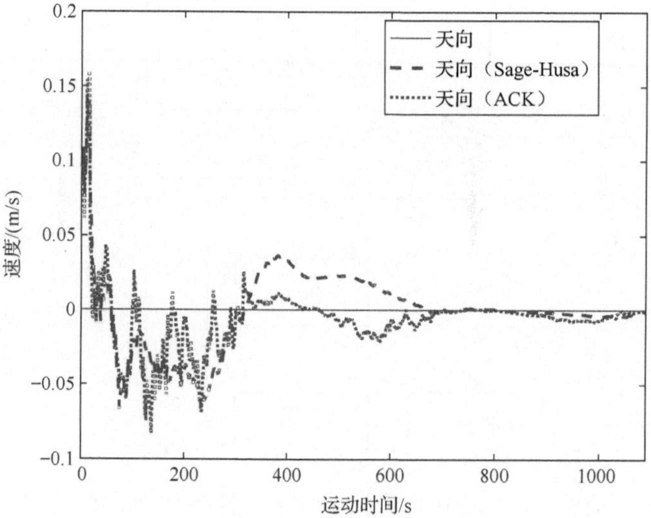

（b）天向速度

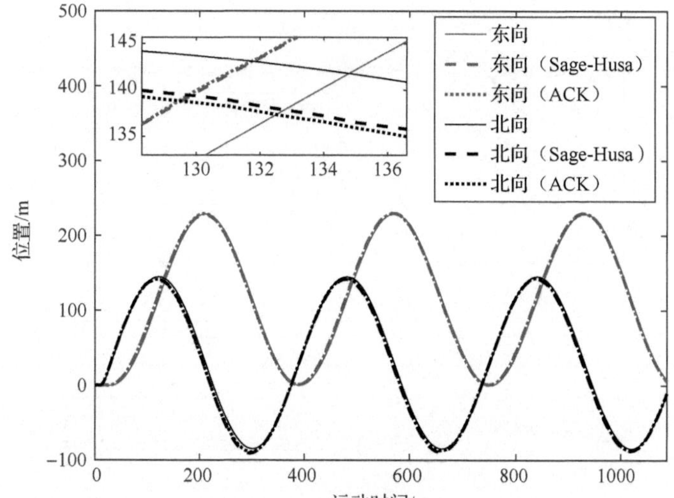

（c）水平位置

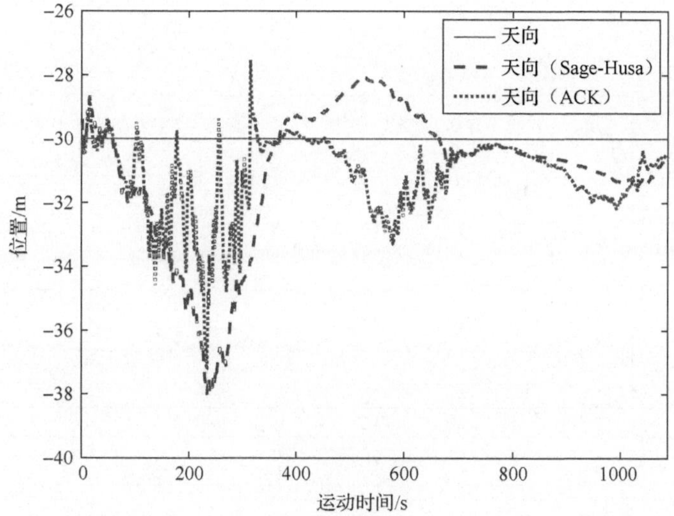

（d）天向位置

图 5-45　引入自适应算法前后的松组合导航结果对比

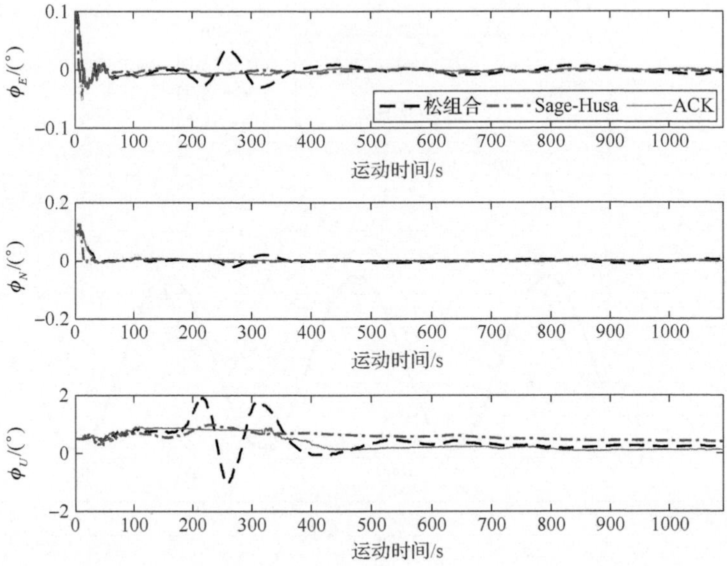

松组合
Sage-Husa
ACK
ϕ_E/(°)
ϕ_N/(°)
ϕ_U/(°)
运动时间/s

（a）姿态误差

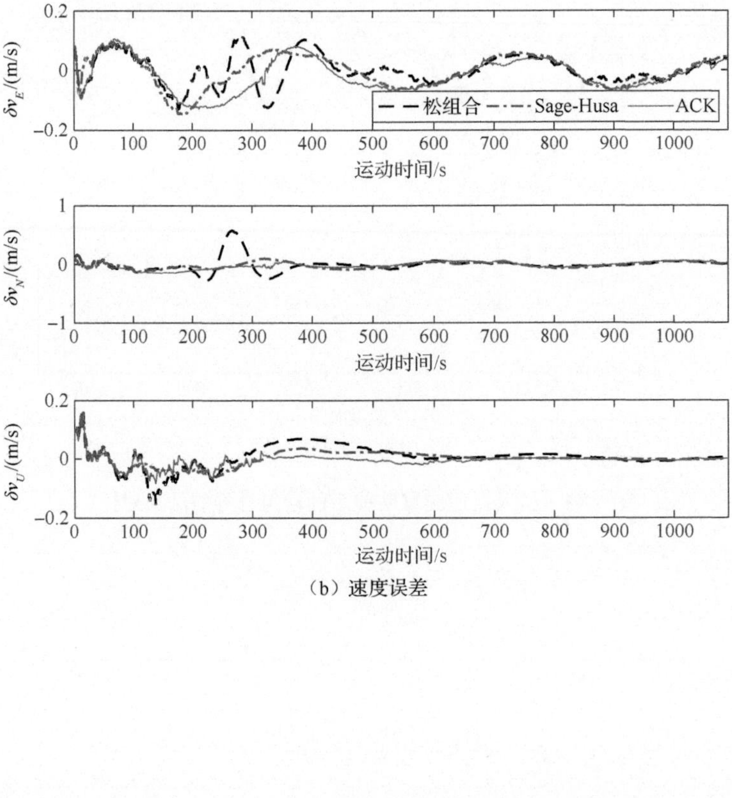

松组合
Sage-Husa
ACK
δv_E/(m/s)
δv_N/(m/s)
δv_U/(m/s)
运动时间/s

（b）速度误差

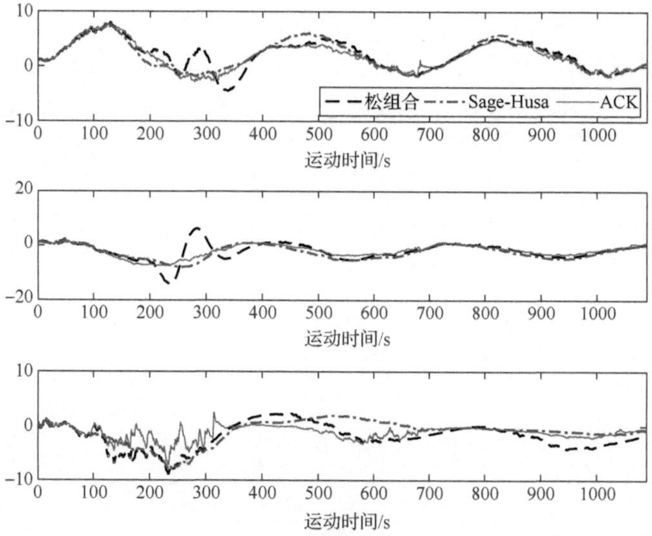

（c）位置误差

图 5-46　引入自适应算法前后的松组合误差对比

表 5-11　自适应松组合导航误差标准差（1σ）

	姿态误差/（°）			速度误差/（m/s）			位置误差/m		
	俯仰角	横滚角	航向角	东向	北向	天向	东向	北向	天向
松组合	0.013	0.014	0.45	0.049	0.11	0.038	2.61	3.12	2.31
Sage-Husa	0.0069	0.011	0.13	0.054	0.048	0.027	2.62	2.45	2.20
ACK	0.0093	0.012	0.28	0.055	0.058	0.022	2.48	2.32	1.22

引入 Sage-Husa 自适应滤波算法和 ACK 算法的 SINS/USBL 松组合能抑制单一的 SINS 导航误差随时间积分发散，且二者能在一定程度上减小原 SINS/USBL 松组合导航误差。

与原 SINS/USBL 松组合相比，由于 Sage-Husa 自适应滤波算法具有记忆性，引入该算法后，减小了 USBL 定位误差对松组合导航结果的影响，基本上克服了松组合姿态、速度和水平误差因观测数据质量突然降低而出现大起伏的问题，导航误差的变化相对平稳。Sage-Husa 自适应滤波算法在滤波尚未稳定时的天向位置精度上改善效果甚微，说明该算法在噪声统计特性突变现象较多时，对噪声协方差矩阵的估计需要较长的稳定时间，此时估计精度较差。

从误差标准差统计结果可知，与原 SINS/USBL 松组合相比，ACK 算法在减小天向速度误差和天向位置误差上效果显著。与 Sage-Husa 自适应滤波算法相比，整体精度分别提高 19%和 45%；水平位置精度有一定的改善效果，分别提高 5.3%左右；东向速度误差仍比原有松组合大，其原因是 USBL 的基阵开角计算存在的误差使 ACK 在一些开角过大的情况下判断错误而无法使用；由于 USBL 在东向位置误差和北向位置误差受到航向角余弦调制的影响，当运载器运动时，由开角基阵限制设计的滤波增益对导航误差抑制效果不佳。但是 ACK 算法实现更加方便。

图 5-47 是引入 Sage-Husa 自适应滤波算法后的 SINS/USBL 紧组合导航速度和位置的仿真结果与运载器实际运动参数的对比。图 5-48 是 SINS/USBL 紧组合

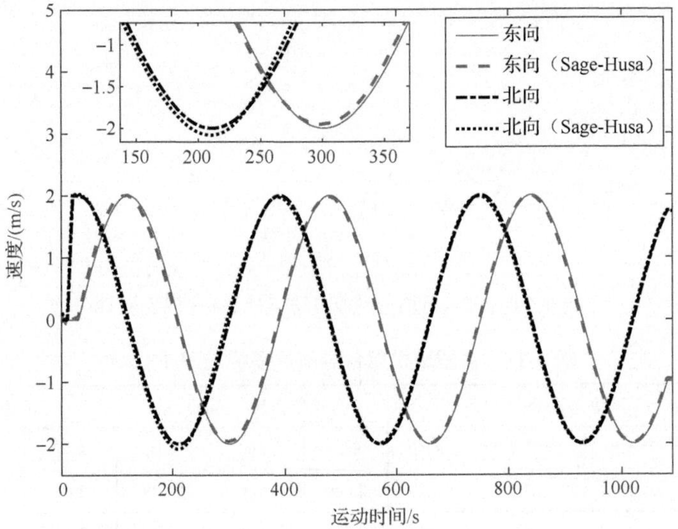

（a）水平速度

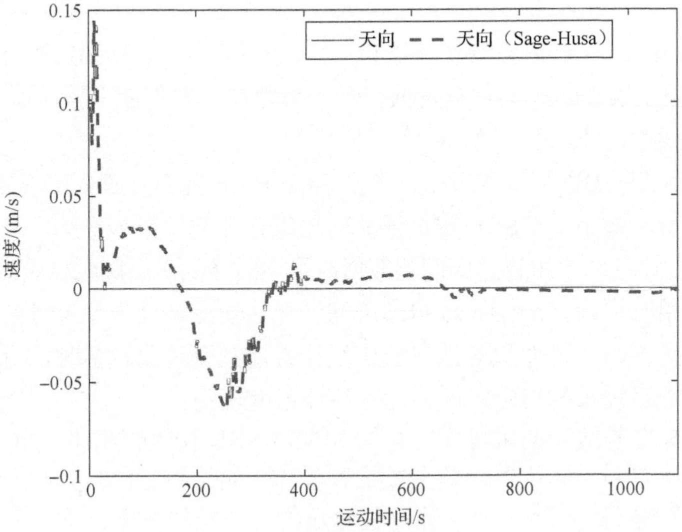

（b）天向速度

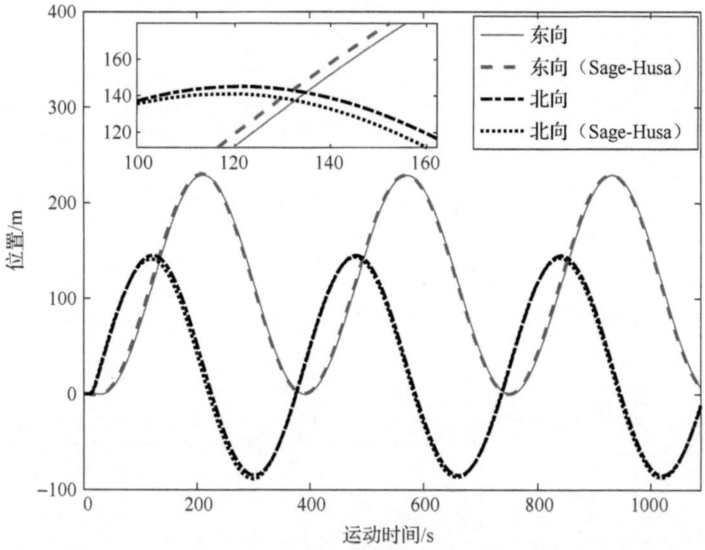

（c）水平位置

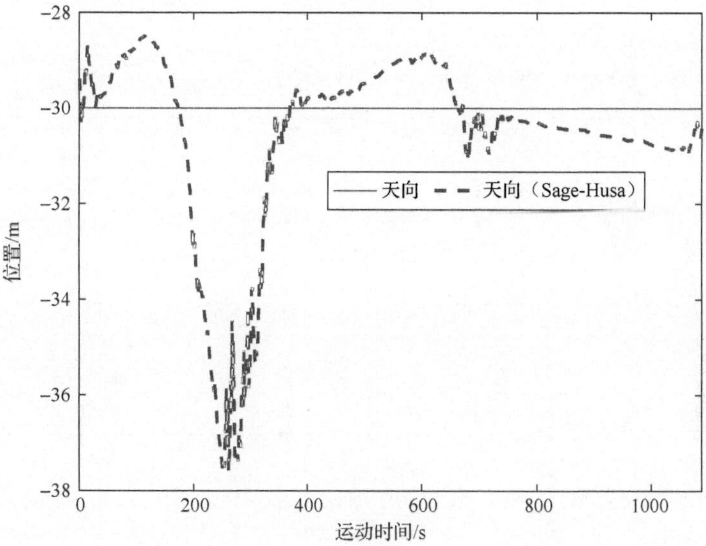

（d）天向位置

图 5-47　引入自适应算法前后的紧组合导航结果对比

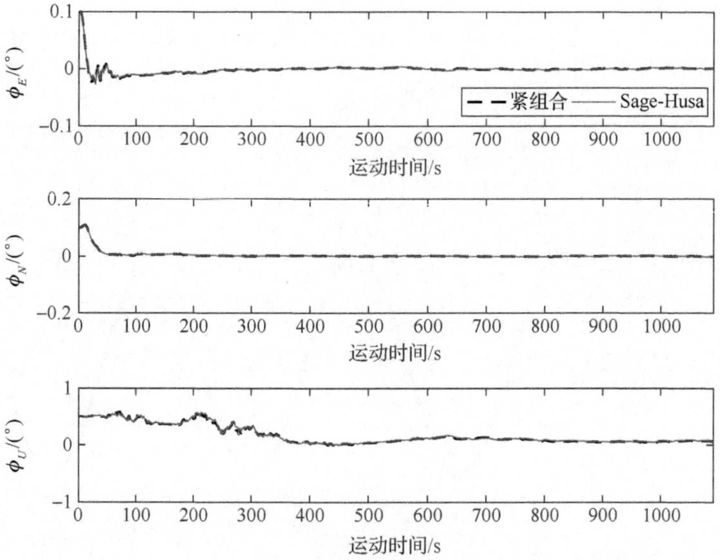
ϕ_E/(°)
ϕ_N/(°)
ϕ_U/(°)
紧组合
Sage-Husa
运动时间/s
0.1
0
−0.1
0.2
−0.2
1
−1
0
100
200
300
400
500
600
700
800
900
1000
（a）姿态误差

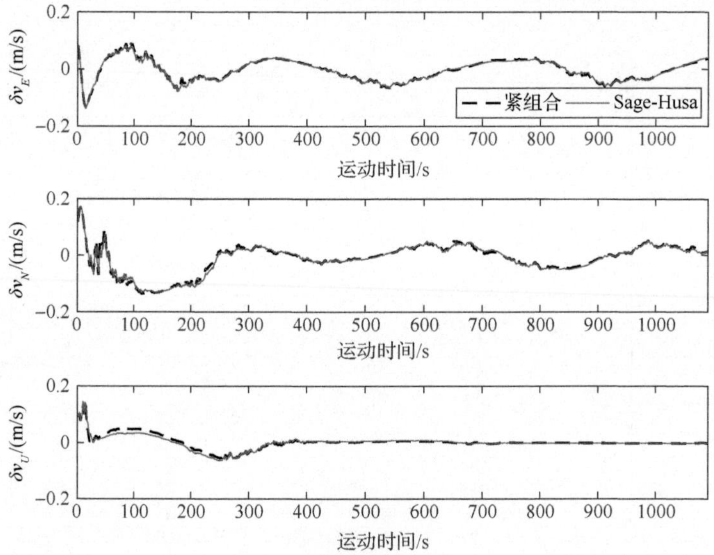
δv_E/(m/s)
δv_N/(m/s)
δv_U/(m/s)
紧组合
Sage-Husa
运动时间/s
0.2
0
−0.2
0
100
200
300
400
500
600
700
800
900
1000
（b）速度误差

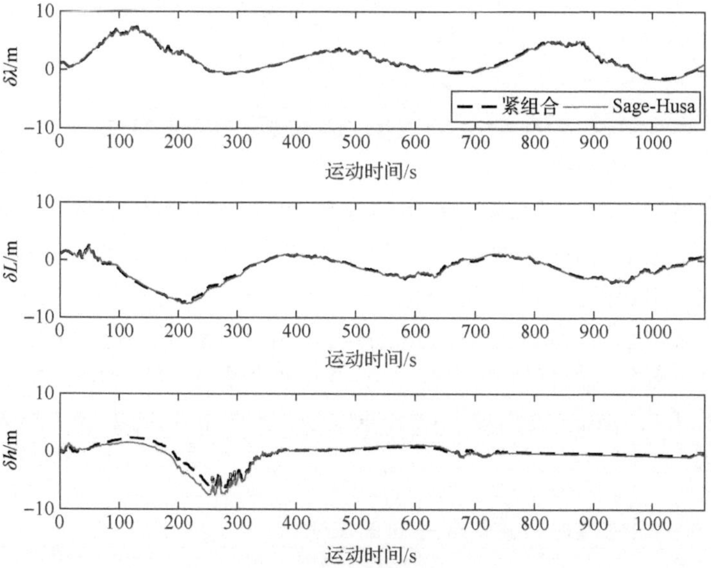

（c）位置误差

图 5-48　引入 Sage-Husa 自适应滤波算法前后的紧组合导航误差对比

引入 Sage-Husa 自适应滤波算法前后的导航误差对比。引入 Sage-Husa 自适应滤波算法前后的 SINS/USBL 紧组合导航误差标准差统计如表 5-12 所示。

表 5-12　自适应紧组合的导航误差标准差（1σ）

	姿态误差/（°）			速度误差/（m/s）			位置误差/m		
	俯仰角	横滚角	航向角	东向	北向	天向	东向	北向	天向
紧组合	0.0095	0.012	0.17	0.037	0.051	0.023	2.11	2.16	1.63
Sage-Husa	0.0095	0.014	0.17	0.036	0.050	0.023	2.11	2.22	1.91

通过分析可知，在 SINS/USBL 紧组合中引入 Sage-Husa 自适应滤波算法后，在一定程度上减小了原紧组合在滤波尚未稳定时的导航误差。当滤波系统渐近稳定，Sage-Husa 自适应滤波算法对原紧组合导航精度的改善有限，在部分时刻的导航精度稍低于原紧组合方式。究其原因是 USBL 的时延误差和时延差误差是零均值的高斯白噪声，在紧组合中，自适应估计的观测噪声协方差矩阵产生的偏差大于固定噪声协方差矩阵的偏差，故导航误差在 Sage-Husa 自适应滤波算法引入前后的效果较差。而原 SINS/USBL 松组合导航中 USBL 定位误差变化不平稳的特性，使组合导航滤波系统的观测信息中含有色噪声。当 Sage-Husa 自适应滤波

算法应用于 SINS/USBL 松组合中时，组合导航误差的整体变化更平滑，效果相对较好。

5.4.3　引入径向速度的 SINS/USBL 组合导航实现方法

径向速度描述的是运载器与参考信标在视线方向的运动速度，代表了运载器与参考信标之间的距离变化率。径向速度测量在雷达信号处理的目标检测、识别与跟踪领域应用较多。本节将在 SINS/USBL 松、紧组合导航中分别引入径向速度作为观测信息，仿真分析引入径向速度后的 SINS/USBL 松、紧组合导航性能特点，结合松、紧组合各自的优势和 USBL 的径向速度测量，进一步改进 SINS/USBL 组合导航的工作方式，提出以基阵开角大小为判断依据的组合工作方式的切换方法。

1. 引入径向速度的松紧组合导航滤波系统

记位置松组合滤波观测量为 $\boldsymbol{Z}^1(t)$，观测矩阵为 $\boldsymbol{H}^1(t)$，时延、时延差紧组合滤波观测量为 $\boldsymbol{Z}^2(t)$，观测矩阵为 $\boldsymbol{H}^2(t)$。SINS 解算运载器在导航坐标系（n 系）下的速度为 $\boldsymbol{v}_{\text{SINS}}^n=[v_E \quad v_N \quad v_U]^{\text{T}}$，运载器的位置为 $\boldsymbol{p}_{\text{SINS}}=[L \quad \lambda \quad h]^{\text{T}}$，对应的直角坐标及信标在导航坐标系下的位置分别为 $\boldsymbol{X}_{\text{SINS}}^n$ 和 $\boldsymbol{X}_{\text{信标}}^n$。

引入径向速度的 SINS/USBL 松、紧组合导航滤波系统中，状态变量与松组合相同，状态方程为

$$\dot{\boldsymbol{X}}(t)=\boldsymbol{F}(t)\boldsymbol{X}(t)+\boldsymbol{w}(t) \tag{5-154}$$

径向速度观测方程：当运载器与信标存在相对径向运动时，USBL 声学基阵接收到的信号频率将会高于或低于发射信号频率，即多普勒频率[3]，记为 f_d，当航行器与信标靠近时 f_d 为负，远离时 f_d 为正。径向速度的大小为

$$v_r=\frac{f_d}{f_0}c \tag{5-155}$$

式中，f_0 为发射信号的中心频率；c 是水中声速。

运载器在水平面运动的 USBL 测量径向速度 v_r 与基阵开角 θ_z 变化的关系可简化如图 5-49 所示，其中航行器沿 1—2—3 路径运动，径向速度 v_r 可表示为

$$\boldsymbol{v}_r=\boldsymbol{v}\sin\theta_z \tag{5-156}$$

式中，$\boldsymbol{v}$ 是运载器的运动速度。随着基阵开角 θ_z 增大，径向速度分量越大；当基阵开角接近 90° 时，径向速度即运载器的水平运动速度。

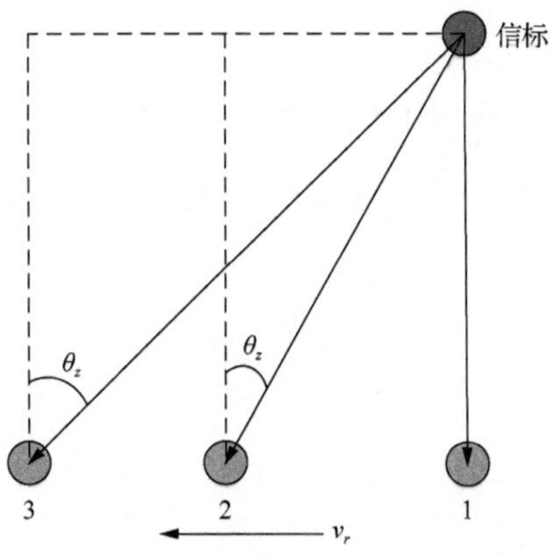

图 5-49　径向速度随开角变化的示意图

USBL 测量的径向速度大小 $\boldsymbol{v}_{\text{USBL}}^{r}$ 可表示为径向速度真值 $\boldsymbol{v}^{r}$ 受加性高斯白噪声 $\boldsymbol{n}$ 干扰的形式：

$$\boldsymbol{v}_{\text{USBL}}^{r} = \boldsymbol{v}^{r} - \boldsymbol{n} \tag{5-157}$$

由于信标静止，航行器与信标之间的相对运动速度可由航行器的运动速度直接获得。SINS 解算的径向速度大小为相对运动速度 $\boldsymbol{v}_{\text{SINS}}^{n}$ 在东、北、天方向的速度分量沿径向分解的标量和，则 $\boldsymbol{v}_{\text{SINS}}^{r}$ 的数学表达式为

$$\boldsymbol{v}_{\text{SINS}}^{r} = v_E \cos\zeta_x + v_N \cos\zeta_y + v_U \cos\zeta_z \tag{5-158}$$

记

$$\begin{cases} \cos\zeta_x = \dfrac{x_{\text{SINS}} - x_{\text{信标}}}{\left\| \boldsymbol{X}_{\text{SINS}}^{n} - \boldsymbol{X}_{\text{信标}}^{n} \right\|} \\ \cos\zeta_y = \dfrac{y_{\text{SINS}} - y_{\text{信标}}}{\left\| \boldsymbol{X}_{\text{SINS}}^{n} - \boldsymbol{X}_{\text{信标}}^{n} \right\|} \\ \cos\zeta_z = \dfrac{z_{\text{SINS}} - z_{\text{信标}}}{\left\| \boldsymbol{X}_{\text{SINS}}^{n} - \boldsymbol{X}_{\text{信标}}^{n} \right\|} \end{cases} \tag{5-159}$$

将式（5-158）微分后得到

$$\begin{aligned} \mathrm{d}\boldsymbol{v}_{\text{SINS}}^{r} &= \cos\zeta_x \mathrm{d}v_E + \cos\zeta_y \mathrm{d}v_N + \cos\zeta_z \mathrm{d}v_U \\ &\quad + v_E \mathrm{d}\cos\zeta_x + v_N \mathrm{d}\cos\zeta_y + v_U \mathrm{d}\cos\zeta_z \end{aligned} \tag{5-160}$$

结合 SINS 的速度误差，将式（5-160）进一步写成矩阵形式，则

$$\delta\boldsymbol{v}_{\text{SINS}}^{r} = \boldsymbol{C}\begin{bmatrix} \delta v_E \\ \delta v_N \\ \delta v_U \end{bmatrix} + \boldsymbol{D}\begin{bmatrix} \delta x \\ \delta y \\ \delta z \end{bmatrix} \tag{5-161}$$

记

$$C=\left[\cos\zeta_x \quad \cos\zeta_y \quad \cos\zeta_z\right] \tag{5-162}$$

$$D=\left[D_{11}+D_{12}+D_{13} \quad D_{21}+D_{22}+D_{23} \quad D_{31}+D_{32}+D_{33}\right] \tag{5-163}$$

式中，

$$\begin{cases} D_{11}=-\dfrac{v_x^e}{r^3}\left(\left(y_{\text{SINS}}-y_{\text{信标}}\right)^2+\left(z_{\text{SINS}}-z_{\text{信标}}\right)^2\right) \\ D_{12}=\dfrac{v_y^e}{r^3}\left(x_{\text{SINS}}-x_{\text{信标}}\right)\left(y_{\text{SINS}}-y_{\text{信标}}\right) \\ D_{13}=\dfrac{v_z^e}{r^3}\left(x_{\text{SINS}}-x_{\text{信标}}\right)\left(z_{\text{SINS}}-z_{\text{信标}}\right) \end{cases} \tag{5-164}$$

$$\begin{cases} D_{21}=-\dfrac{v_y^e}{r^3}\left(\left(x_{\text{SINS}}-x_{\text{信标}}\right)^2+\left(z_{\text{SINS}}-z_{\text{信标}}\right)^2\right) \\ D_{22}=\dfrac{v_x^e}{r^3}\left(x_{\text{SINS}}-x_{\text{信标}}\right)\left(y_{\text{SINS}}-y_{\text{信标}}\right) \\ D_{23}=\dfrac{v_z^e}{r^3}\left(y_{\text{SINS}}-y_{\text{信标}}\right)\left(z_{\text{SINS}}-z_{\text{信标}}\right) \end{cases} \tag{5-165}$$

$$\begin{cases} D_{31}=-\dfrac{v_z^e}{r^3}\left(\left(x_{\text{SINS}}-x_{\text{信标}}\right)^2+\left(y_{\text{SINS}}-y_{\text{信标}}\right)^2\right) \\ D_{32}=\dfrac{v_x^e}{r^3}\left(x_{\text{SINS}}-x_{\text{信标}}\right)\left(z_{\text{SINS}}-z_{\text{信标}}\right) \\ D_{33}=\dfrac{v_y^e}{r^3}\left(y_{\text{SINS}}-y_{\text{信标}}\right)\left(z_{\text{SINS}}-z_{\text{信标}}\right) \end{cases} \tag{5-166}$$

SINS 计算的径向速度信息可表示为径向速度真值和径向速度测量误差和的形式：

$$\boldsymbol{v}_{\text{SINS}}^r=\boldsymbol{v}^r+\delta\boldsymbol{v}_{\text{SINS}}^r \tag{5-167}$$

则基于径向速度组合的滤波观测量为

$$\delta\boldsymbol{v}^r=\boldsymbol{v}_{\text{SINS}}^r-\boldsymbol{v}_{\text{USBL}}^r=\delta\boldsymbol{v}_{\text{SINS}}^r+\boldsymbol{n}^r \tag{5-168}$$

$k+1$ 时刻的径向速度观测方程为

$$\boldsymbol{Z}_{k+1}^r=\boldsymbol{H}_{k+1}^r\boldsymbol{X}_{k+1}+\boldsymbol{n}_{k+1}^r \tag{5-169}$$

式中，$\boldsymbol{H}_{k+1}^r=[\boldsymbol{0}_{1\times3} \quad \boldsymbol{C} \quad \boldsymbol{D}\boldsymbol{C}_e^{n'}\boldsymbol{A} \quad \boldsymbol{0}_{1\times6}]$；$\boldsymbol{n}_{k+1}^r$ 是 EKF 系统的径向速度测量噪声。

松组合滤波观测方程：

$$Z_{k+1} = H_{k+1}X_{k+1} + n_{k+1} \tag{5-170}$$

式中，

$$Z_{k+1} = \begin{bmatrix} Z_{k+1}^{r} \\ Z_{k+1}^{1} \end{bmatrix},\quad H_{k+1} = \begin{bmatrix} H_{k+1}^{r} \\ H_{k+1}^{1} \end{bmatrix},\quad n_{k+1} = \begin{bmatrix} n_{k+1}^{r} \\ n_{k+1}^{1} \end{bmatrix} \tag{5-171}$$

紧组合滤波观测方程：

$$Z_{k+1} = H_{k+1}X_{k+1} + n_{k+1} \tag{5-172}$$

式中，

$$Z_{k+1} = \begin{bmatrix} Z_{k+1}^{r} \\ Z_{k+1}^{2} \end{bmatrix},\quad H_{k+1} = \begin{bmatrix} H_{k+1}^{r} \\ H_{k+1}^{2} \end{bmatrix},\quad n_{k+1} = \begin{bmatrix} n_{k+1}^{r} \\ n_{k+1}^{2} \end{bmatrix} \tag{5-173}$$

本节对引入径向速度信息后 SINS/USBL 松、紧组合导航的可行性进行仿真验证。USBL 测量的运载器径向速度为径向速度真值附加方差为 $0.0001\,(\mathrm{m/s})^2$ 的零均值高斯白噪声干扰后的结果。图 5-50 分别是引入径向速度后的 SINS/USBL 松组合导航系统和紧组合导航系统总的可观测性分析结果。

引入径向速度前后，SINS/USBL 松、紧组合导航滤波系统总的可观测维数不变，在连续 2 个或 3 个线性化段后，15 个滤波状态变量均可观测。当运载器开始运动时，由于径向速度的引入，松组合导航系统总的可观测度迅速增大，随着滤波系统的渐近稳定，可观测度逐渐增大，后呈现平稳趋势。由于径向速度与航行器的运动速度相关，其作为直接观测量引入紧组合中，提高了紧组合导航系统总的可观测度，但紧组合可观测度的相对变化量与松组合相比较小，紧组合导航滤波系统的稳定时间仍比松组合长。

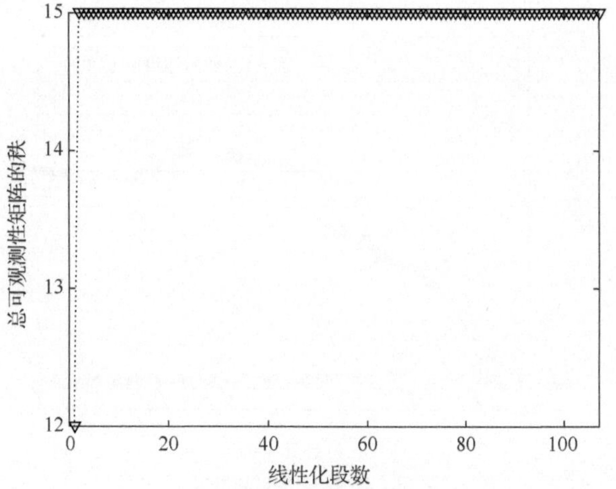

（a）松组合可观测状态维数

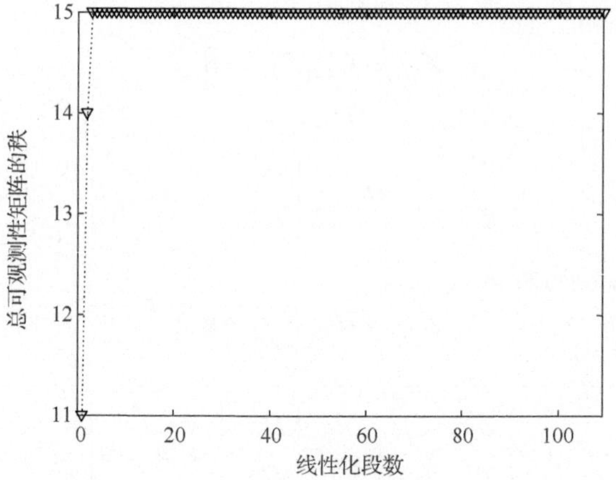

（b）紧组合可观测状态维数

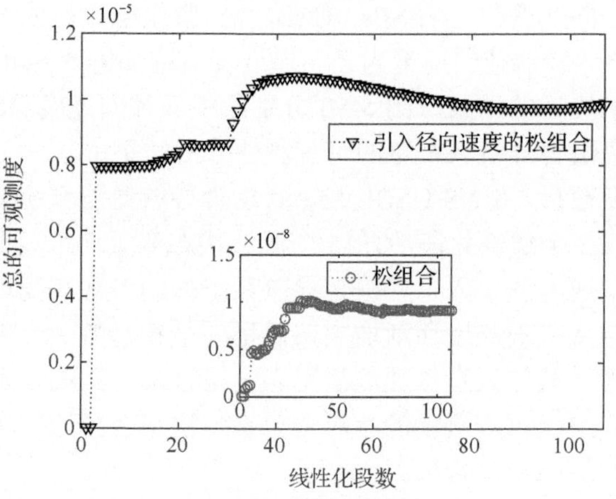

（c）松组合总的可观测度

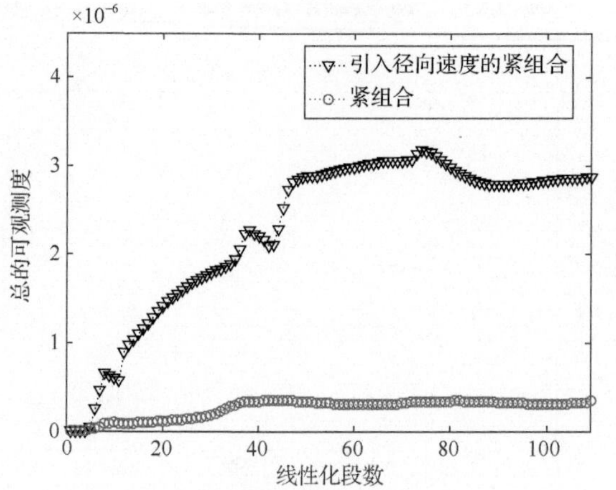

（d）紧组合总的可观测度

图 5-50　不同组合状态下的可观测性

图 5-51～图 5-54 分别是引入径向速度后的 SINS/USBL 松组合和紧组合导航水平东向、北向速度和天向速度，以及水平东向、北向位置和天向位置的仿真结果与运载器实际导航参数比较，以及引入径向速度前后的 SINS/USBL 松、紧组合导航误差。

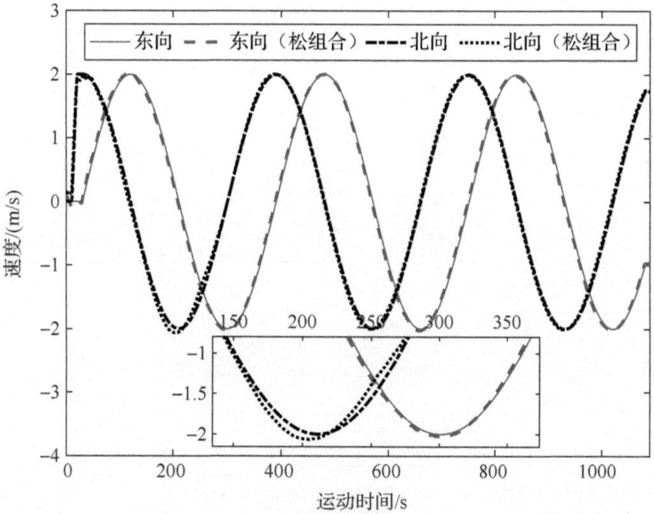

（a）水平速度

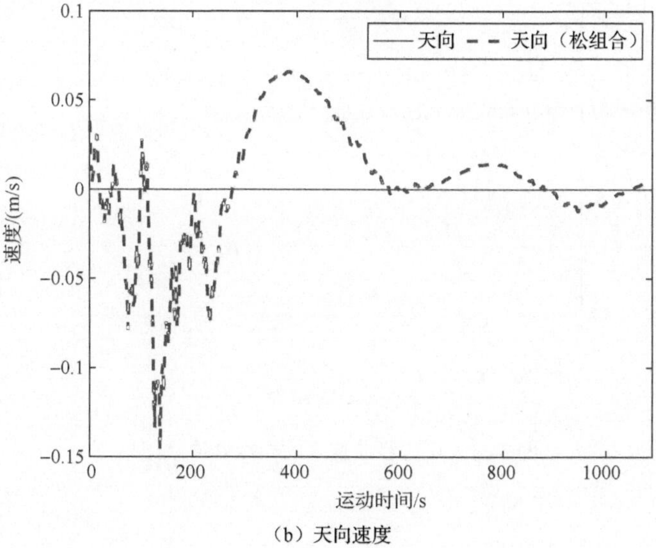

（b）天向速度

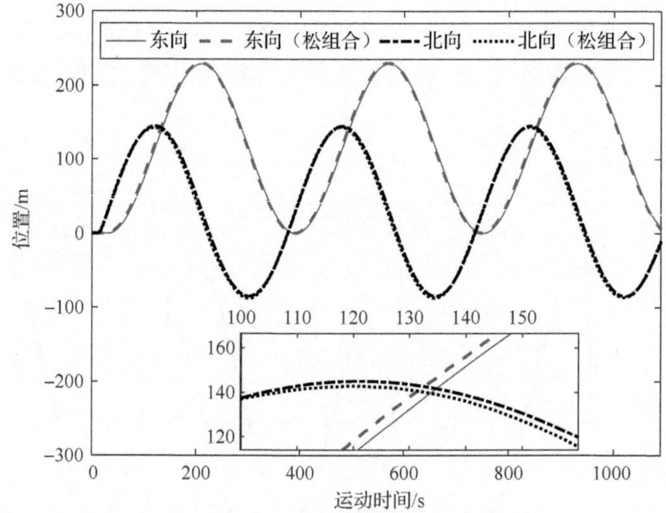

（c）水平位置

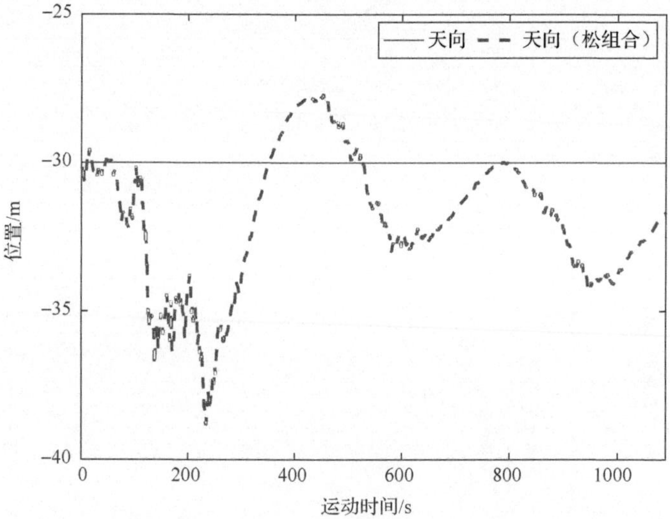

（d）天向位置

图 5-51　引入径向速度的松组合导航结果

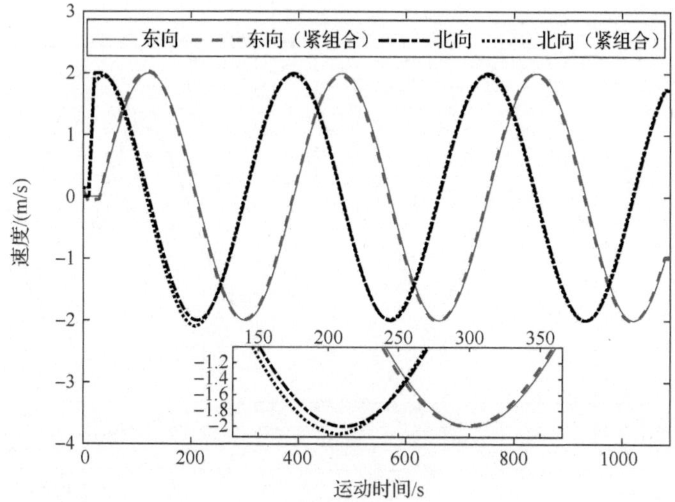
东向
东向（紧组合）
北向
北向（紧组合）
速度/(m/s)
运动时间/s
3
2
1
0
−1
−2
−3
−4
0
200
400
600
800
1000
150
200
250
300
350
−1.2
−1.4
−1.6
−1.8
−2

（a）水平速度

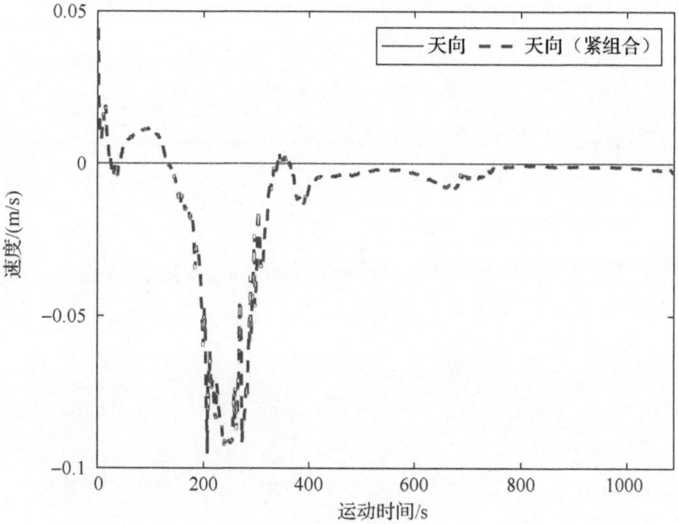
天向
天向（紧组合）
速度/(m/s)
运动时间/s
0.05
0
−0.05
−0.1
0
200
400
600
800
1000

（b）天向速度

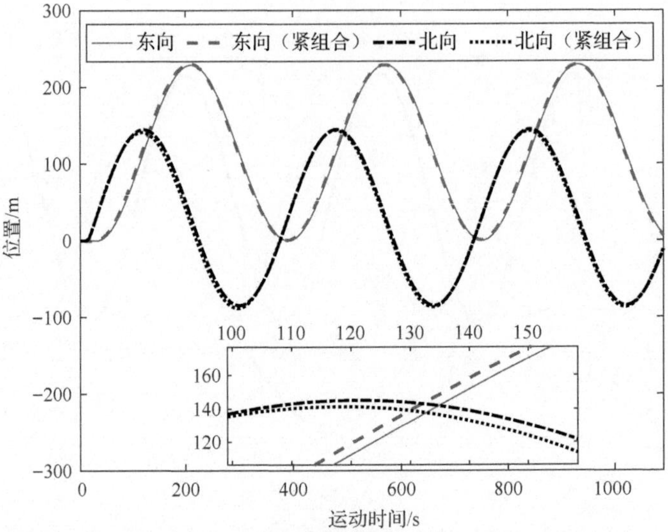

（c）水平位置

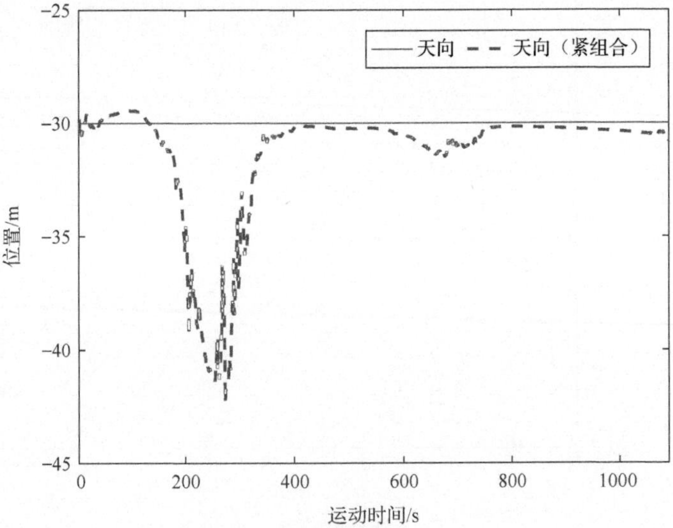

（d）天向位置

图 5-52　引入径向速度的紧组合导航结果

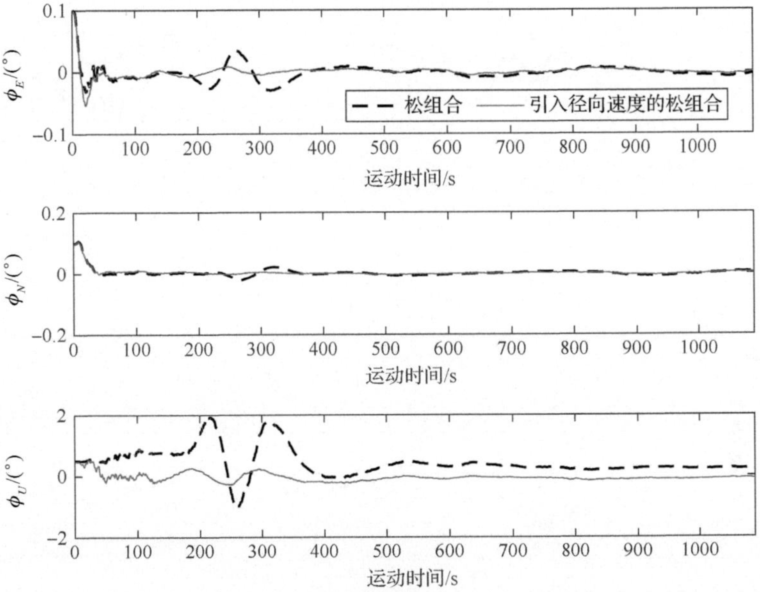
松组合
引入径向速度的松组合
ϕ_E/(°)
ϕ_N/(°)
ϕ_U/(°)
运动时间/s
（a）姿态误差

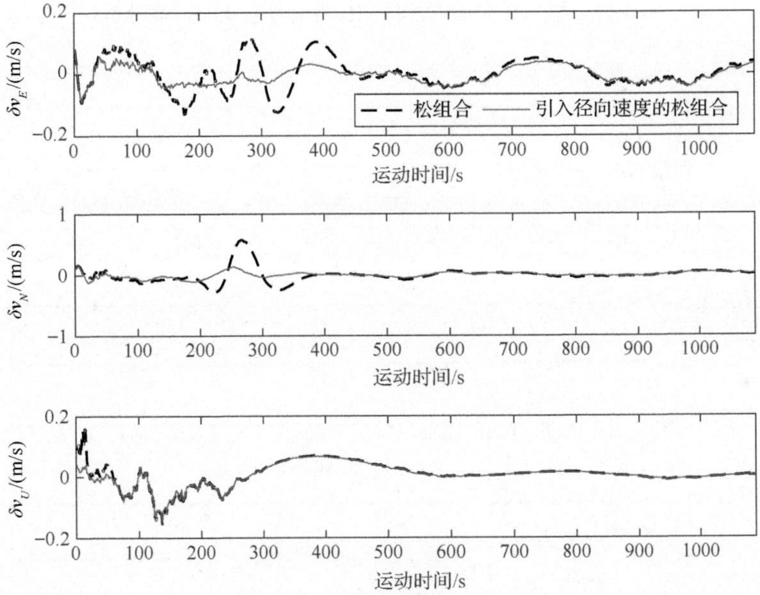
松组合
引入径向速度的松组合
δv_E/(m/s)
δv_N/(m/s)
δv_U/(m/s)
运动时间/s
（b）速度误差

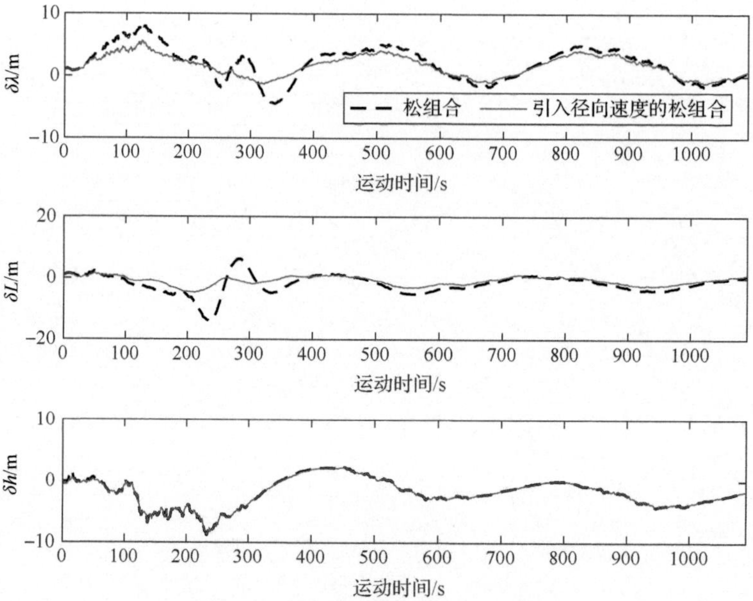

（c）位置误差

图 5-53　引入径向速度前后的松组合导航误差对比分析

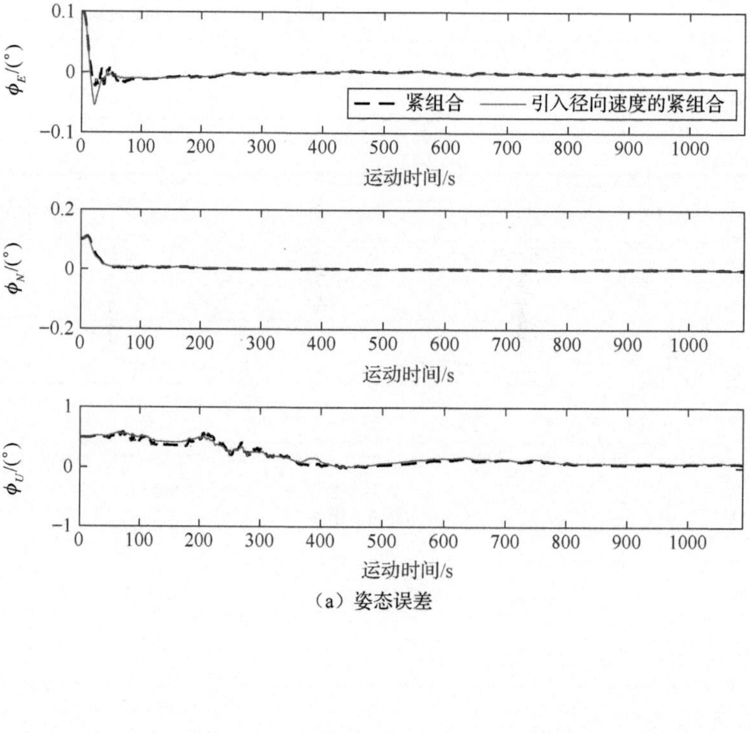

（a）姿态误差

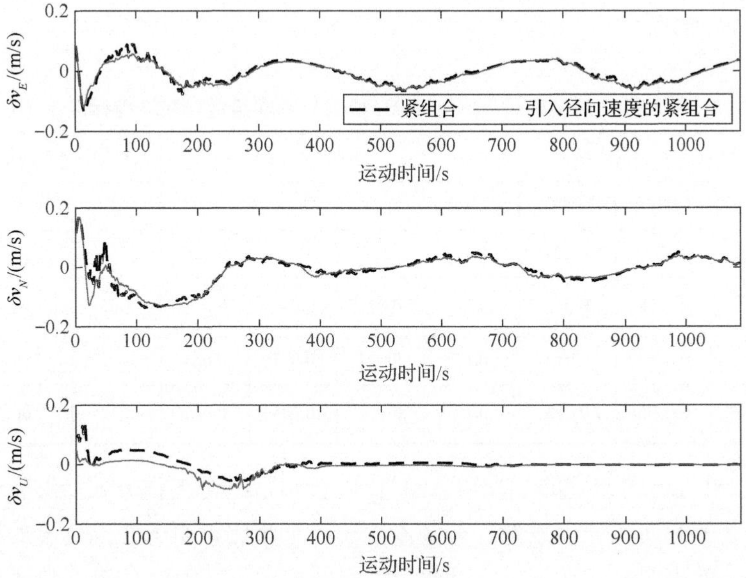

（b）速度误差

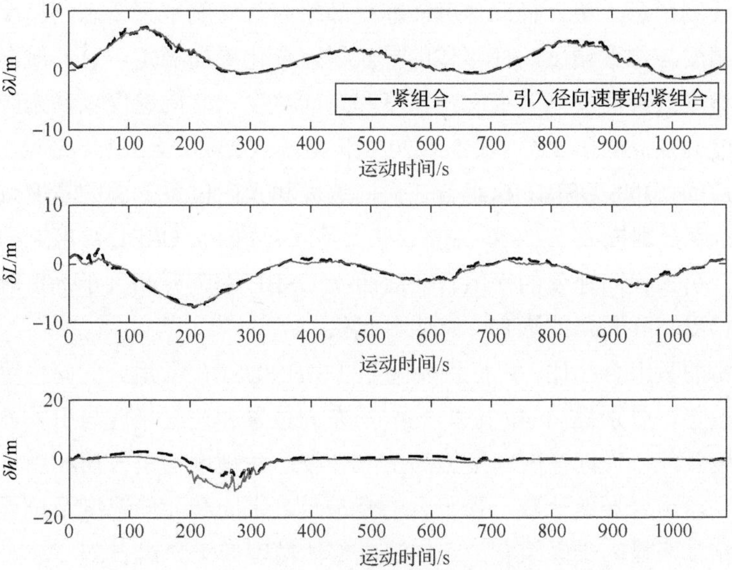

（c）位置误差

图 5-54　引入径向速度前后的紧组合导航误差对比分析

引入径向速度前后的 SINS/USBL 松组合和紧组合导航结果的误差标准差统计如表 5-13 所示。

表 5-13 引入径向速度前后 SINS/USBL 松组合和紧组合导航误差标准差（1σ）

	姿态误差/（°）			速度误差/（m/s）			位置误差/m		
	俯仰角	横滚角	航向角	东向	北向	天向	东向	北向	天向
松组合	0.013	0.014	0.44	0.049	0.11	0.038	2.61	3.12	2.31
松组合（径向速度）	0.0098	0.012	0.13	0.027	0.042	0.036	1.65	1.46	2.28
紧组合	0.0095	0.012	0.17	0.037	0.051	0.023	2.11	2.16	1.63
紧组合（径向速度）	0.0095	0.013	0.16	0.034	0.049	0.020	2.12	2.06	2.39

可见，引入径向速度的 SINS/USBL 松组合和紧组合工作方式能够有效抑制惯性导航误差随时间积累而发散。与基本的松组合相比，引入径向速度的松组合导航性能改善效果明显。在大基阵开角下，斜距增大，USBL 的东向位置和北向位置误差较大，径向速度的引入为水平东向和北向的导航误差参数估计提供了有效的高质量观测信息。引入径向速度能够提高松组合导航水平姿态角精度、东向和北向速度精度与位置精度，使整体的导航误差变化更加稳定，且其航向角精度因北向位置精度改善而提高，姿态角精度和东向速度、北向速度以及东向位置和北向位置精度分别提高了 25%、14%、70%和 45%、62%以及 38%、53%。然而引入径向速度后的 SINS/USBL 松组合在天向速度和天向位置方面的精度改善效果不理想，其精度分别提高 5.2%和 1.3%。在大基阵开角下，USBL 深度方向的观测量误差较大，引入径向速度的松组合在后两次 USBL 基阵开角大于 80° 时的天向位置稳定性仍受基阵开角的影响，有明显起伏。

与基本的紧组合相比，引入径向速度的 SINS/USBL 紧组合北向位置和速度精度有稍许改善，分别提高 4.6%和 3.9%，东向位置和速度精度与引入前相当，天向位置精度较差，天向速度精度提高 13%，姿态角精度与引入前相当。引入径向速度的松、紧组合导航比较，松组合的姿态角、东向和北向速度及位置、天向位置的整体精度明显高于紧组合，天向速度整体精度低于紧组合。

2. 改进的 SINS/USBL 组合导航滤波系统

USBL 测量声信号在信标和基阵之间的传播时延、时延差及运载器与信标连线的径向运动速度，根据声学解算有无三维位置坐标的实数解来判断 USBL 定位是否有效。为了满足天向导航参数的精度需求，减小 SINS 天向速度误差，提高天向位置误差的可观测性，需要合理地选择基阵开角门限，在 SINS/USBL 组合导航滤波系统中输入有效的天向观测信息。

改进的 SINS/USBL 组合导航实施方案如图 5-55 所示，该工作方式具体实现方法为：若判断 USBL 工作无效，或者有效但 USBL 计算基阵开角大于 80°，则将 USBL 计算的信标在基阵坐标系下 x_a 轴和 y_a 轴方向的位置和径向速度与 SINS 转换的信标在基阵坐标系下的水平位置和径向速度进行组合，作为组合导航扩展卡尔曼滤波器的观测信息来修正 SINS 的导航输出；若判断 USBL 工作有效，且 USBL 计算基阵开角小于 80°，则采用引入径向速度的松组合导航工作方式。

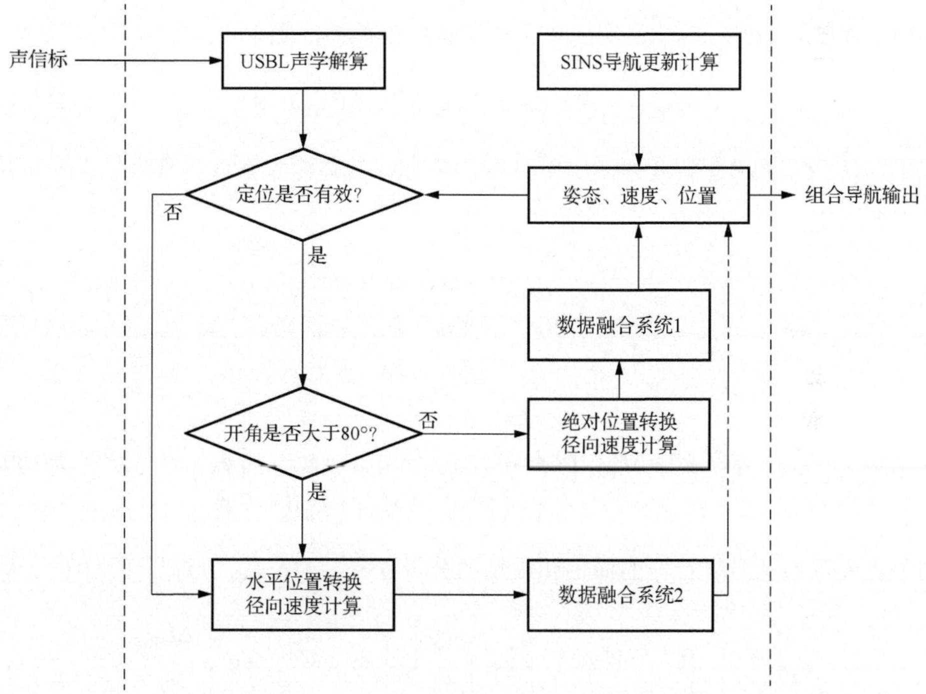

图 5-55　改进的 SINS/USBL 组合导航实施方案

改进的 SINS/USBL 组合方式中，系统状态变量与松组合相同，状态方程为

$$\dot{\boldsymbol{X}}(t)=\boldsymbol{F}(t)\boldsymbol{X}(t)+\boldsymbol{w}(t) \tag{5-174}$$

水平位置观测方程：USBL 计算信标在基阵坐标系（a 系）下的水平位置为 $\boldsymbol{x}_{\text{USBL}}^a=[x_{\text{USBL}}^a \quad y_{\text{USBL}}^a]^{\text{T}}$，则

$$\boldsymbol{x}_{\text{USBL}}^a=\boldsymbol{x}-\boldsymbol{n} \tag{5-175}$$

式中，$\boldsymbol{x}$ 是基阵坐标系下位置真值；$\boldsymbol{n}$ 是 USBL 声学解算时的高斯白噪声矢量。

SINS 计算运载器的位置 $\boldsymbol{P}_{\text{SINS}}$ 与信标位置 $\boldsymbol{P}_{\text{信标}}$ 之差为 $\Delta\boldsymbol{P}_{\text{信标}}=\begin{bmatrix}\Delta L_{\text{信标}} & \Delta\lambda_{\text{信标}} & \Delta h_{\text{信标}}\end{bmatrix}^{\mathrm{T}}$，则

$$\Delta\boldsymbol{P}_{\text{信标}}=\boldsymbol{P}_{\text{信标}}-\boldsymbol{P}_{\text{SINS}} \tag{5-176}$$

将 $\Delta\boldsymbol{P}_{\text{信标}}$ 转换到载体坐标系下，得到对应信标在载体坐标系下的直角坐标形式 $\boldsymbol{X}_{\text{SINS}}^{b'}$，本节假设基阵坐标系与载体坐标系无安装偏差，则信标在基阵坐标系下的位置 $\boldsymbol{X}_{\text{SINS}}^{a}$ 为

$$\boldsymbol{X}_{\text{SINS}}^{a}=\boldsymbol{X}_{\text{SINS}}^{b'}=\boldsymbol{C}_{n}^{b'}\boldsymbol{C}_{e}^{n}\boldsymbol{A}\Delta\boldsymbol{P}_{\text{信标}} \tag{5-177}$$

式中，$\boldsymbol{X}_{\text{SINS}}^{a}=[x_{\text{SINS}}^{a} \quad y_{\text{SINS}}^{a} \quad z_{\text{SINS}}^{a}]^{\mathrm{T}}$。考虑失准角误差，则

$$\boldsymbol{X}_{\text{SINS}}^{a}=\boldsymbol{X}_{\text{SINS}}^{b'}=\boldsymbol{X}+\left(\boldsymbol{C}_{n}^{b'}\boldsymbol{C}_{e}^{n}\boldsymbol{A}\Delta\boldsymbol{P}_{\text{信标}}\right)\times\boldsymbol{\phi} \tag{5-178}$$

式中，$\left(\boldsymbol{C}_{n}^{b'}\boldsymbol{C}_{e}^{n}\boldsymbol{A}\Delta\boldsymbol{P}_{\text{信标}}\right)\times\boldsymbol{\phi}$ 为 SINS 计算的信标在载体坐标系（基阵坐标系）下位置误差，记

$$\left(\boldsymbol{C}_{b'}^{n}\right)^{\mathrm{T}}\boldsymbol{C}_{e}^{n}\boldsymbol{A}=\begin{bmatrix} g_{11} & g_{12} & g_{13} \\ g_{21} & g_{22} & g_{23} \\ g_{31} & g_{32} & g_{33} \end{bmatrix} \tag{5-179}$$

$$\left(\boldsymbol{C}_{n}^{b'}\boldsymbol{C}_{e}^{n}\boldsymbol{A}\Delta\boldsymbol{P}_{\text{信标}}\right)\times\boldsymbol{\phi}=\begin{bmatrix} 0 & -z_{\text{SINS}}^{a} & -y_{\text{SINS}}^{a} \\ z_{\text{SINS}}^{a} & 0 & x_{\text{SINS}}^{a} \\ y_{\text{SINS}}^{a} & -x_{\text{SINS}}^{a} & 0 \end{bmatrix}\begin{bmatrix} \phi_{E} \\ \phi_{N} \\ \phi_{U} \end{bmatrix} \tag{5-180}$$

则上述位置误差沿航行器的横轴和纵轴的分量 $\delta\boldsymbol{x}_{\text{SINS}}^{a}=[\delta x_{\text{SINS}}^{a} \quad \delta y_{\text{SINS}}^{a}]^{\mathrm{T}}$ 为

$$\delta\boldsymbol{x}_{\text{SINS}}^{a}=\begin{bmatrix} 0 & -z_{\text{SINS}}^{a} & -y_{\text{SINS}}^{a} \\ z_{\text{SINS}}^{a} & 0 & x_{\text{SINS}}^{a} \end{bmatrix}\begin{bmatrix} \phi_{x} \\ \phi_{y} \\ \phi_{z} \end{bmatrix}+\begin{bmatrix} g_{11} & g_{12} & g_{13} \\ g_{21} & g_{22} & g_{23} \end{bmatrix}\begin{bmatrix} \Delta L_{\text{信标}} \\ \Delta\lambda_{\text{信标}} \\ \Delta h_{\text{信标}} \end{bmatrix} \tag{5-181}$$

式中，

$$\boldsymbol{E}=\begin{bmatrix} 0 & -z_{\text{SINS}}^{a} & -y_{\text{SINS}}^{a} \\ z_{\text{SINS}}^{a} & 0 & x_{\text{SINS}}^{a} \end{bmatrix} \tag{5-182}$$

$$\boldsymbol{G}=\begin{bmatrix} g_{11} & g_{12} & g_{13} \\ g_{21} & g_{22} & g_{23} \end{bmatrix} \tag{5-183}$$

则滤波观测量 $\delta \boldsymbol{x}$ 为

$$\delta \boldsymbol{x}=\begin{bmatrix} x_{\mathrm{SINS}}^{a} \\ y_{\mathrm{SINS}}^{a} \end{bmatrix}-\begin{bmatrix} x_{\mathrm{USBL}}^{a} \\ y_{\mathrm{USBL}}^{a} \end{bmatrix}=\delta \boldsymbol{x}_{\mathrm{SINS}}^{a}+\boldsymbol{n} \tag{5-184}$$

$k+1$ 时刻的观测方程为

$$\boldsymbol{Z}_{k+1}^{a}=\boldsymbol{H}_{k+1}^{a}\boldsymbol{X}_{k+1}+\boldsymbol{n}_{k+1}^{a} \tag{5-185}$$

式中，$\boldsymbol{H}_{k+1}^{a}=[-\boldsymbol{E} \quad \boldsymbol{0}_{2\times3} \quad \boldsymbol{G} \quad \boldsymbol{0}_{2\times3}]$；$\boldsymbol{n}_{k+1}^{a}$ 为扩展卡尔曼滤波系统观测噪声矢量。

改进组合方式观测方程：扩展卡尔曼滤波观测方程为

$$\boldsymbol{Z}_{k+1}=\boldsymbol{H}_{k+1}\boldsymbol{X}_{k+1}+\boldsymbol{n}_{k+1} \tag{5-186}$$

当 USBL 定位无效或基阵开角大于 80°时，有

$$\boldsymbol{Z}_{k+1}=\begin{bmatrix} Z_{k+1}^{r} \\ Z_{k+1}^{b} \end{bmatrix},\quad \boldsymbol{H}_{k+1}=\begin{bmatrix} H_{k+1}^{r} \\ H_{k+1}^{b} \end{bmatrix},\quad \boldsymbol{n}_{k+1}=\begin{bmatrix} n_{k+1}^{r} \\ n_{k+1}^{b} \end{bmatrix} \tag{5-187}$$

当 USBL 输出有效定位数据且基阵开角小于 80°时，有

$$\boldsymbol{Z}_{k+1}=\begin{bmatrix} Z_{k+1}^{r} \\ Z_{k+1}^{1} \end{bmatrix},\quad \boldsymbol{H}_{k+1}=\begin{bmatrix} H_{k+1}^{r} \\ H_{k+1}^{1} \end{bmatrix},\quad \boldsymbol{n}_{k+1}=\begin{bmatrix} n_{k+1}^{r} \\ n_{k+1}^{1} \end{bmatrix} \tag{5-188}$$

改进的 SINS/USBL 组合导航工作方式切换使得时变系统的可观测性分析更为严格，本节将线性化段时长 Δt_j 设置为 1s，因此改进的组合导航系统在进行可观测性分析时总段数为 1090，系统总的可观测矩阵的秩和总的可观测度变化如图 5-56 所示。

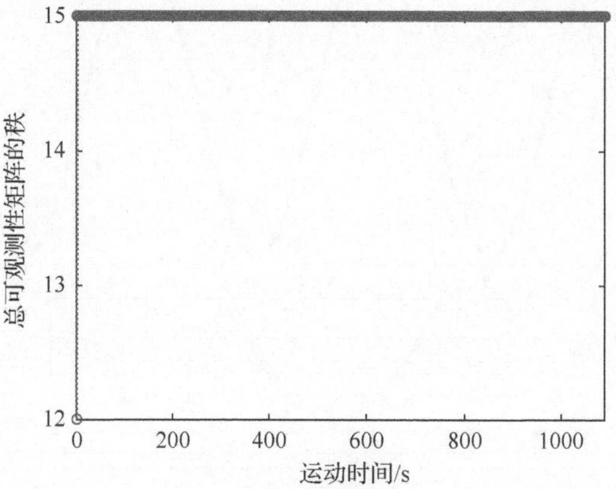

（a）可观测状态维数

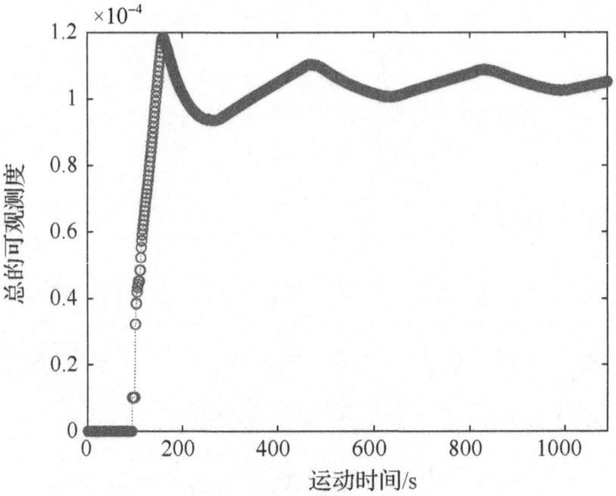

（b）总的可观测度

图 5-56 改进的组合导航系统可观测性分析

结果表明，初始阶段系统总的可观测维数变化和可观测度大小变化与引入径向速度的松组合相同，随着 USBL 的基阵开角逐渐增大，组合工作方式发生切换。结果表明，以位置信息和径向速度信息作为直接观测量极大地提高了系统的可观测度。当运载器保持右转弯状态运动时，系统的可观测度变化与运载器、信标之间的相对位置有关，整体变化平稳，滤波器开始进入稳定状态。

改进的 SINS/USBL 组合导航工作方式的仿真结果与运载器实际导航参数的对比如图 5-57 所示。引入径向速度的 SINS/USBL 松组合、紧组合及本方法的姿态误差、速度误差和位置误差变化曲线如图 5-58 所示。

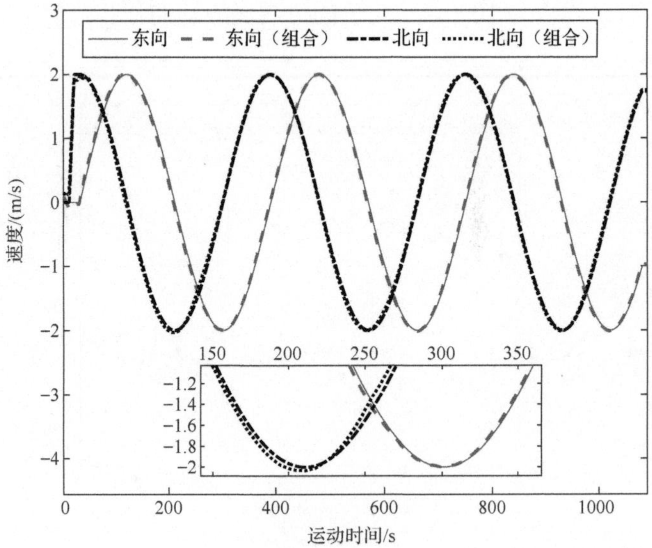

（a）水平速度

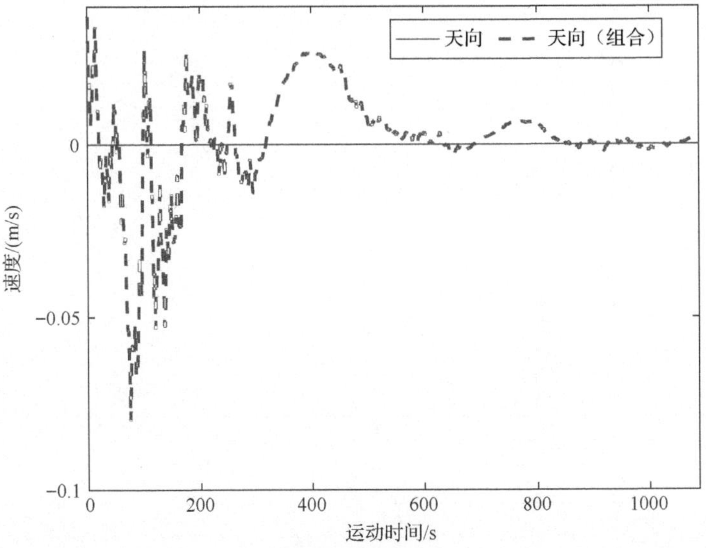
天向
天向（组合）
速度/(m/s)
0
−0.05
−0.1
0
200
400
600
800
1000
运动时间/s

（b）天向速度

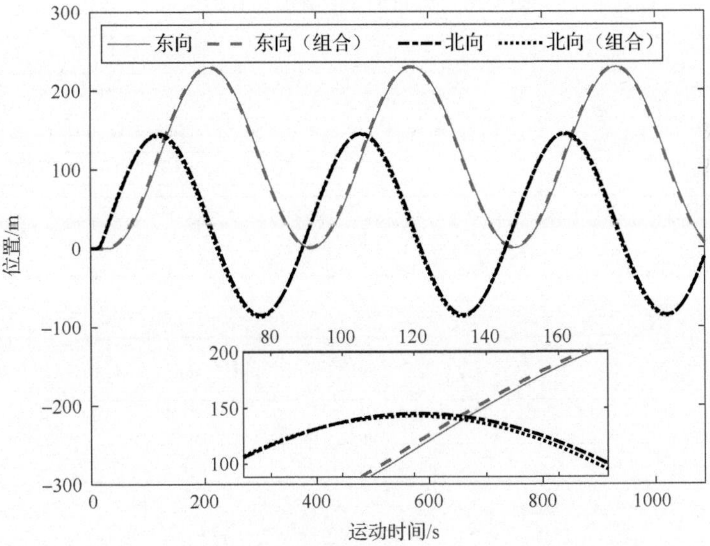
东向
东向（组合）
北向
北向（组合）
位置/m
300
200
100
0
−100
−200
−300
0
200
400
600
800
1000
运动时间/s
80
100
120
140
160
200
150
100

（c）水平位置

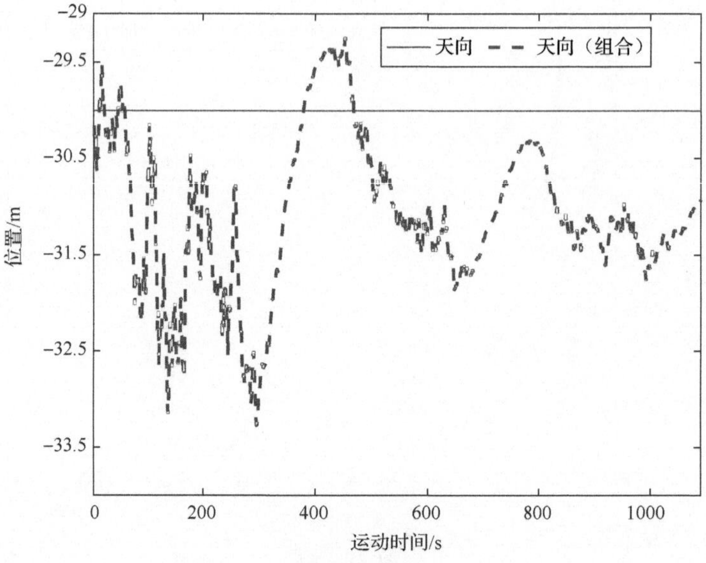

（d）天向位置

图 5-57　改进的组合导航仿真结果

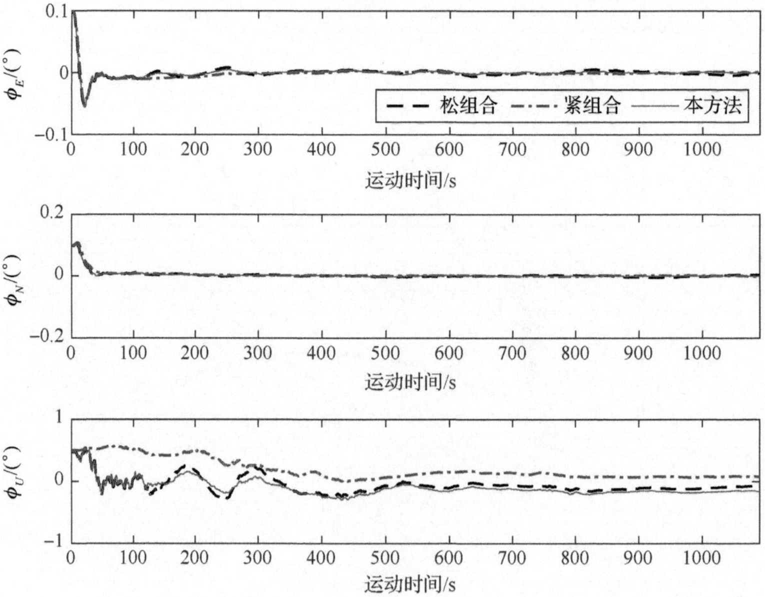

（a）姿态误差

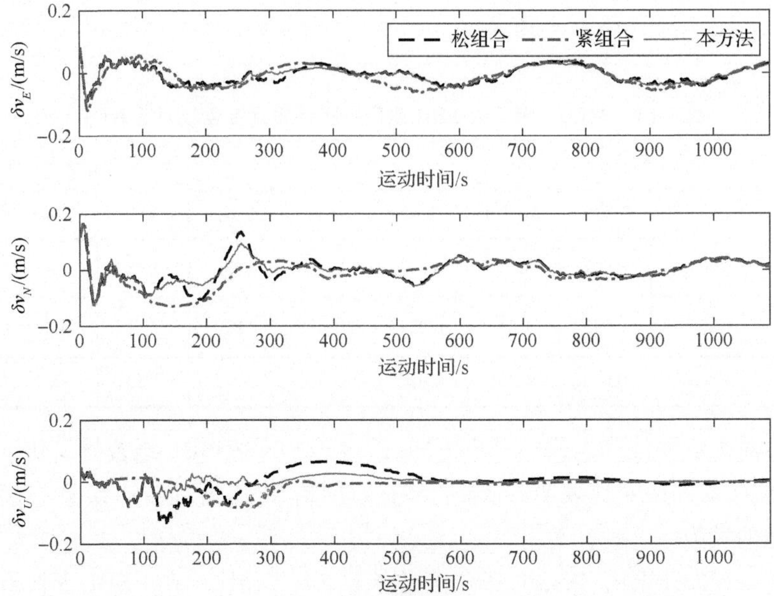

（b）速度误差

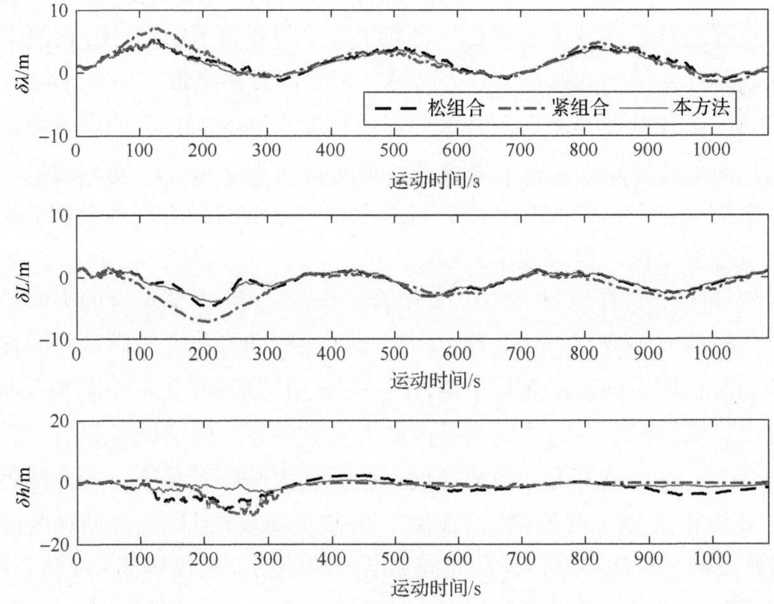

（c）位置误差

图 5-58　引入径向速度后改进的组合导航误差对比分析

将引入径向速度的 SINS/USBL 松组合、紧组合导航与本方法的组合导航仿真结果误差标准差统计如表 5-14 所示。

表 5-14　改进的 SINS/USBL 组合导航误差标准差统计（1σ）

	姿态误差/（°）			速度误差/（m/s）			位置误差/m		
	俯仰角	横滚角	航向角	东向	北向	天向	东向	北向	天向
松组合（径向速度）	0.0098	0.012	0.13	0.027	0.042	0.036	1.65	1.46	2.28
紧组合（径向速度）	0.0095	0.013	0.16	0.034	0.049	0.020	2.12	2.06	2.39
本方法	0.0095	0.012	0.13	0.026	0.036	0.015	1.54	1.39	0.80

通过对上述曲线和表格的分析可知：改进的 SINS/USBL 组合导航仿真结果与 SINS 导航仿真结果对比表明，前者能够有效抑制 SINS 导航姿态误差、速度误差、位置误差的发散。

与引入径向速度的 SINS/USBL 松组合工作方式相比：在 USBL 基阵开角较小时，本方法的导航误差大小与变化趋势和松组合相同；当基阵开角大于 80°或 USBL 工作无效时，由于本方法采用 USBL 和 SINS 计算的信标在载体坐标系下的水平方向位置差及径向速度差组合，舍弃了大基阵开角下的 USBL 深度方向定位结果，在基阵开角第一次接近 90°方向时，天向位置精度最大提高 6.4m，仿真时间段内的天向位置精度提高 65%，天向速度精度提高 58%，其他导航参数精度也都有提高，如东向位置、北向位置精度分别提高 6.7%、4.8%，东向速度、北向速度精度分别提高 3.7%、14.3%。姿态误差上，本方法的姿态误差变化平稳，航向角误差收敛速度更快，但收敛精度较低。

与引入径向速度的 SINS/USBL 紧组合工作方式相比，紧组合的天向通道在滤波尚未稳定时的误差变化起伏明显。由于本方法初始时具有天向误差的直接观测信息，故滤波初期天向误差变化平稳，且在 USBL 基阵开角第一次接近 90°时的导航精度没有受到影响，仿真时间段内的天向位置导航精度提高 66%，天向速度精度提高 25%。在东向和北向位置方面，由于在大基阵开角下，本方法仍然使用了信标在 x_b 轴和 y_b 轴方向的位置信息作为滤波观测量，且因为径向速度信息的引入，使得滤波器对东向导航误差和北向导航误差的估计精度提高。在仿真时间内，东向位置精度、北向位置精度分别提高 27%、33%，东向速度精度、北向速度精度分别提高 24%、27%。姿态误差方面，俯仰角和横滚角的导航精度与紧组合相当，航向角误差的收敛速度更快。

参考文献

[1] Titterton D H, Weston J L. 捷联惯性导航技术[M]. 2 版. 张天光, 王秀萍, 等译. 北京: 国防工业出版社, 2007.

[2] 黄德鸣, 程禄. 惯性导航系统[M]. 北京: 国防工业出版社, 1986.

[3] 严恭敏, 翁浚. 捷联惯导算法与组合导航原理[M]. 西安: 西北工业大学出版社, 2019.

[4] 刘明雍. 水下航行器协同导航技术[M]. 北京: 国防工业出版社, 2014.

[5] 中国科学技术协会. 惯性技术学科发展报告[R]. 北京: 中国科学技术出版社, 2010.

[6] Kalman R E. A new approach to linear filtering and prediction problems[J]. Journal of Basic Engineering, 1960, 82(1): 35-45.

[7] 秦永元, 张洪钺, 王叔华. 卡尔曼滤波与组合导航原理[M]. 西安: 西北工业大学出版社, 2012.

[8] Ribeiro M I. Kalman and extended Kalman filters: Concept, derivation and properties[J]. Institute for Systems and Robotics, 2004, 43(46): 3736-3741.

[9] Julier S J, Uhlmann J K. Unscented filtering and nonlinear estimation[J]. Proceedings of the IEEE, 2004, 92(3): 401-422.

[10] Arasaratnam I, Haykin S. Cubature Kalman filters[J]. IEEE Transactions on Automatic Control, 2009, 54(6): 1254-1269.

[11] Arulampalam M S, Maskell S, Gordon N, et al. A tutorial on particle filters for online nonlinear/non-Gaussian Bayesian tracking[J]. IEEE Transactions on Signal Processing, 2002, 50(2): 174-188.

[12] 高胜峰, 陈建华, 朱海. SINS/LBL 组合导航序贯滤波方法[J]. 仪器仪表学报, 2017, 38(5): 1071-1078.

[13] 彭瀚, 程婷. 基于预测信息的量测转换序贯滤波目标跟踪[J]. 系统工程与电子技术, 2019, 41(3): 549-554.

索 引

K

L

M

P

Q

S

T

W

X

Y

彩　图

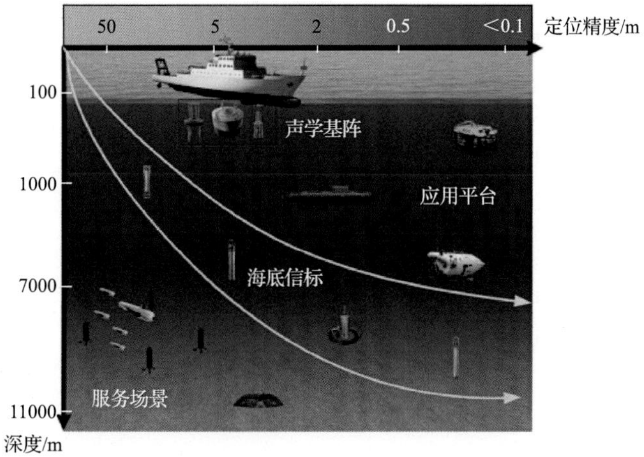

图 1-2　不同深度、不同作业任务的潜水器

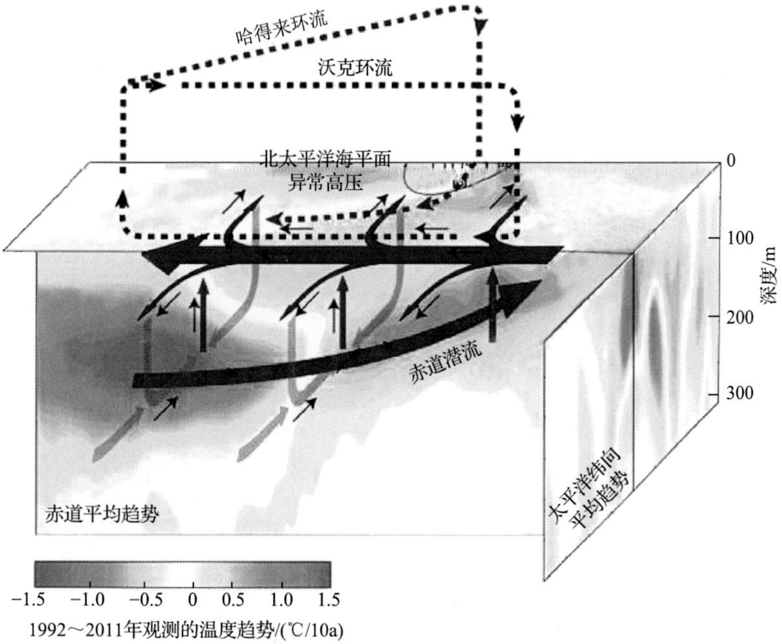

（b）海水流动与海水温度关系图

图 1-3　太阳照射和海水流动与海水温度关系

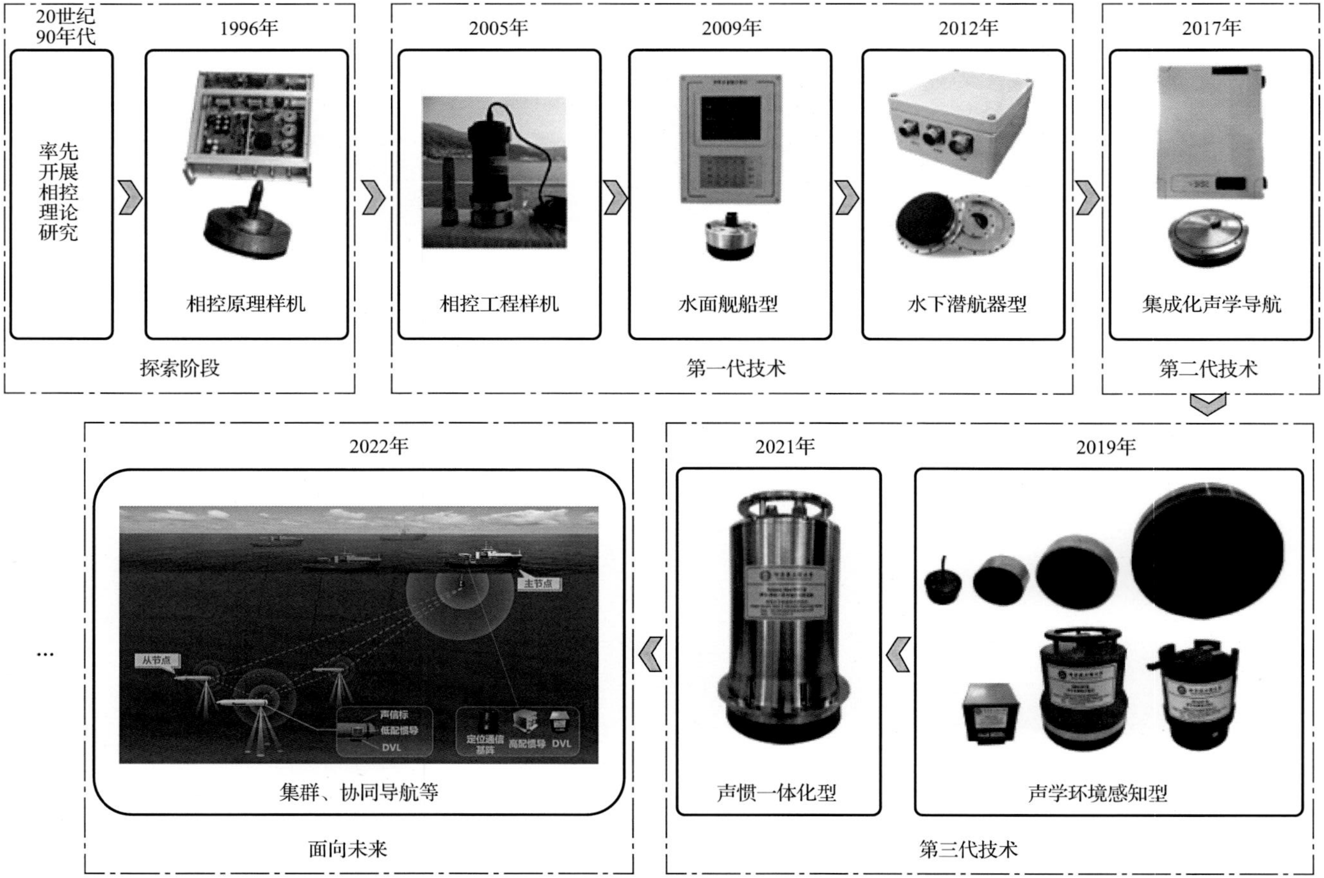

图 1-11　哈尔滨工程大学相控测速技术发展历程

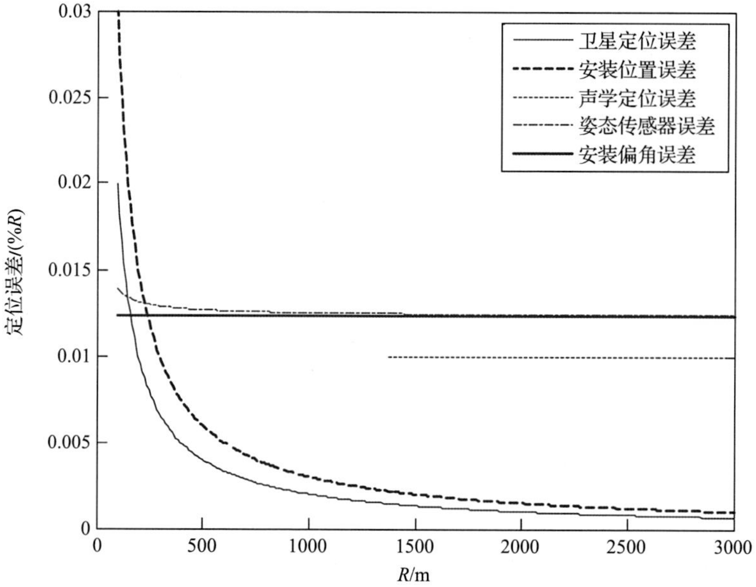

图 2-5　各误差源产生的定位误差

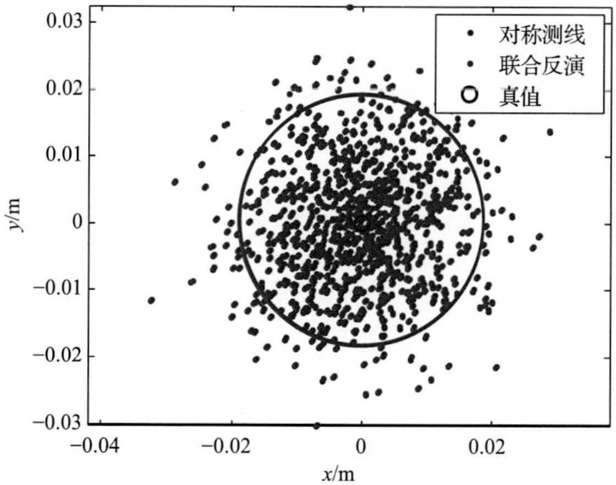

（a）声信标水平定位结果

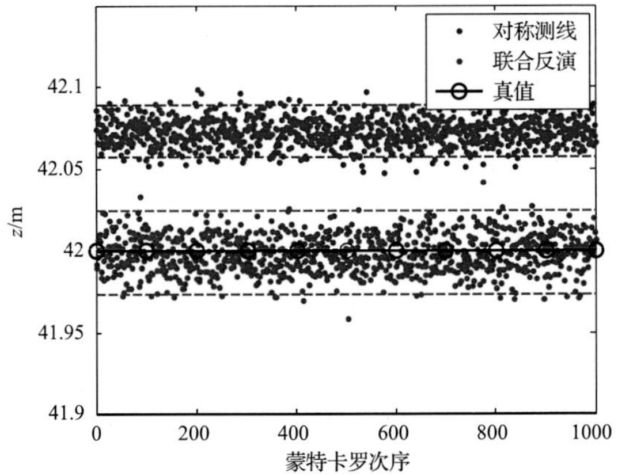

（b）声信标深度定位结果

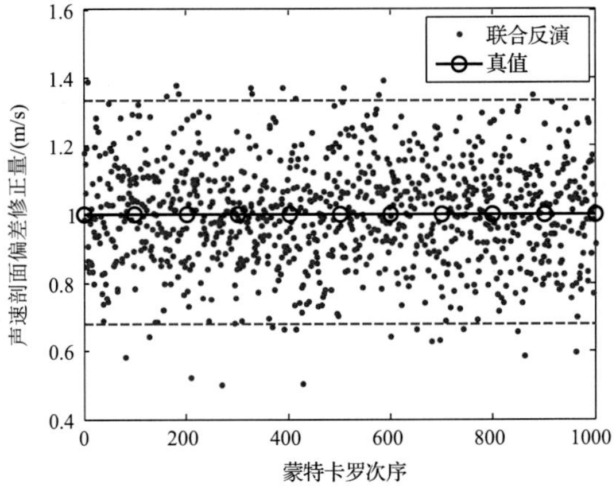

（c）声速误差估计结果

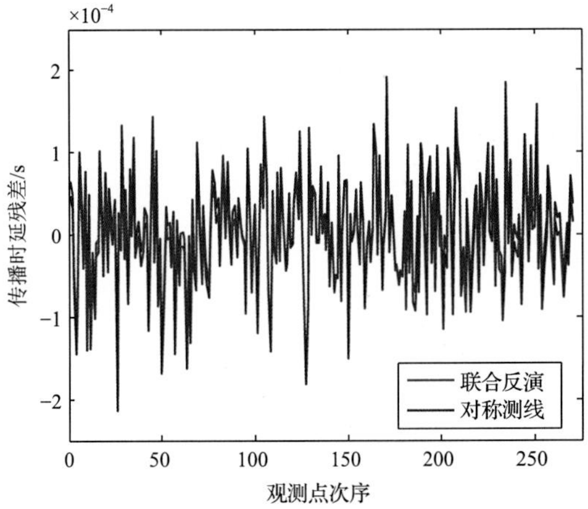

（d）传播时延残差

图 3-8　两种方法的仿真结果

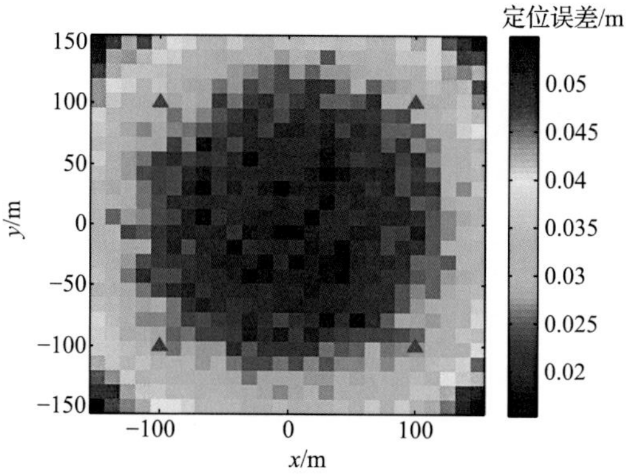

（a）目标静止时的定位误差

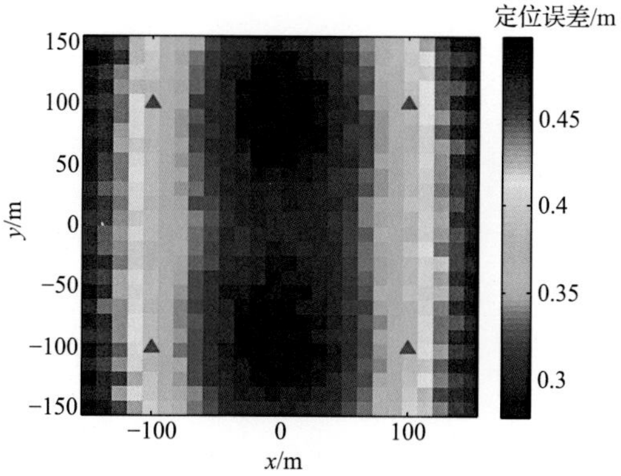

（b）目标运动时的定位误差

图 3-12　静止模型对静止与运动目标的定位误差

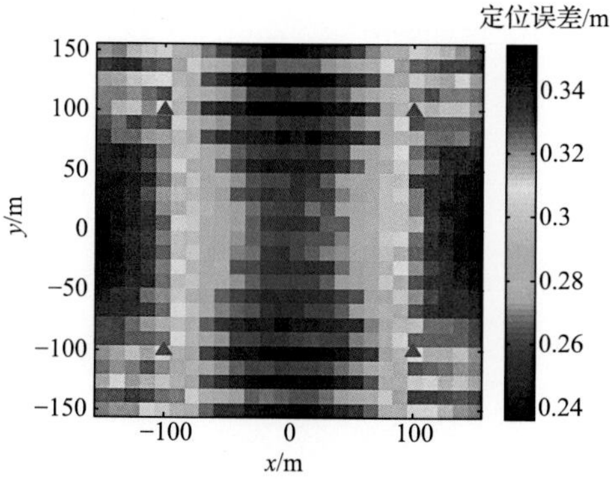

（a）静态模型定位误差

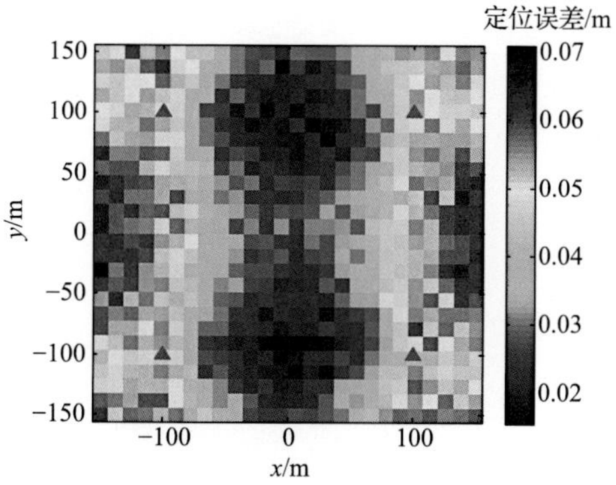

（b）运动补偿算法定位误差

图 3-13　两种方法对运动目标定位误差对比

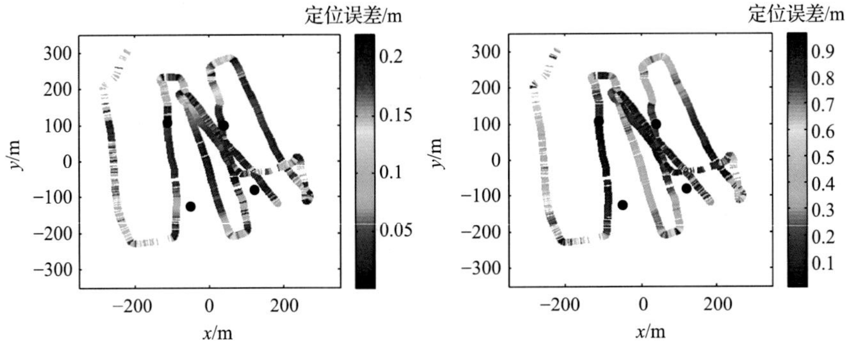

（a）运动补偿算法定位误差　　　　（b）静态模型定位误差

图 3-15　两种方法对湖试运动目标定位误差空间分布

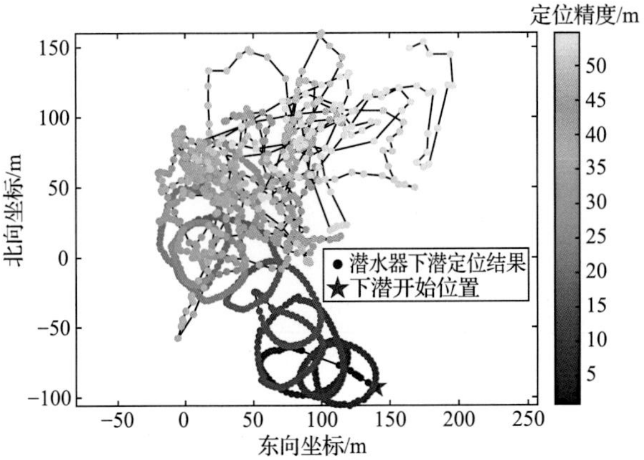

（a）定位结果

图 3-19　FDZ027 潜次下潜过程中 USBL 定位结果

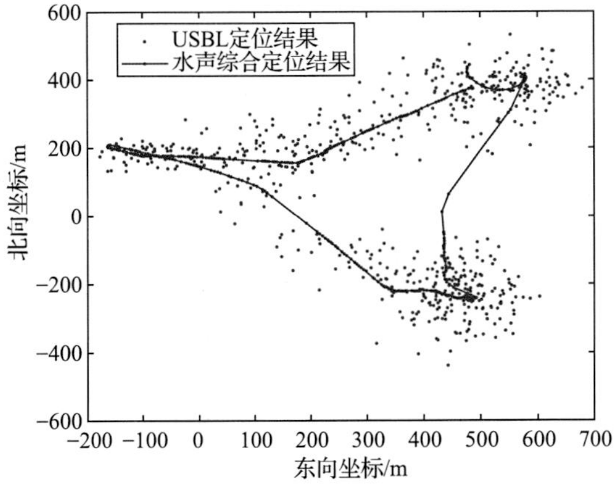

（a）“奋斗者”号海底航行

图 3-20　水声综合定位结果和 USBL 定位结果

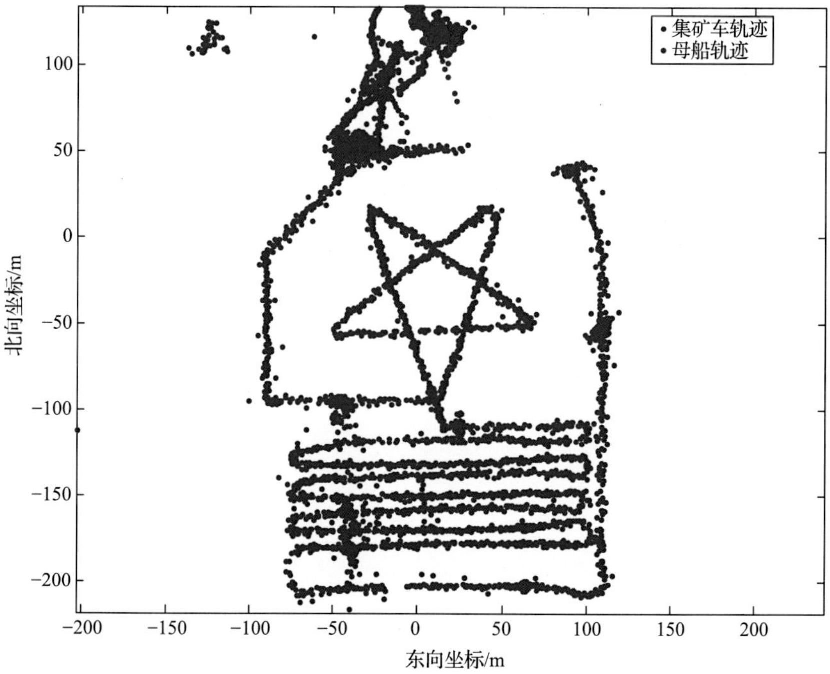

图 3-23　集矿车综合定位结果

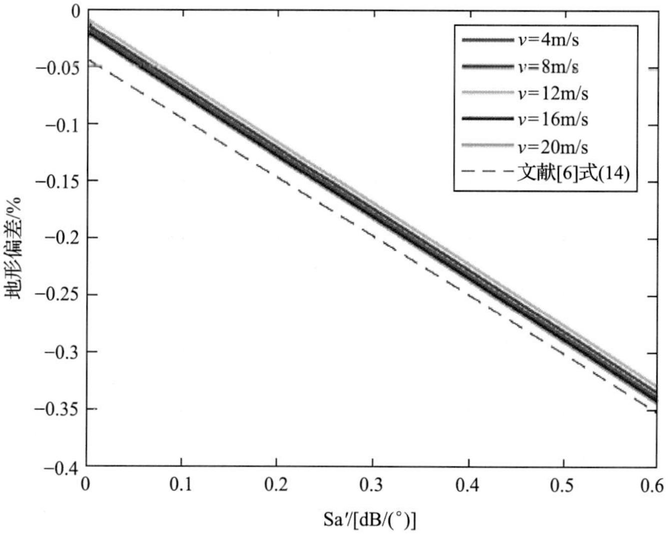

图 4-29　地形偏差随声散射参数 Sa′ 变化结果

虚线：文献[6]。实线：本节偏差式（4-110）

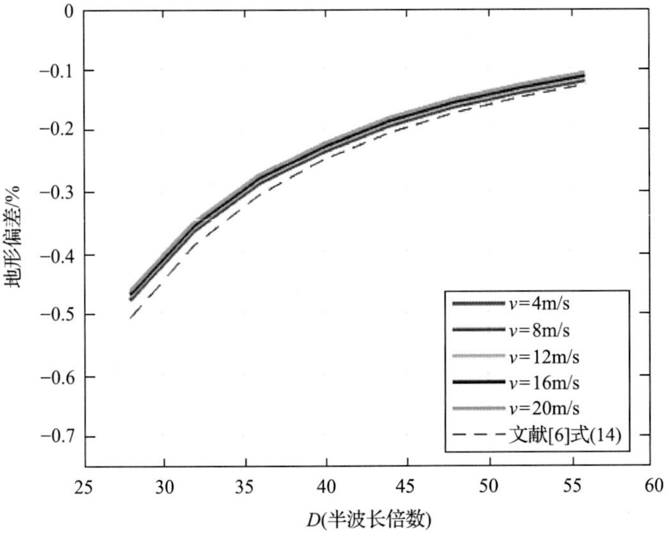

图 4-30　地形偏差随换能器直径变化结果

虚线：文献[6]。实线：本节偏差式（4-110）

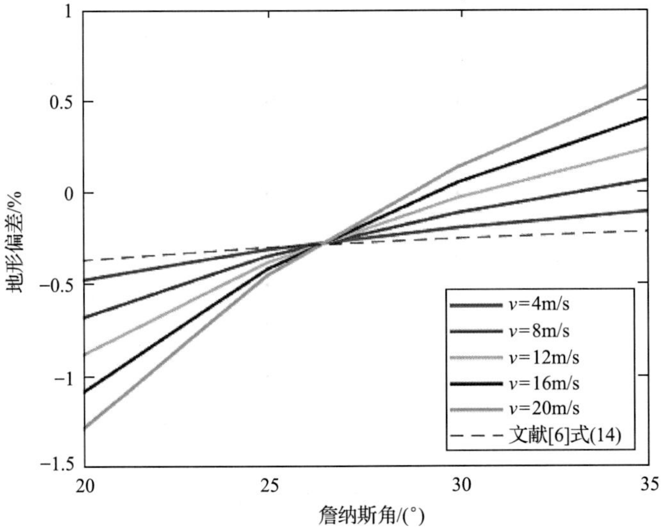

图 4-31　地形偏差随詹纳斯角变化结果

虚线：文献[6]。实线：本节偏差式（4-110）

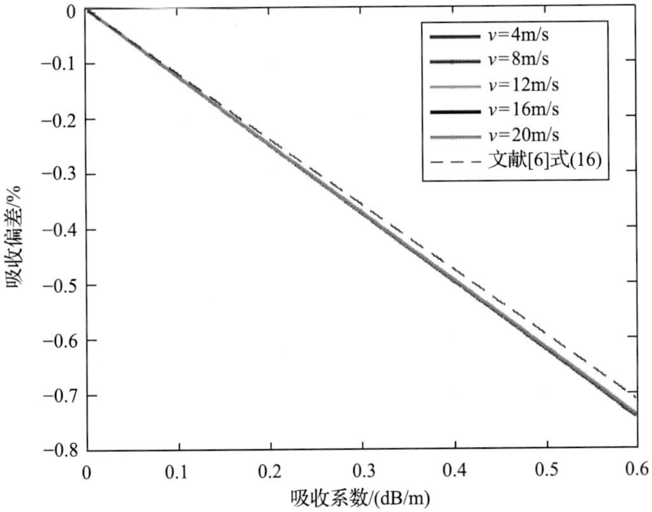

图 4-32　吸收偏差随吸收系数变化结果

虚线：文献[6]。实线：本节偏差式（4-110）

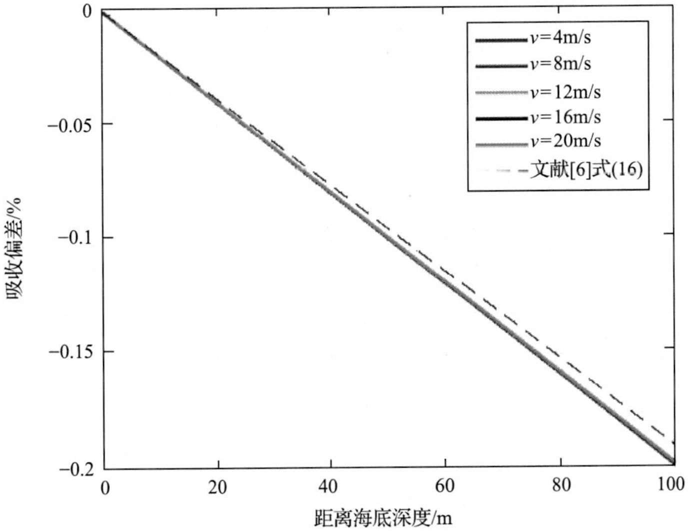

图 4-33　吸收偏差随深度变化结果

虚线：文献[6]。实线：本节偏差式（4-110）

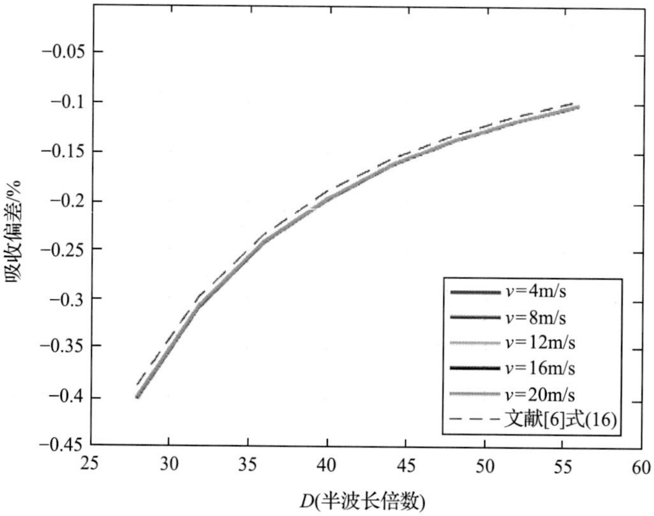

图 4-34　吸收偏差随换能器直径变化结果

虚线：文献[6]。实线：本节偏差式（4-110）

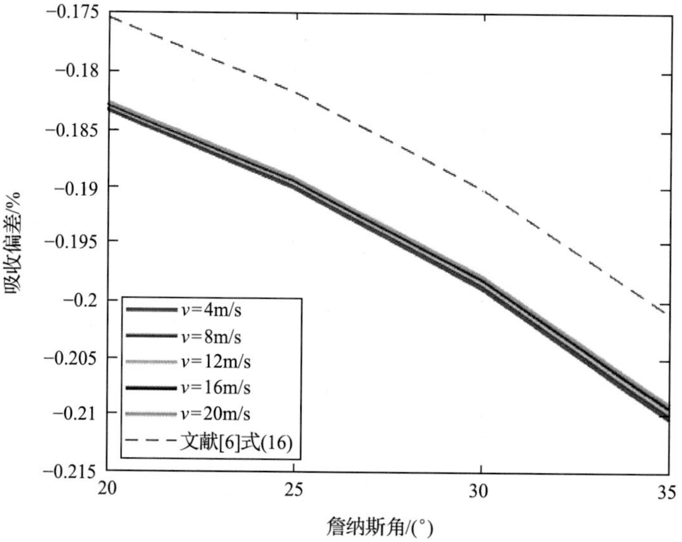

图 4-35　吸收偏差随詹纳斯角变化结果

虚线：文献[6]。实线：本节偏差式（4-110）

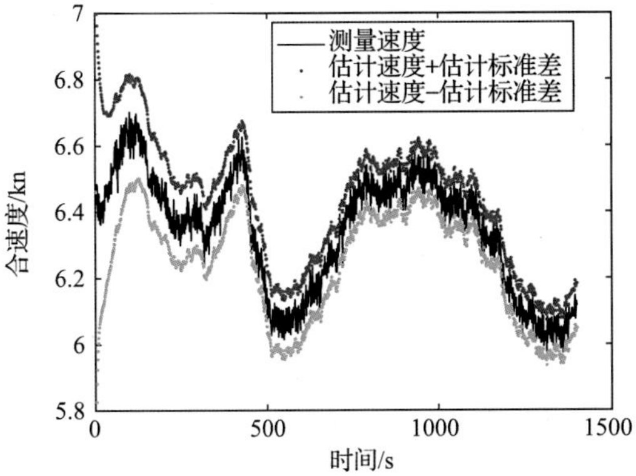

图 4-42　对试验数据基于变分贝叶斯的测速方差描述结果

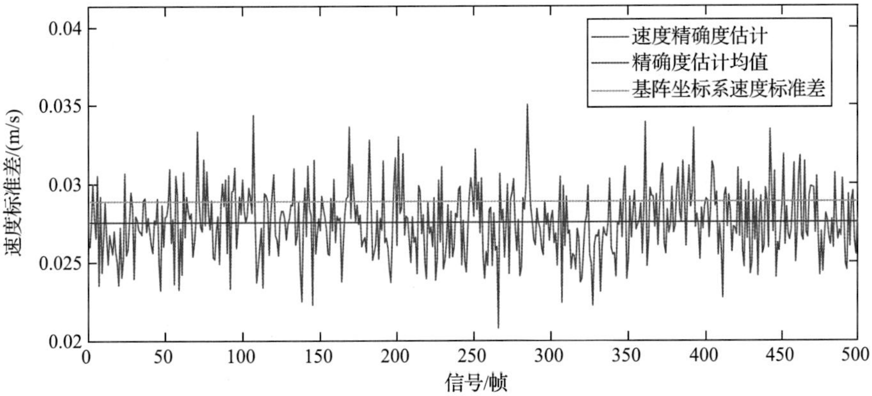

（a）水平速度精确度

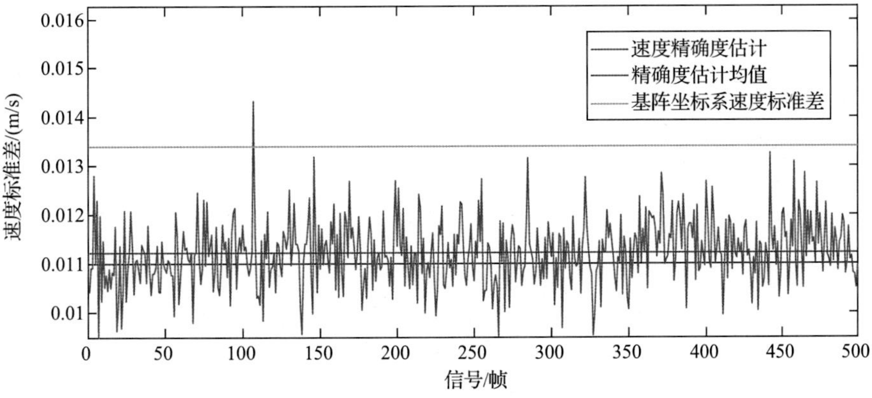

（b）垂向速度精确度

图 4-45　精度估计有效性验证

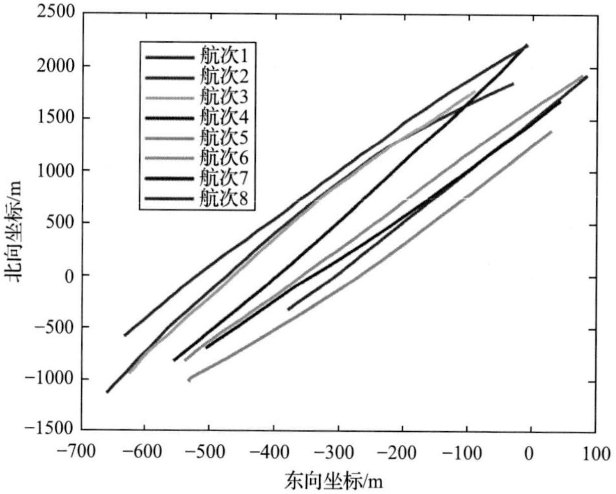

（a）航迹曲线
（截取有效航段航迹线）

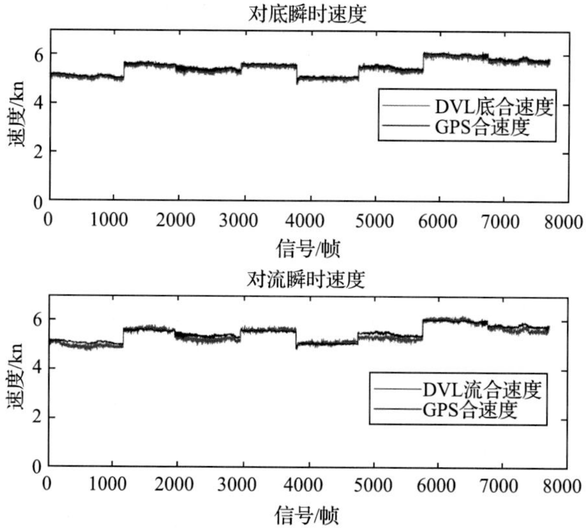

（c）速度曲线

图 4-49　湖上船载测试结果

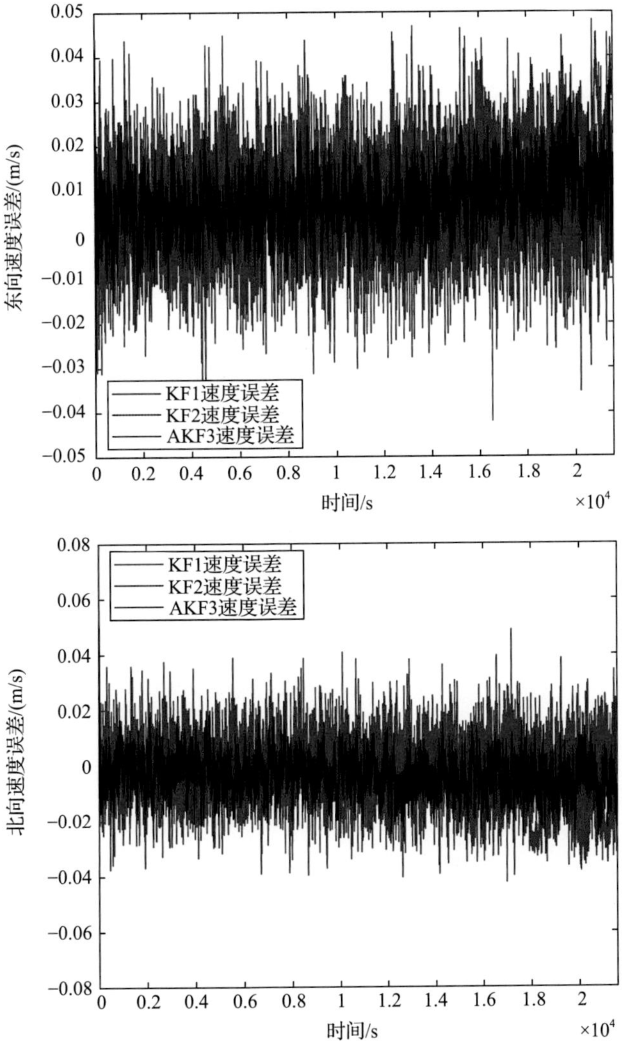

图 5-24　速度误差对比图

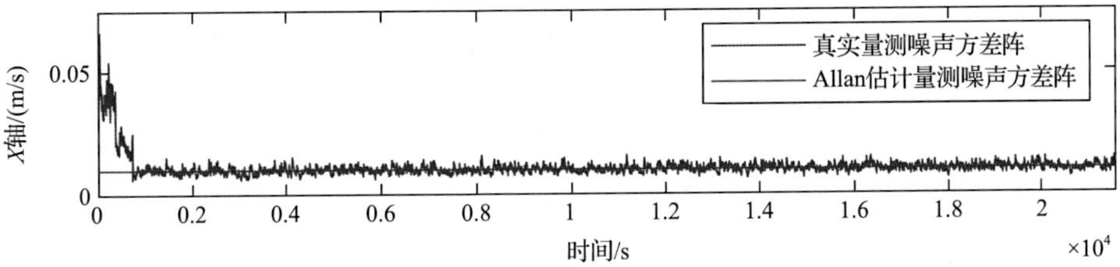

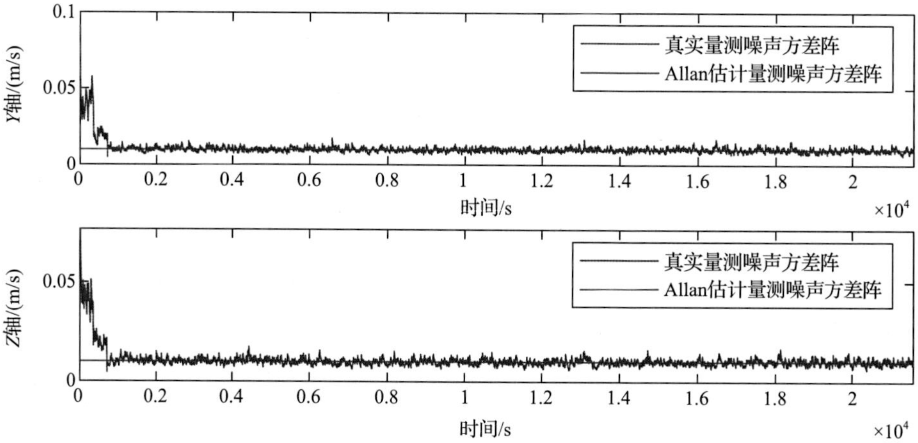

图 5-25　Allan 估计噪声方差阵与真值对比

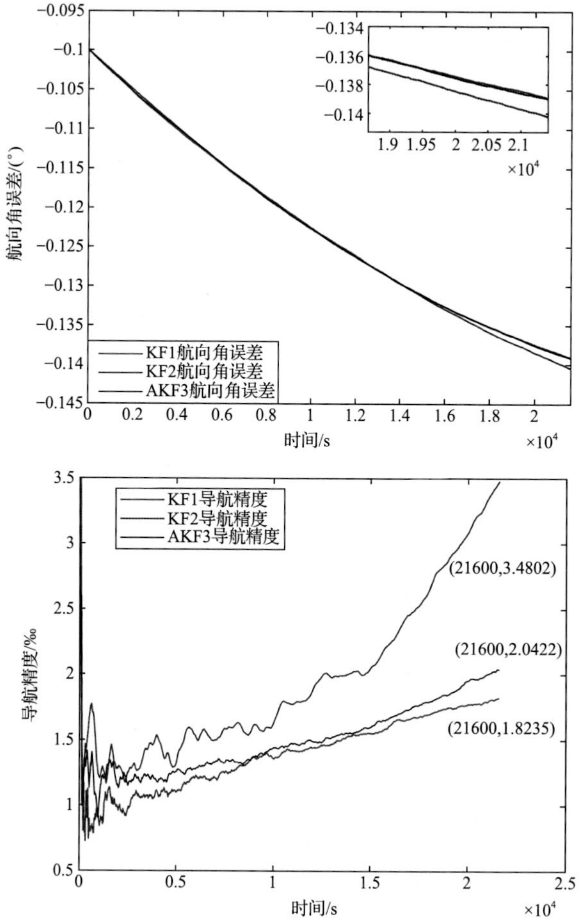

图 5-26　航向角误差与导航精度对比图

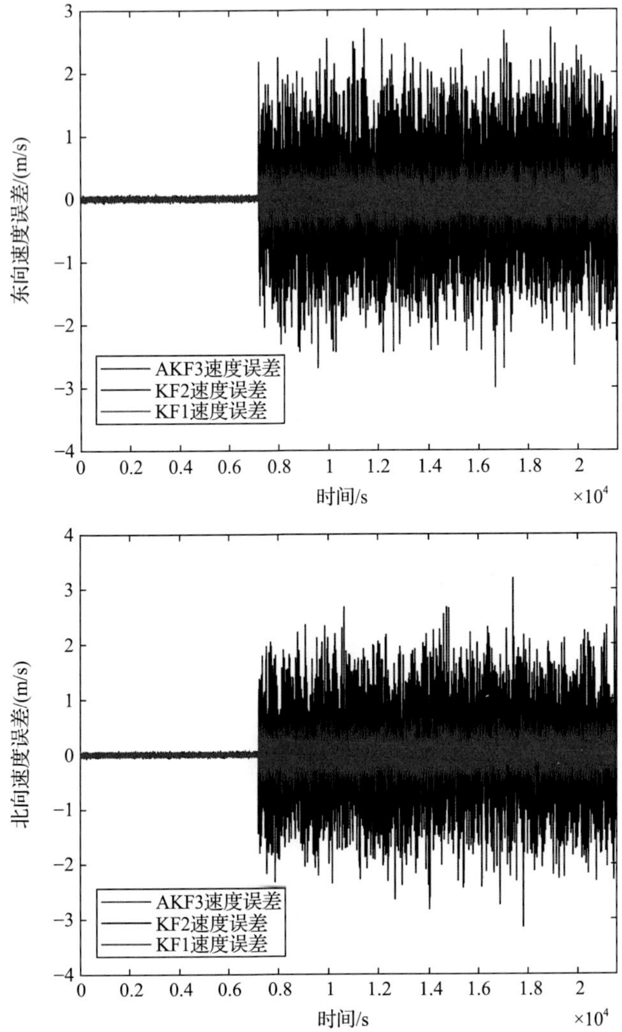

图 5-28　速度误差对比图

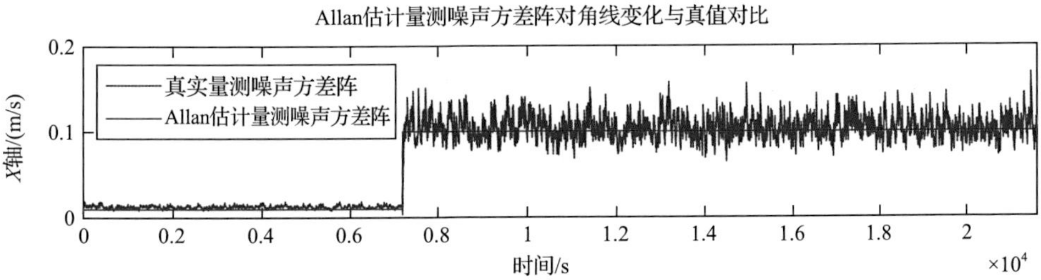